拖拉机产业史话

1850—2000

朱士岑　编著

本书是一本记述1850—2000年世界拖拉机产业发展历程的“回忆录”，用10章篇幅讲述了这150年间世界拖拉机产业的各个时期：蒸汽耕作的遥远岁月、汽油拖拉机的破晓时光、群雄竞起的“春秋”时代、大萧条及后时代的技术跨越、第二次世界大战及战后复兴时期、激情燃烧的五六十年代、滞涨阴影下的全球拖拉机行业和排山倒海的全球兼并浪潮。书中描述了在各个时期政治经济背景下，全球拖拉机产业的状况与处境；记录了当期主要拖拉机企业的兴衰起伏，以及当期代表性的产品和技术特征；追忆了开创并坚守在拖拉机产业，默默奉献顽强拼搏的历史人物及值得我们怀念的一些前辈。

本书记述的拖拉机产业涵盖全球20余个拖拉机主要生产国、数以百计的拖拉机企业或品牌，涉及数以百计的历史人物，对拖拉机产业从业者具有参考价值。

本书可作为与拖拉机专业相关的各院校师生的参考书，也可为研究拖拉机发展史的学者提供部分资料与线索。

图书在版编目（CIP）数据

拖拉机产业史话 ：1850—2000 / 朱士岑编著. —北京 ：机械工业出版社，2020.8

ISBN 978-7-111-66149-8

Ⅰ. ①拖… Ⅱ. ①朱… Ⅲ. ①拖拉机—产业发展—世界—1850-2000 Ⅳ. ①S219-091

中国版本图书馆CIP数据核字（2020）第128716号

机械工业出版社（北京市百万庄大街22号 邮政编码 100037）
策划编辑：徐艳艳 责任编辑：任智惠 刘世博
责任校对：李 伟 封面设计：刘 青
责任印制：罗彦成
北京宝昌彩色印刷有限公司印刷
2020年8月第1版第1次印刷
170mm×242mm · 35印张 · 608千字
标准书号：ISBN 978-7-111-66149-8
定价：168.00元

电话服务
服务咨询电话：(010)88361066
读者购书热线：(010)68326643
(010)68326294

网络服务
年 鉴 网：http://www.cmiy.com
机工官网：http://www.cmpbook.com
机工官博：http://weibo.com/cmp1952

序言 1

翻开这样一部书稿，我的第一感觉是亲切、生动和厚重。筚路蓝缕、艰辛奋斗、激情澎湃的岁月仿佛就在眼前。作为装备工业的老兵，书中涉及的很多事和很多人至今历历在目，令人难忘。作为重工业基础产业之一的农机装备工业，在新中国工业发展史上有着不可磨灭的重要地位和后人不应忘记的历史演进，中国作为一个农业大国和世界第一人口大国，第一台拖拉机的出现在世界工业史上也有其不凡的历史意义，代表了现代工业在中国农耕文明的应用。

中国人从来都有作传留记的习惯，大到朝代更迭，史有记载，如《史记》《二十四史》等，小到家族族谱，传承有序。很多专业也有纲领性著作，如《山海经》《本草纲目》，它是传承和纪念，也是明心志趣。我们常说，没有历史就像是没有根的浮萍，漂泊不定，令人无着落。伟人们更是指出，忘记历史就意味着背叛！

国人作传有左图右史的传统形式，按现代人的说法是有图有真相。这本《拖拉机产业史话 1850—2000》即秉承了这样一种传统的手法，看似专业而厚重的题材，读起来却十分轻松，你不会担心自己读不下去。这一方面是由于作者的语言文字功底十分了得，将专业内容融入生活中，因此文字生动活泼。另一方面也正好说明了作者极其深厚和精准扎实的专业功底，能够深入浅出地将拖拉机的历史演进和变革说得非常清楚。作者对业务的了解已经达到了十分通透自如的地步，才让我们能够看到这样一部轻松易懂的专业话题的“史记”。

说到专业，我们又要老生常谈一些话题。作者朱士岑同志自 1962 年大学毕业后就开始从事与拖拉机相关的工作，在职在岗 40 多年，职业生涯没有离开过中国的拖拉机事业，他对这项工作可谓热爱和执着。

这种毕一生之力对一项业务的专注对于今天的年轻一代来说，可能会显得十分难以理解。

我们都是来自于国家大力发展重化工业时代的人，那个激情如火的年代曾经让几代有志有为之士热血沸腾，在后来的改革开放中实现了行业的重大飞跃，为中国工业的强国之梦奠定了坚实基础。

希望这种热爱和传承，在未来国家建设和发展中能够继续得到发扬和光大，继续在中国的现代装备工业和世界工业发展进程中占有一席之地，并做出应有贡献。

何光远

2020年3月30日

序言 2

朱士岑同志是我国拖拉机行业杰出的技术专家，在农机战线奋斗45年，亲历了新中国拖拉机工业诞生、发展、壮大的各个重要阶段。作为我国农机工业的一位实践者、奋斗者、见证者，他在退休之后潜心研究世界拖拉机产业发展历史。《拖拉机产业史话 1850—2000》以中国人的视角，解析产业发展源流，发掘企业竞争规律，梳理产品技术脉络，勾勒前辈奋斗足迹，为我们提供了一份镜鉴历史、洞悉未来、体察得失、激励情怀的宝贵的参照与样本。

回望历史，是为了更好地前瞻未来。作者在纷繁的产业史料中，剥茧抽丝，披沙拣金，客观描述了世界拖拉机产业 1850—2000 年的发展路径和里程碑事件，对于思考当下产业发展有着重要的现实意义。

首先，如何跨越“坎坷动荡”的产业周期。拖拉机产业从孕育生发到群雄竞起，再到曲折前进、重组整合，既有破晓时分的涓涓细流、“春秋”时代的快速成长、五六十年代的激情四射，又有大萧条及第二次世界大战时代的困顿突围、滞胀阴影下的重组分化以及全球兼并的巨大浪潮。作者把中国拖拉机工业放在全球产业的历史框架中，生动地反映了中国拖拉机产业从无到有并不断发展壮大的壮阔进程，记述了几代创业者的奋斗足迹。历史告诉我们，发展无坦途，攀登无捷径，唯有扎牢根基、不断超越才能生存。

其次，如何构建“澎湃强劲”的科技动能。科技创新引领行业发展。纵观拖拉机产业百年历史，在“童年”时代，汽油拖拉机取代蒸汽耕作机械的重大技术转变中，一些公司如凯斯等由于及时调整产品发展方向，跟上了时代潮流。但是，那些没有及时适应这一技术跨越的公司，即使在当时声名显赫，也难以逃脱被淘汰的命运。在“青年”时代，一边是20 世纪 30 年代的经济大萧条，一边是拖拉机结构越过“摸着石头过河”阶段，实现重大的技术跨越。在“壮年”时代，从 20 世纪末至今，双功率流静液压机械无级传动方案的拖拉机成为大型农用拖拉机市场上年产数万台的耀眼明星。如今，智能制造、互联网及大数据正在改变着传统产业的面貌，产业升级正处在重要的关键节点，我们必须踏上科技创新之路，跟上时代发展的大潮。

第三，如何打造“基业长青”的核心能力。作者在评述汽车巨头进入农机市场时指出，需要把拖拉机业务看成独立的战略项目，专人专心，认真研究拖拉机市场、拖拉机技术及拖拉机生产的个性，才有可能占领这一领域。在资金、技术及市场三要素上，最重要的是市场，是如何熟悉客户要求、赢得客户信任、把握市场趋势。在比较万国公司的轰然倒下与迪尔公司的基业长青时，作者分析到，运营效率是市场领先的必要条件，成功企业首先要有效益，其次才是做大。从农机企业百年兴衰史中，可以得到许多有益的启示，专心专注、聚焦产品和市场、提升效率是企业长期获益的前提，企业必须增强战略定力，持之以恒、艰苦卓绝地向着世界一流企业目标攀升。

历史是由人书写的。作者以质朴的语言、精炼的笔法记录了百年来拖拉机工业众多历史人物的人生足迹、奋斗历程和感人的细节，借以表达对那些开创并坚守在拖拉机产业、含辛茹苦而又顽强拼搏的众多前辈的敬意。显然，作者也是在向他热爱的工厂、同事、产业工人致敬，向他服务的农业、农民和广袤的土地致敬。诚如作者所言，“回顾这段历史，百年前亨利·福特满怀拖拉机情结的执着和顽强，穿过充满世俗功利的历史烟云，至今依然叩击着人们的良知，并温暖着我们的记忆！”

这是一本叩击良知、温暖记忆的书。

2020年3月28日

序言 3

朱士岑同志撰写的《拖拉机产业史话 1850—2000》，在行业内首次全面、系统而又不失生动地为我们展现了全球拖拉机产业 150 年来的发展历程，为我国拖拉机工业的未来发展提供了宝贵的参考和借鉴。

品读之下，感悟颇多、收获颇丰。

其一，全景式展现拖拉机技术发展脉络。市场的需求和技术的进步始终是技术发展的基石。书中从“蒸汽拖拉机”开始，围绕整机、发动机、行走系、传动系、工作装置等方面的演进升级，对 150 年以来拖拉机技术的进步轨迹，进行了图文并茂的详细介绍。特别值得关注的是，书中并没有就技术论技术，而是把技术服务于农业、技术服务于农民体现在客观的记录、科学的分析上来。如对于汽油拖拉机为什么在美国兴起并淘汰蒸汽拖拉机，书中通过翔实的技术分析后，给出了五个原因：一是蒸汽耕作机械大而重，驾驶设备的风险大；二是蒸汽机本身危险性大，稍不注意锅炉就有可能爆炸；三是每次使用需 30 ～ 60min 热身以保证有足够的蒸汽压力来转动曲轴，使用不便；四是对美国中西部地区的农场，煤炭或木材供应短缺，需使用量大而又蓬松的秸秆，使用不经济；五是蒸汽机锅炉的燃烧，在美国中西部多风的辽阔农田上，容易引起火灾。

这些客观、科学的分析让普通读者来读，也会对于技术进步的目的、原因有一目了然、清晰准确的理解。尤其是在当前国家实施“创新驱动”战略的背景下，回首拖拉机技术发展所走过的道路，对于回答我国农机行业为什么要创新、如何去创新等根本性问题，有着发人深省的积极作用。

其二，“点、线结合”的叙述方式，谱写出拖拉机产业发展的百年风云录。书中记叙拖拉机产业发展，采取了以时间为线、以典型企业为点的“点、线结合”写作方式。这种写作方式一方面，尊重了历史发展的客观实际，为我们勾勒出这个“20 世纪最具代表性的工程技术成就”之一的拖拉机产业自身发展的共性、规律性特征；另一方面，对选取的典型企业、典型人物、典型事件的翔实记录，又让我们真切地感受到拖拉机产业发展的历史就是一代又一代发明家、企业家和劳动者生生不息、拼搏进取的历史。也让我们了解了当代一些驰名的拖拉机公司成长壮大的发展历史，这些历史值得我国拖拉机行业企业在产业结构调整的进程中借鉴。

让人激动的是，书中第 7 章用相当大的篇幅、充满感情地记述了新中国拖拉机产业的诞生、成长和发展。书中详细地记录了新中国第一个拖拉机制造厂从选址、建设到投产的全过程，还原了在当时条件下全国各地无私援建中国第一拖拉机制造厂的种种历史场景，读到此处，让人不禁心潮澎湃、热血沸腾。回首中国农机产业从无到有、由弱到强的发展历史，由衷地为国家今天所取得的成就而自豪。

其三，淳朴简洁、通俗流畅的文笔风格，将一个半世纪的拖拉机产业发展史饶有兴趣地娓娓道来，使得该书成为产业发展史中一道亮丽的风景线。除去对技术进步、公司兴衰等方面全景式的翔实记录，书中对于产业发展历史中的点滴细节，也透过通俗的语言给读者从另一个角度看待历史的机会。如对于“拖拉机”这个名称的由来，书中不仅详细考证世界上第一次称呼“拖拉机”的历史，而且将传入中国后中文称谓的演变也进行了详细的考究。再如，对于亨利·福特拖拉机情节的记述，让我们对于这个汽车工业奠基人有了更为全面的认识。而对于百年前推动中国进口拖拉机的第一人，时任黑龙江巡抚、后来成为民国南京临时政府内务部总长的程德全一生的记述，让人感慨万千。

朱士岑同志作为我国农业机械领域的专家、中国一拖集团公司的技术老领导，是我多年的老朋友。他长期工作在拖拉机研发、生产的一线，为我国拖拉机产业的发展做出了杰出的贡献。在他耄耋之年，老骥伏枥，能够有这样一部专著面世，继续为行业发挥余热，让人钦佩，让人高兴。祝愿朱士岑同志身体健康，为我国农机行业实现高质量发展再立新功！

是以为记。

高元恩

2020 年 4 月 20 日

前　言

拖拉机产业是工业体系中和农业关系十分紧密的分支，是不完全市场化的行业。拖拉机产业发展过程，除具有制造业的共同特点外，还有自己独特的规律，值得从事这一行业的人们去关注和研究。

本书从一个中国人的视角，记述世界拖拉机产业 1850—2000 年的发展历程，涵盖全球 20 余个主要拖拉机生产国，涉及数以百计的拖拉机企业和数以百计的历史人物。全书用十章篇幅把这 150 年划分为八个阶段，描述了在各个阶段政治经济背景下，全球拖拉机产业的状况和处境；记录了当期主要拖拉机企业的兴衰起伏，以及当期有代表性的拖拉机机型及其技术特征；同时也追忆了开创并坚守在拖拉机行业辛勤工作、顽强拼搏的众多前辈。

作者希望本书能为企业产品研发人员回顾拖拉机技术发展脉络和坎坷历程，为企业海外合作与营销人员介绍该区域的拖拉机历史足迹和市场背景，为企业管理人员总结行业发展史中先行企业的某些经验和教训提供帮助。同时，作者也希望本书能为有关专业的院校师生提供参考，为研究拖拉机发展史的学者提供部分资料与线索。

本书叙述世界拖拉机发展史，是沿着行业、企业、产品和人物四条主线展开，每章的引言是本章的概述，方便读者能尽快找到感兴趣的章节。

本书谨献给奋斗中的中国拖拉机产业和奋斗中的中国一拖集团公司。衷心祝福我国的拖拉机产业，衷心祝福中国一拖集团公司！

2020 年 3 月 18 日

目录 CONTENTS

第1章

蒸汽耕作的遥远岁月

引言：蒸汽动力耕作的兴起

在 18 世纪中叶，世界上出现了第一次“工业革命”（这个术语最早是由马克思的亲密战友恩格斯提出来的），它发源于欧洲英格兰中部地区，其重要特征之一，就是蒸汽机的应用。英国人瓦特改良蒸汽机之后，实现了从手工劳动向动力机器生产转变的飞跃，把人类推向崭新的蒸汽机时代。

1801 年，英国人理查德·特雷威蒂克制造了英国最早的四轮蒸汽汽车。1807 年，美国人富尔顿发明了蒸汽汽船并在哈德逊河航行。1814 年，英国人乔治·史蒂芬森研制出世界上第一台蒸汽机车。1825 年，英国建成全球第一条铁路。

顺理成章，在农业耕作上用蒸汽机替代人力和畜力的理想自然而然地提上了日程！

从 1830 年到 1850 年，蒸汽机驱动耕作机械的专利很多，并且已出现能在田间实际工作的样机。但是多数史学家认为，能以商品形态在市场上推广应用的蒸汽耕作机械是 19 世纪 50 年代初开始出现的。1849 年，英国兰塞姆斯公司生产了可能是世界上第一台走向市场的蒸汽机驱动自走农业机动车。同年，英国人詹姆士·阿舍尔发明了蒸汽机驱动的旋转蒸汽犁，并在 1851 年第一次世界博览会上展出。1853 年，美国人约瑟夫·福克斯在田间表演了他的蒸汽机驱动多铧犁。同年，英国威廉·史密斯也建造了蒸汽动力犁。1854 年，英国工程师约翰·福勒把他的蒸汽绳索牵引犁在英国皇家农业协会会议上进行了演示。他们都是创造可实际应用蒸汽动力耕作机械的先驱。

这类蒸汽耕作机械的研发常常沿着两条思路向前推进：一条思路是研发能直接下田耕作的蒸汽机驱动的自行耕作机械（20 世纪，它们常被称为蒸汽拖拉机）。在这类机械中，占优势的一种型式是农用蒸汽牵引机动车，它们既能牵引犁、耙等农具在田间作业，又能用来驱动脱粒机等农业机械作业（详见“农用蒸汽牵引机动车”一节）；同时，还有另一种型式，常常被称为蒸汽犁，它们和前者的不同之处在于，它们不是牵引铧式犁，而是直接把铧式犁或旋转犁挂接在蒸汽机驱动的自行机械上，并且用杠杆机构控制犁的升降（详见“旋转或铧式蒸汽犁”一节）。这两种不同的蒸汽耕作机械形态，可以说就是今天拖拉机牵引机组和悬挂机组的雏形。

当时，在美国常常有人把农用牵引机动车和蒸汽犁统称为蒸汽犁。

另一条思路是由停在地头的蒸汽机驱动的可移动机械，往返牵引长长的绳索来拉动装有铧式犁的台车进行耕作，它们常被称为蒸汽绳索牵引犁（详见“蒸汽绳索牵引犁”一节）。

在19世纪后半叶的西欧，特别是在英国，机械耕作主要使用蒸汽绳索牵引犁，使用蒸汽牵引机动车或蒸汽犁较少。而蒸汽牵引机动车在英国通常多用于道路拖运，特别是木材拖运。

和英国不同，蒸汽绳索牵引犁在北美推广并不顺利。1870年，有约3000套蒸汽绳索牵引犁在英国使用，而同一年在美国使用的蒸汽绳索牵引犁仅有4套。这主要是因为北美的新垦农田，特别是对机械耕作需求最迫切的美国中西部，地形起伏因素和田块的巨大面积不利于使用蒸汽绳索牵引犁，所以，美国初期的机械耕作多直接使用蒸汽牵引机动车，也有的使用蒸汽犁。

19世纪中叶，开拓机械动力耕作先行者的出身在西欧和北美也有些差别：在西欧，很多农业机械化的先驱者都受过良好的教育，是工程师、侯爵，甚至诗人等；而在北美，很多农业机械化的先驱者是普通劳动者，这可能是由于美国的拖拉机发硎于中西部，而那里正是富有冒险精神的“牛仔”们施展才干的舞台。

此外，在19世纪后期，德国、俄国、澳大利亚、匈牙利等国均开始研制蒸汽驱动的农用牵引机动车。

在上述各种蒸汽耕作机械中，蒸汽绳索牵引犁和蒸汽犁的功能与特征，几十年后常被拖拉机所涵盖。只有农用蒸汽牵引机动车（蒸汽拖拉机）的功能和特征一直延续并为内燃拖拉机所承继。尽管蒸汽拖拉机零零星星生产到20世纪中叶，但是，在20世纪20年代已基本上被汽油拖拉机所取代。

1.1 兰塞姆斯农用蒸汽牵引机动车

兰塞姆斯（Ransomes）公司的历史可追溯到罗伯特·兰塞姆（Robert Ransome）于1785年在英国诺威奇建立的铸铁作坊。1789年，企业搬到伦敦东北的伊普斯威奇，因铸造过程中的一次意外（模具损坏导致熔化的金属接触冷金属，使金属表面变硬），罗伯特·兰塞姆发现了冷硬铸造现象。1803年，罗伯特·兰塞姆申请了“冷硬工艺”专利，从而制成“自磨砺”犁。由于家族合伙人的加入，公司名称多次变更。1830年，罗伯特·兰塞姆去世，其孙詹姆斯·兰塞姆（James Ransome）加入，公司改名为兰塞姆公司（J. R.&A. Ransome）。

1839 年，公司开始制造由爱德华 • 布丁（Edward Budding）发明的割草机。同年，在第一届英国皇家农业协会（RASE）展会上，该公司的割草机被授予金牌。在以后的 20 年间，公司生产了 500 台割草机，它们是后来兰塞姆斯割草机的原型机。

19 世纪 30 年代，公司开始在工程师查尔斯 • 麦伊（Charles May）监督下制造铁路机车部件。1846 年，因查尔斯 • 麦伊入伙，公司改名为兰塞姆斯与麦伊（Ransomes and May）公司。1841 年，公司第一台便携式蒸汽机在 RASE 展会上展出。1842 年，公司在 RASE 展会上演示了一台自走机动车样机。1849 年，兰塞姆斯公司将农用蒸汽机动车推向市场，它由装在三个车轮上的底盘和一台直立式锅炉蒸汽机组成，蒸汽机通过链条驱动单个前轮。这可能是世界上第一台商品化的农用蒸汽牵引机动车。1851 年，兰塞姆斯蒸汽机动车参加了第一届世界博览会（1851 Great Exhibition）并获奖。

1852 年，查尔斯 • 麦伊离开公司，但他的女婿威廉 • 西姆斯（William Sims）加盟，公司改名为兰塞姆斯与西姆斯（Ransomes and Sims）公司。1856 年，公司和英国工程师约翰 • 福勒（John Fowler）合作生产蒸汽犁耕机动车。1869 年，因约翰•海德（John Head）的加盟，公司改名为兰塞姆斯、西姆斯与海德（Ransomes, Sims and Head）公司。公司主要产品是各种立式与卧式蒸汽机及蒸汽牵引机动车等。它是英国蒸汽牵引机动车的主要生产商之一，其生产的蒸汽机动车（图 1-1）一直延续到 20 世纪 30 年代。

图 1-1　兰塞姆斯蒸汽机动车

1881 年，因约翰 • 杰弗里斯（John Jefferies）的加盟，公司改名为兰塞姆斯、西姆斯与杰弗里斯（Ransomes， Sims and Jefferies）公司。此后，公司一直使用这一名称。1884 年，兰塞姆斯、西姆斯与杰弗里斯公司成为有限责任公司。

在兰塞姆斯公司 200 多年的历史上，公司产品涵盖很多领域，从铸制马拉犁铧开始，发展到蒸汽机动车、拖拉机、草坪割草机、收割机、犁及其他农具等，甚至在第一次世界大战期间还为皇家飞机厂生产过 350 架 F.E.2 战斗机。19 世纪末，公司生产的产品中，有 4/5 的脱粒机和蒸汽机销往海外，主要市场是俄国、澳大利亚和南美。

到 20 世纪 30 年代，公司停止生产蒸汽机动车后，转型生产世界上第一批使用分块式橡胶金属履带的小型拖拉机。1997 年，兰塞姆斯公司被美国德事隆（Textron）公司接管（详见第 6 章“英国兰塞姆斯小履带拖拉机”一节）。

1.2 农用蒸汽牵引机动车

世界上第一代农用拖拉机是采用蒸汽机作为动力的农用拖拉机，看起来像是在陆地上行驶的小火车头，初期形态是由 18 世纪末的袖珍式蒸汽机“长（zhang）腿”而来。但是它已具备了现代拖拉机的两个基本特征：能在松软农田（而不是坚硬道路）上行驶，能产生很大的牵引力从事犁耕（而不是仅仅提供可移动的动力源）。

当时，人们还没有把这类机械称为“拖拉机”。和那时新发明的其他机械一样，这类机械也是由不同发明者，在不同国家和地区，各自独立完成设想。不仅它们的式样各具特色，而且对它们的称呼也不尽相同。其中以“蒸汽牵引机动车（steam traction engine）”的称呼应用较广，其次也有被统称为“蒸汽犁（steam plough 或 steam plow）”，其中“steam traction engine”也是半个世纪后“tractor（拖拉机）”一词的灵感来源。

19 世纪初期，蒸汽火车头、蒸汽轮船、蒸汽汽车出现以后，人们发展了这类名为蒸汽牵引机动车的行走机械，在陆地上代替人力或畜力从事各种劳务工作。蒸汽牵引机动车包括在道路上牵引拖车的蒸汽牵引车（图 1-2）、修筑路面的蒸汽压路机（图 1-3）、拉动绳索牵引犁的自行蒸汽机（图 1-4）、马戏团流动蒸汽演出车（图 1-5）、驱动脱粒机的可移动蒸汽机，以及用来下田犁耕的农用蒸汽牵引机动车（图 1-6）。在当时，上述各种机械的特色还没有后来那样明显，彼此结构有很大通用性，一种机型也可同时有多种功能改装。其中的农用蒸汽牵引机动车，后来被认为是拖拉机的鼻祖，也常称为“蒸汽拖拉机”。

图 1-2　道路用蒸汽牵引车

图 1-3　蒸汽压路机

图 1-4　绳索牵引自行蒸汽机

图 1-5　马戏团流动蒸汽演出车

图 1-6　农用蒸汽牵引机动车

农用蒸汽牵引机动车既可以拖拉犁、耙等农具在田野作业，也可通过带轮拖动脱粒机等固定式农机具。它们和其他类型蒸汽牵引机动车的主要区别是它的农用特征：为提高田间附着性能，后轮较大并且轮缘上有附着性能好并能清泥的斜置抓地爪；机械后方有通过铁链或绳索牵引农具的装置；此外，在蒸汽机侧面还有能拖动脱粒机的外置带轮。农用蒸汽牵引机动车由于需要有人添加燃料和操纵，以及随行为其供应燃料和水，因此需要一组人员来维持其作业。因农用蒸汽牵引机动车机型庞大、价格不菲并且要一批人来操作使用，所以，初期常常只有大农场主或专业承包商才买得起和用得起。

需要说明一下，蒸汽牵引机动车一词中 engine 的含义。engine 在今天机械行业主要指发动机，而在当时 engine 常常既可指发动机，也可指机动车（参见牛津大学出版的《现代高级英汉双解词典》），这可能和早期的机动车不过是发动机长腿有关。

1.3 詹姆士·阿舍尔的旋转蒸汽犁

19 世纪中期，能下田耕作的蒸汽耕作机械，除农用蒸汽牵引机动车外，还有一种是旋转式或铧式蒸汽犁。

2010 年，在中国上海世界博览会的“世博会博物馆”展馆二楼，醒目地展示了一台曾在伦敦 1851 年世界第一届世界博览会上展出的，由英国人詹姆士•阿舍尔（James Usher）发明的蒸汽引犁的模型（图 1-7），此模型为英国维多利亚阿尔伯特博物馆馆藏品。

图 1-7 阿舍尔蒸汽引犁模型

在阿舍尔之前，已有人注意到，旋转犁铧耕作比牵引犁铧耕作更经济合理。1845 年，英国律师霍斯金斯就认为：“利用蒸汽机的旋转动力来牵引一架犁耕作是低效率的，最好是用旋转农具来耕作。”

1849 年，詹姆士•阿舍尔取得蒸汽动力旋转耕作机（steam powered rotary tiller）的专利（图 1-8）。

该机有前、后轮，蒸汽机驱动双后轮，后面挂接一组同轴安装的 5 排犁铧片。蒸汽机通过小齿轮驱动一个直径较大的直齿轮，转动后面的旋转犁组。该旋转犁组装在起落架上，起落架铰接安装在机架上，用转动手把移动大齿圈来摆动起落架，从而控制旋转犁组升降。旋转犁铧片的作用类似轮船的划桨轮，能推动整个机械向前运动。该机虽然概念不错，并且在 1851 年伦敦世界博览会上为人们所关注，但是它在商业上是失败的。这种设计概念后来被其他欧洲国家接受，并在德国和匈牙利得到发展。

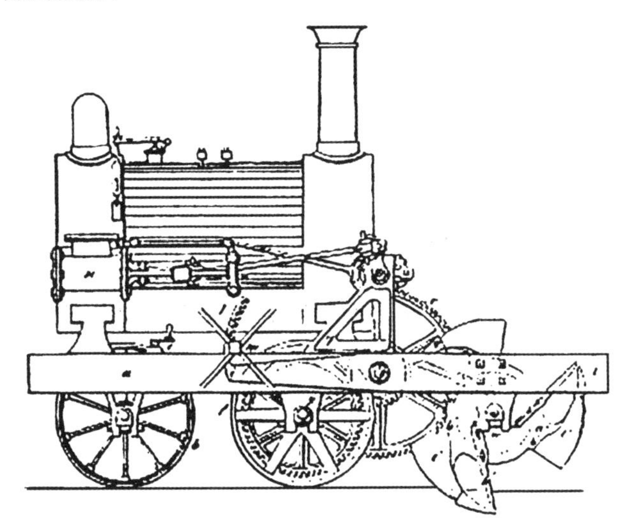

图 1-8　阿舍尔蒸汽犁专利图

匈牙利发明家安德拉什·梅西沃特（András Mechwart）于 1894 年制造了蒸汽动力耕作机，功率为 18 马力（1 马力 =0.735kW），质量为 20t，工作幅宽为 150cm，最大耕深为 33cm；后来又制造了轻型机（图 1-9），采用汽油发动机，功率为 12 马力，质量为 3.3t，后面装旋耕犁组，均由布达佩斯甘兹（Ganz）公司生产。该轻型机目前在德国霍恩海姆的德国农业博物馆进行展览。

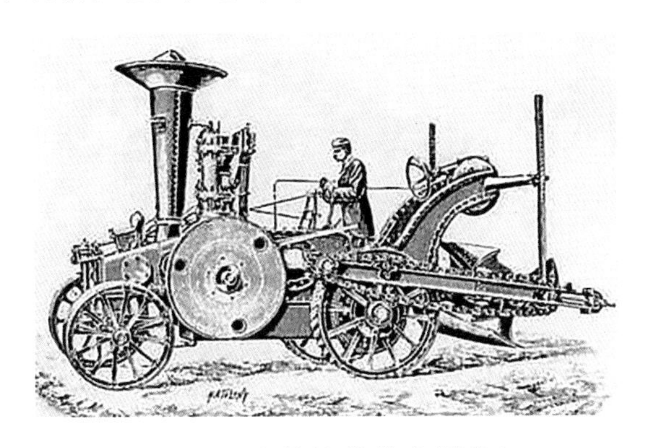

图 1-9　安德拉什蒸汽耕作机

匈牙利人卡罗尔·科斯择吉（Karol Köszegi）发明的农业机动车专利，从1905年起在匈牙利制造（图1-10）。为70马力，采用四缸发动机，发动机采用压缩空气起动，旋转整地。从1909年起，该机在德国发动机制造商卡珀（Kämper）公司生产，发动机横置，采用链传动。

图1-10　卡罗尔的农业机动车

1912年，该专利被德国兰兹（Lanz）公司购买，从此由兰兹公司制造该车，称为兰兹农业机动车（Landbau-Motor）。其采用功率为80马力的四缸汽油机，耕作机采用液压提升，质量为4 800kg。兰兹公司改进了卡珀公司的设计，发动机纵置，以摩擦传动代替链传动。兰兹农业机动车可配装沙土耕作附件，并有泥炭沼泽地用变型。后来，该设计独立成为拖拉机配装的旋耕机。拖拉机在第一次世界大战期间及战后，由位于瑞士奥尔滕的伯尔纳（Berna）公司制造。

1.4　约瑟夫·福克斯的铧式蒸汽犁

美国发明家约瑟夫·福克斯（Joseph Fawkes）于19世纪50年代初发明的蒸汽犁，可能是美国最早进行实际应用的蒸汽耕作机械。福克斯于1815年在美国东南部出生，很小就显示出对机械的兴趣和发明才能。福克斯一生有过一些发明，如一种旋转石灰撒布机，但在历史上为人关注的是他的蒸汽犁。19世纪50年代，美国农民寻求新的移动动力，以开发中西部的大草原。1853年8月，看到这个需求的福克斯在宾夕法尼亚州演示了他的蒸汽犁（图1-11），大约有1 000名观众观看了演示。费城新闻报道称他的蒸汽犁“如同通常用马犁地”。该蒸汽犁主机架为铁制，宽为2.44m，长为3.66m，采用单缸蒸汽机作为动力，发动机和驱动轮连接的减速比为6，装有直径和宽度均为1.8m的驱动轮，这种宽驱动轮是它的特色。

图 1-11　福克斯的铧式蒸汽犁

1858 年 9 月，在伊利诺伊州的展览会上，福克斯用他新生产的、以故乡命名的兰卡斯特（Lancaster）蒸汽犁，拉一架 6 铧犁，在一块经夏天热烤过的土地上再次演示耕地，大获成功。芝加哥新闻报道："人群的激动是不由自主的，他们的呼喊和狂热的赞许回荡在辽阔的大草原上。"这次演示也引起了美国著名制犁商约翰·迪尔的注意，并为它配套研制了 8 铧连体犁。但是两个月后，当福克斯试图举行另一次展示时，这里地面湿软，这台重达 10t 的机械陷入泥沼。1859 年，福克斯的蒸汽犁带着约翰·迪尔的 8 铧犁，在芝加哥展览会上获得美国协会（United States Society）金牌奖。

福克斯立即成为美国西部的名人。正如后来斯图尔特·霍尔布鲁克（Stewart Holbrook）在《建筑与农业装备发明编年史》中描述的那样，福克斯的机器像"一个真正的怪物，一座直立的锅炉安装在带大车轮的平台上，它看起来有点像消防车。在平台后面的是由复杂轮系、滑轮和绳索升降的一排犁。""福克斯的发明实际上是一台蒸汽拖拉机，并且以每小时 6.4km 的速度拉 8 架犁。它一小时能犁 4 英亩（1 英亩 =4 046.856m^2）地或者更多。"

1861 年，福克斯在美国芝加哥展览会上展出他的发明，并和其他的蒸汽犁竞争。竞争对手的蒸汽犁用两个直径为 3.66m 的驱动轮驱动。福克斯蒸汽犁的鼓状圆筒形驱动轮使机器毫不费力地驶过牧场黏重土地面，而其他竞争者的蒸汽犁在进入后即陷进土里。

福克斯看到这一商业机会，带着制造蒸汽犁的想法移居伊利诺伊州。但是 1861—1865 年的美国南北战争干扰了他的事业。南北战争结束后，他再次燃起对蒸汽犁的兴趣，但没有成功。这些巨大的机器存在一些缺点：地面太软时常因太重而陷车；它们需要煤作为燃料，需要 2 ～ 4 个人操作；修理技工不足。大多数农民不愿花数千美元买这样一台“怪物”。当时，其他厂商的蒸汽犁也出现在市场上，在西部一些州有些应用，但在宾夕法尼亚州起伏不平的小山区不太被接受。这时的福克斯也缺乏足够的资金来延续生产，所以，直到 19 世纪 60 年代末，他的机器也没有成为马匹的实用替代品。

福克斯曾移居伊利诺伊州的莫林，后又到爱荷华州，之后他返回芝加哥并制造旋转电动工具。更倒霉的是，火灾毁灭了他的工厂。最后，他移居加利福尼亚州，从事水果培育，直到 1892 年 77 岁去世。

继约瑟夫·福克斯的发明之后，美国加利福尼亚州的费兰德尔·斯坦迪什（Philander Standish）的五月花蒸汽犁是较有影响的铧式蒸汽犁。1867 年，斯坦迪什完成了他的第一台 12 马力蒸汽犁“五月花（May flower）”（图 1-12），后来可提供从 10 马力到 60 马力的若干规格蒸汽犁。

图 1-12　斯坦迪什铧式蒸汽犁

斯坦迪什在不同地形和土壤上试验他的蒸汽犁，并且于 1868 和 1869 年在旧金山机械学院展览会上获奖。他的设计在美国、英国、法国及俄国等国注册专利，这引起了加利福尼亚州一个磨坊主科芬（O.C. Coffin）的注意。1870 年，科芬和斯坦迪什在马萨诸塞州的波士顿筹款，在 1870 年晚期或 1871 年早期，完成了第二台名为索诺玛（Sonoma）的蒸汽犁。1871 年，该犁被运到新奥尔良，在种植园做棉花和秸秆作物田间试验，给种植园主约翰·戴维森（John Davidson）将军留下深刻印象，要求为他再造一台。不幸的是在新犁完成前，戴维森在一次铁路事故中丧生。斯坦迪什中断了蒸汽犁工作，1872 年移居到密苏里州并进入链条制造业。斯坦迪什显然想继续完善蒸汽犁，但始终未能完成他的第三台蒸汽犁。

1.5 旋转或铧式蒸汽犁

在蒸汽动力耕作的最初时期，出现了下田耕作的“农用蒸汽牵引机动车”。这些车的后面通过铁链或绳索牵引犁、耙作业。但是，当牵引多台原来由马匹拉的单铧犁时，它们既占用较多扶犁的人，又难以保证准确的犁间距。为克服这些缺点，当时有另一种构思，即将多排旋转犁或铧式犁直接挂接在自走蒸汽机械上。人们常常把这类设计称为“蒸汽犁（steam plough/steamplow）”。有的旋转蒸汽犁也被称为“蒸汽耕耘机（steam cultivator）”。

这种蒸汽犁有两种基本形式：一种是在后方挂接多排旋转犁。早期著名的发明者之一是英国的詹姆士·阿舍尔。旋转蒸汽犁虽然有合理之处，但通用性差，价格不低，在当时应用很有限。特别是在拖拉机动力输出轴和液压悬挂机构逐步完善后，旋耕犁具就渐渐变为拖拉机后方挂接的独立旋耕机。现在，在道路建筑机械中的铣刨机或拌和机上，还能见到旋转蒸汽犁的影子。另一种是挂接多排铧式犁。早期著名的发明者之一是美国的约瑟夫·福克斯。此后，美国人费兰德尔·斯坦迪什的“五月花蒸汽犁”是较有影响的铧式蒸汽犁。但是铧式蒸汽犁和旋转蒸汽犁一样，通用性差，价格不低，最终未能规模化应用。在20世纪中叶出现的“自走底盘”上，还能看到铧式蒸汽犁的某些影子。

当时，旋转式蒸汽犁主要活跃在欧洲，铧式蒸汽犁主要活跃在美国。由于旋转犁或铧式犁是直接挂接在机体上的，在空驶或耕作时须操纵犁的升降，开始时使用机械杠杆式机构升降，后来有的发展成为液压缸升降。

尽管有很多蒸汽犁取得部分成功，但是，随着技术的进步，加上运输的需要，对蒸汽犁几十年的追求最终因“农用蒸汽牵引机动车”的发展而势微。

1.6 福勒和他的蒸汽绳索牵引犁

在19世纪后半叶的西欧，特别是英国，就农田耕作的实际应用而言，蒸汽绳索牵引犁比蒸汽拖拉机更引人注目。英国工程师约翰·福勒（John Fowler）是把蒸汽机用于耕作和挖掘排水渠的先驱，他在短暂的一生中，对蒸汽绳索牵引犁做出了里程碑式的贡献。

约翰·福勒（图1-13）于1826年出生在英国威尔特郡。父亲老约翰·福勒是个富有的商人，他为小约翰安排了一条经商的人生路。小约翰还在学生时期，按照父亲意愿，就开始为一家玉米贸易商工作。成年后，他在 1847 年决定放弃经商，加入了一家工程技术公司，该公司主要致力于制造蒸汽机车和煤矿卷扬机，这对他后来研制蒸汽绳索牵引犁起到重要作用。

图 1-13　约翰 · 福勒

勤奋的福勒本来可能在该公司取得成就，但在 1849 年去爱尔兰的一次出差，改变了他的事业方向。19 世纪 40 年代，爱尔兰连年发生马铃薯饥荒，800 万人口中有 100 多万人饿死，数百万人背井离乡，仅投奔美国的就达 150 多万人。这次出差中他目睹了大饥荒的恐怖，作为基督教教友派教徒的福勒，下决心贡献他的时间和资源来使粮食生产廉价化。当时大量土地因无法排水不能开垦为农田。农田排水的常规方法是使用“鼠道犁”挖地下排水通道，放置多孔排水管，但这需要很大的牵引力。如用马匹拉犁，则犁的尺寸受马群力量的限制，而且这种地不适合马匹反复踩踏。福勒返回英格兰后，立即开始这方面的研究。

1850 年，福勒在英国皇家农业协会（RASE）的会议上，演示了第一台“驴推磨”式的绳索牵引犁，在重质黏土 76 cm 深处铺设了一条排水沟。1851 年，他在一个大型展览会上又演示了改进的绳索牵引犁，能把渠道打到 107cm 深。以上两种绳索牵引犁都是由围绕绞盘转圈的马群拉动。

由于福勒早期从事过与蒸汽机有关的工作，第三台绳索牵引犁采用了蒸汽机驱动。1852 年，他设计了一台带绞盘的蒸汽机，绞盘用于卷绕绳索，这一试验因蒸汽机太重不易在软土上移动而失败。福勒开始设计第二台蒸汽驱动绳索牵引犁，新设计的带驱动绞盘的蒸汽机放在田角，绞盘上的绳索通过田地两端随渠道位置一次次锚定的滑轮牵引犁开沟。该蒸汽绳索牵引犁在 1854 年的英国皇家农业协会会议上进行了演示（图 1-14）。

图 1-14　福勒单蒸汽机绳索牵引犁

19 世纪 50 ～ 70 年代是英国自由贸易资本主义发展的鼎盛时期，史称维多利亚时代。1854 年，英国皇家农业协会出价 500 英镑悬赏设计制造“以最有效的方式耕翻土壤和经济地替代犁和铁锹的蒸汽耕田机”。1855—1857 年，英国皇家农业协会在英国的三个城市进行了三场竞赛，福勒在这些竞赛中表现突出。

在 1856 年的竞赛中，福勒发明的蒸汽犁耕机的耕作成本比马匹耕作略高一些，因此评委会不给福勒颁发奖金。福勒认为评委会未考虑他的系统比马耕快得多。在 1857 年的竞赛中，评委会认为犁尖入土没有完全满足条件，该届奖金停发。最后，评委会给福勒发了一个奖章，并加上“和最好的马耕相比，蒸汽耕作同样优秀”的评语。令福勒略感安慰的是，同年，他在苏格兰斯特灵郡试验后，收到苏格兰皇家高地和英国农业协会的 200 英镑奖金。

再次改进犁耕机后，福勒于 1858 年在英国皇家农业协会的对比试验中，与各式各样的对手竞争。到当年秋天，评委会才宣布他取胜，并加上“无可争辩，福勒的机械能耕翻土地，和马耕相比是种有效的方式，同时，在所有情况下能比较好地适合所有的管理用途。我们完全相信他有资格获得 500 英镑奖金”的评语。

福勒并不是为了钱才这样拼命的，他把奖金投入到下一轮机器改进。他利用兰塞姆斯制造的 10 马力轻便蒸汽机、斯蒂芬森有专利权的双毂绞盘和海德设计的锚定台车制造了单蒸汽机绳索牵引犁。1858 年前后，福勒已有 40 套犁耕系统在使用。1861 年，他有 100 套犁耕系统在耕作。1863 年，在英国皇家农业协会的试验里，福勒展示了他的双蒸汽机绳索犁耕系统。1864 年，他和强劲对手的犁耕系统在英国纽卡斯尔进行逐项对比，福勒的犁耕系统夺得各项奖金。19 世纪 60 年代中期，双蒸汽机绳索犁耕系统在英国得到推广。

自 1860 年起，福勒犁耕机械由英格兰利兹市的基特森与休伊森（Kitson & Hewitson）公司制造。1862 年，福勒与其所有人之一——威廉·休伊森（William Hewitson）合伙建立了休伊森与福勒公司。一年后，休伊森去世，公司变成约翰福勒公司(John Fowler & Company)。福勒的犁耕系统销往全世界，主要用于开垦处女地。

1850—1864 年，福勒以自己和其他合伙人的名字在犁、犁耕设备，收割机，播种机，牵引机动车，蒸汽机滑阀，电缆铺设以及制砖瓦方面取得 32 项专利。福勒在创新的道路上异常忙碌，他的健康状况出现了问题，需要离岗休养。在人们的劝告下，他回到居住的镇上，以打猎来休养恢复。不幸的是，在一次打猎中他臂部骨折，又感染上破伤风。31 岁才结婚的福勒，在纽卡斯尔犁耕试验取得巨大成功仅仅几个月后，便丢下了年仅 31 岁的妻子和 3 个子女，于 1864 年 12 月去世，年仅 38 岁。

但是，机械耕作领域杰出的先驱约翰·福勒的事业并没有因他的不幸离去而终止。他的三个兄弟加入了他奠定的事业，在他去世后继续运营公司。福勒公司在以后的数十年里，生产牵引机动车、犁耕农具和设备，也生产过马歇尔(Marshall)履带拖拉机和铁路火车头。

1886 年，约翰福勒（利兹）公司成立，1947 年，它和马歇尔父子公司合并组成马歇尔福勒（Marshall-Fowler）公司，直到 1974 年初停止生产。

1.7 蒸汽绳索牵引犁

蒸汽绳索牵引犁（steam cable-drawn plough）是采用在地头的可移动蒸汽机，通过钢索牵引犁铧在农田耕作的系统（图 1-15）。尽管美国在 1833 年就出现了这种系统的发明专利，但实际上，直到 19 世纪 50 年代初，英国人约翰·福勒才把这一概念推进到能实际应用的阶段。

图 1-15 蒸汽牵引犁在英国耕作

19世纪中叶，蒸汽绳索牵引犁引起了农业界的关注。1876年，一家英国媒体对蒸汽绳索牵引犁描述如下：“蒸汽机在地头运动，并借助钢缆绳往返拉着农具。完全避免了马匹耕作对表层及底层土壤的踩踏和压实。同时农具更加快速地被拉动，更深、更松地掀起土壤，使之得到来自大气影响的好处。用蒸汽机耕作力量大，农民不疲倦，从而使他们能等到土地适耕时才耕作。”

蒸汽绳索牵引犁主要有单蒸汽机牵引和双蒸汽机牵引两种（图1-16）。单蒸汽机绳索牵引犁早期使用，成本低一些，但是农田另一头的带绞盘的小车移动和锚定不方便。所以，后来双蒸汽机牵引犁在英国及其他国家得到推广。

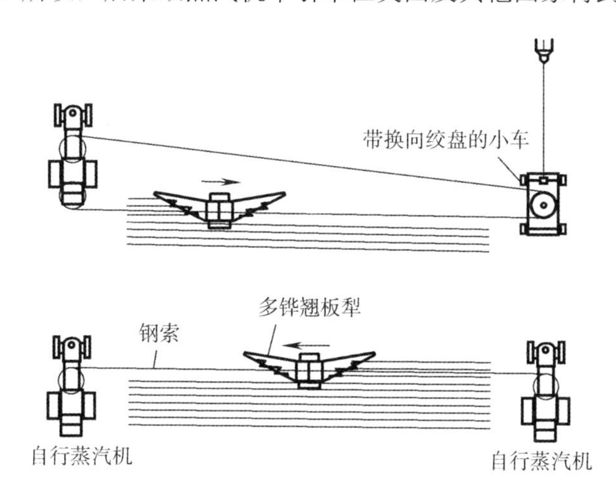

图1-16　单蒸汽机或双蒸汽机绳索牵引犁

双蒸汽机绳索牵引犁在耕作时，跨越田地的一根绳索和每个蒸汽机下方的绞盘相连，其间的犁被来回牵引。地头两边的自行蒸汽机（蒸汽绳索牵引车）在犁耕时并不移动，完成一个犁沟后，系统再移到下一个犁沟位置开始耕作。有些自行蒸汽机每个重约22t，一天犁地可达12hm²。在土地良好的条件下，能以6.5 km/h的速度犁地。犁沟长度通常为800m，而早期的绳较短。

蒸汽绳索牵引车在欧洲常被称为犁耕机动车（ploughing engine），它和普通的农用蒸汽牵引机动车大同小异，主要区别是前者机体中段下部有一个卧置大直径绳索绞盘（图1-17）。

在田间往复耕地的多铧翘板犁是一个可摆动的多铧犁架，常有人坐在架上从事犁的操纵和耕深的调节工作（图1-18）。

图 1-17　蒸汽绳索牵引车

图 1-18　多铧翘板犁

绳索牵引蒸汽犁出现后，首先在英国的大面积农田中得到使用。1870 年，约有 3000 套蒸汽绳索牵引犁在英国运行。除了大地主使用外，许多农民觉得其购置成本太高。1865 年后，大多数蒸汽绳索牵引犁为流动的承包商所有，每组承包专业队通常包含 4 个成人和 1 个男孩在宿营车一起生活，宿营车带着自行蒸汽机、农机具和装水的车一起在作业区之间流动。

第一次世界大战时，这种系统多数由英国军需部下属的农业机械委员会大量订购，以增加战时粮食生产，应对德国潜水艇对英伦三岛的封锁。当时，福勒公司就供应了 140 套蒸汽机动车，并带平衡犁、耕田机、水车和宿营车。

在英国之外，1869 年，第一台蒸汽绳索牵引犁在德国使用，每年可耕地 100 ～ 400hm^2。很快，双蒸汽机绳索牵引系统比单蒸汽机绳索牵引系统显示出了优越性。每台蒸汽机的持续功率约为 50 ～ 180 马力。在 19 世纪 90 年代的德国，这种系统得到进一步推广应用（图 1-19）。

图 1-19 蒸汽牵引犁在德国耕作的素描

德国诗人兼工程师马克斯·埃特（Max Eyth）促进了蒸汽绳索牵引犁在德国的发展。他生于德国基尔希海姆市，于 1861 年进入英国福勒公司工作，在全世界推销蒸汽犁。埃特后来成为德国农业协会（DLG）的奠基人。

在北美，对绳索牵引犁的发明大体和英国同步，但设计上有一些不同，推向市场后效果不理想。在美国西部，蒸汽绳索牵引犁从未重要。1870 年，只有 4 套这种系统在美国运行，主要因为美国中西部地形起伏，田块巨大，当时新开垦的中西部农业和较为成熟的西欧农业相比，在生产方式上也有差别。

绳索牵引犁耕作方式一直用到 20 世纪。由于技术的进步，加上运输的需要，被追求了数十年的蒸汽绳索牵引犁最终被内燃机驱动的拖拉机所取代。

但是，和拖拉机相比，绳索牵引犁耕这种方式，具有无须车轮驶过田地、不碾压土壤、无滑转的特点，它不仅在我国明代末期曾出现过，而且，一百多年来仍然为国内外一些农机工作者所眷恋。直到 20 世纪 70 年代，德国还在用这种犁开垦松软的泥炭地。20 世纪 50 年代末，在我国广东、上海、江苏、浙江、山东等地，人们试验过绳索牵引犁，当然，牵引动力不再用蒸汽机，而是改用电动机，称为“电犁”。

1.8 美国的蒸汽耕作机械

美国的蒸汽耕作机械主要是农用蒸汽牵引机动车和一些铧式蒸汽犁，这两种机械在美国有时也被统称为蒸汽犁。在美国，极少使用蒸汽绳索牵引犁。

1853 年，约瑟夫·福克斯在宾夕法尼亚州演示了他的专利蒸汽犁。在 1833 年以收割机设计而闻名的奥贝德·赫西（Obed Hussey），于 1855 年展示了他的蒸汽犁。但推向市场并不成功。

在 19 世纪的美国西进运动中，淘金热带动了采矿业的兴起，采矿人口剧增，刺激了西部农牧业的发展。为满足需要，仅加利福尼亚州的耕地就从 1852 年的

11 万多英亩增加到 1855 年的 46 万多英亩（1 英亩 =4 046.856m²）。1861 年 4 月，美国南北战争爆发；1865 年 4 月，战争结束。美国南北战争维护了国家统一，废除了奴隶制度，促进了资本主义发展。在战争期间的 1862 年 5 月，美国总统林肯颁布宅地法，允许耕种西部土地 5 年的农民在缴纳 10 美元证件费后，获得 160 英亩土地的使用权。在 19 世纪后半叶，耕地扩大的客观需求和欧美工业革命的技术基础，构成美国农业机械化发展的两个翅膀。

据美国农业委员会 1869 年的报告，早在 1833 年 11 月，美国南卡罗莱纳州的贝林格（E. C. Bellinger）取得了美国第一个蒸汽绳索牵引犁的专利。美国南北战争后，某些从英国进口的蒸汽绳索牵引犁开始在美国与加拿大的大块农田中使用，但它们不太适应广袤起伏的美国中西部田野及其耕作组织方式。大约从 1860 年起，美国开始使用蒸汽牵引机动车，它们成了美国蒸汽耕作机械的主要形式。

1869 年，原来生产锯木机、脱粒机等机械的尼科斯与谢巴德（Nichols & Shepard）公司进入蒸汽牵引机动车领域。它是美国蒸汽牵引机动车的主要制造商之一。该公司由约翰·尼科斯（John Nichols）和查尔斯·谢巴德（Charles Shepard）于 1848 年在美国密歇根州建立。后来，查尔斯把自己的股权转给了弟弟——在加利福尼亚淘金未果、爱动脑筋又懂机械的大卫·谢巴德（David Shepard）。该公司生产的牵引机动车很可靠，因而在美国、加拿大难耕的大草原中流行（图 1-20）。但是很可惜，在 20 世纪初蒸汽牵引机动车向汽油拖拉机转变的过程中，该公司对这一新技术转变反应迟缓，丧失了其在行业中的重要地位，最终在美国大萧条的 1929 年被美国奥利弗（Oliver）农业装备公司全资收购。

图 1-20　尼科斯与谢巴德蒸汽牵引机动车

1869 年，后来在拖拉机行业中卓有名气的凯斯（J. I. Case）公司也研制了前轮马拉转向、后轮驱动的蒸汽牵引机动车，仅使用带传动输出动力。1878 年，凯斯研制了完全自走的蒸汽牵引机动车（详见本章“美国凯斯蒸汽牵引机动车”一节）。

1875 年，位于俄亥俄州生产蒸汽压缩机、火车头等产品的库珀（C. & E. Cooper）公司采用乔治·罗杰斯（George Rogers）的专利，制造了马拉转向蒸汽牵引机动车（图 1-21）。库珀公司由查尔斯和伊莱亚斯·库珀（Charles & Elias Cooper）兄弟于 1833 年成立，靠铸造起家，后生产固定和轻便蒸汽机。1883 年，公司制造出能自己转向的蒸汽牵引机动车。到 1886 年，全美国有超过 1000 台库珀农用蒸汽机动车在使用。库珀公司历经 100 多年历史并存在到现在，所有者和公司名称几经演变，主业已转移到其他产业。

图 1-21 库珀蒸汽牵引机动车

1885 年，于 1881 年成立的位于密歇根州的埃德温斯（Advance）脱粒机公司开始生产蒸汽牵引机动车（图 1-22）。1895 年，位于印第安纳州生产玉米剥粒机和马拉脱粒机的儒米里（Rumely）公司将产品扩展到蒸汽牵引机动车。儒米里公司由梅拉德·儒米里（Meinrad Rumely）于 1887 年建立。儒米里公司最有名的产品是其于 1909 年生产的 Oil Pull 煤油拖拉机。1915 年，儒米里公司与埃德温斯公司合并组成埃德温斯儒米里公司。1931 年，该公司被美国轮式拖拉机制造商艾里斯查默斯（Allis-Chalmers）公司接管。

图 1-22　埃德温斯蒸汽牵引机动车

1888 年，明尼苏达州的明尼阿波利斯脱粒机械公司（Minneapolis Threshing Machine Company，简称 MTM）开始生产蒸汽牵引机动车。1893 年，MTM 制造的胜利（Victory）牌脱粒机械和蒸汽机动车（图 1-23）在芝加哥世界博览会上赢得奖牌。该公司在 1929 年与该地另两家公司合并组成美国轮式拖拉机制造商明尼阿波利斯莫林（Minneapolis-Moline）动力机具公司。

图 1-23　MTM 蒸汽牵引机动车

1889 年，加利福尼亚州的贝斯特（Best）公司也开始生产蒸汽牵引机动车。两年内，贝斯特公司销售了 25 台蒸汽牵引机动车，机动车的额定功率为 110 马力，质量为 19t。1902 年，贝斯特公司的产品还销往了夏威夷和俄罗斯。1890 年，加利福尼亚州生产马拉联合收割机的斯托克顿（Stockton）车轮公司制造了试验蒸汽牵引机动车（图 1-24）。该公司于 1892 年改名为霍尔特（Holt）制造公司。

贝斯特公司和霍尔特公司是著名的履带拖拉机制造商卡特彼勒（Caterpillar）公司的两个源头（详见第 3 章“美国贝斯特履带拖拉机”和“美国霍尔特履带拖拉机”两节）。

图 1-24　斯托克顿蒸汽牵引机动车

1891 年，伊利诺伊州的艾弗里（Avery）公司开始制造蒸汽牵引机动车。第一批蒸汽牵引机动车采用顶置发动机，既用牵引杆又用带轮工作。后来，公司对蒸汽牵引机动车进行改进，改进后的下置发动机的蒸汽牵引机动车相当成功（详见第 2 章“美国艾弗里拖拉机”一节）。

1851 年，铁匠威廉 • 布朗（William Brown）在密歇根州成立厄普顿（Upton）公司。19 世纪 90 年代，布朗出售了他的股份，公司改名为珀特休伦（Port Huron）公司。在 1899 年或之前，公司已生产蒸汽牵引机动车。这时的美国处于经济低迷期，公司几次面临破产。1928 年大萧条前夕，公司被清算后倒闭。

在 19 世纪 70 年代后期，美国农民购买蒸汽牵引机动车的数量已取得可喜进展。1890 年美国生产了约 3 000 台蒸汽牵引机动车。1900 年前后，美国 30 多家公司一年制造了约 5 000 台大型蒸汽牵引机动车，这些蒸汽牵引机动车比早期的都有了很大改进。

1.9　美国凯斯蒸汽牵引机动车

19 世纪后半叶，各国向农用蒸汽牵引机动车进军的重要企业，大多已淹没在拖拉机产业的历史潮流中。只有当年的凯斯公司或贝斯特公司还活在凯斯纽荷兰公司或卡特彼勒公司的血脉中。

凯斯（J. I. Case）公司是杰罗姆 • 英克里斯 • 凯斯（Jerome Increase Case）于 1842 年在美国威斯康星州创立的。公司最初生产脱粒机，在美国处于领先地位。1869 年，凯斯公司制造了它的第一台 8 马力便携式蒸汽机。它装在 4 个车轮上（图

1-25），被马拉到现场，蒸汽机侧面的大轮通过传送带驱动小麦脱粒机。该机现陈列于华盛顿特区的史密森博物馆。

图 1-25　凯斯蒸汽机

1878 年，凯斯公司用它的便携式蒸汽机制造了第一台蒸汽牵引机动车（图 1-26），使用链传动驱动机构。

图 1-26　凯斯蒸汽牵引机动车

1884 年，凯斯公司向市场提供的蒸汽机有滑移式、便携式和牵引式，功率范围从 8 马力到 30 马力。到 1887 年，它制造了第一个齿轮驱动的牵引机型，紧接着是带有摩擦式离合器的机型。到 19 世纪末通过凯斯的改进使得蒸汽动力用于大规模耕作成为可能，凯斯公司成为美国最成功的蒸汽牵引机动车制造商。

1902 年，25 马力的凯斯蒸汽牵引机动车可以拉动 10 架 16in（1in=0.025 4m）的犁铧。1904 年年末，凯斯公司生产了美国第一台 150 马力蒸汽牵引机动车（图 1-27），质量达 30t，采用动力转向，有两挡传动装置，高挡最大速度为 9.2km/h，低挡速度为 4.2km/h，自装的水、煤量足够机器运行 3h。该机用于矿石、木材和货物重载运输，道路拖运质量达 50t。1905 年 4 月进行试验，牵引总质量达 26t 的 4 台 15hp 机动车爬上坡度为 13% 的坡。150 马力机型到 1907 年停产，只生产了几台。后来由于找不到150马力机型的藏品，科里·安德森（Kory Anderson）在当年150张原设计图样上，花了七年时间，耗资150万美元，约50人花费15 000工时来重新制造了这一巨型蒸汽牵引机动车。

图1-27　凯斯150马力蒸汽牵引机动车

在美国农业耕作蒸汽为王的时代，凯斯公司制造的蒸汽牵引机动车的功率小至6马力，大到150马力，所有这些机动车都可以燃烧煤炭、木材、稻草、燃料油或组合燃料。到1908年，凯斯公司已在阿根廷、乌克兰、俄罗斯、澳大利亚和法国设立了分支机构。凯斯公司涉足蒸汽牵引机动车比很多公司要晚，但在19世纪70年代末决定介入该领域后，由于自产便携式蒸汽机加上强大的底盘制造能力，到20世纪初，凯斯公司已成为蒸汽牵引机动车行业的主力。

虽然汽油拖拉机在1902年已投放美国市场，但由于美国农场使用了超过72 000台蒸汽机，蒸汽动力耕作仍在继续发展，在1910年前后达到顶峰，因此汽油拖拉机的产量很小。但是，当汽（煤）油拖拉机批量投产后，蒸汽耕作迅速败下阵来。凯斯公司在生产了近36 000台蒸汽机之后，最终在1924年停止生产蒸汽机，并转向生产汽油拖拉机以迎接未来。

1.10　英国的蒸汽耕作机械

19世纪后半叶，在英国兴起的蒸汽耕作机械主要是蒸汽绳索牵引犁，主要制造商有约翰·福勒公司等。而农用蒸汽牵引机动车在英国用于耕作的不多，主要制造商有加勒特父子公司等。至于直接挂接旋转犁或铧式犁的蒸汽犁则在英国应用的极少。

在蒸汽绳索牵引犁的发展史中，贡献最大的发明家是英国工程师约翰•福勒。福勒的蒸汽绳索犁耕系统在英国广泛应用，并且销往全世界（图 1-28）。

图 1-28　福勒的蒸汽绳索牵引犁

自 1860 年起，在英国还有查尔斯•伯勒尔父子公司、克莱顿与沙特尔沃斯公司和埃夫林与波特公司也生产蒸汽绳索牵引犁。

伯勒尔父子（Charles Burrell & Sons）公司的历史可追溯到 1770 年在诺福克郡塞特福德设立的制造修理农具的小铸造间。1848 年，查尔斯•伯勒尔（Charles Burrell）制造了第一台蒸汽机。1860 年，查尔斯获得福勒公司的许可，开始生产蒸汽绳索牵引犁、平衡犁和浅耕机。从 1860 到 1914 年，公司生产了 142 套犁耕机动车。

克莱顿与沙特尔沃斯（Clayton & Shuttleworth）公司由纳撒尼尔•克莱顿（Nathaniel Clayton）和其妹夫约瑟夫•沙特尔沃斯（Joseph Shuttleworth）于 1842 年在林肯郡成立。公司的第一台轻便蒸汽机于 1845 年制造，并且参加了在伦敦举办的第一届世界博览会。1860 年，克林顿与沙特沃尔斯公司与福勒公司合作，生产蒸汽绳索牵引犁。19 世纪 70 年代，克林顿与沙特沃尔斯公司大量生产蒸汽绳索牵引犁（图 1-29）。20 世纪初，公司短时间内制造过内燃拖拉机。1929 年大萧条来临，公司被英国马歇尔父子公司接管。

埃夫林与波特（Aveling & Porter）公司是 1862 年由托马斯•埃夫林（Thomas Aveling）和理查德•波特（Richard Porter）合伙建立的。1860 年起，公司开始制造蒸汽绳索牵引犁。1865 年，公司研发了蒸汽机，并且产量超过英国所有其他制造商的总和。从 1865 年起公司生产的蒸汽压路机在市场上取得成功。

图 1-29　克莱顿与沙特尔沃斯蒸汽绳索牵引犁

在英国，能直接下田耕作的蒸汽牵引机动车不像北美那样受欢迎，其主要生产商是 1778 年成立的理查德·加勒特父子（Richard Garrett & Sons）公司。1868 年，公司生产的第一台农用蒸汽牵引机动车诞生，它的发动机原来用于小火车头。公司后来生产的 4 马力加勒特 4CD 蒸汽拖拉机（图 1-30）的质量不超过 5t，由一人操纵，在欧洲很流行。公司生产蒸汽机、牵引机动车、蒸汽压路机、蒸汽四轮马车、电力车辆等，其蒸汽牵引机动车在当时行业中负有盛名。为减少恶性竞争，1919 年，加勒特父子公司与其他 13 家公司组成农业和通用工程师公司联合体（AGE），为其成员公司分配市场份额以降低内部竞争，AGE 总部设在伦敦，但其多数成员公司坐落在乡间。1932 年，加勒特父子公司被英国主要制造电力机车的一家公司收购。

图 1-30　加勒特 4CD 蒸汽拖拉机

前述伯勒尔父子公司于 1905 年生产的第一台农用蒸汽牵引机动车在 1908 年皇家农业委员会举办的竞赛中获胜。这台车使用了特殊的专利轮，车轮为钢结构且外缘带木块。20 世纪早期，公司生产规模逐步扩大，1913 年获得最大成功。公司在第一次世界大战后衰落，最终于 1928 年关闭。

前述克莱顿与沙特尔沃斯公司 1876 年在伯明翰的皇家农业展览会上展出了 10 马力蒸汽牵引机动车。19 世纪 70 年代，公司大量生产农用蒸汽牵引机动车。

此外，AGE 生产蒸汽牵引机动车的主要成员，除加勒特父子公司、埃夫林与波特公司、伯勒尔父子公司外，还有巴福德与帕金斯（Barford & Perkins）公司和彼得（Peter）兄弟公司等。但是，在 20 世纪 20 年代末和 30 年代初的大萧条时期，AGE 于 1932 年进入破产管理，其多数成员被不同的公司兼并重组而得以幸存。

生产蒸汽牵引机动车的还有马歇尔（Marshall）父子公司，它在之后的英国拖拉机产业中扮演了重要角色。马歇尔父子公司生产蒸汽牵引机动车、蒸汽压路机、轻便蒸汽机和各种农业机械（详见第 5 章“早期英国马歇尔拖拉机”一节）。

1.11 蒸汽耕作机械基本结构

在拖拉机发展史上，蒸汽耕作机械时代大约历经了半个多世纪。虽然不同的蒸汽耕作机械结构各异，但它们仍具有某些共同特征。

整机　蒸汽机前置，全架式铁制（早期也有木制或铁木结构）机架，前轮转向，后轮驱动。多为四轮蒸汽牵引机动车，也有三轮（前轮为单轮）结构。整机质量从几吨到几十吨。

发动机　多数为卧式蒸汽机，开始用木材和煤做燃料，后来进行了改进，秸秆也可作为燃料。标称功率发展到 150 马力。需要注意的是，蒸汽机的马力最初是按每 10 ～ 14ft^2（1ft^2= 0.092 9m^2）锅炉表面为 1 马力的规则标识，这规则一直沿用到 1911 年。因蒸汽机比压增加，后来采用一种新的制动测力计（Prony 制动测力计）计量马力。由于使用的规则不同，一台 1908 年标为 30 马力的蒸汽机，在 1912 年可以标为 100 马力。

行走系　前后轮均为铁轮，前轮小，后轮大。为了保证机动车能够在田间直线行驶，前转向轮外轮缘中部有导向筋；为了机动车能在田间行驶并能发挥足够的牵引力，后驱动轮大而且外缘有金属抓地齿，这也是农用蒸汽牵引机动车和其他类型牵引机动车的重要区别。

传动系　用开式链传动和齿轮传动将蒸汽机的动力传送到驱动车轮，布置在拖拉机后半部（图 1-31）。据有限资料估计，整机牵引效率不高于 50%。

图 1-31　蒸汽拖拉机开式传动系

工作装置　对农用蒸汽牵引机动车来说，后面牵引的犁和其他农具原来常常是马拉的，现在用绳索或链条牵引。此外，侧面还有带轮可输出动力，用来驱动脱粒机等机具。对蒸汽绳索牵引车，下部设有卷绕钢索的驱动绞盘。对旋转或铧式蒸汽犁，有机械或液压机构升降挂接的犁组。

100 多年来，尽管拖拉机技术发生了翻天覆地的变化，但是在拖拉机中仍然可以见到蒸汽耕作机械结构的某些基本特征。

1.12　蒸汽耕作机械的衰落

19 世纪后期，尼科劳斯·奥托等人发明和完善了两冲程和四冲程内燃机。到 19 世纪末和 20 世纪初，出现了汽（煤）油拖拉机，它们具有蒸汽耕作机械所无法匹敌的品质。

首先，蒸汽耕作机械的蒸汽机以及锅炉和水箱大而重，很多道路和桥梁常常无法支持它们的重量，尤其过木桥时更危险，很多驾驶员因此受伤甚至跌入河渠和峡谷死亡；其次，蒸汽机是有危险性的，其锅炉水平面需持续检查，稍不注意，锅炉就会起泡沫并有可能爆炸；第三，每天早晨需 30 ～ 60min 预热以保证有足够的蒸汽压力来转动曲轴；第四，对美国中西部地区的农场，煤炭或木材供应短缺，只能使用量大而又蓬松的秸秆；最后，蒸汽机锅炉的燃烧，在收获脱粒季节，特别是在美国中西部辽阔多风的农田上，容易引起火灾。所以，后来的汽油拖拉机取代蒸汽耕作机械是历史发展的必然结果。在这一重大技术转变中，一些公司如凯斯公司等由于及时调整了产品发展方向，跟上了时代潮流。那些没有及时适应这一技术转变的公司，如加勒特公司、尼科斯与谢巴德公司、福勒公司等，即使在当时声名显赫，也难以逃脱被淘汰的命运。

第 2 章

汽油拖拉机的破晓时光

引言：汽油拖拉机的“星星之火”

在 19 世纪末期，已经出现了汽油拖拉机的“星星之火”。1889 年，美国伊利诺伊州的查特尔汽油机公司把汽油机装在轮子上；1892 年，德裔美国人约翰·弗洛里奇自制的汽油拖拉机在美国南达科他州金秋的田野上获得成功；1892 年，生产轻便蒸汽牵引车和脱粒机的凯斯公司研制了一台使用汽油机的试验拖拉机；1894 年，内燃机的德国发明人尼科劳斯·奥托的道依茨公司把他们的汽油机试装在农用牵引机动车上。但是，所有这些尝试并没有真正形成可供市场批量销售的商品。所以，当这些发明家把汽油机架在拖拉机底盘上的时候，他们可能尚未意识到一场拖拉机技术的重大革命开始了！

直到 20 世纪最初的 10 年里，市场上才真正出现汽（煤）油拖拉机批量生产的“星星之火”，一批发明家和企业家开始把汽油拖拉机批量投放市场。

1901 年，两位美国工科大学生查尔斯·哈特和查尔斯·帕尔创立的哈特帕尔公司制造出汽油拖拉机，随后首次小批量生产。

1902 年，由英国自行车制造商丹尼尔·奥本建立的艾威公司在英格兰的田野上试验他们独特的三轮拖拉机，从而成为英国内燃拖拉机产业的先驱。

1904 年，英国赫伯特·桑德森造出他的第一台内燃拖拉机；1908 年，推出三轮全驱动拖拉机；1916 年，生产出较成功的四轮 G 型拖拉机。

1906 年，4 年前由 5 家公司合并而成的美国万国公司销售了它的第一台汽油拖拉机，从此开始生产系列汽油拖拉机。同年，美国汽车大王亨利·福特开始了他艰难的拖拉机研发之旅。

1907 年，德国人卡尔·格莱切设计了一种摩托犁，后来，这种摩托犁由斯托克摩托犁公司批量生产。

1908 年，美国明尼阿波利斯钢铁与机械公司开始生产双城牌汽油拖拉机。同年，卡特彼勒创始人之一——本杰明·霍尔特制造了首批汽油机驱动的履带拖拉机。

汽（煤）油拖拉机的优点迅速为农民察觉：蒸汽拖拉机的质量达几吨到几十吨，而汽（煤）油拖拉机的质量可以只有一吨多，甚至几百公斤；蒸汽拖拉机需要人员随行为其供应燃料和水，并且要一批人伺候，而汽（煤）油拖拉机一个人即可操作；蒸汽拖拉机的单台售价为数千美元，而汽（煤）油拖拉机可以把单台成本控制在 1 000 美元以下。如果说蒸汽拖拉机的客户主要是大农场主和专业承包商，那么汽（煤）油拖拉机则打开了农业拖拉机进入普通农户的大门。

当然，生产蒸汽拖拉机（准确地说是农用蒸汽牵引机动车）的企业也对这一趋势进行了顽强的抵抗。它们将蒸汽机小型化，对其进行以节能改进减少水和燃料消耗，以及采用方便操作的结构等。但是雄厚的资本最终也抵挡不住技术的进步，到 20 世纪 20 年代，蒸汽拖拉机已基本被内燃拖拉机取代。

2.1 弗洛里奇和他的汽油拖拉机

在工业发展史上，对于谁是第一个概念发明者可能众说纷纭，而且研究这个问题的实用意义有限，因此行业和史学界更关注是谁第一个把这种发明推到了实用和成功的阶段。同时，恰恰是对后者的研究比前者更容易取得共识。如在瓦特之前已有人发明了蒸汽机，但是瓦特的改进使蒸汽机进入了工业实用和成功的阶段，工业界和史学界都认为瓦特在蒸汽机上起到了划时代的作用。

事实上，美国第一台汽油拖拉机是伊利诺伊州查特尔（Charter）汽油机公司在约 1889 年创造的，它在蒸汽牵引车底盘上装单缸汽油机，可移动并靠带轮工作。但是，拖拉机史学界多数认为美国第一台成功的汽油拖拉机发明人是一位年轻的德裔美国农民约翰·弗洛里奇（John Froelich）（图 2-1）。他于 1892 年研制的弗洛里奇拖拉机是后来著名的滑铁卢男孩拖拉机的前身。

图 2-1　约翰·弗洛里奇

约翰·弗洛里奇的父亲于1845年从德国黑森州到达美国。他在美国爱荷华州找好地点后，返回德国并带领一批移民移居美国，其中包括后来成为他妻子的女孩。他在爱荷华州东北部买了地，后来在两条道路交汇处形成小镇，居民用他的姓命名该镇为“弗洛里奇镇”，直到现在该镇仍使用这个名称。

1849年，约翰·弗洛里奇诞生了，他是老弗洛里奇九个孩子中的老大。他像父亲一样作为农民成长，并生活在弗洛里奇镇附近。成年后，弗洛里奇的兴趣是带领一伙人外出用机械承包农活，每年秋天带着一台谷物升降机和一台需蒸汽机拖动的脱粒机在南达科他州跨地作业。在熟悉了蒸汽机后，他意识到它们的不足。早期的蒸汽机要花一小时增强蒸汽才能干活，机器重量大，使用成本高，转移困难。在南达科他州难于找到蒸汽机所需的煤和木材，他们不得不一边脱粒一边用脱粒后的秸秆烧火，这在有风的平坦草原上是危险的。结果，当地农民不愿意租用他的机械干活，依然像过去那样用马、骡或牛拉犁耕作。

弗洛里奇是个爱动脑筋的农民发明家，他发明了洗衣机、洗碗机、干燥机、玉米机械筛及空气调节装置等。1890年，弗洛里奇从辛辛那提买了一台汽油机来驱动他的谷物升降机。两年后，他产生了以汽油机为动力造一台拖拉机的想法。

1892年，43岁的弗洛里奇和弗洛里奇镇的铁匠威廉·曼恩（William Mann）在曼恩的铁匠铺里，造出一台16马力能进退并能带动脱粒机的拖拉机（图2-2）。

图2-2 弗洛里奇的汽油拖拉机

这台汽油拖拉机是个“混血儿”。它仍然采用小转向前轮和大驱动后轮的整机布置；和蒸汽拖拉机发动机前置不同，单缸汽油机放在拖拉机后半部以靠近驱动车轮；拖拉机机架用木头制成，行走机构借用原来罗宾逊牵引机动车的；须重新设计和改装传动装置，增加倒挡，因为蒸汽机可以用气阀改变旋转方向，而汽油机则不能；还有带动脱粒机的带轮。弗洛里奇和曼恩通过自己制造或借用他人的零件完成了这台拖拉机的研制。

在拖拉机试车完善后，弗洛里奇和曼恩带着它，在南达科他州获得了巨大成功。他们把它和凯斯脱粒机相连，在 52 天里脱粒 2 000t 谷物。难得的是，机器工作环境温度从 38℃直到 -20℃，未发生停机故障。

在那个秋天后，弗洛里奇将他的拖拉机用船运到爱荷华州的滑铁卢向一些商人展示。他们在 1893 年组建了滑铁卢（Waterloo）汽油牵引机动车公司，制造和销售“弗洛里奇拖拉机”，并委任弗洛里奇为公司总裁。不幸的是销售情况很不好，总共造了 4 台，售出的两台很快被退回。为了生存，1895 年公司改组为滑铁卢汽油机公司，在继续拖拉机试验的同时，集中制造固定式汽油机以保证收益。

但弗洛里奇的兴趣在拖拉机而不在固定式发动机上。壮志未酬的弗洛里奇于 1895 年离开公司，此后他的人生道路并不平坦。他移居爱荷华州的迪比克，为一家工厂制造发动机。有猜测说，在 1901 年后，他可能为生产汽油拖拉机的哈特帕尔公司工作，但没得到文献证实。在 1910 年之前，他在他兄弟的制造厂任副总裁。最后他和妻子及两个儿子与两个女儿，搬到明尼苏达州的圣保罗，在那里他以投资顾问的身份谋生。美国 1929 年的大萧条对投资顾问职业是致命的打击，他的境况更糟，几乎破产。他跟着他的女儿在圣保罗度过最后岁月，直至 1933 年去世，享年 84 岁。

约翰・弗洛里奇的发明在他生前获得的金钱和荣誉都很少，但是人们并没有忘记这位聪明的农民发明家。在他去世半个世纪后成立了基金会，在弗洛里奇镇设立了弗洛里奇拖拉机博物馆，同时这个爱荷华州的弗洛里奇镇也自称为“美国的拖拉机镇”。

因为他的贡献，1991 年，约翰・弗洛里奇被列入爱荷华州发明家名人纪念馆，这位德裔美国农民最终得到了他应得的肯定，被人们铭记。

2.2 美利坚的滑铁卢男孩

滑铁卢男孩（Waterloo Boy）是 20 世纪初美国著名的拖拉机品牌，它是在美国爱荷华州的滑铁卢市生产的，并不是在拿破仑折戟惨败的比利时滑铁卢生产的。

滑铁卢汽油牵引机动车公司，在 1895 年重组为滑铁卢汽油机公司。1902 年，公司合并了戴维斯发动机公司，两年后合并解体。滑铁卢汽油机公司独立出来有了一个新产品："滑铁卢男孩"汽油机，这为他们七年后生产拖拉机打下基础。此时，公司虽有制造固定式汽油机的成功业务，但他们一直希望在过去十余年试验和失败的基础上，生产出一种能被农民接受的拖拉机，尽管重返拖拉机市场之路并不平坦。

1911 年，滑铁卢汽油机公司开始研制农用拖拉机，公司邀请另一个发明人来演示他设计的拖拉机，但其田间性能不太理想。他的拖拉机给滑铁卢公司留下深刻印象，特别是它采用的卧式双缸汽油机。1912 年，公司总工程师路易斯•维特里（Louis Witry）开始设计对置双缸发动机的"滑铁卢男孩"拖拉机，并实现生产。到 1918 年，公司研发了成系列的拖拉机，其中在市场上影响最大的是 L（LA）型、R 型和 N 型。L 型拖拉机（图 2-3）采用卧式对置 15hp（1hp=0.746kW）汽油机，有一个前进挡和一个倒挡，链传动转向，拖拉机质量为 1 360 kg。

图 2-3　滑铁卢男孩 L 型拖拉机

1914 年，在 LA 型拖拉机底盘上装缸径扩大的发动机，使用农民更能承受的煤油作为燃料，采用汽车蜗杆转向系统。新拖拉机用新型号 R。R 型拖拉机广受欢迎，1915 年售出 118 台，每台售价 750 美元，到 1916 年已稳定供应市场，奠定了滑铁卢汽油机公司在拖拉机行业的地位。1917 年，R 型拖拉机开始出口，销往丹麦、英国、法国、希腊、爱尔兰和南非。到 1918 年停产时 R 型拖拉机已售出 9 310 台。

1917 年，公司推出 N 型（图 2-4）拖拉机，装 27hp 煤油发动机。其亮点是按农民需要选装两个前进挡，滑动齿轮换挡，最终传动结构利于泥土防护和减少磨损，可拉 3 铧犁或 9 片圆盘耙或 2 个打捆机。N 型拖拉机立即获得成功，在 1918 年售出 5 000 多台，每台售价 1 050 美元。因此，公司决定停产固定式发动机，集中制造拖拉机。N 型拖拉机从 1917 年到 1924 年期间共生产了 21 392 台。

图 2-4　滑铁卢男孩 N 型拖拉机

值得一提的是，在著名的美国内布拉斯加拖拉机试验历史上，它鉴定的第一台拖拉机就是滑铁卢男孩 N 型拖拉机。从 1920 年 3 月到 4 月，滑铁卢男孩历经 44h 试验，测得试验质量为 2 807kg，最大拉力为 13 170N，最高速度达 3.33 km/h。特别是牵引功率超过了广告宣称的功率。

这一时期，公司的产品研发十分活跃。1913 年，公司进行了履带变型设计，由于其制造困难和市场不大，因此没卖出几台。

在美国汽车大王亨利·福特推出福特森（Fordson）拖拉机后（参见第四章“里程碑：福特森 F 型拖拉机”一节），滑铁卢汽油机公司的行业地位受到巨大挑战。1918 年，滑铁卢男孩拖拉机售出 5 634 台，而福特森拖拉机售出 34 167 台。同年，意欲进军拖拉机领域的美国著名农具制造商迪尔（Deere）公司，收购了滑铁卢汽油机公司，滑铁卢男孩拖拉机品牌也在 5 年后彻底消失。

2.3　美国哈特帕尔拖拉机厂

1892 年，约翰·弗洛里奇成功研制农用汽油拖拉机。史学界认为约翰·弗洛里奇是美国发明能实用的汽油拖拉机的第一人。1901 年，由两位大学毕业生创立的美国哈特帕尔（Hart-Parr）公司生产的第一台拖拉机，被史学界以及英国和美国的百科全书认为是世界上第一台获得商业成功的农用汽油拖拉机。

查尔斯·哈特（Charles Hart）和查尔斯·帕尔（Charles Parr）是美国威斯康星大学机械工程系的两名学生，两人都有兴趣发展内燃机，因此他们共同参与了一个内燃机课外合作项目。他们总共制作了五台发动机，并以优异成绩毕业。1897 年，他们找到了一些金融支持，并在大学所在地麦迪逊建立了一个小厂来生产固定式汽油机。根据哈特帕尔公司的记录，麦迪逊工厂生产了约 1 200 台固定式发动机。

到 1900 年，汽油机的产量已超过工厂生产能力，同时查尔斯·哈特还希望制造一种能拉犁的农用拖拉机，它们需要资本和选择新址建厂。1901 年 6 月，在哈特父亲的帮助下，他们在和两人同名的爱荷华州查尔斯市，吸引当地商人组成了哈特帕尔公司，并在查尔斯市建立了一座工厂生产汽油拖拉机。这是美国第一个专门生产农用汽油拖拉机的工厂。

他们用蒸汽拖拉机的底盘，在 1901 年末制成第一台汽油拖拉机，并于 1902 年售出。第二台拖拉机的底盘完全由哈特帕尔公司设计，于 1902 年夏天装配，当年售出，单价为 1 800 美元。由于这种汽油拖拉机受到农民欢迎，1902 年秋冬季至 1903 年春季，第一次小批量生产了 13 台汽油拖拉机，这是美国首次批量生产汽油拖拉机。上述拖拉机均采用双缸 33hp（1hp=0.746kW）卧式汽油机，缸径 / 行程为 228.6mm/330.2mm。牵引杆输出功率为 17hp，带轮输出功率为 30hp，拖拉机称为 17-30 型（图 2-5），以结构粗壮闻名。

图 2-5　哈特帕尔 17-30 型拖拉机

当时美国汽车发展迅速，汽油供应紧张，价格上升，而煤油便宜且容易买到。哈特和帕尔发明了双化油器来解决这一问题，发动机用汽油起动，热起来后转为用煤油。

1907 年，他们生产的 30-60 型拖拉机采用缸径 254 mm、行程 381mm 的双缸发动机，拖拉机牵引杆输出功率为 30hp，带轮输出功率为 60hp。该型拖拉机使用可靠，一直生产到 1918 年，共生产了 4 114 台。他们还研发了当时世界上最大的 100hp 汽油拖拉机，但由于其太大而未投产。

哈特帕尔拖拉机的主要特色包括油冷发动机、顶置气门、磁电机点火、双化油器、发动机强制反馈润滑以及拖拉机重载传动系。他们还为不同土壤承制不同的驱动轮。哈特帕尔拖拉机不仅在美国受到欢迎，而且出口到阿根廷、奥地利、俄罗斯、古巴、智利、菲律宾。从 1908 年起，当其他美国厂家还在国内打拼时，哈特帕尔公司已成为国际性拖拉机公司。1910 年前后，哈特帕尔公司已奠定了它在美国内燃拖拉机行业的领先地位。

此后公司遇到了麻烦。一方面是公司技术上虽然领先，但没有对其发明及时进行专利注册，加上公司的总工程师和部分设计、销售人员流入到竞争对手公司，使得公司的有些创新反而在对手那里首先推出；另一方面，第一次世界大战带来不利影响，公司花费大量的钱按制造军需品重组，正是这一问题造成哈特于 1917 年离开公司。尽管 1918 年公司推出了改变粗壮老缺点的轻型新哈特帕尔拖拉机，但在和新出现的滑铁卢男孩和福特森拖拉机的激烈竞争中，公司已难以保持原来地位。

当美国大萧条来临，1929 年 4 月，哈特帕尔公司和奥利弗公司合并，组成奥利弗（Oliver）农业装备公司。曾影响早期世界拖拉机市场的哈特帕尔品牌就此消失。

2.4 “拖拉机（tractor）”一词的由来

在 19 世纪的蒸汽耕作机械中，和今天的拖拉机相似的是农用蒸汽牵引机动车。当时，人们还没有把这种机械称为“蒸汽拖拉机”。

“tractor（拖拉机）”这个词作为标识第一次出现在拖拉机上，是蒸汽牵引机动车出现半个世纪后的事。其起源可追溯到美国第一个量产汽油拖拉机的哈特帕尔公司，tractor 一词就是该公司销售经理威廉姆斯（W. H. Williams）在 1906 年开始使用的。

约翰·卡尔伯特森（John Culbertson）在《The Builders》一书中写道：“1906 年的一天，W.H. 威廉姆斯正在写广告稿，他为麻烦的‘汽油牵引机动车（gasoline traction engine）’一词所苦恼，此时一个新词跳出他的脑袋，这是一个复合‘traction’和‘motor’的词汇‘tractor’，他把它写在稿本上。”1907 年，“tractor”用于公司广告，并铸造在拖拉机机体上。1912 年，哈特帕尔公司开始使用术语“farm tractor（农用拖拉机）”。

实际上，tractor 这个词可能出现的更早。在 1880 年芝加哥的乔治·爱德华兹（George Edwards）的一项履带行走装置专利说明中，以及在 1890 年他的履带拖拉机发明专利 425600 号文件中，已出现了 tractor 一词。

由于哈特帕尔公司的影响，加上这个词简练准确，tractor 这一称谓渐渐被行业广泛采纳。随后，世界各主要语种大都采用源自 tractor 的音译名，如德语为 Traktor，法语为 Tracteur，俄语为 Трактор，意大利语为 Trattore，西班牙 / 葡萄牙语均为 Tractor。

至于中文称谓，有个演变过程。清朝末年，两台农业蒸汽牵引机动车首次输入中国。当时在官方和民间称它们为“火犁”。由于在铁轨上行驶的蒸汽机驱动的车辆被称为“火车”，那么在田间犁地的蒸汽牵引机动车被称为“火犁”也合乎逻辑。况且，当时在美国和英国也有人称这种机械为“Power Plow”或“Power Plough”。“火犁”这一称呼一直延续到民国时期，甚至一些地区在新中国成立初期还在使用。

在民国时期，特别是批量进口内燃拖拉机后，当时官方采用“曳引机”这一称谓。对于英文 tractor，曳引机是比较准确并且充满书卷气的译名。直到今天，这一译法仍然在使用，但仅仅是在台澎金马地区。

新中国建立之初，“火犁”或“曳引机”的称谓仍有使用。在开始引进苏联拖拉机后，其俄文 трактор 一词当时被译成中文“拖拉机”。无疑，这是一种既传神又传音的译法，并且通俗易懂，因此迅速被除台澎金马地区以外的中国官方和民间接受。同时，“拖拉机”这一中文译名已经被世界上各种语言的双语翻译词典广泛采纳。

2.5 自行车骑士奥本和英国艾威公司

当美国哈特帕尔公司开始生产汽油拖拉机时，英国的艾威（Ivel）农业摩托公司于 1902 年也开始生产三轮轻型汽油拖拉机，它们由公司奠基人丹尼尔 • 奥本（Daniel Albone）设计。在英国自行车界已声名显赫的丹尼尔 • 奥本也被称为大不列颠汽油拖拉机工业之父。

其实，艾威拖拉机并不是英国第一种以内燃机为动力的拖拉机。1897 年在英国已经生产并销售了使用内燃机的霍恩斯比阿克罗伊德（Hornsby-Ackroyd）牵引机动车，不过它采用的不是汽油机，而是燃烧重柴油的热球式内燃机（参见本章“热球式内燃机”一节），并且它像蒸汽牵引机动车那样，质量达 8 600kg，实用价值不大。

1860年，丹尼尔·奥本出生在英格兰贝德福德郡，是父母8个孩子中的老小。在他9岁时，有人送他一辆自行车，很快他成为能干的自行车手，并在当地许多比赛中获奖。13岁时，他自己制造了前轮大后轮小的自行车。母亲注意到他在制造自行车上的技能，送他到考尔斯工程师和技师公司当学徒。近20岁时，他在家族的工棚里，开始制造一种常规自行车，并且售出了很多。1880年，他把自行车业务整合并成立了艾威（Ivel）自行车厂，艾威是穿过他家乡一条河流的名字。他的自行车很快流行并成为竞赛用车，他还成为当地自行车锦标赛著名的冠军，据说丹尼尔·奥本一生中赢得过180个自行车奖项。

丹尼尔·奥本是艾威自行车、艾威摩托车和艾威汽车的发明者，但他在机动车辆上最有影响的发明是英国第一个成功实用的艾威农用拖拉机。丹尼尔·奥本开发拖拉机的念头起于一个深夜。1896年5月的一天早上4点钟，丹尼尔·奥本夫人惊讶地看到丈夫起床穿衣，并告诉她自己要去办公室，说构思了一种重量轻、以汽油机为动力的农用摩托，比马匹或蒸汽牵引机动车更合适从事农业作业，他需要立即把想法画在图样上。

经过5年多的研究，丹尼尔·奥本于1901年11月完成了他的拖拉机设计，1902年2月申请了专利。1902年7月他在农场的草地上带割草机进行了试验，从勋爵到普通农民都到场参观。这车以最高速度转圈，拉一台割草机，历经一个半小时，把草地割得很干净，而且工作正常没出现故障，大家都很满意，人们普遍认为这一发明满足了农业作业长期的愿望（图2-6）。

图2-6 艾威拖拉机

丹尼尔·奥本得到了各界强有力的支持。1902年12月，丹尼尔·奥本建立了艾威农业摩托（Ivel Agricultural Motors）公司，把他的机器称为艾威农业摩托，拖拉机这个词后来才流行起来。1902 年的轻型三轮艾威农业摩托采用双缸 4 冲程 8hp 蒸发式水冷汽油机，有圆柱弹簧缓冲的单前轮和两个大驱动后轮，有一个前进挡和一个倒挡，最高速度达 8 km/h，拖拉机质量为 403 kg，左侧带轮能驱动各种固定式农业机械。1903 年单台售价为 300 英镑。

在英国国内及国外的农展会上，艾威拖拉机获得了 31 块金牌和银牌。1903 年，艾威拖拉机成为澳大利亚的第一台内燃拖拉机。1904 年艾威拖拉机出口新西兰，还有 17 台销往南非。

丹尼尔·奥本善于联想，创新不止。1903 年年初，他在厂内见到一台艾威拖拉机罩了薄金属防尘板，他突然想到如果用厚机罩，就能抵抗子弹而成为军用车。他立即用 1/4in（1in=25.4mm）厚的防弹钢罩把拖拉机改成后面有门的艾威防弹汽车。1904 年，他的自动供油润滑取得专利。此外，还有拖拉机和各种农具连接装置的改进。他最后的发明是机动马铃薯播种机。

1906 年 10 月的一天清晨，丹尼尔·奥本在办公室打电话时中风摔倒，10 分钟后死亡，时年 46 岁。对这位英年早逝的机械动力耕作先驱者，有评论认为他的早逝可能和他从事拖拉机业务有关。他发明的艾威拖拉机并不比他的自行车、摩托车赚钱更多，但他在拖拉机业务上的付出比在自行车、摩托车业务上付出的辛劳更多。直到去世的几个月前，他还努力地在拖拉机的多用途上进行创新：改进照明以便拖拉机能在夜间带收割机工作；将拖拉机带动救火机以供消防和农业灌溉用等。

公司还生产过更大功率（24hp）的三轮拖拉机，质量为 1 814kg，共生产了 500 台。在丹尼尔·奥本去世后艾威拖拉机未能进一步发展，艾威农业摩托公司也势头大减，于 1920 年破产，其资产被联合汽车（United Motor）工业公司收购。

2.6 短暂的英国桑德森拖拉机

在第一次世界大战前，桑德森公司是英国最大的内燃拖拉机制造企业。赫伯特·桑德森（Herbert Saunderson）在访问加拿大后，于 1890 年在英国贝德福德的埃尔斯托建立了桑德森公司，公司建立之初是加拿大麦赛哈里斯公司的代理商。1898 年，桑德森在英国皇家展览会上演示了他的“自走车辆（Self Moving Vehicle）”，但因发动机故障不幸失败。

1904 年，桑德森制造了第一台称为“桑德森通用（Saunderson Universal）”三轮拖拉机，单缸发动机功率为 30hp，能牵引 3 铧犁或 2t 拖车（图 2-7）。1906 年，桑德森通用拖拉机在英国皇家展览会上获银牌奖。

图 2-7　桑德森通用拖拉机演示

1910 年，因阿瑟·吉福金斯（Arthur Gifkins）的加入，公司改名为桑德森与吉福金斯公司。1913 年，又改名为桑德森拖拉机和农具公司。第一次世界大战开始后，公司继续生产拖拉机，因战时劳力短缺而使拖拉机的销售兴旺，短时间内该公司成为英国最大的拖拉机制造商。

公司先后制造过两轮、三轮和四轮拖拉机，其中 G 型四轮拖拉机在英国最畅销。桑德森 G 型拖拉机（图 2-8）于 1916 年推出，采用 25hp 双缸汽油机，3 进 1 退变速箱，直到 1924 年停产。

图 2-8　桑德森 G 型拖拉机

虽然桑德森拖拉机比较成功，但从 1917 年开始英国大量进口了美国福特森拖拉机，桑德森拖拉机的销量便迅速下降，公司陷入困境。尽管他们在 1922 年推出了新的轻型拖拉机，采用 20hp 双缸 V 型汽（煤）油发动机，并且承诺拖拉机有 3 年保用期，但仍然难于和福特汽车公司竞争。

1924 年，为其提供发动机的克罗斯利（Crossley）汽车公司接管了桑德森公司，拖拉机品牌改为克罗斯利，在埃尔斯托工厂继续制造小型固定式发动机和拖拉机。20 世纪 30 年代中期，埃尔斯托工厂被出售，成为贝德福德制犁（Bedford Plough）工程公司的工厂，运作到 20 世纪 70 年代。

2.7 美国万国公司成立

在 20 世纪，美国万国公司有半个世纪是全球轮式拖拉机行业的排头兵。1902 年成立的万国公司的历史可追溯到 1831 年。19 世纪初，美国农民罗伯特·麦考密克（Robert McCormick）开始研制马拉收割机，经过 20 多年反复尝试，未能成功，最终心灰意冷，于 1831 年把想法交给了他的儿子，史称老赛勒斯·麦考密克（Cyrus McCormick Sr.）（图 2-9）。当年，赛勒斯·麦考密克对收割机进行了改进，7 月在弗吉尼亚州成功演示了他的收割机，允许一人一天收割 40 英亩（1 英亩 =4 046.856m^2）小麦，相当于 5 个人的工作量，他也因此成为第一台获得商业成功的马拉小麦收割机的发明家。19 世纪 40 年代，赛勒斯·麦考密克和他的家庭在自己农场的铁匠铺制造并销售收割机，到 1846 年年底已售出 100 多台。

图 2-9 赛勒斯·麦考密克

1847 年，赛勒斯·麦考密克移居芝加哥并建立了麦考密克收获机械公司。得益于位于工业和铁路中心的芝加哥的地理优势，也依靠创新的营销技巧，公司大获成功。1858 年，公司总资产超过 100 万美元，是美国最大的农业装备制造商之一。不幸的是，1871 年的芝加哥大火焚毁了麦考密克工厂。尽管凯斯公司提出帮助其制造麦考密克机器，但被麦克密克公司拒绝了，并在芝加哥西南部建立了麦考密克新工厂。1884 年老赛勒斯·麦考密克去世，小赛勒斯·麦考密克（Cyrus McCormick Jr.）成为麦考密克收获机械公司的总裁。

19世纪八九十年代，公司处于强势地位，但在竞争对手迪灵（Deering）收割机公司的挑战下，市场有所萎缩。到1900年，双方的销售额几乎相等。1902年，麦考密克收获机械公司、迪灵收割机公司和另外3家小公司合并，组成了万国收割机公司（International Harvester Company，简称IHC），在我国常称其为“万国公司”。在万国公司最初的40年里，小赛勒斯·麦考密克及其弟哈罗德·麦考密克（Harold McCormick）掌管公司。1903—1910年，为了避税和促销万国公司向国外扩张建厂。在公司组建成立时，就有20%的产品出口到美国以外。

1906年，万国公司销售第一台汽油拖拉机，随后麦考密克和迪灵的工厂生产C和D型拖拉机。由于麦考密克和迪灵的经销权并未整合，在麦考密克经销网中使用莫卧儿（Mogul）商标，在迪灵经销网中使用泰坦（Titan）商标。1910年年底，万国公司开始推出莫卧儿45型拖拉机，采用50hp万国双缸汽油机，1进1退齿轮变速箱（用摩擦带实现倒退），拖拉机质量为8 391 kg。1912年，该机型改进为莫卧儿30-60型（图2-10），采用66hp万国双缸煤油机，生产到1917年。

图2-10 万国莫卧儿30-60型拖拉机

在20世纪的第二个十年里，万国公司依次推出一批新的汽（煤）油农用拖拉机：30-60型、12-25型、8-16型、20-40型和10-20型。型号中前一个数字表示牵引杆输出功率，后一个数字表示带轮输出功率。从1914年起，为了适应市场要求，拖拉机向小型化延伸。如莫卧儿8-16型拖拉机（图2-11），采用17hp万国单缸煤油机，1进1退齿轮变速箱，质量为2 233 kg，售价为675美元。

图 2-11　莫卧儿 8-16 型拖拉机

值得一提的是 1918 年，万国公司在某些拖拉机上除提供带轮外，还提供了动力输出轴（PTO），这在行业里可能是第一次。

在 20 世纪的第二个十年里，万国公司这些结实的农用拖拉机取得了不同程度的成功，在美国轮式内燃拖拉机市场上的占有率达 21.4%，高于福特、明尼阿波利斯莫林、凯斯、艾里斯查默斯、迪尔等公司，位居榜首。

2.8　早期的凯斯内燃拖拉机

凯斯公司的创立者杰罗姆·凯斯（图 2-12）于 1819 年诞生在纽约州的农民家庭，比美国马拉收割机发明家老赛勒斯·麦考密克晚出生 10 年。杰罗姆·凯斯年幼时在农民杂志上读到一篇文章，文章谈到人们可以不用手而用机器收割小麦，正是这篇文章引起了他对农业机械的兴趣。

图 2-12　杰罗姆·凯斯

1842 年，杰罗姆·凯斯在威斯康星州创立了凯斯公司。1856 年，他当选拉辛市长。1863 年，杰罗姆·凯斯和公司的 3 位高级雇员合伙组成了新的凯斯公司（J. I. Case & Company）。1865 年，他入选州参议院。1869 年，凯斯公司进军便携式蒸汽机市场。1871 年，芝加哥发生大火灾后，他投资当地金融业，创立了两家地方银行，并投资了一家保险公司。1876 年，他涉足制犁业。1878 年，杰罗姆·凯斯用他的蒸汽机制造了第一台蒸汽牵引机动车。1880 年凯斯公司合伙关系解除，改名为凯斯脱粒机械公司（J. I. Case Threshing Machine Company）。1891 年，杰罗姆·凯斯在拉辛去世。杰罗姆·凯斯不仅对农机有兴趣，而且热心政治和社会活动，三次当选为拉辛市长，两次成为威斯康星州参议员，还涉足科学、艺术、银行及赛马业。

凯斯公司生产的脱粒机和便携式蒸汽机均在美国上述领域处于领先地位。到 20 世纪初，凯斯公司已是蒸汽牵引机动车制造的主力企业（参见第 1 章“美国凯斯蒸汽牵引机动车”一节）。但是，此时凯斯公司已感受到新型内燃机拖拉机的压力，1892 年公司研制了一台使用汽油机的试验拖拉机（图 2-13），功率为 20hp，但未投入生产。

图 2-13 凯斯试验汽油拖拉机

在 20 世纪的第二个十年里，凯斯公司聘请了熟悉内燃机的乔·贾格尔斯伯格（Joe Jagersberger），推出 10-18 型到 30-60 型系列内燃拖拉机。其编号仍沿用蒸汽机动车的习惯，前、后数字分别表示牵引杆和带轮的输出功率。1912 年，凯斯公司首先推出了 20-40 型和 30-60 型内燃拖拉机。20-40 型内燃拖拉机（图 2-14）采用双缸卧式煤油机，功率为 40hp，2 进 1 退齿轮变速箱，最高速度 4.8km/h，质量超过 5t，生产到 1919 年，共生产了 4 465 台。

图 2-14　凯斯 20-40 型内燃拖拉机

为适应市场对小型价廉拖拉机的需求，1915 年凯斯公司推出了三轮 10-20 型拖拉机（图 2-15）。该机轻巧紧凑，采用 23hp 直立四缸汽油机，质量为 2 306kg。1918 年，凯斯公司推出体积更小且易操作的 10-18 型四轮拖拉机，采用四缸煤油机，2 进 1 退变速箱，最高行进速度为 5.6km/h，质量为 1 705kg，共生产了 9 051 台。

图 2-15　凯斯 10-20 型三轮拖拉机

在 20 世纪第二个十年里，凯斯公司在美国轮式内燃拖拉机市场的占有率为 7.2%，次于万国公司、亨利·福特父子公司和明尼阿波利斯莫林三家公司，位居第四。

2.9　美国明尼阿波利斯早期的拖拉机

20 世纪第二个十年期间，在美国轮式内燃拖拉机市场上，由 3 家公司合并而成的明尼阿波利斯莫林动力机具公司（Minneapolis Moline Power Implement

Company，简称 M-M）拖拉机的市场占有率为 8%，位列万国公司和亨利·福特父子公司之后，居第三位。

M-M 是一个以明尼苏达州为基地的大型拖拉机和其他机械的生产商。它在 1929 年由明尼阿波利斯钢铁与机械公司、明尼阿波利斯脱粒机械公司和莫林农具公司 3 家公司合并而成。

明尼阿波利斯钢铁与机械公司（Minneapolis Steel & Machinery Company，简称 MSM）在 19 世纪和 20 世纪初是年产数千吨结构钢的生产商。公司也生产科利斯（Corliss）蒸汽机，在南达科他州和北达科他州作为磨粉机的动力。1908 年，MSM 生产双城（Twin City）40 型拖拉机。1919 年，生产双城 16-30 型拖拉机，采用 30hp 四缸汽油机，质量为 2 680kg（图 2-16）。

图 2-16　双城 16-30 型拖拉机

第一次世界大战期间，MSM 是美国较大的拖拉机生产商。公司也为其他公司 [如公牛（Bull）拖拉机公司] 贴牌生产拖拉机。20 世纪 20 年代，MSM 双城拖拉机有一定的知名度。明尼阿波利斯莫林公司成立后，仍生产双城 17-28 型、21-32 型和 27-44 型拖拉机。

明尼阿波利斯脱粒机械公司（Minneapolis Threshing Machine Company，简称 MTM）于 1888 年在明尼阿波利斯西部的霍普金斯镇开始生产蒸汽牵引机动车。1911 年，MTM 以明尼阿波利斯为品牌制造拖拉机。1920 年，MTM 推出 22-44 型拖拉机。1921 年推出 17-30 型拖拉机（图 2-17），采用 32hp 卧式四缸煤油机，两挡变速箱，质量为 2 724kg。在 M-M 成立后 MTM 还继续生产拖拉机。

图 2-17 明尼阿波利斯 17-30 型拖拉机

莫林制犁公司（Moline Plow Company）建于 1870 年，于 1915 年收购了通用（Universal）拖拉机公司。莫林通用拖拉机适合普通耕作和中耕（图 2-18），采用 18hp 四缸发动机，质量为 1 630kg。该拖拉机既可配马拉农具，也可配莫林牵引农具。它装备了电灯和起动机，在当时是先进的。第一次世界大战后，莫林制犁公司被美国著名汽车投资商约翰 • 威利斯（John Willys）看好。约翰 • 威利斯从原来的所有者斯蒂芬（Stephen）家族手中买下莫林制犁公司。约翰 • 威利斯生产莫林通用拖拉机到 20 世纪 20 年代。在 20 年代拖拉机不景气时，约翰 • 威利斯从莫林制犁公司撤退并把它卖给合伙人，休 • 约翰逊（Hugh Johnson）和李（R.W. Lea）成为莫林制犁公司的总裁和副总裁。两人后来退休，公司由他们的副手接管和运作，并将公司改名为莫林农具公司，维持到 1929 年。

图 2-18 莫林通用拖拉机

1929 年，在大萧条背景下，上述 3 家公司合并组成 M-M。M-M 的高层领导除生产与设计副总裁出自莫林农具公司外，其余董事长、总裁、销售副总裁及董事会秘书等均出自 MSM。原 MTM 和莫林农具公司的高层人员多退休而让年轻一代接任。在 20 世纪中期的世界拖拉机市场上 M-M 的拖拉机有一定的影响。第二次世界大战后，M-M 因罢工和养老金纠纷困扰而难以为继。1963 年 M-M 被怀特（White）汽车公司收购，明尼阿波利斯莫林商标也在 1974 年最终消失。

2.10　美国沃利斯熊及其幼仔

在拖拉机早期的历史中，有一家公司既和美国凯斯公司又和加拿大麦赛哈里斯公司有历史渊源，那就是美国的沃利斯拖拉机公司。它的前身由亨利·沃利斯（Henry Wallis）于 1899 年在美国俄亥俄州克利夫兰建立。亨利·沃利斯是凯斯公司奠基人杰罗姆·凯斯的女婿，在凯斯家族分家后，沃利斯也是凯斯制犁厂的总裁。

第一台沃利斯拖拉机是蒸汽拖拉机。1902 年，亨利·沃利斯意识到蒸汽拖拉机对内燃拖拉机不再具有优势，他制造了一台四缸内燃拖拉机，这就是后来的沃利斯熊（Wallis Bear）拖拉机（图 2-19），它能拉 10 架犁。

图 2-19　沃利斯熊拖拉机

几年后，亨利·沃利斯看到市场对轻型拖拉机的需求，于 1912 年制造了沃利斯幼兽（Wallis Cub）拖拉机（图 2-20），质量为 3 790 kg，发动机烧煤油或汽油，转向半径为 2.54m，与轮距相同。

图 2-20　沃利斯幼兽拖拉机

为靠近凯斯制犁厂，公司从克利夫兰搬到威斯康星州拉辛，组成沃利斯拖拉机公司，亨利·沃利斯任总裁和司库。

在拖拉机发展史上，沃利斯幼兽拖拉机的主要特色是采用了工程师克拉伦斯·伊森（Clarence Eason）和罗伯特·汉隶克森（Robert Hendrickson）用单块钢板压制成 U 形机架的专利（图 2-21）。该机架代替此前流行的框架式机架，更轻更坚固，并且利于抵抗机架所受到的扭曲和弯曲载荷，同时又是发动机的油底壳、传动系和差速器壳体。U 形机架使沃利斯幼兽拖拉机比其他相同气缸排量的拖拉机质量轻 450 ～ 1 360kg。它可能是世界上第一个无架式机架，虽然它为几年后出现的福特森无架式机架做了概念上的铺垫，但是它并没有像后者那样为众多对手所仿效。

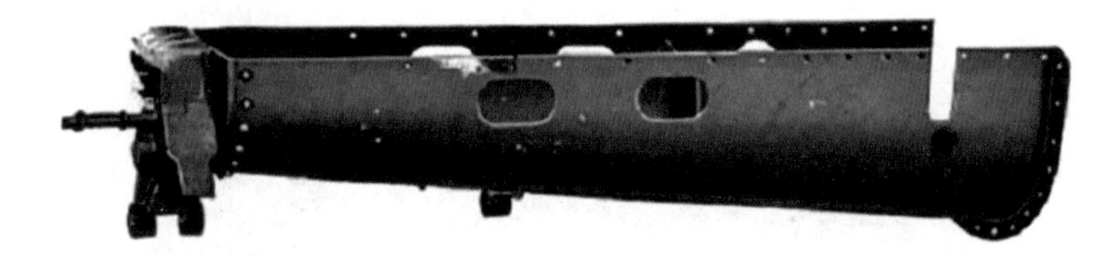

图 2-21　沃利斯幼兽拖拉机的 U 形机架

公司意识到多数农民需要更小更轻的拖拉机。1915 年，以 U 形机架为基础，公司开始生产三轮小幼兽（Cub Junior）或幼兽 J 型拖拉机。该机采用沃利斯 25hp 四缸内燃机，闭式齿轮传动，两挡变速箱，质量约为 1 800kg。在用户建议下，公司将幼兽 J 型拖拉机修改为四轮拖拉机，即 1919 年的 K 型和 1922 年的 OK 型拖拉机。

此后公司推出受欢迎的 20-30 型拖拉机（图 2-22），反映了公司的轻型化趋势。

20-30 型拖拉机继承了 U 形机架，个头和小幼兽拖拉机相似，但功率加大，整机制作精致。该机采用四缸发动机，3 片离合器，2 进 1 退闭式变速箱，驱动轮更轻、更强，依然有较高抓地爪，既可装斜铲形抓地爪，也可装尖角形抓地爪，质量为 1 878kg。

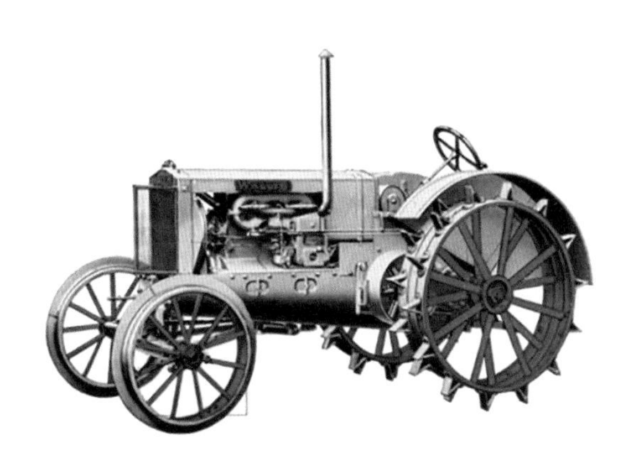

图 2-22　沃利斯 20-30 型拖拉机

尽管沃利斯拖拉机在整机和驱动轮上很有特色，比对手的拖拉机牵引力更大，并且公司也认识到多数农民喜爱小型拖拉机，但他们的拖拉机仍不够小，价格也不低，竞争力不强。1927 年，公司和加拿大的麦赛哈里斯公司达成在加拿大销售沃利斯拖拉机的协议。1928 年，麦赛哈里斯公司买下沃利斯拖拉机公司和凯斯制犁厂。

麦赛哈里斯公司继续生产沃利斯拖拉机，并对 20-30 型拖拉机进行了重新设计。1929 年，麦赛哈里斯公司推出更小的 12-20 型拖拉机，它后来成为麦赛哈里斯 25 型拖拉机的基础。麦赛哈里斯公司在 1936 年推出的新机型都参考了沃利斯 12-20 型拖拉机，采用相似的机架。沃利斯这一拖拉机品牌在 1938 年完全消失。

2.11　美国艾弗里拖拉机

在美国拖拉机历史上有两个艾弗里公司。一个是位于伊利诺伊州皮奥里亚的艾弗里公司（Avery Company），由罗伯特·艾弗里和赛勒斯·艾弗里兄弟两人建立；另一个是位于肯塔基州路易斯维尔的 B.F. 艾弗里父子公司（B.F.Avery & Sons Company），由本杰明·艾弗里建立。前者于 1909 年、后者于 1915 年分别进入汽油拖拉机领域。这两家公司并无关联，但常被人混淆。

在卡特彼勒进入皮奥里亚之前，在皮奥里亚市已有拖拉机制造商艾弗里公司，它是当时皮奥里亚最大的制造企业。早在美国南北战争时期，被俘的北方联邦军士兵罗伯特·艾弗里（Robert Avery）在南方同盟军监狱中就构思了玉米种植机草图。战争结束后，罗伯特·艾弗里返回堪萨斯州的农宅，并在 1874 年制作出了他的玉米种植机样机。

1877 年，罗伯特·艾弗里和赛勒斯·艾弗里兄弟两人在伊利诺伊州盖尔斯堡成立了艾弗里公司。罗伯特·艾弗里喜欢发明，赛勒斯·艾弗里擅长企业管理，他们产销玉米种植机、割杆机和中耕机。因为皮奥里亚船运方便，1882 年公司在该市建起三座库房。1883 年，公司改名为艾弗里种植机（Avery Planter）公司。1891 年，公司开始制造蒸汽牵引机动车（图 2-23）。

图 2-23　艾弗里蒸气牵引机动车

1892 年，罗伯特·艾弗里去世，赛勒斯·艾弗里接任总裁，他们的亲戚巴塞洛缪（J. B. Bartholomew）担任副总裁。巴塞洛缪兼有发明和商务才能，他领导公司成为皮奥里亚最大的制造企业。19 世纪与 20 世纪交替之际，公司改名为艾弗里制造公司。1905 年，赛勒斯·艾弗里去世，巴塞洛缪成为总裁，公司在他绝对控制之下。1907 年，公司改名为艾弗里公司，此后他们的产品销往全世界。

艾弗里公司于 1909 年涉足汽油拖拉机领域，生产城乡（Farm & City）型拖拉机，该机采用单缸汽油机，看起来像货车，推向市场后不太成功。1912 年，公司推出 12-25 型拖拉机，采用双缸汽油机，质量为 3 402kg，生产到 1922 年。1913 年，公司推出 40-80 型拖拉机，它们带有蒸气拖拉机的明显痕迹（图 2-24），采用四缸汽油机，两挡变速箱，质量达 10.1t，生产到 1920 年。

图 2-24　艾弗里 40-80 型拖拉机

公司意识到市场欢迎小型机，1919 年推出 22hp 的 12-20 型和 14hp 的 C 型三轮拖拉机。1920 年，公司推出更小的艾弗里 5-10 型拖拉机。

在第一次世界大战后的困难时期，由于新产品后继不足，1923 年公司进入破产管理。一年后，巴塞洛缪去世。1925 年，前公司高管组成更小的公司，接管其在皮奥里亚的大部分工厂。1931 年，再次重组为艾弗里农业机械公司。1938 年推出 Ro-Trak 型拖拉机，前轮装在摆臂上，可调轮距成为三轮或四轮配置。Ro-Trak 型拖拉机是有可能提高市场份额的，但因第二次世界大战时期材料短缺而于 1941 年停产。艾弗里公司生产拖拉机历经约 30 年。

与艾弗里名字相似的另一公司是位于肯塔基州的 B.F. 艾弗里父子公司。它由本杰明 • 艾弗里（Benjamin Avery）建立，其市场影响比上述艾弗里公司小。本杰明 • 艾弗里生于 1801 年，他于 1825 年在宾夕法尼亚州建立了一个铁匠铺，称为艾弗里犁厂。1847 年，他移居肯塔基州路易斯维尔，开始新的制犁业务。1875 年，据报道艾弗里父子公司连同其他农具制造者一起，使路易斯维尔成为当时重要的犁生产地，每年运出约 19 万架犁。本杰明 • 艾弗里于 1865 年去世，公司传给了他的儿子。

1914 年以前，B.F. 艾弗里父子公司制造犁、中耕机、耙等农具，1915 年进入拖拉机业务，开始生产 22hp 三轮摩托犁，但未成功。公司意识到，如果想与对手竞争，必须制造常规设计的拖拉机。

在 1930 年的大萧条时期，公司和俄亥俄州的修伯（Huber）公司合作，销售了 355 台修伯 20-36 型和 32-45 型拖拉机。1936 年，B.F. 艾弗里父子公司的工程师们设计了采用 Tru-Draft 农具悬挂系统的拖拉机，其最初是使用手动提升而不是液压提升。第一种是通用 GG 型，1938 年由克利夫兰（Cleveland）拖拉机公司制造，由麦赛哈里斯公司销售，该拖拉机的特色是单前轮和三挡传动系。克利夫兰拖拉机公司在第二次世界大战期间停止制造 GG 型拖拉机，B.F. 艾弗里父子公司接管了装备工厂并开始生产这种机型，将其标为 B.F. 艾弗里 A 型拖拉机，颜色改成红色（图 2-25）。

图 2-25　B.F. 艾弗里 A 型拖拉机

第二次世界大战结束后，B.F. 艾弗里父子公司开始复兴，除升级 A 型拖拉机外，还推出若干新型号，如较小的 V 型和更有力的 R 型。但是，农业经济衰退和出口韩国失败最终打垮了苦斗中的 B.F. 艾弗里父子公司。1951 年，公司被卖给明尼阿波利斯莫林（M-M）公司，V 型拖拉机继续在 M-M 的品牌下存在了几年，R 型改为 M-M 的 BF 型。经济困难状况延续到 20 世纪 50 年代，M-M 的艾弗里分部继续严重亏损。1955 年路易斯维尔工厂关闭，B.F. 艾弗里拖拉机不再存在。

2.12　加拿大的麦赛家族

麦赛福格森（Massey Ferguson）是世界上著名的拖拉机品牌，麦赛和福格森不是一个人的名和姓，而是两个姓的组合。在我国，常不合适地将其简称为福格森，致使人们对麦赛较为生疏。麦赛福格森公司是由麦赛哈里斯公司和福格森公司合并而成的。加拿大的麦赛家族是该公司资本的主要提供者，而北爱尔兰人福格森是公司负责技术的关键人物。

19 世纪，在加拿大与麦赛家族有关的农业机械公司有两个：一个是麦赛公司，后来成为麦赛哈里斯公司，开始时生产脱粒机、收割机，尽管它是大英帝国重要的农业机械生产商，但直到 1928 年才生产拖拉机；另一个是绍伊尔麦赛公司，开始时生产蒸汽牵引机动车，从 1913 年开始制造汽油拖拉机，它是加拿大生产拖拉机最早的公司。

麦赛公司的前身是 1847 年由丹尼尔·麦赛（Daniel Massey）在加拿大安大略省建立的纽卡斯尔铸造和机器制造厂，生产脱粒机。几年后，公司被他的大儿子哈特·麦赛（Hart Massey）接管，并扩展改名为麦赛制造公司。哈特·麦赛是麦赛家族中最重要的企业家和慈善家，照看公司直到 1870 年，因健康状况不佳退休，将业务交给后辈。1880 年前后，公司迁到多伦多，迅速成为当地领先的企业之一。

1857 年，农民兼磨坊主艾伦逊·哈里斯（Alanson Harris）开始从事农机具业务，1863 年他的儿子约翰（John）入伙，后来发展为哈里斯父子公司。公司生产割草机、收割机和打捆机，成为麦赛公司激烈的竞争者。麦赛公司的优势逐步失去，为此哈特·麦赛建议两公司合并。在约翰 1889 年去世后，老年丧子的艾伦逊·哈里斯同意了公司合并。1891 年 5 月，两公司组成麦赛哈里斯（Massey-Harris）公司，哈特·麦赛任公司总裁。

在拖拉机发展史中，麦赛家族可能是最热心投身文化艺术事业并有所建树的农机制造商。1896 年，哈特·麦赛在多伦多去世，后人遵其遗嘱创立了麦赛基金会以赞助文教事业。麦赛家族先后建立多伦多麦赛音乐厅和麦赛会堂、多伦多大学的哈特之家学生中心和私立麦赛学院。哈特·麦赛的儿子们参与商务，并最终接管了公司的运作。1926 年后，公司领导层已无麦赛家族成员。

麦赛哈里斯公司的拖拉机业务从 1928 年收购美国沃利斯拖拉机公司开始（参见前述“美国沃利斯熊及其幼仔”一节）。1953 年，公司和福格森公司合并组成麦赛哈里斯福格森公司，1958 年改名为麦赛福格森公司。

另一个与麦赛名字有联系的农机公司是加拿大多伦多的绍伊尔麦赛（Sawyer-Massey）公司。1835 年，从美国纽约州来的约翰·费希尔（John Fisher）在加拿大汉密尔顿设立公司，1836 年生产了加拿大第一台打谷机械。约翰·费希尔察觉到公司有发展前途但缺乏资金，他说服堂兄弟麦奎斯腾（McQuesten）博士加盟，公司后来被称为汉密尔顿农业工厂。在 19 世纪 40 年代早期，绍伊尔（L.D.Sawyer）和他的两个兄弟加入公司，他们是麦奎斯腾博士的外甥，也是机械专家，逐步掌管了公司。1856 年约翰·费希尔去世后，公司改名为绍伊尔公司（L.D. Sawyer & Company）。

1869 年，公司生产农机具，也代销美国农机具。19 世纪 80 年代早期，他们开始制造便携式蒸汽机，并于 1887 年增加了马拉筑路机械。1889 年，哈特·麦赛和他的两个兄弟买下绍伊尔公司40%的权益。哈特•麦赛兼任绍伊尔公司总裁，并将其重组改名为绍伊尔与麦赛（Sawyer & Massey）公司。开始双方合作良好，直到1910年汽油拖拉机出现后有了分歧。绍伊尔兄弟想增加蒸汽牵引机动车的生产，而麦赛弟兄则倾向于发展汽油拖拉机。结果麦赛兄弟撤走了股份，公司保留麦赛名字，重组为绍伊尔麦赛（Sawyer-Massey）公司。

技术进步的趋势是不可阻挡的。1913年，绍伊尔麦赛公司开始制造40hp绍伊尔麦赛20-40型汽油拖拉机（图2-26），它借用蒸汽拖拉机的车轮及传动底盘，在拖拉机后部纵置四缸低速汽油机，通过锥齿轮驱动带轮和传动系。

图2-26　绍伊尔麦赛20-40型拖拉机

第一次世界大战中公司生产30-60型拖拉机，战后也生产11-22型和17-34型小型拖拉机，但这些拖拉机的设计未能摆脱蒸汽拖拉机的影响。第一次世界大战后，公司专注于筑路机械产品的生产，生产了数量有限的17hp和20hp蒸汽拖拉机。20世纪20年代中期，公司的汽油拖拉机和蒸汽拖拉机均停产，绍伊尔麦赛公司成为美国沃利斯（Wallis）拖拉机的经销商。

1927年5月，绍伊尔麦赛公司被卖给了新的权益人。大萧条来临后，由于销售疲软，公司开始制造货车结构件和半挂车以缓解困境，但作用不大。公司最终在第二次世界大战后结束。

2.13　早期的美国艾里斯查默斯拖拉机

在20世纪第二个十年里，美国艾里斯查默斯公司（Allis-Chalmers Company）的拖拉机销量占美国轮式内燃拖拉机市场总份额的6.2%，名列第五位，至30年代升到第三位。生产这种拖拉机的艾里斯查默斯公司，就是今天著名的爱科（AGCO）公司的源头之一，AGCO 的第一个字母 A 就源自艾里斯查默斯公司。

艾里斯查默斯公司的历史可追溯到 1847 年。美国企业家爱德华·艾里斯（Edward Allis）在威斯康星州从一家制革厂起步，在 1861 年以州长特价收购了密尔沃基的瑞廉士（Reliance）铁工厂，建立了爱德华艾里斯公司。公司产品包括水车、锯木机和旋转石磨。爱德华·艾里斯是位有财务和市场才干的企业家，他把产品研发交给管理层和许多发明家。1869 年，公司业务扩展到蒸汽动力，并很快制成第一台艾里斯蒸汽机，公司业绩呈直线增长。爱德华·艾里斯没有活到公司生产拖拉机的那一天，在 1889 年去世。公司股份分给他的儿子们，而实质上是他的助手埃德温·雷诺兹（Edwin Reynolds）继续运作公司。

1901 年，艾里斯查默斯公司成立。它由艾里斯（E. P. Allis）公司、采矿机械制造商弗雷泽与查默斯（Fraser & Chalmers）公司、回转破碎机与水泥机械制造商盖兹（Gates）铁工厂，以及宾夕法尼亚州斯克兰顿的压缩机、榨糖机、煤矿机械生产商迪克森（Dickson）制造公司合并而成。

1912 年，公司陷入财务困境进行了重组，一位卓越的商人和退休准将奥托·法尔克（Otto Falk）担任公司执行总裁，公司改名为艾利斯查默斯制造公司。奥托·法尔克做出的最有影响的决定是投身农业装备制造，他看到农业机械化巨大的增长潜力，引导公司发展，直到 1940 年去世。

公司早期的努力包括生产旋耕机、牵引货车和公牛（Bull）拖拉机，均不成功。公司于 1914 年制造了自己的第一种农用拖拉机——10-18 型拖拉机，采用 20hp 双缸汽油机，1 进 1 退变速箱，质量为 2 109kg。1918 年，公司推出 18-30 型拖拉机（图 2-27），采用 33hp 四缸汽油机，2 进 1 退变速箱，质量为 2 789kg，到 1921 年共生产了 1 160 台。

图 2-27 艾里斯查默斯 18-30 型拖拉机

1919 年，公司推出 6-12 型摩托犁（图 2-28），采用 13hp 四缸汽油机，单挡传动系，质量为 1 135kg，到 1926 年共生产了 1 470 台。到 1927 年，农业机械销售额已占公司总销售额的 60%。

图 2-28　艾里斯查默斯 6-12 型摩托犁

2.14　沙皇俄国的拖拉机

当西欧开始发明蒸汽机动车辆时，东方的俄罗斯也开始发明蒸汽机动车辆。1817 年，发明家华西里 · 古力耶夫（Василий Гурьев）设计了农用蒸汽机。1837 年，农民发明家（后来成为俄罗斯军人）德米特里 · 查格俩日斯基（Дмитрий Загряжский）发布了移动履带装置的专利。在 19 世纪 50 年代时，已见到在克里米亚战争中使用蒸汽机动车辆的报道，但是尚未发现它们在农业上的应用。

1873 年，布良斯克（Брянск）机械厂创始人马雷绰夫（С.И.Мальцов）建造了 10 马力轮式蒸汽牵引车，使用双缸蒸汽机，质量为 8t，它能够牵引装载 16 ～ 20t 货物的 10 轮拖车。1877—1878 年，这种蒸汽牵引车总共造了 7 辆。

俄罗斯首台蒸汽履带式拖拉机由萨拉托夫省农民费多尔 · 布里诺夫（Фёдор Блинов）构想。1879 年，他获得名为“在公路和乡村道路运输货物带连续轨道的车辆”的专利。1888 年，费多尔 · 布里诺夫完成样机，功率为 10 ～ 12 马力，在 5m 长的机架上放置一台烧油蒸汽锅炉、两台蒸汽机，以及货台、燃油箱和散热器。每个蒸汽机通过铸铁齿轮和链轮驱动该侧的履带行走装置，单挡进退，前进速度为 4.8km/h。该机由两人驾驶，一人开车，一人操作锅炉和蒸汽机，驾驶员座椅在锅炉后面（图 2-29）。该机牵引力为 5 000 ～ 5 450N，能牵引多铧犁耕作。后来，他又制造了第 2 台履带式拖拉机。

图 2-29 布里诺夫蒸汽履带拖拉机

费多尔·布里诺夫在俄罗斯工业展览会上两次展出他的“自走式”履带机。1889 年，他的拖拉机在萨拉托夫农业展上引人注目。1896 年，改进了自走部分的拖拉机在下诺夫哥罗德工业和艺术展览上展出。但是，这种拖拉机并没有在工业或农业领域推广，也没有进一步改进。

1903 年，雅科夫·马敏（Яков Мамин）在俄罗斯获得一项热球式内燃机专利。1910 年，雅科夫·马敏用自己设计的内燃机制造了俄国第一台内燃轮式拖拉机，并把它称为俄罗斯拖拉机。1911 年，雅科夫·马敏设计了俄罗斯拖拉机 -2（图 2-30），采用 18 ～ 33kW 热球式发动机，单挡进退，前进速度为 2.5km/h，拖拉机质量为 4 000kg。1914 年巴拉科夫斯克厂（Балаковский Завод）生产了 100 台这种拖拉机，后因第一次世界大战而停产。

图 2-30 马敏的俄罗斯拖拉机-2

同一时期，在俄罗斯的罗斯托夫（Ростов）、给契卡塞（Кичкассе）、巴尔文科沃（Барвенково）、哈尔科夫（Харьков）、科洛姆纳（Коломна）、布良斯克（Брянск）和其他城市的一些工厂也开始生产拖拉机，但它们在十月革命前作用很小。

由于沙皇俄国的经济较不发达，同时这一时期俄国深陷于内外部战争和资产阶级民主革命与社会主义革命之中，农业机械化难以取得进展。1913 年，沙皇俄国只有 165 台拖拉机。到 1917 年，俄国从国外购买了约 1 500 台拖拉机。沙皇俄国本国的拖拉机产业几乎不存在。

2.15 拖拉机进入中国

在我国大地上首次见到拖拉机是在 1908 年。当时黑龙江巡抚程德全奏请清政府批准，花了 22 250 两白银从美国万国公司在俄国海参崴的分公司购进了两台“火犁”，由瑞丰公司经营，聘用外国人驾驶，在讷河的讷漠尔河南段（今黑龙江农垦总局北安分局境内）自行收费代垦。1909 年，美国万国公司派出农机专家到我国东北开展市场调查，并于 1913 年在哈尔滨发展了一家农机代理商。

20 世纪初在东北和苏北沿海等垦荒地区出现了一批资本主义性质的农场。据 1912 年对江苏、安徽、浙江、山东、河南、山西、吉林、察哈尔八省区的统计，就存在 59 家农垦公司，有的还采取机械化生产。到 1919 年，上述 8 省区的这类公司已增加到 100 家，和 1912 年相比，其资产总额增长到原来的 4 倍多。

1911 年，辛亥革命的成功推动了我国接受国外先进技术的步伐。1912 年，浙江省政府从美国购回 2 台铁轮水田用拖拉机，后交给浙江大学农学院实习农场。

1914 年，刚刚诞生的民国任命孙绳武为黑龙江省呼玛县县长，他面对该县大量未耕土地，决定创办用拖拉机耕作的大型农场。此时浙江著名财阀、支持辛亥革命的宁波人李云书等 3 人集资数十万元大洋，开办了以开垦为主、兼事畜牧的三大公司。呼玛县无偿拨地 66 000 亩（1 亩 =666.7m^2），呼玛县三大公司于 1915 年从万国公司海参崴分公司购置了麦考密克大型拖拉机 5 台、25 马力拖拉机 2 台、打谷机 3 台、割禾机 8 台、播种机 8 台、大型犁 3 台，进行机械化作业。

稍后，黑龙江绥滨一家农业公司购入拖拉机 2 台。张忠义兄弟投资 15 万元创办的泰来泰东公司又购入 1 台拖拉机和其他一些大型农具。

1924 年，察哈尔陶林地区（今内蒙古自治区察哈尔右翼中旗一带）的大有垦牧公司向美国万国公司购买拖拉机 5 台，功率为 15 ～ 30 马力，一日可开垦土地 4 顷（1 顷 =6.67hm^2）。

这些农垦公司采用近代农业机具进行生产，开垦了大片荒地，是我国引进并使用拖拉机的最早记录。

2.16 清朝巡抚和民初高官程德全

按目前掌握的资料，百年前推动中国进口拖拉机的第一人是时任黑龙江巡抚、后来成为民国南京临时政府内务部总长的程德全。

程德全，四川云阳人，1890年到北京进入国子监学习，常常挨饿，肄业后投笔从戎。1900年，俄军入侵东北齐齐哈尔城，程德全以身躯抵挡俄军炮口，制止了一场屠杀。俄军入城后欲强立程德全为黑龙江将军，程德全坚决拒绝，投江自尽，被俄军救起后挟往赤塔。程德全以个人性命与俄军周旋，有气节，有权谋，在朝野赢得了声誉。1904年，程德全破例以一个汉人署理齐齐哈尔副都统，1905年署理黑龙江将军。1907年东北改设行省，程德全任黑龙江巡抚。

19世纪后半叶，清政府终于放弃封禁政策，在黑龙江省齐齐哈尔设立垦务总局，订出种种优待办法，吸引关内移民开垦。1908年，时任黑龙江巡抚的程德全奏请清政府批准，花22 250两白银购进了两台美国拖拉机。

1910年，程德全转任江苏巡抚。1911年，辛亥革命爆发，程德全是第一位参加革命的清朝封疆大吏。革命军攻克南京后，程德全被推举为江苏都督。1912年，孙中山任命程德全为南京临时政府内务总长。但这位老先生由于先前已尝到协调革命军内部关系的难度，并没有上任，一直在上海养病，由次长负责部务。

程德全虽为清朝封建官僚，但愿意接受新事物，有开拓精神，他引进蒸汽拖拉机的时间，比工业化的邻国日本还早一年。他送儿子到国外学习园林艺术，体现了他渴望接受世界先进科学的理念。随着岁月的流逝，这位让我国最早使用拖拉机的程德全，渐被淡忘也在情理之中。

2.17 热球式内燃机

19世纪末和20世纪初，在汽（煤）油发动机取代蒸汽机作为拖拉机动力的过程中，有另一位“同路人”，那就是热球式内燃机，它们一道逐渐取代蒸汽机。

热球式内燃机（hot bulb engine），又称重柴油发动机（heavy oil engine），是内燃机的一种，出现的比汽油机晚，比柴油机早。燃油进入热球并和它内部红热表面接触而点火。大多数热球式内燃机是单缸、低速、二冲程、曲轴箱扫气发动机（图2-31）。热球通常是指铸造在缸盖上的球状空腔。发动机起动之前，热球的外部由喷灯等加热，然后转动发动机起动。发动机运转起来之后，燃油燃烧释放的热量就可维持热球温度，喷灯或其他热源可以移走。热球式内燃机可以长时间自行运转，这使其成为发电机组、泵和船舶的理想动力。

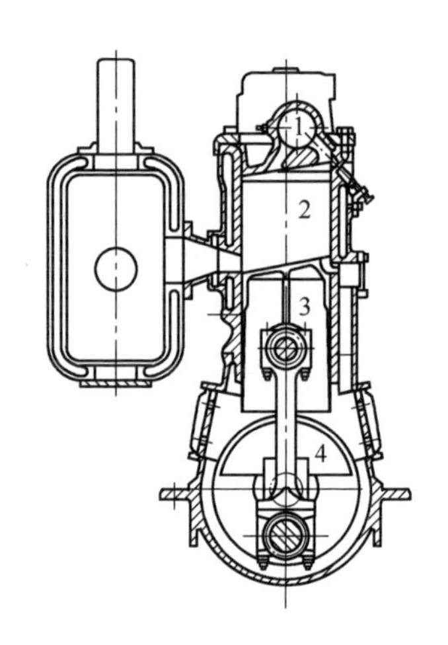

图 2-31　热球式内燃机

1—热球　2—气缸　3—活塞　4—曲轴

热球式内燃机是在 19 世纪末由赫伯特·斯图亚特（Herbert Stuart）发明的。第一批样机是由英国林肯郡的理查德霍恩斯比（Richard Hornsby）父子公司于 1886 年获得许可后制造的。热球式内燃机之所以吸引人是因为和当时的蒸汽机相比，它经济、简单、易于操作和安全。蒸汽机的热效率为 6% 左右，而热球式内燃机的热效率则可轻易达到 12%。蒸汽机锅炉需要人员加水、加燃料、监控压力防止过压和爆炸，而热球式内燃机则可以数小时无须人照看。在当时，热球式内燃机是通过外部加热启动，对寒冷地区比较适合，这使得它们在加拿大和北欧较为流行，因为在那里蒸汽机不可行，早期的汽油机和柴油机也不能可靠起动。

热球式内燃机另一个更大的优势是它能够使用各种低质燃油，甚至是难燃的燃油，用过的机油或煤粉也能作为它的燃料，这使热球式内燃机的运转成本很低。此外，与蒸汽机、汽油机和柴油机相比，热球式内燃机既没有汽油机的电点火系统，也没有蒸汽机的外锅炉和蒸汽系统，由于其结构简单因而潜在问题较少。

有人把热球式内燃机归为一种特殊的柴油机，实际上赫伯特·斯图亚特的热球式内燃机显然和众所周知的鲁道夫·狄赛尔（Rudolf Diesel）的压燃式柴油机在压缩比和进气定时上均有所不同。热球式内燃机的压缩比初期大约为 3∶1，后期增至 14∶1，而典型的柴油机的压缩比在 15∶1 和 20∶1 之间。此外，热球式内燃机在进气阶段进行燃油喷射，不像柴油机在压缩行程末才喷射。热球式内燃机的最高转速较低，主要零件包括活塞等都是铸件，机器简单、粗糙、笨重，普通机器作坊即可生产。在 20 世纪 10 到 50 年代，热球式内燃机比柴油机的制造成本更经济。

理查德霍恩斯比父子公司不仅首次生产了热球式内燃机，并且是世界上 19 世纪末和 20 世纪初热球式内燃机的主要生产商。它为南欧直布罗陀海峡、印度泰姬陵、美国自由女神和许多灯塔的电力照明，以及马可尼第一次穿越大西洋的无线电联络，提供了动力源。

20 世纪初，为了满足船用需求，欧洲有数百家热球式内燃机制造商。仅在瑞典就有 70 多家，其中以柏林德尔（Bolinder）公司最著名。小型渔船常用的热球式内燃机是挪威的萨卜（SABB），它们很多仍在工作。在美国，许多公司也制造热球式内燃机。

当时，热球式内燃机在农业、林业和航运上的应用较广，用来带动水泵和驱动磨粉机、锯木机和脱粒机械，同时也用在压路机和拖拉机上。热球式内燃机的转速通常是每分钟 50 到 400 转，不适合汽车使用，而对速度要求不高的拖拉机较适合。

从 1912 年开始，瑞典在摩托犁上使用热球式内燃机，从 1913 年开始在拖拉机上使用热球式内燃机。德国的兰兹（Lanz）公司 1921 年在牛头犬 HL 型拖拉机上开始使用热球式内燃机。其他使用热球式内燃机的知名拖拉机制造商有意大利的兰迪尼（Landini）、Bubba、Gambino、Orsi、波兰的乌尔苏斯（Ursus）、英国的马歇尔（Marshall）、匈牙利的 HSCS 以及法国的 SFV 等。

20 世纪 50 年代，在我国国营农场的机务队里，常常配备一台波兰乌尔苏斯拖拉机。这类单缸拖拉机冒着黑烟，发出“通通通”的响声，它们的发动机正是热球式内燃机，它可以烧废柴油，甚至可以烧废机油，这样避免了机器保养用油的浪费。今天由于环保原因我国已不再使用这种拖拉机，不过某些发展中国家对热球式内燃机尚有兴趣，因为它们不仅可使用低档石油类燃油，也能使用当地的各种生物类油作燃料。

2.18 履带拖拉机的诞生

在轮式拖拉机诞生并成长为新兴产业的同时，履带式拖拉机也在诞生和发展之中。

距今大约300年前已有人对履带装置用于车辆做了先期的尝试。1713年，法国人赫尔曼（M. D' Hermand）制造了由一组山羊牵引的履带拖车。

自行履带车辆的专利从1770年开始，当时英国作家兼发明家理查德·埃奇沃斯（Richard Edgeworth）取得“在轮式车辆上加上便携式轨道”的履带行走系统专利，这是一种能自动连续敷设和拣拾木质连续履带的机器，但其仅仅是一种构思。车辆土壤力学权威M.G. 贝克对这一构思的结构有多种推测，但多数人认为这是一种全履带行走装置。

在19世纪，很多人拥有履带行走机械的专利和发明，其中著名的有：世纪初的波兰哲学家兼发明家约瑟夫·奥埃讷－乌洛斯基（Józef Hoene-Wrońs-ki），1826年的英国发明家乔治·凯里（George Cayley），1837年的俄国发明家德米特里·查格朗日斯基，1846年的英国工程师詹姆斯·博伊德（James Boydell），1867年的美国发明家米尼斯（T.S.Minnis），1879年俄国萨拉托夫省的农民费多尔·布里诺夫等。但是，这些发明大多数只停留在纸上描述或样品阶段，仅仅在19世纪50年代奥斯曼帝国和法国、英国等西方联盟对沙皇俄国的克里米亚战争中，有使用连续履带的蒸汽拖拉机从事拖运战争物资的新闻报道。

履带拖拉机的实际应用从20世纪初开始，美国人本杰明·霍尔特对此做出了里程碑式的贡献。在霍尔特公司主导这一市场之前，美国阿尔文·伦巴德的履带圆木牵引车和英国理查德·霍恩斯比父子公司的履带拖拉机均为霍尔特公司的崛起做了铺垫。

美国缅因州的阿尔文·伦巴德（Alvin Lombard）是美国第一个商用履带拖拉机制造者。当时他发明和制作了一种连续履带，用来改进在雪地的牵引性。1901年他的专利被承认，他制造了第一台履带式蒸汽动力圆木牵引车，在机器前部安装转向轮或雪橇。到1917年，这种车共生产了83台，它们拖运雪橇上的圆木质量可达300t，每小时可行驶6.4～8.0km（图2-32）。该机多数在美国销售，有3台销往俄罗斯，后来由蒸汽动力转换为内燃动力，于1943年停产。1903年，本杰明·霍尔特买下伦巴德的专利使用权。以汽油机为动力的伦巴德牵引车现在还在美国的缅因州博物馆展览。

大约在同一时期，在英国理查德·霍恩斯比（Richard Hornsby）父子公司工作的总工程师大卫·罗伯兹（David Roberts），从1904年7月起研发一种连续履带，并于1905年取得专利。他们把履带装在一台以热球式内燃机为动力的拖拉机上。

拖拉机的特点是靠离合器转向，这是现代履带车辆的基础，这一专利在 1914 年被本杰明·霍尔特购买。

图 2-32 伦巴德蒸汽圆木履带牵引车

理查德•霍恩斯比父子公司的履带车辆 1906 年被英国军队用来拖炮。1908 年，英国国防部试验了公司总工程师大卫·罗伯兹设计的车辆，改用差速器和制动器转向。大卫·罗伯兹和詹姆士（James）在 1909 年设计的转向机构包括一组汽车的差速器以及装在两根轴上的牙嵌离合器（图 2-33）。

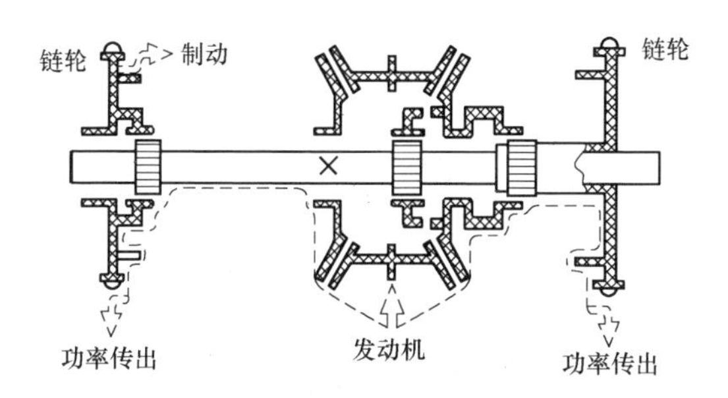

图 2-33 罗伯兹和詹姆士的差速转向机构

20 世纪初，用于农业作业的履带拖拉机广泛流行，这主要归功于美国卡特彼勒公司的前身霍尔特公司和贝斯特公司。他们在借鉴前人已有成果的基础上向前推进，使履带拖拉机在农业、工程、建筑、军事领域扮演了重要的角色。

2.19 早期汽油拖拉机的结构

轮式汽油拖拉机的结构在美国福特森拖拉机出现前后有较大不同。早期汽油拖拉机结构是指在福特森拖拉机出现之前一段时期内的拖拉机结构，大体可以用哈特帕尔和滑铁卢男孩拖拉机作为代表。

整机　总布置继承蒸汽拖拉机的传统，基本仍用全架式机架，同时绝大多数采用前轮转向、后轮驱动。但由于汽油机比蒸汽机小得多，故和蒸汽机前置不同，汽油机多布置在拖拉机后半部，常和传动机构平行布置，以缩短传动链。为平衡重心，散热器和燃油箱前置，有些机型更类似蒸汽拖拉机。

由于使用汽油机，拖拉机整机质量大幅减小，每马力机器质量约为 100kg。

发动机　1904 年前后由于汽车大量应用，汽油供应紧张，煤油受到农民欢迎，有的机型对汽油机适当改装后可使用煤油。在 1920 年美国内布拉斯加试验的 65 种型号拖拉机中，12 种用汽油机，其余是煤油机；10 个双缸发动机，1 个单缸发动机，2 个六缸发动机，其余是四缸发动机，单缸和双缸发动机的缸径较大。发动机功率从十几马力到 80 马力，100 马力机型研制过，但未生产。

传动系　由于汽油机和蒸汽机不同，运转时只能正转不能反转，所以汽油拖拉机的传动系必须增加倒挡。仍用开式传动系，但已注意防护泥土，传动轴线横向布置（图 2-34）。挡数也由一个前进挡升级为 2、3 挡，换挡使用滑动齿轮。据资料估计，整机效率已高于 60%。令人钦佩的是，当时有的机型如哈特帕尔的前进和倒退换挡使用了摩擦离合器和行星机构。

图 2-34　汽油拖拉机开式传动系

行走系　与蒸汽拖拉机相比变化不大，汽油拖拉机的前后轮均为铁轮，前轮小，后轮大。也有个别机型，如莫林（Moline）拖拉机是倒着开，前轮大并且是驱动轮。部分拖拉机采用前单轮、后双轮的三轮结构。

工作装置　牵引农具的装置仍多为链条，广泛带有带轮动力输出装置。

第3章

群雄竞起的“春秋”时代（上）

引言：汽油拖拉机的燎原之势

由于汽（煤）油拖拉机不仅可替代蒸汽拖拉机，而且普及前景乐观，大批制造商趋之若鹜。在 20 世纪初的第 2 和第 3 个十年里，“星星之火”已在全球工业化国家成燎原之势，群雄竞起的“春秋”时代出现了！以美国为例：1907 年有 8 个制造厂生产约 600 台拖拉机，1912 年有 47 个制造厂生产约 1.15 万台拖拉机，1915 年有 61 个制造厂生产约 2.1 万台拖拉机，1920 年有 166 个制造厂生产约 20 万台拖拉机。

此外，与蒸汽拖拉机时代相比，从汽油拖拉机开始，农用拖拉机才作为一种相对独立的机械类型存在。所以在拖拉机史学界中，一些学者认为汽油拖拉机的出现才是拖拉机产业百年征程的正式起始点。

在汽（煤）油拖拉机产业群雄竞起的“春秋”时代，最初蜂拥而至进入拖拉机行业的企业，主要来自以下方面：

一类是以生产汽油拖拉机为目的新建的企业。如美国滑铁卢公司，美国哈特帕尔公司（图 3-1），英国艾威农业摩托公司，以及后来的德国芬特公司等。这类公司中有一些设计者常常能摆脱原蒸汽拖拉机设计的惯性思维，使汽油拖拉机显著小型化，开创了后来二三十年内汽油拖拉机主流的机型较小局面。但是这类企业常常资本较少，多数在 20 世纪 20 年代末的大萧条前被更大公司兼并。

图 3-1　哈特帕尔公司最初的厂房

第二类是原来生产蒸汽拖拉机（农用蒸汽牵引机动车）的企业。如生产脱粒机、轻便蒸汽机和蒸汽牵引机动车的美国凯斯公司，生产脱粒机械和蒸汽牵引机动车的美国明尼阿波利斯脱粒机械公司，生产脱粒机械和蒸汽牵引机动车的加拿大绍伊尔麦赛公司，生产锯木机、磨面机和蒸汽机的美国艾里斯查默斯公司，生产蒸汽拖拉机的英国马歇尔公司，生产收割机、蒸汽机和蒸汽牵引机动车的德国兰兹公司，以及生产蒸汽机和火车头的德国汉诺玛格公司等。这类公司多数受蒸汽拖拉机影响，开始生产的汽油拖拉机尺寸和功率较大。其中一批企业迅速向下延伸产品系列，成为拖拉机行业的重要成员。但也有一批这类企业没有跟上技术发展的形势而逐步被兼并或被淘汰。

第三类是原来生产农机具的企业，顺势把产品链扩充到拖拉机。如生产收割机的美国万国公司，以生产优质犁起家的美国迪尔公司，生产脱粒机、收割机和打捆机的加拿大麦赛哈里斯公司，以及美国卡特彼勒公司的前身，原来生产马拉联合收割机的贝斯特公司和霍尔特公司等（图 3-2）。这类公司由于熟悉农机市场，并且已拥有规模销售网络和一定经济实力，所以发展的成功率较高，往往能够成为拖拉机产业重要的一员。

图 3-2　霍尔特公司 1909 年的装配车间

第四类是汽车行业向拖拉机领域渗透的企业。如美国福特汽车公司、意大利菲亚特汽车公司、法国雷诺汽车公司、美国通用汽车公司和英国奥斯汀汽车公司等。在这类企业中，那些注意拖拉机相对汽车的独特性、产品在拖拉机行业有本公司特色的，往往渗透成功，如福特、菲亚特、雷诺等，由于它们强大的经济实力而在拖拉机行业占据了一定的地位。但有些公司在渗透时对拖拉机行业的特点把握不够，拖拉机研发能力较弱，最后在拖拉机行业影响较小。

第五类是来自其他各种行业的企业。如生产内燃机的德国道依茨公司，为了扩展其内燃机配套而研制内燃拖拉机，但常常未把拖拉机当成主业加以重视，初期影响不大。这类企业还有当时生产自行车，而今成为重型汽车制造商的奥地利斯太尔公司等。

这些竞起的群雄在 20 世纪初世界拖拉机产业的舞台上，演出了一幕幕艰辛而顽强的创业剧，其中有相当一批企业直到今天依然保持着旺盛的生命力。

这一时期最重要的里程碑，是 1917 年 10 月亨利•福特的福特森拖拉机从生产流水线下线（参见第 4 章“亨利•福特的拖拉机情结”一节）。到 1920 年 8 月，福特森拖拉机已销售出 20 万台。

3.1 美国贝斯特履带拖拉机

在履带拖拉机发展史中，美国人本杰明•霍尔特和丹尼尔•贝斯特是杰出的先驱。1925 年，他们的后辈分别掌管的霍尔特制造公司和贝斯特拖拉机公司合并成著名的卡特彼勒拖拉机公司。此时两位先驱均已过世，但是由于他们里程碑式的贡献，卡特彼勒公司一直把这两位先生推崇为公司实际的创始人。

丹尼尔•贝斯特（Daniel Best，图 3-3）生于美国东部俄亥俄州，比本杰明•霍尔特年长 11 岁，很早就以冒险家、发明家和企业家的声誉为行业所知。但是进入履带拖拉机领域，他比本杰明•霍尔特晚些。

图 3-3　丹尼尔·贝斯特

1839 年，丹尼尔•贝斯特举家西迁至密苏里州，父亲在那里建了一座锯木厂，以伐木来为移民建造房屋。丹尼尔•贝斯特童年在此度过，他产生了对伐木和机械的兴趣。1847 年，他的家庭又移居爱荷华州从事农业。丹尼尔•贝斯特渴望冒险，1859 年，21 岁的他和兄弟一道参加马车队西征，作为牛仔和枪手被人雇用，前往美国西海岸的华盛顿州。

像许多美国人一样，西部之行改变了丹尼尔·贝斯特的一生。西进路上并没有他想象的浪漫，他们开始和印第安人战斗，后来又帮助印第安人。途中，丹尼尔·贝斯特想走自己的路，曾开过金矿，后来又在锯木厂干活并建立了自己的锯木厂，但均不太成功。

他在自己的锯木厂中发生过事故，失去了三个手指，这改变了他的人生。他移居加利福尼亚州后，在兄弟的农场干活。正如他后来调侃时所说的，“用手不方便，只好用脑袋工作”，开始了他作为发明家的生涯。前后43年间，丹尼尔·贝斯特取得41项专利，覆盖了从洗衣机到谷物收割机的多个领域。

他的第一项发明是轻便的谷物清选和分离机，1871年在加利福尼亚州展览会上赢得他的第一个奖励，该机在销售上取得了成功。在生产清选机的同时，丹尼尔·贝斯特试验在联合收割机上装上他的受欢迎的清选机。1885年，他售出了第一台马拉联合收割机，能够收割、脱粒、清选和装袋，比人工操作节省大量时间，在农业界引起震动。该机由20匹马拉动，气势恢宏（图3-4）。马拉联合收割机虽然不是由丹尼尔·贝斯特或本杰明·霍尔特发明的，但俩人都对联合收割机的初期发展起到了重要作用。

图3-4　贝斯特马拉联合收割机

丹尼尔·贝斯特看到牵引收割机的蒸汽拖拉机需要改进，他开始涉足蒸汽拖拉机。1888年，他购买了某种蒸汽拖拉机的制造专利，通过改进，于1889年推出他的第一台单前轮双后轮蒸汽拖拉机，该机功率为110hp，质量为19t（图3-5）。这种拖拉机在两年之内卖出25台。

图 3-5 贝斯特蒸汽拖拉机在拖运货物

因产品可靠，他收到越来越多的来自世界各地的订单，丹尼尔 • 贝斯特每年能销售 40 万美元的机器。1896 年，他研发了自己设计的第一台汽油拖拉机。

当时，霍尔特制造公司是贝斯特产品的承造商和经销商。1908 年丹尼尔 • 贝斯特控告本杰明 • 霍尔特专利侵权，当本杰明 • 霍尔特买下加利福尼亚州的贝斯特制造公司，并且让丹尼尔 • 贝斯特的儿子克拉伦斯 • 贝斯特（Clarence Best）继续担任公司主管后，侵权控告得以调解解决。这时丹尼尔 • 贝斯特已 70 岁。

两年后，克拉伦斯•贝斯特成立了自己的贝斯特（C. L. Best）汽油牵引车公司，制造 20 ～ 80hp 汽油轮式拖拉机。1913 年年初，公司宣布生产新的“C.L.B” 75hp 履带拖拉机（图 3-6），带有前置导向钢轮，采用“Tracklayer”（履带车辆）商标。这比霍尔特公司第一台使用“Caterpillar”（毛毛虫）商标的履带拖拉机晚了 9 年。有趣的是，Tracklayer 这一正规名称没有流行，反而是 Caterpillar 这一戏谑名称后来成了“履带车”的同义词。

图 3-6 贝斯特 75 型履带拖拉机

贝斯特履带拖拉机的特色有：可摆动履带装置减轻机架振动；使用比霍尔特

履带拖拉机更多的锰钢、铬钢、铬镍钢、钒钢；用户多付 50 美元可延长履带保用期一年。1915 年，在霍尔特公司生产全履带拖拉机两年后，贝斯特汽油牵引车公司也生产了取消导向轮的全履带拖拉机。1916 年，克拉伦斯 • 贝斯特买回父亲卖给本杰明•霍尔特的加利福尼亚州老厂，并迁回该地生产。到 1916 年 11 月，每周有 5 台履带拖拉机出厂，轮式拖拉机停产。

1925 年，贝斯特汽油牵引车公司改名为贝斯特拖拉机公司（C.L.Best Tractor Co.），并与霍尔特制造公司合并，组成卡特彼勒拖拉机公司。贝斯特拖拉机公司的工厂成为卡特彼勒拖拉机公司的第一个总部，而克拉伦斯 • 贝斯特成为新公司的第一任董事长。

3.2 美国霍尔特履带拖拉机

本杰明 • 霍尔特（Benjamin Holt，图 3-7）于 1849 年元旦生于美国东北部新罕布什尔州，其家族拥有一个锯木厂，他是四兄弟中最年轻的。哥哥查尔斯 • 霍尔特在 1863 年远征旧金山，将家族在东部制造的木材产品销往西部，后来成立了霍尔特兄弟公司。但东部加工的车轮运到炎热干燥的加利福尼亚州会收缩变形，1883 年，四兄弟决定在旧金山东面的斯托克顿成立由本杰明 • 霍尔特管理的斯托克顿（Stockton）车轮公司。公司生产的木制车轮铺平了他们进入车辆市场的道路。

图 3-7　本杰明 · 霍尔特

1886 年，霍尔特兄弟公司造出第一台马群牵引的联合收割和脱粒机，用灵活的带式传动代替齿轮传动，降低了机器的噪声和故障率。1890 年，本杰明 • 霍尔特制造了试验蒸汽轮式拖拉机，可用于田间耕作和运输。该机拖运的费用比马车便宜一半，但配套齐全的霍尔特全套货运装备售价高达 1 万美元。

1892 年，斯托克顿车轮公司改名为霍尔特（Holt）制造公司，本杰明 • 霍尔特任总裁。公司当时雇用了 300 多人，每年制造 200 多台马拉联合收割机、5 台蒸汽联合收割机和 10 台蒸汽拖拉机。每月发放的工资奖金高达 2 万美元，这在当时是令人惊叹的。

斯托克顿位于加利福尼亚州的萨克拉曼多河三角洲，该地区的土壤是层厚、肥沃、松软的泥炭土，急待开垦。本杰明 • 霍尔特开始试验防止下陷的加宽后轮，前部装附加滚筒，直到车辆宽达 13.7m，车轮直径达 3.7 m，效果仍不理想。他购买了阿尔文 • 伦巴德的履带装置的专利使用权。1904 年 11 月，第一台成功的蒸汽履带拖拉机驶过加利福尼亚州的麦田，迈出历史性的一步。这台蒸汽履带拖拉机和轮式拖拉机的总体布置大体一致，前面仍用单钢轮导向，后面用履带装置代替车轮，加长了车架，像个半履带拖拉机。当履带拖拉机试用时，一位旁观者说，这机器动起来像毛毛虫（caterpillar）。受此启发，本杰明 • 霍尔特就把"Caterpillar"（卡特彼勒）作为拖拉机品牌。1906 年，拖拉机进一步完善（图 3-8），当年即售出 1 台。1907 年，本杰明 • 霍尔特注册了履带装置的专利。

图 3-8　霍尔特蒸汽履带拖拉机

汽油机的优越性是明显的。本杰明 • 霍尔特开始开发汽油机来替换蒸汽机。1906 年，他和侄儿普利尼（Pliny）在斯托克顿建立了奥罗拉（Aurora）发动机公司，两个月内试验了第一台发动机。公司自制自用发动机的做法为后来的卡特彼勒公司所承继。1908 年，霍尔特制造公司售出第一台汽油动力卡特彼勒 40 型履带拖拉机（图 3-9），装四缸汽油机，牵引杆输出功率为 25hp，每台售价 3 500 美元。本杰明 • 霍尔特采用汽油机驱动拖拉机后，他的履带拖拉机才真正取得商业成功。

图 3-9　首台霍尔特汽油机履带拖拉机

1909 年，本杰明 • 霍尔特派普利尼在美国东半部选择新厂址。当时，伊利诺伊州东皮奥里亚的一家拖拉机厂因未能及时适应从蒸汽机到汽油机的转变，以致设备相当新的工厂停工，东皮奥里亚农具商贝克告知普利尼这一情况。经过与该厂协商，1909 年 10 月双方成交，成立霍尔特卡特彼勒（Holt Caterpillar）公司。贝克在新公司参股，任副总裁兼总经理。1913 年，在东皮奥里亚的霍尔特卡特彼勒公司和在斯托克顿的霍尔特制造公司合并。坐落在美丽的伊利诺伊河畔的皮奥里亚市至今仍是卡特彼勒公司的总部所在地。

霍尔特制造公司东皮奥里亚工厂制造的第一台产品仍然不是全履带拖拉机，其前轮为双钢轮，有弹簧缓冲。1911 年，公司推出低矮的 30 型果园履带拖拉机仍有前置钢轮。1913 年冬，东皮奥里亚工厂的工程师们设计出取消前钢轮的 30 型全履带拖拉机，这是全履带拖拉机的开始，比贝斯特制造公司早 2 年。

公司斯托克顿工厂于 1913 年、东皮奥里亚工厂于 1914 年推出采用四缸汽油机的大型霍尔特 75 型拖拉机仍带前钢轮。简单的设计、坚固的结构和优良的制造工艺使该机大受欢迎，共生产了数千台，于 1924 年停产。当时功率最大的全履带拖拉机是 60 型拖拉机，这一机型后来成长为卡特彼勒在 20 世纪中期最有影响的机型之一。

由于履带拖拉机既可用来耕作又可用来修战壕，第一次世界大战给霍尔特制造公司带来繁荣。公司东皮奥里亚工厂的履带拖拉机月产量由 1914 年的 10 台猛增到 1916 年的 50 台，在 1917—1918 年间，产量又翻了一番。但战争结束后，保持工厂满负荷的军事订单消失，政府原军用履带拖拉机转为民用，使国内市场萎缩，加上战时计划经济使公司居安而不思危，忽视了营销，因此霍尔特制造公司面临战后萧条的巨大压力。

1920 年，本杰明·霍尔特去世。由于银行持有公司大量债权，迫使董事会接受他们的安排，前波士顿银行家托马斯·巴克斯特（Thomas Baxter）接手公司。由于公司一直未摆脱困境，在卡特彼勒拖拉机公司成立前，这位继任者在压力下离开岗位。

1925 年，霍尔特制造公司与它长时间的竞争者贝斯特拖拉机公司合并成立了卡特彼勒拖拉机公司。今天，斯托克顿市的一条大街以本杰明·霍尔特命名，还有一所学校也以他的名字命名。1976 年，斯托克顿的哈金（Hoggin）博物馆开放了霍尔特纪念室。

3.3 霍尔特扩展履带拖拉机用途

履带拖拉机起初主要用于农业，特别是湿软土壤的农业作业和运输。如果说丹尼尔·贝斯特的注意力主要集中在履带拖拉机的农业用途上，那么本杰明·霍尔特对履带拖拉机发展的另一重大贡献，就是他致力于将履带拖拉机的用途从农业扩展到工程建筑和军队事务。

20 世纪初，加利福尼亚州洛杉矶市要修建一条长 370km 的输水工程，工程局首先购买了 1 台霍尔特 40 型履带拖拉机通过沙漠运送物资，使用成功后又购买了 25 台，从而使霍尔特履带拖拉机取得公众信赖，销量大幅提高。

早在 19 世纪，已有人把铁铲套到马身上来推土。霍尔特制造公司在 40 型履带拖拉机上前置大铲刀，使其成了推土机。在第一次世界大战前和战中，由于履带拖拉机能在困难路段工作，使其在美国“良好公路”运动和战争后勤保障中又拓展了新用途。1909 年，霍尔特制造公司皮奥里亚工厂开工后也生产推土机，然后公司把它们出租给高等级公路或建筑工地的施工方用于推运土壤和岩石。起初，拖拉机的铲刀采用手轮升降。1925 年，霍尔特履带拖拉机配上了乔特公司生产的液压操纵推土铲刀。铲刀装在矩形框架上，框架中部铰接在拖拉机机架上，由拖拉机后部的液压缸控制升降。

在“良好公路”运动中，霍尔特制造公司的设备大显威力。履带拖拉机加上牵引式平地机是当时最常用的道路修筑设备，霍尔特 75 型履带拖拉机不到 1h 就能平整 3km 道路。除牵引式平地机外，公司于 1909 年还开发出拖拉机“一侧装履带，一侧装轮子”的平地机变型（图 3-10）。

图 3-10　霍尔特平地机变型

第一次世界大战期间，霍尔特履带拖拉机克服战地的泥泞拖运火炮和军需品，在国际上已知名的霍尔特履带拖拉机订单大增，当时超过 1 万辆霍尔特车辆为同盟军服务。欧洲军队要求政府大量提供这种履带车辆，而美国则要求霍尔特制造公司设计新的军用拖拉机，这就是后来的 2.5t、5t 和 10t 履带拖拉机机型。

同时，霍尔特履带拖拉机还是英国坦克研发的灵感来源。第一次世界大战中后期，敌对双方陷入堑壕战。英军中校欧内斯特 • 斯文顿（Ernest Swinton）设想用能摧毁机枪的装甲车辆来打破法兰西阵地战的僵局，这种车辆需越过弹坑累累的战场。他后来回忆说："1914 年 7 月，军中一位朋友告诉我，有一种美国造的农用拖拉机能翻山越岭。"他朋友指的就是霍尔特履带拖拉机。欧内斯特 • 斯文顿很快完成的构想实际上就是装甲武装的履带拖拉机。1916 年，英国造出第一辆样机，外形像水箱。为保密期间，将其称为"美索不达米亚水箱"（图 3-11），后来这种战车被称为坦克，就是源于"箱子（Tank）"的发音。在 1917 年法国的康布雷战役中，坦克在实际战绩和打击敌方心理两方面为同盟国立了大功。

图 3-11　美索不达米亚水箱

坦克深深地改变了地面战争的战术。其实，德国人在战前已注意到霍尔特履带拖拉机。1910 年这种拖拉机进入奥匈帝国，吸引了奥地利军队的注意。但目睹试验的德国官员却认为，这种美国机械“在军事上没有重要价值”。

美国政府直到第一次世界大战后期的 1917 年才卷入战争，美国的坦克发展落在欧洲后面。尽管本杰明•霍尔特未参加坦克研制，但坦克发明人欧内斯特•斯文顿于 1918 年在美国霍尔特制造公司的工厂拜访了比他年长 19 岁的本杰明•霍尔特，声称他的灵感来自于霍尔特履带拖拉机。

3.4 美国克利特拉克履带拖拉机

在 20 世纪的第二个十年中，美国履带拖拉机生产商除著名的霍尔特制造公司和贝斯特制造公司外，还有一家企业引人注目，那就是克利夫兰拖拉机公司。该公司自始至终只生产过一种轮式拖拉机，其余全是履带拖拉机。为避免和领先公司正面竞争，公司以中小型农用拖拉机为主，虽然在规模上赶不上霍尔特制造公司或贝斯特制造公司，但它富于创新的产品仍然在履带拖拉机的发展史上留下了令人难忘的足迹。公司首先批量生产了采用行星差速转向和高置履带驱动轮的履带拖拉机。

克利夫兰拖拉机公司由怀特家族创立。怀特家族的机械业务可追溯到 1866 年，首先制造缝纫机械，后来是蒸汽轿车，然后是汽油动力轿车和货车，最后是拖拉机。1916 年，罗林•怀特（Rollin White）和克拉伦斯•怀特（Clarence White）在美国俄亥俄州成立了克利夫兰（Cleveland）摩托犁公司，生产 R 型履带拖拉机。1918 年，公司改名为克利夫兰拖拉机公司，产品商标为克利特拉克（Cletrac），是克利夫兰拖拉机的缩写。

1916—1920 年，公司陆续推出 R 型、W 型、H 型和 F 型履带拖拉机。其中，W 型履带拖拉机生产时间最长，从 1919 年直到 1932 年，共生产了约 17 000 台。F 型履带拖拉机从 1920 年生产到 1922 年，配装 16hp 四缸汽（煤）油机，仅一个挡，质量为 872kg。该机型采用了独特的驱动轮高置设计，采用带式制动行星差速转向机构，用水平放置的方向盘操纵转向，拖拉机转向时不中断动力传送（图 3-12）。

在此后很长一段时间内，无论是高置驱动轮还是行星差速转向，都不是履带拖拉机的主流结构。有趣的是，到 20 世纪 80 年代，人们看到这两种结构成了卡特彼勒新型履带机械最重要的创新点。我们不知道卡特彼勒的设计师们是否是从回顾和研究他们克利夫兰前辈的历史足迹中得到了启发。

图 3-12　克利特拉克 F 型履带拖拉机

20 世纪 20 年代，履带拖拉机以牵引性能优于轮式拖拉机而渐渐流行。克利特拉克履带拖拉机卖得很好，陆续推出一批新机型。其中 K20 型履带拖拉机（图 3-13）销量较多。该机采用 24.5hp 四缸汽（煤）油机，3 挡变速箱，整条履带即时润滑。该机型从 1925 年生产到 1932 年，共生产了 1 万多台。在 20 世纪三四十年代，克利特拉克履带拖拉机仍有不错的业绩，创新势头依旧。

图 3-13　克利特拉克 K20 型履带拖拉机

1944 年末，怀特家族的克利夫兰拖拉机公司被美国奥利弗（Oliver）公司接管。到 1960 年，同属怀特家族的怀特汽车公司又收购了奥利弗公司，重获克利特拉克履带拖拉机业务。克利特拉克履带拖拉机在 1965 年停产。

3.5 德国拖拉机的兴起

19 世纪后半叶，德国已出现蒸汽绳索牵引犁和蒸汽拖拉机。1872 年，内燃机之父尼科劳斯·奥托（Nicolaus Otto）和欧根·兰根（Eugen Langen）在德国科隆建立了道依茨（Deutz）公司。1894 年，道依茨公司造出第一台以汽油机为动力的道依茨拖拉机（图 3-14），但未批量生产。这台 26 马力拖拉机实际上是由美国费城一家和道依茨有关系的公司生产的。

图 3-14　第一台道依茨拖拉机

德国拖拉机产业的真正开始是在第一次世界大战之后。战争使劳动力短缺，德国开始农业机械化。1919 年，道依茨公司推出一种源于战时自行运炮车辆的 40 马力拖拉机。1926 年，第一台真正的道依兹 MTH 型拖拉机诞生，采用 11 马力卧式单缸发动机，链式传动两挡传动系。1927 年，道依茨公司开始批量生产 14 马力的 MTH 222 型柴油拖拉机（图 3-15）。

图 3-15　道依茨 MTH222 型柴油拖拉机

20 世纪前期，在德国影响较大的拖拉机企业是兰兹（Lanz）公司，影响较大的摩托犁企业是斯托克摩托犁（Stock-Motorpflug）公司。除兰茨、斯托克、道依兹三家公司外，生产拖拉机和摩托犁的还有汉诺玛格（Hanomag）、法尔（Fahr）、芬特（Fendt）、居尔德纳（G ü ldner）、克拉默（Kramer）、林克霍夫曼（Linke-Hoffmann）、曼恩（MAN）、佩尔（Pöhl）、普利姆斯（Primus）和利谢尔（Rischer）等公司。

兰兹公司于 1859 年成立。1878 年，公司在曼海姆市的工厂生产了第一台蒸汽牵引机动车。到 1900 年，公司已是德国著名的农业装备制造商。1921 年，公司推出著名的牛头犬无架式轮式拖拉机，这是德国拖拉机工业的重大突破（详见本章“早期的德国兰兹拖拉机”一节）。

20 世纪初，德国的内燃拖拉机中还包括当时较受欢迎的、形态有所不同的摩托犁。它们在吸取别人科技的同时，突出表现了德国人的创新个性。斯托克摩托犁公司于 1909 年在德国柏林由罗伯特·斯托克（Robert Stock）建立，他雇用卡尔·格莱切（Karl Gleiche）做总工程师和工厂主管。卡尔·格莱切在 1907 年就设计了一种 24 马力摩托犁，整机形态和多数拖拉机有所不同，三铧犁挂接在后尾轮之前，大驱动铁轮几乎承担全部重量（图 3-16），该机现陈列在慕尼黑的德国博物馆。该机型随后发展成系列，功率从 20 到 80 马力。斯托克摩托犁受到用户欢迎，并在随后 20 年里大量出口到非洲和南美等地。1925 年，斯托克摩托犁公司还推出履带变型机型。大约 10 年后，公司制造了第一批采用道依茨柴油机的正规四轮拖拉机。第二次世界大战前公司结束了拖拉机的生产，但公司以其他各种产品经营到 20 世纪 70 年代。

图 3-16　斯托克摩托犁

汉诺玛格公司是汉诺威机械制造公司（Hannoversche Maschinenbau AG）的缩写，其历史可追溯到1835年。公司最初生产蒸汽机和火车头。1912年，公司对自走犁做了改进并在第一次世界大战中推广。1919年，公司设计生产了农业履带拖拉机。1924年，公司推出WD型轮式拖拉机（图3-17）。该机参照美国福特森拖拉机，但中央传动不用蜗轮蜗杆而用锥齿轮，克服了福特森拖拉机的缺点。按燃料不同功率从28到32马力，质量约为2 000kg。

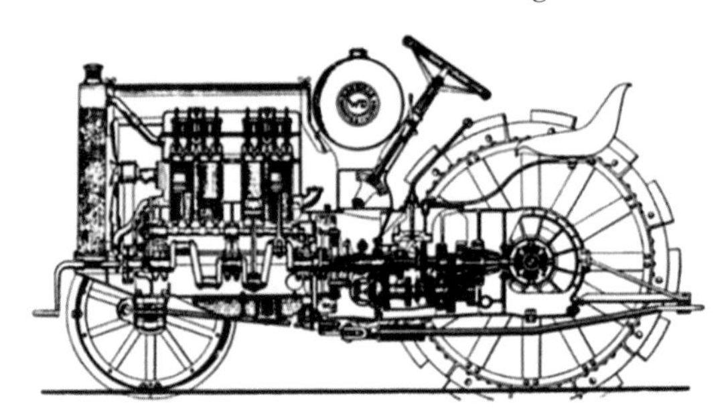

图3-17　汉诺玛格轮式拖拉机

德国作为两次世界大战的主战场和战败国，它的拖拉机产业发展历程留下了深深的战争烙印。

3.6　早期的德国兰兹拖拉机

在德国莱茵河畔的曼海姆市有美国迪尔公司一座拖拉机厂，古朴的老厂房和厂房内的先进设备相映成趣。1956年以前，这里是著名的德国兰兹拖拉机的摇篮。

兰兹公司由亨利希·兰兹（Heinrich Lanz）于1859年成立，主要生产收割机和蒸汽机。1879年，公司在曼海姆市制造了第一台用于脱粒的蒸汽牵引机动车。到1900年，兰兹公司已销售了1万多台蒸汽牵引机动车，7 000台大型收割机械和12万多台小型收割机，是当时德国著名的农业装备制造商。

1905年，亨利希·兰兹去世，其子卡尔·兰兹（Karl Lanz）博士接手企业。当时公司每年生产900台蒸汽收割机和1400台蒸汽牵引机动车。1911年，兰兹公司介入后来使英国人提心吊胆的飞艇制造，造了22艘。1911年，公司获得匈牙利人卡尔·考斯基（Karl Köszegi）的铣刨机专利。这个铣刨机被改进为筑路机械，也可改为道路运输拖拉机，曾在第一次世界大战中用于拖炮。

1921年，公司推出第一台12马力牛头犬（Bulldog）HL型轻型轮式拖拉机（图

3-18）。该机由弗利兹·胡伯（Fritz Huber）博士设计。这是德国拖拉机产业的重大突破。

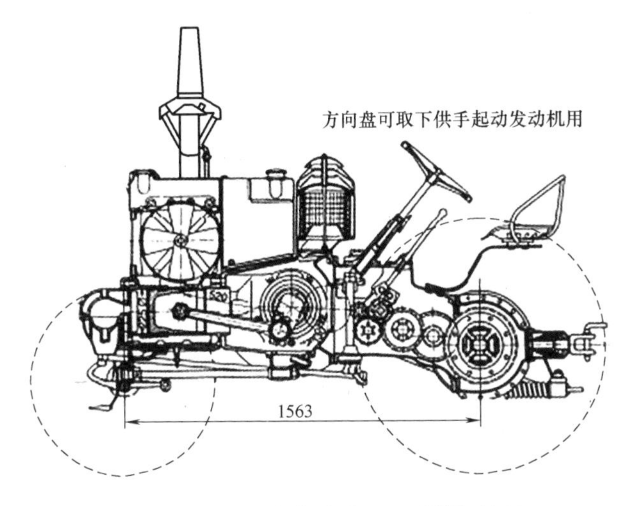

图 3-18　兰兹牛头犬 HL 型拖拉机

牛头犬 HL 型拖拉机在 1921 年到 1927 年期间生产，采用单缸卧式二冲程热球式内燃机。拖拉机为无架式，第一批不带变速箱，倒车时需发动机反转，后来装了几个前进挡。牛头犬拖拉机由于便宜、简单、易于维护、方向盘可卸下兼做内燃机起动摇把，特别是对燃油要求低而受到农民欢迎。它那前端卧式内燃机园园的缸盖，咖啡壶形状的排气管，都是早期兰兹拖拉机独特的视觉形象，为收藏者所偏爱。随后生产的牛头犬 HP Allrad 型拖拉机（图 3-19），采用铰接式四轮驱动，大轮在前，小轮在后，从 1923 年到 1926 年间生产。

图 3-19　兰兹牛头犬 HP Allrad 型拖拉机

兰兹公司还生产了更大的牛头犬 HR2 型和 HR5 型拖拉机，以及更小的狮子狗（Mops）HM 型拖拉机。最大的 38 马力田野感谢（Felddank）FHD 型拖拉机（图 3-20），从 1925 年到 1927 年间生产。该机结构先进，但价格昂贵，共生产了 2 200 台。

图 3-20 兰兹 FHD 型拖拉机

牛头犬拖拉机在德国很畅销，不同型号的拖拉机一直生产到 1960 年，其基本设计大体相同，共生产约 22 万台。

1956 年，美国迪尔公司收购了兰兹公司，此后兰兹产品使用“约翰迪尔兰兹”商标。1958 年，产品涂色使用迪尔的黄绿色取代了兰兹传统的红蓝色。牛头犬拖拉机的缺点是油耗高、振动大、笨重，新公司开发了第一批使用多缸柴油机的现代拖拉机系列。1960 年，兰兹公司改名为约翰迪尔兰兹公司（John Deere Lanz AG），牛头犬拖拉机停止生产，新设计的约翰迪尔兰兹拖拉机取代了牛头犬拖拉机。但约翰迪尔兰兹这个商标也只用了几年，20 世纪 60 年代后期，兰兹这个百年品牌完全消失。

3.7 瑞典蒙克特尔拖拉机

在北欧斯堪的纳维亚半岛最早出现的内燃拖拉机是 1913 年瑞典的蒙克特尔拖拉机。它和后来瑞典沃尔沃拖拉机和芬兰维美德拖拉机有一定历史渊源。

1832 年，约翰·蒙克特尔（Johan Munktell）在瑞典埃斯基尔斯蒂纳建立了蒙克特尔机械公司。1853 年，公司生产了瑞典第一台蒸汽牵引机动车，直到 1921 年停产，只有 6 台驶出公司大门（图 3-21）。20 世纪初，公司生产农业机械，如脱粒机。1906 年，公司生产第一台蒸汽压路机。1924 年，使用拖拉机传动系的平地机问世。

图 3-21　蒙克特尔蒸汽牵引机动车

1913 年，蒙克特尔机械公司开始生产自称“自行脱粒机”的内燃拖拉机，型号为 30-40 牧场（Prairie）型（图 3-22）。它是个庞然大物，没有摆脱蒸汽牵引机动车的影子，售价很贵。该机使用蒙克特尔自制发动机，其发动机是两个单缸 15 马力发动机的联合，采用 3 挡变速箱，这种拖拉机共生产了 31 台。1916 年后，公司推出一种新的单缸轻型拖拉机。蒙克特尔拖拉机于 1918 年出口匈牙利，1924 年出口阿根廷，1925 年出口波兰。

图 3-22　1913 年蒙克特尔拖拉机

1932 年，蒙克特尔机械公司和瑞典的博林德尔公司合并，在埃斯基尔斯蒂纳组成了博林德尔蒙克特尔（Bolinder-Munktell，简称 BM）公司。博林德尔公司由简 • 博林德尔（Jean Bolinder）和卡尔 • 杰哈德（Carl Gerhard）于 1844 年在斯德哥尔摩建立。第二次世界大战期间，瑞典当局要求 BM 公司制造德国戴姆勒奔驰 DB601 飞机发动机，在埃斯基尔斯蒂纳建造了全套地下工厂。

1927 年成立的瑞典沃尔沃（Volvo）汽车公司在 20 世纪 40 年代开始研发拖拉机。此时，沃尔沃汽车公司和 BM 公司开始合作生产拖拉机。1950 年，BM 公司的主要持股人瑞典商业银行把它的股份卖给了沃尔沃汽车公司，BM 成为沃尔沃汽车公司的子公司，名称变为 BM-Volvo。据说美国万国公司当时曾涉足这项交易的竞争，但未得手。BM-Volvo 把所有拖拉机的生产都转到埃斯基尔斯蒂纳工厂。许多型号拖拉机的涂色既可用 BM 的绿色也可用沃尔沃的红色，直到 1960 年都变成红色。

BM 公司和沃尔沃公司双方使用各自的商标直到 1957 年，从 1957 年起所有拖拉机统一使用博林德尔蒙克特尔沃尔沃（Bolinder-Munktell-Volvo）联合商标。1973 年，公司名字改为沃尔沃 BM 公司。拖拉机商标再次改变为“Volvo BM”，沃尔沃在前，BM 在后。

到 20 世纪 70 年代，农用拖拉机还是公司埃斯基尔斯蒂纳厂的主要产品。因利润率降低，公司董事会决定逐步淘汰拖拉机，加强建筑装备生产。1979 年，沃尔沃 BM 公司和芬兰拖拉机制造商维美德（Valmet）公司合资成立新公司“SCANTRAC（斯堪的纳维亚拖拉机之意）”，双方各持 50% 股份，生产“北欧拖拉机（Nordic Tractor）”。1982 年，推出全新设计的“沃尔沃 BM 维美德（Volvo BM Valmet）”拖拉机 05 系列（505 型、605 型、705 型和 805 型）。1985 年，沃尔沃 BM 公司将其在 SCANTRAC 的股份卖给了维美德公司。

3.8 在那遥远的地方：澳大利亚

今天对于西欧来说，南半球的澳大利亚并不遥远，但在一百年前，人们要在闷热的船舱里漂洋过海三个月才能抵达这片遥远的陆地。1770 年库克船长发现了澳大利亚，英国决定在此流放犯人。19 世纪初，英国允许自由移民澳洲，寻找适合发展农业的地方。1851 年开始的淘金热为侨民带来财富，由于人口倍增，农业开始扩展。澳大利亚的农民、工程师和铁匠等就成了改制或发明农业机械的专家。

19 世纪后期，澳大利亚开始制造蒸汽牵引机动车，而在田野耕作的第一台内燃拖拉机是 1903 年从英国进口的艾威拖拉机。

1908 年，阿尔弗雷德·麦克唐纳（Alfred McDonald）制造了澳大利亚第一台皇帝（Imperial）牌 EA 型内燃轮式拖拉机，随后推出了是 EB 型（图 3-23）、EAA 型和某些轻型拖拉机，使用自产煤油发动机。20 世纪 30 年代他开始生产 T 系列拖拉机，发动机采用和德国兰兹拖拉机相似的热球式内燃机，底盘采用美国儒米里拖拉机的零件。后来生产更流行的 TWB 型。阿尔弗雷德·麦克唐纳生产拖拉机直到 1955 年。

图 3-23 麦克唐纳 EB 型拖拉机

大约在 1906 年，费利克斯和诺尔曼·考德威尔兄弟（Felix & Norman Caldwell）开始研制“四轮驱动，四轮动力转向”拖拉机。1910 年，他们和亨利·外尔（Henry Vale）在悉尼成立了考德威尔外尔汽车拖拉机制造公司，向市场推出四轮驱动四轮转向拖拉机和四轮驱动四轮转向轿车。由于经济原因，这种技术很先进的拖拉机在 1916 年停产。

1903 年，罗纳德森（Ronaldson）兄弟的公司开始生产农业机械。1905 年，杰克·提皮特（Jack Tippett）加入公司。罗纳德森与提皮特（Ronaldson & Tippett）公司最早制造的是内燃机，1910 年制造了拖拉机样机但没投入生产，直到 1924 年推出超级驱动拖拉机（图 3-24）。公司的首批拖拉机基于美国伊利诺斯（Illinois）18-30 型拖拉机，采用适应澳大利亚炎热气候的大散热器。所谓“超级驱动”是指它采用美国弗特（Foote）传动系，即后轮行星最终传动和在 2 进 1 退变速箱的侧盖上快速更换外挂齿轮补充变速。该拖拉机于 1939 年停产。

图 3-24 罗纳德森与提皮特拖拉机

1911 年，弗兰克和乔治·杰巴特兄弟（Frank & George Jelbart）成立了维多利亚公司。公司初期生产发动机。约 1914 年，公司制造了第一台拖拉机，这种拖拉机一直生产到 1926 年。

1915 年，休·麦凯（Hugh McKay）的阳光（Sunshine）收割机厂生产阳光 A 型和 O 型拖拉机。1926 年休·麦凯去世，他生前和加拿大麦赛哈里斯公司有联系。20 世纪 30 年代两家公司合伙生产阳光麦赛哈里斯拖拉机，它们基本是麦赛哈里斯的沃利斯型、领跑者型和挑战者型。1955 年，合伙公司被麦赛福格森公司完全控制，1996 年又归于爱科（AGCO）公司。

1906 年，弗兰克·波特里尔（Frank Bottrill）研发了外缘有巨大块靴的车轮，可降低接地压力以便通过运羊毛途中的泥沼地。1915—1916 年，弗兰克·波特里尔在墨尔本制造的装有巨轮的大利兹（Big Lizzie）拖拉机，是个质量为 45t 的穿靴怪物（图 3-25）。弗兰克·波特里尔生产拖拉机直到 1924 年，此时履带拖拉机的效率更高。

图 3-25 澳大利亚大利兹拖拉机

克里夫·霍华德（Cliff Howard）是当时著名的旋耕机制造商，也是澳大利亚为数不多的产品在全球销售并在英国设厂的农机制造商。约 1921 年，克里夫·霍华德创建了公司。公司为当时流行的美国福特森拖拉机生产配套旋耕机，十分成功。与此同时，公司也生产了各种拖拉机，如 1930 年生产的 22hp 带旋耕机的 DH 22 拖拉机（图 3-26）卖到了英国和北美。公司还生产小型园地拖拉机，如 1945 年生产的类似美国海狸（Beaver）的 Kelpie 型拖拉机，以及 1962 年生产的霍华德 2000 型拖拉机。20 世纪 50 年代，公司的英国工厂也短时间生产过鸭嘴兽（Platypus）履带拖拉机。

图 3-26　霍华德 DH 22 拖拉机

20 世纪初，凯利与刘易斯（Kelly & Lewis）公司主要致力于生产发动机，20 世纪 30 年代成为德国兰兹公司牛头犬拖拉机的代理商。由于第二次世界大战中这些德国拖拉机停产，凯利与刘易斯公司决定自己制造 40hp 牛头犬拖拉机的变型产品，从 1949 年到 1954 年，共生产了约 900 台。与此同时德国又恢复生产牛头犬拖拉机改进型并再次打入澳大利亚市场。

美欧的大拖拉机制造商在澳大利亚投资建厂的，除前述的麦赛福格森公司外，还有万国公司和迪尔公司。美国万国公司于 20 世纪 30 年代晚期在墨尔本附近建厂，但直到 1949 年，该厂第一台本土型 AW-6 拖拉机才下线，该机的生产延续了 30 年。20 世纪 80 年代，该厂装配万国公司某些美国型号的拖拉机。1986 年，万国公司并入凯斯公司，该厂的生产停止。

迪尔公司在澳大利亚的故事从兼并张伯伦工业公司开始。20 世纪中期，张伯伦（A.W. Chamberlain）和他的两个儿子建立了张伯伦公司，其在政府支持下于西澳大利亚威尔士浦工厂生产拖拉机和农机具。1949 年，第一台 40hp 张伯伦

40 K 型拖拉机下线。公司后来生产了 KA 型、55KA 型、70DA 型、冠军（Champion）型和老乡（Countryman）型拖拉机，其中 20 世纪 60 年代初生产的 Super 90 型较为流行。20 世纪 80 年代澳大利亚农业低迷，张伯伦公司和美国迪尔公司合资。迪尔公司做了较大投资，后来把张伯伦公司发展成迪尔公司的全资子公司。

此外，在 1925 年投放的澳大利亚维克斯（Vickers Aussie）拖拉机，实际是基于美国麦考米克迪灵 15-30 型拖拉机，在英国制造。20 世纪 20 年代，市场上还有来自美国的哈特帕尔澳大利亚型拖拉机。20 世纪 80 年代，澳大利亚还生产过一批杂七杂八品牌的拖拉机，如阿克里马斯特（Acremaster）、鲍尔温（Baldwin）、菲利普（Phillips）、厄普顿（Upton）和沃坦纳（Waltanna）等。

由于地域限制，澳大利亚拖拉机企业常有下列特点：第一，多为中小企业，以本土为目标市场，只有极个别企业具有全球视野；其次，企业经营常常从代销进口拖拉机开始，或进口美欧零件创制本土拖拉机，或将美欧生产的小品牌拖拉机贴本土标牌销售；第三，为适应当地需要，有的产品采用独特的另类设计，如四轮驱动四轮动力转向拖拉机等，但市场不大；第四，竞争能力较弱，一些主要企业后来被麦赛福格森公司、迪尔公司等控股，加上万国公司、福特公司在澳大利亚设厂，本土拖拉机的影响进一步下降。

3.9 迪尔公司进入拖拉机领域

迪尔公司由约翰·迪尔（John Deere）建立。近百年来，迪尔公司拖拉机上的“John Deere（约翰迪尔）”商标广为人知。但约翰·迪尔并没有见过约翰迪尔拖拉机，当迪尔公司于 1918 年进军拖拉机行业时，这位活到 82 岁的老先生已经去世 32 年了。迪尔公司保持“John Deere”这一标识，部分是为了体现老约翰的质量意识。约翰·迪尔在 19 世纪 30 年代生产钢犁之初就声言：“我永远不会把我的名字留在对我来说不是最好的产品上!”。这种对农民这一弱势群体负责的精神，一直为全球拖拉机行业所推崇。

迪尔公司的名称是“Deere & Company（迪尔及合伙人）”，1868 年至今从未改变，而约翰迪尔是公司产品的商标，两者常常被人混淆。约翰迪尔作为公司名称仅用于迪尔公司的某些子公司，因为在许多用户那里，约翰迪尔商标比迪尔公司的知名度更高。

1804 年，约翰·迪尔出生在美国东北部的佛蒙特州拉特兰县，是一位威尔士裁缝的第 5 个孩子。17 岁时，他离家到州内一家铁匠铺当了 4 年学徒。1836 年，约翰告别了怀孕的妻子和4个孩子，怀揣73美元，为追求新的发展来到中西部的伊利诺伊州大迪图尔，在那里开了一间铁匠铺。1837年，约翰·迪尔用废锯条制造犁板，推出他第一架在黏土上能自洁的、迅速闻名的钢犁，迪尔公司后来就把这一年作为公司历史的起始年。

1848年，约翰·迪尔移居密西西比河畔的莫林市，以利于航运。1858年，54岁的约翰·迪尔把公司的管理权交给21岁的儿子查尔斯·迪尔（Charles Deere）。在迪尔父子掌管公司期间，公司关注犁和其他农具的发展，产品也曾扩展到四轮马车和自行车，但对拖拉机业务十分谨慎。直到第三代总裁威廉·巴特沃斯执政时公司才决心杀入拖拉机市场，这时老约翰·迪尔和查尔斯·迪尔均已去世。

威廉·巴特沃斯（William Butterworth，图3-27）生于俄亥俄州，从宾夕法尼亚州里哈伊（Lehigh）大学毕业后，在华盛顿特区的法律学院学习法律。1892年，巴特沃斯和查尔斯·迪尔的女儿凯瑟琳结婚。同年作为助理采购员加入迪尔公司。1897年任公司司库，在1907年查尔斯·迪尔去世后接任公司总裁。

图3-27 威廉·巴特沃斯

巴特沃斯在1907年到1928年担任迪尔公司总裁期间，进行了许多变革：

一是为职工创建各种福利制度。1907年，建立针对工龄20年以上的退休职工的养老金制度。后来又建立了职工患病、伤残等补贴制度。这在美国不是首次，但也属于先行之列。

二是整合公司资源。1910年，迪尔公司进行大规模重组，使11个工厂和遍布美国和加拿大的25个销售机构整合为统一实体。1912年，实行现代化管理的迪尔公司已经成形。由此而来的纵向一体化整合模式成了迪尔公司管理体系的特色，其实质一直延续至今。

三是扩展新的产品领域。1918 年收购滑铁卢汽油机公司而进入拖拉机市场，这是公司发展最重要的里程碑。不过，迪尔公司当年杀入拖拉机领域富含争议，甚至连巴特沃斯本人开始也有所犹豫。

早在 1912 年，迪尔公司就开始研发自己的拖拉机，但均未生产。1914 年，拖拉机研制工作交给约瑟夫·戴恩（Joseph Dain）负责。约瑟夫·戴恩于 1890 年组建戴恩制造公司，生产牧草割晒装备。1911 年，迪尔公司以约 100 万美元的迪尔股票买下戴恩制造公司，但保持它的独立身份。约瑟夫·戴恩成了迪尔公司的副总裁和董事会成员。约瑟夫·戴恩研制的拖拉机是独特的三轮拖拉机（图 3-28）。其采用前双后单钢轮结构，三轮全驱动方式；采用四缸汽油机，牵引杆输出功率为 12hp，带轮输出功率为 24hp；两进两退变速箱，链式最终传动；质量为 2 088kg。

图 3-28　迪尔公司戴恩拖拉机

当时，公司销售经理弗兰克·西洛韦（Frank Silloway）对美国拖拉机市场进行了调研。他认为最受市场欢迎的拖拉机是万国公司拖拉机，其次是滑铁卢公司拖拉机（这时福特森拖拉机尚未投放市场），他建议公司通过收购成熟的公司来切入拖拉机市场。

迪尔公司的高管们在 1915 年就意识到公司不能只生产农具，还应扩展到拖拉机领域。他们面临的选择是：是以四缸发动机、全轮驱动的戴恩拖拉机打入市场，还是收购市场认可的双缸滑铁卢男孩拖拉机？考虑多种因素后，董事会决定收购滑铁卢公司。1918 年 3 月，迪尔公司以 235 万美元购买滑铁卢公司（参见第 2 章“美利坚的滑铁卢男孩”一节）。今天，迪尔公司在美国的主要拖拉机工厂仍然在滑铁卢市。

迪尔公司兼并滑铁卢公司后，并未阻止约瑟夫 • 戴恩研制的约翰迪尔戴恩拖拉机投放市场。该机售价 1 200 美元，在市场上不太成功，仅销售了不到 100 台。戴恩拖拉机夭折的原因可能既由于其成本比滑铁卢男孩拖拉机高得多，也由于约瑟夫 • 戴恩的去世。如果说滑铁卢男孩拖拉机是迪尔公司第一次投放市场的拖拉机，那么戴恩拖拉机就是公司第一次在品牌中使用约翰迪尔字样的拖拉机。

1918 年，滑铁卢男孩拖拉机（图 3-29）售出 5 634 台，未标“约翰迪尔”名字。后来使用“约翰迪尔滑铁卢男孩”标识，拖拉机喷涂约翰迪尔绿，只有轮毂和汽油箱是红的。滑铁卢男孩拖拉机一直生产到 1924 年。

图 3-29　迪尔公司滑铁卢男孩拖拉机

滑铁卢男孩拖拉机在 1918 年出现的福特森拖拉机的竞争影响下只能年产几千台，远不如预期，但兼并滑铁卢公司给迪尔公司争取到研发新拖拉机的时间。1923 年，迪尔公司推出在滑铁卢厂生产的约翰迪尔 D 型拖拉机，这是公司第一种只标约翰迪尔名字的、大量生产的拖拉机，奠定了著名的约翰迪尔两缸拖拉机模式。D 型拖拉机受到用户欢迎，从 1923 年到 1953 年期间生产并不断改进，共生产了 16 万台，是所有两缸约翰迪尔拖拉机型号中生产时间最长的。

约翰迪尔 D 型拖拉机（图 3-30）和滑铁卢男孩拖拉机已显著不同，它采用 30hp 卧式两缸手摇起动约翰迪尔汽（煤）油发动机，无架式机体，两挡变速箱，质量为 1 934kg。该机 1924 年单台售价为 1 000 美元，1953 年单台售价为 2 124 美元。约 1925 年，公司生产采用实心轮胎的工业变型 D 型拖拉机。

图 3-30　约翰迪尔 D 型拖拉机

1927—1928 年，迪尔公司推出了 20hp 的 C 型拖拉机。1928 年，C 型拖拉机改为GP型拖拉机（图3-31），GP表示通用（General Purpose），适应行列作物需要，和万国公司法毛（Farmall）型拖拉机展开竞争。20 世纪 30 年代，公司推出 A 型、B 型、G 型、L 型和 H 型拖拉机，20 世纪 40 年代推出 M 型和 R 型拖拉机，都用字母表示型号。

图 3-31　约翰迪尔 GP 型拖拉机

在 20 世纪 20 年代的美国轮式拖拉机市场上，迪尔公司的拖拉机在竞争中尚未显示出优势，销量排在福特公司和万国公司之后，位居第三，仅占市场总量的 6.4%。20 世纪 30 年代已位居第二，占市场总量的 21.7%。

1928 年，威廉 • 巴特沃斯退休，把总裁职位交给查尔斯 • 迪尔另一位女婿的儿子。巴特沃斯转任迪尔公司第一任董事长，直到 1936 年去世。威廉 • 巴特沃斯一生热衷参与并资助各种社会活动。1927 年，威廉 • 巴特沃斯当选为美国商会总裁。去世前，他担任这一职务三次以上。

3.10 万国法毛通用拖拉机

20 世纪 20 年代，在广袤的田野上农用拖拉机越来越多，但其在耕作中也遇到麻烦。当时的拖拉机对行列作物（特别是需要中耕的棉花、玉米等高秆作物）不能适应：行距对不上，转向时碰倒庄稼，地隙不够高。在这些地块，牲畜仍然傲视拖拉机，驾轻就熟地干着农活。拖拉机未能取代马匹和骡子，当时美国役畜总量保持在 2 400 万头以上，并未减少。

拖拉机行业必须改变这一状况。在众多产品中，万国公司的法毛通用型拖拉机十分成功。它们既能犁耕，也能中耕，还能带农具从事玉米采摘、饲料粉碎等作业，完全能够替代牲畜。至于法毛这一名称的由来，按万国公司档案，1919 年技术发展部秘书爱德·金巴克（Ed Kimbark）建议给这种拖拉机起名为“Farm-All”，意指农场的活全能干。1920 年初连写成“Farmall（法毛）”，1923 年 7 月这个名称正式进行官方注册。

在这类拖拉机发展史上，“法毛”拖拉机是首次大批量生产的，并且是投放较早、产量较大、延续较长、影响较广的一种拖拉机。它们最初的形态是三轮拖拉机，比此前的拖拉机更轻、更小、更便宜，从而使小农场的农民也买得起。该拖拉机几乎影响了美国所有主要拖拉机公司的设计，很快成了行业标准。在美国轮式拖拉机市场上，万国公司也以法毛拖拉机的优势，在 20 世纪 20 年代占市场份额的 28.6%，居第二位；在 20 世纪 30 年代占市场份额的 44.3%，居第一位。

从汽油拖拉机诞生起就有三轮拖拉机，但法毛拖拉机采用这一概念是一次创新。其主要设计师伯特·本杰明（Bert Benjamin，图 3-32）1870 年诞生在美国爱荷华州牛顿镇，1893 年从爱荷华州立学院毕业，在麦考米克收获机械公司任设计员。该公司在 1902 年和其他公司合并组成万国公司。1910 年，伯特·本杰明任万国公司麦考米克农具厂实验主管，他开始研制这种能替代牲畜的拖拉机，并得到万国公司总裁亚历山大·里格（Alexander Legge）和拖拉机厂总工程师爱德华·约翰斯顿（Edward Johnston）强有力的支持。

但是，万国公司的总经理和董事会没兴趣生产这种拖拉机。只是当福特森拖拉机开始威胁万国公司的销售时，情况才有了改变。1921 年，法毛拖拉机研制团队制造了 20 台拖拉机，并于 1922 年完成试验。公司清醒地摆脱了匆忙投产的诱惑，认真解决拖拉机机组出现的任何问题。1924 年，仅制造了 200 台试销给农民，并继续观察需改进之处。公司组织经销商代表评估这些新拖拉机，经销商认为，采用这种拖拉机种植、耕种和收获的成本可降低一半左右。法毛拖拉机的开发和中试流程即使在今天也值得人们学习和借鉴。

图 3-32　伯特 · 本杰明

1922 年，伯特 • 本杰明任法毛拖拉机研发部门的副总工程师。他在万国公司工作到 70 岁，于 1940 年退休。伯特 • 本杰明先后获得 140 项拖拉机及农机具专利，主要是以法毛拖拉机而闻名。1943 年，他被美国农业工程师协会（ASAE）授予赛勒斯•麦考米克金质奖章，并在爱荷华州立大学获得专业成就奖。伯特•本杰明于 1969 年 10 月去世，享年近 99 岁。

法毛拖拉机（图 3-33）是一种三轮、高地隙拖拉机。它采用 18hp 四缸发动机，3 进 1 退齿轮变速箱，质量为 1 861kg，有动力输出轴和带轮。当挂接耕耘机时，拖拉机联合前转向轮和后桥两个制动器，实现“三点控制”转向，使拖拉机在上下垄行时，耕耘机组能够相应地左右摆动以避免伤害成行的庄稼。同时，拖拉机也以较高的后桥地隙而引人注目。

图 3-33　万国公司法毛拖拉机

1923年12月，法毛拖拉机开始大量生产。起初它是在芝加哥拖拉机厂与麦考米克迪灵10-20拖拉机一起生产。因其销售势头良好，万国公司在1924年买下莫林制犁公司在伊利诺伊州石岛的工厂，并将其命名为法毛工厂。1926年后期，法毛拖拉机全部转到石岛法毛厂生产。法毛拖拉机1924年生产了200台，1925年生产了838台，1926年生产了4 430台，1927年生产了9 502台，1928年生产了24 899台，1929年生产了35 712台，在市场上已超过流行的福特森拖拉机销量。

20世纪20年代，万国公司只有一种法毛拖拉机。之后，万国公司于30年代初推出了F系列，于40年代末推出了字母系列，以及于50年代中期推出了数字系列法毛拖拉机。为区别它们，把20年代最初的法毛拖拉机称为“标准”型法毛，后来又称为“正规军（Regular）”型法毛。正规军法毛拖拉机于1932年1月停产，1923—1932年共生产了134 647台。

法毛这一名字一直用到1973年。当万国公司农业装备产权几经转移后，今天凯斯纽荷兰（CNH）公司在他们的某些现代多用途拖拉机上，又复活了“法毛”商标。

3.11 卡特彼勒公司的最初岁月

1925年4月，美国贝斯特拖拉机公司和霍尔特制造公司合并，组成了卡特彼勒拖拉机公司（Caterpillar Tractor Company）。克拉伦斯·贝斯特被推举为董事长，董事会成员雷蒙德·福尔斯（Raymond Force）任公司总裁兼首席执行官。

贝斯特拖拉机公司和霍尔特制造公司是当时两大履带拖拉机生产企业，贝斯特拖拉机公司的资本比霍尔特制造公司雄厚，而后者的履带拖拉机技术比前者略胜一筹。因此，这两家公司强强联合进行的整合，直到今天仍有借鉴意义。

卡特彼勒首先整合了两家公司的经销商。合并时两家公司的经销商数目大致相等，由谁担任新公司的地区代理难于取舍。卡特彼勒按业绩挑选两家公司现有的经销商，并迅速增加在澳大利亚、荷兰、东非和突尼斯的经销商。1925年年底，89个国内外经销商获选。其次，在整合初期卡特彼勒就重视经销商的备件供应能力，指标是存货可满足客户85%的备件要求，同时规定国外代理商备件存储的种类与数量要比国内更多。第三，卡特彼勒重视经销商的维修能力，要求他们拥有足够的服务力量，卡特彼勒给经销商办训练班，制订使卡特彼勒机器保持声誉的策略。这一方针很快取得良好效果，卡特彼勒经销网络至今仍是建筑机械和农业机械行业中最有效率的经销网络之一。

由于卡特彼勒由两个家族公司合并而成，人事整合也是难题之一。卡特彼勒总裁雷蒙德·福尔斯提出不准雇用公司高级管理人员近亲的建议，这个避亲方针成为公司政策，确保公司根据工作能力而不是亲属关系来雇用和晋升员工。

同时，卡特彼勒着力产品的整合发展。公司成立时，拖拉机商标统一为卡特彼勒，选留五种产品，即原贝斯特拖拉机公司以马力表示的30、60型，和原霍尔特制造公司以质量表示的2-Ton、5-Ton、10-Ton型。图3-34为卡特彼勒公司在1926年展览会上展出的上述履带拖拉机。1926年，公司提出产品质量方针："上策是做到一枝独秀，而不是比比皆是的'不错'。"产品先销售再整合。

图3-34　1926年卡特彼勒拖拉机

1927年，卡特彼勒推出新设计的第一种轻型履带拖拉机——卡特彼勒20型；1928年，推出更轻的14型和10型，扩展了履带拖拉机系列。1928年，卡特彼勒收购拉塞尔（Russell）平地机制造公司，增加了筑路装备产品。

合并后，卡特彼勒对生产制造能力进行整合，把所有拖拉机生产集中到伊利诺伊州的皮奥里亚，1929年东皮奥里亚厂的面积比4年前增大1倍多，雇员由1925年的1 600名增到4 000多名。联合收割机继续在加利福尼亚州的斯托克顿工厂生产。

经过整合，卡特彼勒公司实现了强强联合，1925—1929年，公司净销售额从2 100万美元增加到近5 200万美元。

3.12 欧洲早期的手扶拖拉机

在我国，手扶拖拉机指驾驶员手扶操纵的单轴两轮拖拉机。一般步行操纵，加上乘坐装置后，也可坐着操纵。在欧美国家，它们又被称为步行拖拉机（walking tractor，walk behind tractor）、两轮拖拉机（two-wheel tractor）或单轴拖拉机（single-axle tractor）等。

欧洲手扶拖拉机的发展和旋耕技术密切有关。旋耕方式早在19世纪已经出现，当时基本是将铧式犁刀安装在滚筒支架上旋耕。如1849年，英国詹姆斯·阿舍尔获得蒸汽动力旋耕机专利。1894年，匈牙利安德拉什·梅西沃特制造了蒸汽动力旋耕机（参见第1章“詹姆斯·阿舍尔的旋转蒸汽犁”）。这些旋耕装置太笨重，不会催生手扶拖拉机。

直到1910年，生于德国而在瑞士长大的康拉德·封·迈恩堡（Konrad von Meyenburg）博士申请了一项“机械耕作机器”专利（1912年被授予专利号1018843），发明了轻便的弹性旋耕刀齿，使用这种刀齿的手扶拖拉机才开始引起人们关注。封·迈恩堡弹性旋耕刀齿直接和间接催生并促进了德国西门子、瑞士格兰德尔、瑞士西玛、德国博卡兹等公司手扶拖拉机的发展。1920年后，手扶拖拉机开始在欧美推广。

1912年，封·迈恩堡在德国西门子（Siemens）公司推出被称为“Bodenfräse（地面旋耕）”的外接电源的电动两轮拖拉机，后挂旋耕鼓。西门子公司生产的第一种内燃手扶旋耕拖拉机是用单缸汽油机驱动的2马力地面旋耕机（图3-35）。随后，西门子公司又推出了4马力、5马力、8马力手扶旋耕拖拉机。1932年，西门子公司把它的耕作机分部出售。

图3-35 西门子2马力地面旋耕机

瑞士格兰德尔（Grunder）公司由奥古斯特·格兰德尔－基弗（August Grunder-Kiefer）于1917年创建。格兰德尔公司聚焦小型旋耕机，制造了2～3马力、质量仅为90kg的试验机型，后来又制造了5马力机型。随后制造了用自制发动机带侧切割器的动力割草机（图3-36），反响不错。第二次世界大战后，该公司仅制造8马力的U3G型汽油手扶拖拉机。奥古斯特·格兰德尔－基弗于1957年去世，格兰德尔公司在1961年被清偿，最终于1965年解体。

图3-36 格兰德尔小型手扶拖拉机

瑞士西玛（SIMAR）公司的历史可追溯到日内瓦生产武器的精密（La Précision）公司。1919年，格兰德尔公司许可精密公司制造旋耕机。精密公司生产了12马力的手扶型拖拉机，这种重型手扶拖拉机几乎毁了精密公司。后来精密公司改名为旋耕农业机械工业公司（Société Industrielle de Machines Agricoles Rotatives，简称SIMAR），专注生产灵巧便宜的机型。从1927年到1931年共有超过2 500台西玛C2单轮旋耕机（图3-37）出厂，从1932年到1933年甚至达到3 000台。从1927年起，西玛旋耕机销往英格兰、意大利、澳大利亚、南非和美国。从1936年起，他们采用手扶拖拉机的若干结构生产了四轮拖拉机。西玛公司研发和制造各种园地拖拉机直到1978年。

德国博卡兹公司由艾弗哈德·博卡兹（Everhard Bungartz）于1934年在慕尼黑建立，公司不仅制造拖车，也制造约瑟夫·法伊（Josef Fey）设计的5马力法伊果比特（Fey-Gobiet）机动旋耕机（图3-38），与封·迈恩堡弹性旋耕刀齿不同，法伊旋耕机的结构是旋耕刀齿刚性连接到旋转轴上，借助压簧，桥轴能在超载时滑转。

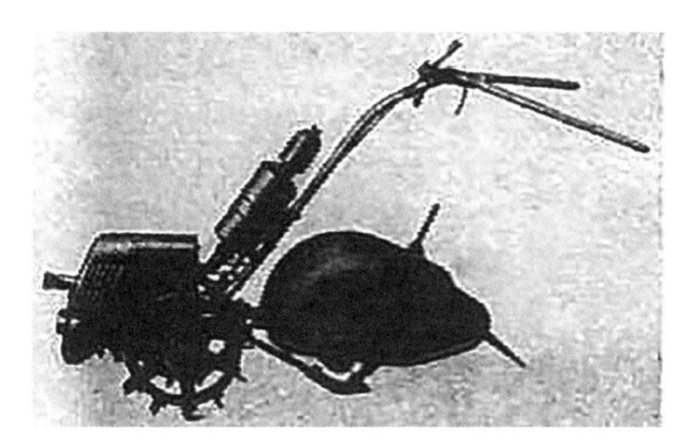

图 3-37　西玛 C2 单轮旋耕机

图 3-38　法伊果比特机动旋耕机

1935 年，博卡兹公司接管西门子旋耕机的生产。前西门子公司的工程师施密特（Schmidt）任博卡兹公司的总工程师，约瑟夫·法伊中断了与博卡兹公司的协议。博卡兹公司扩充了西门子型旋耕机的生产，20 世纪 30 年代后期成为德国手扶拖拉机最大的生产商。第二次世界大战期间未中断生产，第二次世界大战后期其在慕尼黑的工厂被炸毁。1945—1953 年，博卡兹公司提供了 11 500 台手扶拖拉机。20 世纪 40 年代末，博卡兹公司推出 U1 型手扶拖拉机（图 3-39），它的后续产品生产到 1969 年。1974 年，博卡兹公司把市政和葡萄园拖拉机系列卖给德国盖特博德（Gutbrod）公司。

图 3-39　博卡兹 U1 型手扶拖拉机

3.13 美、日早期的手扶拖拉机

在大西洋彼岸的美国，手扶拖拉机也开始出现，但它们和旋耕的关系不像欧洲那样密切。1911 年，美国西弗吉尼亚州的本杰明·格雷夫利（Benjamin Gravely）开始制造手扶推式犁（push-by-hand plow）（图 3-40）。1916 年，他组建了公司并且以格雷夫利为品牌，生产配装 2hp 空冷发动机的单轮拖拉机。1937 年，公司推出了 L 型 5hp 两轮拖拉机。在 20 世纪，该公司在美国生产全齿轮传动的两轮拖拉机。

图 3-40　格雷夫利手扶推式犁

与此同时，美国底特律（Detroit）拖拉机公司 1913 年在期刊上刊登了两轮拖拉机广告，操作者站在拖车上，通过缰绳操纵拖拉机，像驾驭一匹马（图 3-41）。

图 3-41　美国底特律两轮拖拉机

1915 年，美国艾里斯查默斯公司批量生产 6-12 型拖拉机，功率为 12hp，单挡变速箱，质量为 1 135kg，是前双驱动轮、后单轮的摩托犁，形态上和乘坐式手扶拖拉机相似（见图 2-28）。

1918 年，美国莫林（Moline）制犁公司利用四轮铰接拖拉机的后轮单元生产两轮拖拉机，它无须长长的拖车连接杆和御马缰绳（图 3-42）。

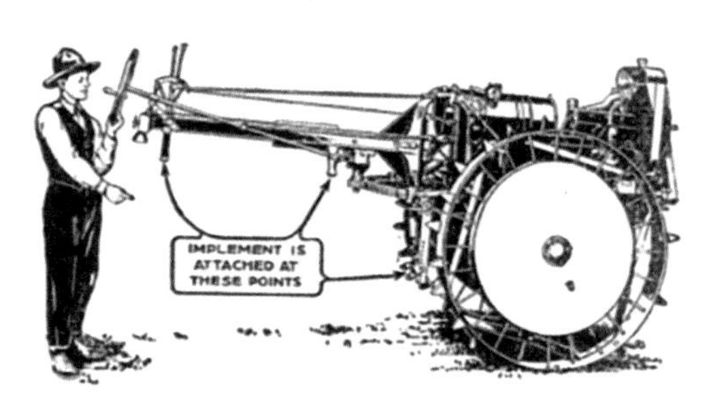

图 3-42　1920 年莫林两轮拖拉机

1932 年，美国曼多 • 艾瑞斯（Mando Ariens）接管他父亲的布里林（Brillion）铁业公司。1933 年，曼多 • 艾瑞斯和父亲研制了 14hp 自走旋耕机。1946 年，美国印第安纳州的塞西尔 • 庞德（Cecil Pond）成立辕马（Wheel Horse）公司，其第一个产品就是两轮自走“Walk-Away”花园拖拉机。

20 世纪 20 年代，日本开始自主设计和制造两轮拖拉机。日本冈山农民西崎浩（Nishizaki Hiroshi）第一次世界大战归来后开始实验用小功率煤油机搭挂一架犁耕地。此时，他看到一台瑞士造花园拖拉机的演示，但这种拖拉机因不适合日本黏重的稻田土壤，1925 年停止了进口。1926 年，西崎制造出他的第一台样机，由柴油机通过皮带驱动装在两个轮子上的旋转刀片。同时，当地许多小作坊也跟进制作各种样机。1938 年，在日本有 22 家这类产品的制造商，其中 17 个在冈山。1939 年，有超过 2800 台两轮拖拉机在日本使用。但到 20 世纪 40 年代初，这些机器几乎有一半因质量不好和备件缺乏而退役。

第二次世界大战后，日本从美国进口小型两轮拖拉机，主要用来拉小拖车运输。许多日本制造商从国外的机械中得到启示，仿照美国产品开始生产。

3.14　柴油拖拉机的最初尝试

在 20 世纪 20 年代初，农用拖拉机采用汽（煤）油机取代蒸汽机已取得压倒性优势。但就在此时，柴油机取代汽油机作为农用拖拉机动力的号角也吹响了。

柴油机由德国机械工程师和发明家鲁道夫 • 狄赛尔（Rudolf Diesel，图 3-43）在 19 世纪末发明。他的姓 Diesel 后来成为许多国家“柴油机”的简称（英语、德语、法语、西班牙语、意大利语均为 Diesel，俄语音译为 Дизель）。鲁道夫 • 狄赛尔

1858 年出生于法国巴黎，其双亲是侨居法国的德国移民。1870 年普法战争爆发，他家被迫离开法国，12 岁的鲁道夫·狄赛尔去德国奥格斯堡和亲戚一道生活。

图 3-43 鲁道夫·狄赛尔

1892 年 2 月，鲁道夫·狄赛尔申请了一项专利（RP 67207），专利的标题是“内燃机的工作程序和实施”，记述了柴油发动机的设想。1897 年 8 月，狄赛尔在德国南部的奥格斯堡制造了他的第一台样机。

1913 年 9 月 29 日晚上，鲁道夫·狄赛尔乘邮轮去伦敦参加会议，晚餐后回房休息，留话第二天早上 6 点一刻叫醒，但此后再没有人见到过他。10 天后，一艘荷兰船发现一具尸体漂在海上，后经他儿子确认是鲁道夫·狄赛尔。55 岁的天才柴油机发明家不幸落水而亡，是夜晚不慎失足还是因事业不顺而自杀，至今仍是一个众说纷纭的谜。

柴油机主要作为固定式动力和船用动力，因其质量较重尚不能装在车辆上。直到 1920 年，柴油机首次装在农用拖拉机上，这要归功于德国机械工程师和发明家普罗斯珀·劳伦奇（Prosper L'Orange，图 3-44）。1876 年，普罗斯珀·劳伦奇出生在当时奥斯曼帝国的贝鲁特，1890 年后在德国长大。他热衷内燃机技术，在柏林夏洛特堡技术大学学习。毕业后，在大学的热技术实验室成为枢密院委员埃米尔·若斯（Emil Josse）的助手。

图 3-44 普罗斯珀·劳伦奇

1904年，普罗斯珀·劳伦奇作为研究工程师在道依茨（Deutz）汽油机公司工作，1906年任试验部门主管。普罗斯珀·劳伦奇想设计更紧凑的柴油机用在汽车上，他意识到首先要解决的问题是对燃油喷雾进行更精确地控制。1908年，他受雇于德国曼海姆的奔驰（Benz）公司，任发动机试验负责人。他在曼海姆搞清了柴油机预燃室工作机理，迈出通向成功的第一步。

普罗斯珀·劳伦奇设计了试验发动机用于试验不同形状的缸盖。预燃室柴油机被证明有力、可靠、经济，但对于汽车来说体积太大。1909年3月，他递交了一份预燃系统的专利申请（DRP 230 517），该专利使制造紧凑、轻型柴油机成为可能。普罗斯珀·劳伦奇因这一成功在1910年获得奔驰公司奖励，奔驰公司任命他为固定发动机设计机构的负责人。

第一次世界大战使奔驰公司柴油机的发展停滞了。战争结束后，普罗斯珀·劳伦奇重新开始发动机的设计试验。他偶尔发现瑞典的Swedish Ellwe柴油机采用半球形预燃室，以及与燃烧室连接的通道。受此启发，他改进自己的预燃室，在预燃室和燃烧室之间采用漏斗形状，来达到不同负荷下燃油的可靠喷射和良好燃烧，并且进一步改进柴油汽化并降低积炭风险。1919年3月，他又申请了修改的专利（DRP 397 142）。同年，劳伦奇也推出针状喷油器。

实际上，其他工程师也在做相似的研发。1921年，普罗斯珀·劳伦奇以他的漏斗状预燃室、针状喷油器和燃油无级可变喷射泵这一系统，来控制燃油喷射，从而实现燃油的精确控制，满足了汽车的需要。这成为第一批车用柴油机的基础，它使鲁道夫·狄赛尔生前的梦想成真了。

1922年，普罗斯珀·劳伦奇成为奔驰公司曼海姆汽车厂（MWM）固定发动机制造分厂的负责人。同年，他为汽车而设计的25马力双缸柴油机，首次装在奔驰公司刚刚推出的一台奔驰森德林（Benz-Sendling）S6型农用拖拉机上（图3-45）。这是世界上第一台以柴油机为动力的农用拖拉机！

普罗斯珀·劳伦奇这位柴油机预燃室的先行者，现代柴油机的先驱，于1939年7月在斯图加特辞世，终年63岁。

1927年，道依茨公司开始批量生产柴油拖拉机，型号为MTH。1927年，意大利人弗朗西丝科·卡萨尼研制成功柴油拖拉机，其事业与爱情紧密结合的研制过程给拖拉机发展史带来了一抹玫瑰色。1930年，欧洲第一台小型柴油拖拉机柴油马（Dieselroβ）由德国芬特公司推出。1931年，美国卡特彼勒公司制造了第一批柴油动力履带拖拉机。1935 年，美国万国公司在麦考米克迪灵 WD-40 型拖拉机上使用了柴油机。1948 年，德国埃歇尔（Eicher）公司推出第一台风冷柴油拖拉机。

图 3-45 奔驰森德林 S6 型柴油拖拉机

对于农用拖拉机来说，柴油发动机最初的价格太贵，并且其起动也经常出现问题。在柴油拖拉机诞生之后，差不多经过了半个世纪，直到 20 世纪 70 年代，柴油机取代汽油机才取得决定性优势。

3.15 卡萨尼的爱情和他的柴油拖拉机

在探索柴油拖拉机的队伍中，有位意大利年轻人弗朗西斯科·卡萨尼（Francesco Cassani），他的家乡位于意大利北部贝加莫省的特莱维奥。在它东边不远处有一座城市维罗纳，据说是英国作家莎士比亚戏剧“罗密欧与朱丽叶”的发生地，前往该地瞻仰和守望朱丽叶阳台的旅游者络绎不绝。年轻的弗朗西斯科·卡萨尼和罗密欧有类似的情怀，不过他的爱情故事不是以悲剧告终，而是以喜剧落幕，造成喜剧结果的重要因素就是他研制的一台柴油拖拉机。

1928 年 2 月，意大利报纸《贝加莫之声（La Voce di Bergamo）》头版刊登了一篇报道：“21 岁的本地人弗朗西斯科·卡萨尼成功制造了世界上第一台柴油动力拖拉机。……特别令人感兴趣的是在内燃机里精密零件很少，使它特别适合在殖民地使用。”当然，这种提法不太准确。在他之前，德国奔驰公司和道依茨公司分别在 1922 年和 1927 年已经制造了柴油动力拖拉机。不过，奔驰公司和道依茨公司的柴油机主要是为车辆研制的，而弗朗西斯科·卡萨尼的柴油拖拉机（图 3-46）采用的可能是世界上第一台专为拖拉机设计的柴油机。

图 3-46　卡萨尼柴油拖拉机

弗朗西斯科 • 卡萨尼生于 1906 年，从孩童时起就喜欢在父亲制造脱粒机械和农具的作坊干活。从那时起，他开始对发动机着迷，对它们驱动的机械如汽车、飞机、拖拉机都感兴趣。16 岁时，他和弟弟欧金尼奥（Eugenio）一道，用第一次世界大战残骸中的飞机发动机制造了一台没有外罩的汽车，那辆车雷鸣般的喧闹使家乡人都感到恐怖。当意大利的喷气式飞机在他家附近试飞时，他会伸长脖子追随飞机，像欣赏音乐那样倾听渐弱的嗡嗡声。于是他突发奇想，要和弟弟一道造飞机。当他们的飞机试飞时，在掠过屋顶后很快下降，幸亏最后落在了干草堆上，仅给兄弟俩带来一阵慌乱和几处擦伤。

为了使柴油拖拉机研制尽快成功。弗朗西斯科 • 卡萨尼常常求助于来自米兰的、有大量绘图和图表的外国书籍。他母亲虽然对此把握不定，但当儿子去米兰寻找零件时，总会借钱给他。

弗朗西斯科 • 卡萨尼有位住在数英里外的热恋中的女朋友，是一位磨坊主的漂亮女儿，名字叫玛利亚 • 坎帕纳（Maria Campana）。玛利亚 • 坎帕纳当时正在特莱维奥教师培训学院学习，他们已交往了 7 年。玛利亚 • 坎帕纳是个快乐、热情的女生，常戴着时髦的帽子骑着自行车穿街过巷。但弗朗西斯科 • 卡萨尼的母亲对儿子的选择并不满意，她似乎不喜欢这位有些前卫的女孩，而弗朗西斯科 • 卡萨尼兄弟研制发动机的财政靠山就是母亲。因此，他转而向父亲求助，他相信自己能够说服父亲同意他们结婚，但未成功。深藏不露的父亲对他说：“当你搞成那个发动机并能挣饭吃的时候，我们再商量”。

这场爱情和发明的较量引起小镇的人们特别是年轻人的关注。当地学校的女孩们向圣母玛利亚祈祷，祝福发明能够成功。小镇传闻，新发动机靠重质油运转，并且很省油，但进展不太顺利，每天都有新问题出现。人们看到，两兄弟常常带着越来越沮丧的情绪在夜间从父亲的作坊出来。困扰他们的最大问题是起动，因为重质油自燃需要很高的温度和很大的压力。经过多年研制，柴油发动机最终成功起动了。不爱通信的弗朗西斯科•卡萨尼想让未婚妻尽快知道这个消息，立即发去了电报，上面只有几个字母“Eureka”。这个源自希腊语的词汇是古代希腊数学家阿基米德在发现测定金子纯度方法时惊呼的传世用语，意思是“找到了！”玛利亚•坎帕纳在第二天早上收到了这份电报，此时是 1924 年。

有情人终于可以盼到结婚了，母亲用对儿子的赞赏来掩饰自己的让步。在发出那份电报两年之后，1927 年，新发动机和拖拉机在特莱维奥农业大学首次向大批当地知名人士、媒体和农民展示（图 3-47）。该机获得成功，报纸强调了发动机没有磁电机、火花塞和化油器的优点，以及最重要的是其燃料消耗大幅度减少。

图 3-47　第一台卡萨尼拖拉机展示

尽管新闻界鼓吹“意大利农民熟悉了这一创新，将毫不犹豫地放弃进口美国机型”，但乐观的结局并未出现。实际上，在 20 世纪 30 年代意大利的农业市场需求和工业技术基础尚不能适应这一创新，弗朗西斯科•卡萨尼无力克服制造与销售难题，奋斗之路并不平坦，他在十几年后成了意大利赛迈（SAME）公司的创始人。

第 4 章

群雄竞起的“春秋”时代（下）

引言：窥视拖拉机的汽车巨头们

从机械学的角度看，汽车和拖拉机的结构十分相似。因此，汽车企业在事业成功后将业务扩展到届时急需的农用拖拉机上，也是顺理成章的。

从拖拉机的百年发展史来看，汽车企业蜂拥进入拖拉机行业的势头，大约有两次高潮：

第一次高潮是20世纪初，各工业化国家纷纷开始农业机械化。1903年创立美国福特汽车公司的亨利·福特，早在1907年就研制出他的第一台试验拖拉机；德国奔驰公司首次接触拖拉机也是在1907年；大约在1910年，法国雷诺公司开始研制试验拖拉机；1913年，德国戴姆勒汽车公司也已涉足摩托犁。特别是，亨利·福特于1917年在装配流水线上大批量生产拖拉机，大获成功。受其鼓舞，一批著名的轿车制造商纷纷跟进，成了进入拖拉机行业中一支重要的方面军。在美国，1908年创立的美国通用汽车公司紧随福特汽车公司之后，于1917年进入拖拉机领域。美国另一个重要的汽车投资商约翰·威利斯也于1918年开始拖拉机制造；在欧洲，1898年创立的法国雷诺汽车公司，1905年创立的英国奥斯汀汽车公司，以及1899年创立的意大利菲亚特汽车公司均于1919年相继生产出农用拖拉机。德国戴姆勒汽车公司于1921年推出犁耕拖拉机，德国奔驰汽车公司也于1923年进入拖拉机领域。

第二次高潮是在第二次世界大战之后，战后农业经济的恢复急需大量拖拉机。其实还在第二次世界大战尚未停歇之时，美国吉普越野车厂已在1942年开始探讨吉普车农用试验，1943年瑞典沃尔沃公司已与人合作制造拖拉机。英国康梯商用车公司于1948年，德国曼公司于1952年，英国不列颠汽车公司于1954年，德国保时捷公司于1956年，美国怀特汽车公司于1960年均先后进入拖拉机市场。此外，还有早已进入拖拉机行业后来是载货汽车制造商的奥地利斯太尔公司。意大利菲亚特公司和法国雷诺公司，虽然在第一次高潮中已涉足拖拉机，但它们在全球拖拉机市场上崭露头角，还是在第二次世界大战之后。

这些汽车巨头们的拖拉机征途却大不相同。有的成了拖拉机历史上重要的拖拉机品牌（如福特、菲亚特、雷诺），一直生存了大半个世纪，在拖拉机百年发展史上具有举足轻重的地位；有的坚持了二三十年而无明显建树，最后放弃了这一多元化的努力；有的在尝试后发现事情不像想象的那样，及时“割肉清盘”，成了拖拉机行业的匆匆过客。即使是福特、菲亚特、雷诺这些名字，作为拖拉机品牌今天也已基本消失了。作为拖拉机品牌的福特、菲亚特已被“纽荷兰”所覆盖，而作为拖拉机品牌的雷诺已被“克拉斯”所替代。

不管如何，这些汽车巨头们对拖拉机行业的热情以及它们对拖拉机行业的技术影响和技术溢出，对提高拖拉机传动系、转向行走系、冲压覆盖件以及电器等部件的技术水平都起到了重要的推动作用，值得拖拉机行业感激和怀念！

关于汽车企业特别是轿车企业进入拖拉机行业兴废成败的思考，也引起一些研究人员的兴趣。一种有一定说服力的看法是，虽然轿车和拖拉机产品的机械形态十分相似，但是产品的经济形态是不同的，轿车是生活资料，拖拉机是生产资料。因而，从产业经济学的角度看，轿车企业和拖拉机企业在市场形态、客户群身份、服务需求、批量大小、生产方式、外协供应特征、产业集聚程度等经济形态上，均有相当大的不同。一个轿车企业如欲进入拖拉机行业，需要把拖拉机业务看成独立的战略项目，专人专心，认真研究拖拉机市场、拖拉机技术、拖拉机生产的特点，才有可能占领这一领域。汽车巨头大多资金雄厚，技术先进，但在资金、技术、市场三要素上，最重要的是市场，是如何熟悉客户要求，如何赢得客户信任，如何把握市场趋势。如果只是把拖拉机业务当成“搂草打兔子”式的顺手牵羊，那往往就很难有所斩获了。

4.1　亨利·福特的拖拉机情结

亨利·福特（Henry Ford）是美国福特汽车公司的奠基人（图 4-1）。1913 年，福特汽车公司在装配线上流水般地生产出普及型福特 T 型轿车，从而使美国成为“架在四个车轮上的国家”。1947 年 4 月 3 日，83 岁的汽车大王亨利·福特辞世。葬礼那天，美国所有汽车生产线停工一分钟，以纪念这位“汽车界的哥白尼”。

图 4-1　亨利·福特

但是亨利·福特对拖拉机发展的卓越贡献常被人忘记，令人遗憾。亨利·福特对拖拉机的奉献和执着，与他在汽车上的付出相比毫不逊色，甚至更令人感叹。亨利·福特研制拖拉机时，他的汽车事业尚未达到 1913 年那样的成功。因汽车而富有的亨利·福特愿为拖拉机付出心血的原因，正是他对自己早年农村生活不能割舍的情结！

1863 年，亨利·福特出生在美国密歇根州迪尔伯恩市的一个农场里。其父威廉·福特生于爱尔兰，其母玛丽生于比利时移民家庭，亨利·福特是长子。父亲希望亨利·福特随他务农，继承并扩展农场。但亨利·福特不喜欢干这种人工畜力耕作的农活。他喜欢摆弄机械，从修磨农具到修理钟表。13 岁时，他 37 岁的母亲在第六个孩子分娩时早逝。母亲是外祖父母最小的孩子，因双亲去世年幼时被邻居收养，后来嫁给比自己大 13 岁的威廉·福特。少年丧母给亨利·福特带来巨大伤痛，年少的他曾冲动地对父亲说，农场唯一使他留恋的只有他的母亲。

1879 年，16 岁的亨利·福特离家工作，在底特律做机械师的学徒，此时他痴迷于蒸汽机。23 岁的亨利·福特制造经验日渐丰富，开始研制内燃机驱动的交通工具。此时他和父亲达成妥协，父亲给他 40 亩木材地，他放弃做一名机械师。“作为权宜之计我同意了”亨利·福特回忆道。他回到农场，用部分砍下来的木头建了自己的“新房”，但在里头藏了一个工作间。1888 年，亨利·福特结婚，以经营农田和一座锯木厂为生。

在回家“消停”几年后，亨利·福特开始试验双缸发动机，此时他拿到一家公司月薪 45 美元的聘书，木头也砍完了，他告别了农场。1891 年，他在著名的爱迪生照明公司成为工程师，后来被委以重任，正是在这里他开始研制汽车。

亨利·福特与另外 11 位投资者于 1903 年 6 月在底特律市成立了福特汽车公司，注册资本 10 万美元，亨利·福特任副董事长兼总裁。1908 年，公司推出著名的普及型福特 T 型汽车，在以后的 20 年内生产了 1 500 万辆，使汽车从五六千美元的富人专利品变成了几百美元的大众消费品，彻底改变了美国人的生活方式。

在汽车取得巨大成功之前，亨利·福特就想把像他父亲那样的农民从费时辛苦的劳动中解脱出来，并且他相信能用汽车技术处理农田作业。他甚至相信，廉价普及的拖拉机可以给世界上正以指数增长的人口提供足够的食物，是改善人类生存状况并且消除战争的关键。这就是亨利·福特理想主义的拖拉机梦。但是战争并不仅仅和饥饿有关，1920 年全球农用拖拉机保有量只有几十万台，今天全球农用拖拉机保有量已超过 3 000 万台，但是战争仍然不时在我们身边发生。

早在 1905 年初，亨利·福特就探讨汽油机装在农用拖拉机上的可能性，于 1907 年完成了第一台试验汽油拖拉机（图 4-2）。不过亨利·福特的拖拉机征途比他的汽车之旅更加坎坷，样机并未投入生产，因为生产拖拉机的意图遭到董事会的反对。董事会对 T 型汽车的销售和利润非常满意，完全无意进入前景不确定的拖拉机产业。

图 4-2　亨利·福特在试验拖拉机上

亨利·福特认为他的拖拉机事业不可能由福特汽车公司完成了，而成了他个人的事业。1910 年，他租了个谷仓，用自己的薪水雇了 6 个人来研发拖拉机，早期的试验型拖拉机就在他家的农场上试验。他为了开发又好又便宜的新型拖拉机，花费了大量的精力和 60 万美元的研制费。新拖拉机的结构和早期试验型拖拉机的结构有质的不同，特别是由无架式机架来代替原来的全架式机架。今天，该机陈列在迪尔伯恩市亨利·福特博物馆里（图 4-3）。

图 4-3　亨利·福特的第一台拖拉机

但是，福特汽车公司和它的董事们仍然不愿意生产拖拉机。1917 年 7 月，亨利 • 福特不得不自己组建亨利 • 福特父子公司（Henry Ford and Son Company）来制造和销售拖拉机，并在迪尔伯恩市建立了一个拖拉机工厂。

除这一挫折外，亨利 • 福特遇到的另一挫折，是他发现拖拉机不能像汽车那样使用“福特”商标，“福特”作为拖拉机商标已被人抢先注册。原来一伙明尼苏达州商人比公众提前知道亨利 • 福特正在研发拖拉机，就雇请一位也姓福特的年轻人，注册成立了福特拖拉机公司（Ford Tractor Company），而该公司只生产很少的拖拉机。这样一来，福特只好改用“福特森（Fordson，意含福特之子）”作为其拖拉机的商标。亨利 • 福特能自由使用“福特”作为拖拉机商标已是 20 年后的事了。

这个所谓的福特拖拉机公司在拖拉机发展史上一个“贡献”是由于它的拖拉机质量太差，导致了美国著名的内布拉斯加拖拉机实验室的建立（详见本章“法定内布拉斯加拖拉机检测”一节）。

亨利 • 福特的福特森 F 型农用拖拉机于 1917 年 10 月 8 日第一次在生产流水装配线大量下线。随后，亨利 • 福特父子公司收到了英国政府的 7 000 台订单，这是因为第一次世界大战中的英国农民被征兵，急需拖拉机生产更多粮食。1918 年，福特森拖拉机因价廉物美受到美国农民欢迎而大获成功。这是世界上第一次大批量生产的、普通农民买得起的农用拖拉机。

1920 年，福特汽车公司为亨利 • 福特独自所有，亨利 • 福特父子公司并入福特汽车公司，但拖拉机仍要使用“福特森”这一商标。福特森拖拉机的生产后来扩展到亨利 • 福特父亲的故乡 —— 爱尔兰南部的科克。在 20 世纪 30 年代，另一个工厂在英国的达格南建成。1919—1952 年，有 48 万台福特森拖拉机在爱尔兰科克和英国达格南生产。

体现亨利 • 福特回报故土的拖拉机情结，也为他家乡人所感念。亨利 • 福特在密歇根州的故乡思普林韦尔斯于 1925 年改名为“福特森”（而不是汽车品牌“福特”），虽然 3 年后它和邻近的迪尔伯恩合并而取消了这一名称。体现福特心血的福特森一词，今天仍留在故乡的土地上。在当地有一所学校名为福特森中学，同时当地的运动队也自称“拖拉机”，而不是“汽车”。

回顾这段历史，百年前亨利 • 福特满怀拖拉机情结的执着和顽强，穿过充满世俗功利的历史烟云，至今依然叩击着人们的良知，并温暖着我们的记忆！

4.2 里程碑：福特森 F 型拖拉机

从拖拉机研制到福特森 F 型拖拉机投产，亨利·福特花了十多年的时间。不过其间有几年时间，他更关注 T 型轿车而对拖拉机有所放松。亨利·福特和他的技术团队要兼顾汽车和拖拉机的研发，难免有顾此失彼之时，在福特森拖拉机数十年的发展历程中，常能看到这一影响的痕迹。

在福特森拖拉机诞生的过程中，美国工程师匈牙利裔约瑟夫·盖拉姆（Joseph Galamb）和保加利亚裔尤金·法卡斯（Eugene Farkas）起了关键作用，他们都是福特 T 型轿车开发团队的主要成员。约瑟夫·盖拉姆是福特汽车公司初期拖拉机项目的负责人，研制了 1907 年样机；尤金·法卡斯初期参与、后期主持拖拉机项目，研制了福特森 F 型拖拉机。

约瑟夫·盖拉姆（匈牙利名 Galamb József，图 4-4）1881 年 2 月生于匈牙利，1899 年从布达佩斯技术大学毕业，获得机械工程师文凭。约瑟夫·盖拉姆在一家匈牙利工厂成为绘图员，然后加入匈牙利汽车公司，在那里他获得赴德国读研究生的奖学金。1903 年，他在德国许多城市工作过，并在法兰克福得到很好的教育。当他得知 1904 年美国要举办世界汽车博览会后，他用多年积蓄乘船到了美国。1905 年 12 月他遇到了亨利·福特，亨利·福特同意他为成立两年的福特汽车公司工作。

图 4-4 约瑟夫·盖拉姆

1905 年，他是福特汽车公司的绘图员和设计师，设计 T 型轿车的一些部件，包括行星变速箱。在 T 型轿车投产后，亨利·福特就要求盖拉姆为农民设计一种轻型拖拉机。约瑟夫·盖拉姆用 B 型轿车的发动机配上 T 型轿车的传动系制造了福特汽车公司第一台汽油动力拖拉机（图 4-5），当时被称为“汽车犁”。为减低研发和制造费用，它借用了福特汽车的许多零件。

图 4-5　福特 1907 年拖拉机样机

1913 年，约瑟夫·盖拉姆发明了著名的 T 型轿车大批量生产线。第一次世界大战期间，他从事飞机发动机、救护篷车和轻型货车的设计。1927 年，他从事福特 A 型轿车研制。但在亨利·福特的儿子主持公司后，1937 年他才正式获得福特汽车公司总设计师头衔。他在公司从事设计直到 20 世纪 40 年代中期，因健康原因于 1944 年退休，于 1955 年去世，享年 74 岁。

约瑟夫·盖拉姆生前并未忘记他的根，多次访问匈牙利。1921 年，他为家乡的穷学生设立了奖学金，也到匈牙利工程师和建筑师协会演讲。1935 年在匈牙利装配福特汽车项目上，他起了重要作用。1981 年，故乡纪念约瑟夫·盖拉姆 100 周年诞辰，称他为“一名在福特 T 型车和福特森拖拉机上起先锋作用的机械工程师”。

亨利·福特后来任命尤金·法卡斯为拖拉机项目负责人。1915—1947 年，尤金·法卡斯是福特汽车公司研发部门主要的工程师。他对拖拉机产业的贡献，是在世界上第一次提出拖拉机无架式机体的概念。他认为，应该用螺栓联接发动机和传动系的两段铸铁壳体，将其作为拖拉机的主体机架来代替传统的框架式全机架，同时壳体要使用轿车产业研发的新材料，这些都使研发重量轻的拖拉机成为可能。亨利·福特开始对是否采用这种结构有些犹豫，但当 50 台样机在田间试验成功后，他感到这种结构不仅可行，而且有利于降低成本和大量生产（图 4-6）。

图 4-6　福特森 F 型拖拉机

当时，许多公司在越大越好的错误理念下设计拖拉机，而福特森 F 型拖拉机轻小价廉，使农民买得起并且易于生产。F 型拖拉机的结构特点是：采用最具创意的无架式机架；纵向安装福特轿车配套的 18hp（1hp=0.746kW）四缸汽油机；采用多片油浴离合器和 T 型轿车的传动系零件，两进一退，蜗轮蜗杆后桥传动；最高速度为 11.3km/h，拖拉机质量为 1 230kg。当时整个拖拉机行业尚处于探索之中，F 型拖拉机的部分设计并不先进：如蜗轮蜗杆后桥传动效率低、磨损快，福特森拖拉机对汽车零件的大量借用也不总是恰当的，如使用多片湿式离合器等。

福特森 F 型拖拉机有过几种履带变型。图 4-7 所示的拖拉机是 1924 年生产的。它安装由密尔沃基的全履带（Full-Crawler）公司生产的履带行走装置，后驱动链轮的直径和原轮式拖拉机的钢轮一样大，因而速度相同。

图 4-7　福特森 F 型拖拉机的履带变型

由于 20 世纪 20 年代后半期美国农业市场不景气，加上 1928 年福特 T 型轿车要换型到更优秀的 A 型轿车，需扩充生产能力；此外，困扰福特森拖拉机的质量问题，导致其竞争优势衰减。因此，1928 年公司决定终止 F 型拖拉机在美国本土的生产，由爱尔兰和英国制造福特森拖拉机向美国返销。直到 1939 年，福特森拖拉机再次从美国工厂流水线上源源不断地流向市场，返销才终止。

在世界拖拉机发展史上，福特森 F 型拖拉机是一座里程碑！

首先，它们是世界上第一次大量生产的农用拖拉机。此前最大的拖拉机制造商年产量不过几千台，而福特森 F 型拖拉机在投产的第二年就售出 34 167 台，到 1920 年 8 月已累计销售 20 万台。从 1917 年到 1928 年，F 型拖拉机共计生产了 75 万台。在 20 世纪 20 年代的美国轮式拖拉机市场上，福特森拖拉机占 44.2% 的份额，位居第一。其中在 1923 年，福特森拖拉机曾经占到美国轮式拖拉机市场 77% 的高份额。

其次，它们是当时价格低廉的农用拖拉机。福特森拖拉机 1918 年在美国销售的单价为 750 美元，普通农民买得起。在同行激烈竞争的 1922 年，单价竟然降为 395 美元。因此，一些人怀疑福特是为了价格战，用汽车利润来贴补拖拉机售价。

第三，它们首次在拖拉机上使用无架式机体，这是拖拉机设计的里程碑。直到今天，这种结构仍然是全球轮式拖拉机的主流形态。

4.3 通用公司：拖拉机的匆匆过客

通用汽车公司（GMC）是威廉 • 杜兰特（William Durant）于 1908 年在美国倡议建立的。威廉 • 杜兰特诞生在美国波士顿一个显赫的法裔家庭。这位美国当时最大的马车制造商想结束国内数百家汽车公司争斗的局面，支持将别克汽车公司、福特汽车公司、马克斯韦尔布里斯科汽车公司、奥兹汽车公司等几家汽车公司合并，但因福特汽车公司要价不菲而未获成功。1908 年，威廉 • 杜兰特以别克汽车公司和奥兹汽车公司为基础成立了通用汽车公司，他本人任董事长。1909 年，通用汽车公司又合并了奥克兰汽车公司和卡迪拉克汽车公司，所以通用汽车公司从一开始就带有多品牌特征。

当时已夺得美国轿车市场主要份额的亨利•福特，于 1917 年进入拖拉机领域。这时，未能把福特汽车公司收入通用汽车公司麾下的威廉•杜兰特决心和亨利•福特在汽车领域和拖拉机领域决一雌雄。

1917 年，威廉 • 杜兰特买下加利福尼亚州斯托克顿的萨姆逊（Samson）公司。萨姆逊公司成立于 1900 年，1912 年开始制造拖拉机，1914 年推出三轮拖拉机，其特点是使用筛状镂空轮缘车轮，可减少对土壤的破坏，提高车轮附着性能（图 4-8）。1917 年，萨姆逊公司改名为萨姆逊筛轮拖拉机（Samson Sieve-Grip Tractor）公司。1918 年，通用汽车公司又以 100 万美元买下威斯康星州的简尼斯维利（Janesville）公司，来制造通用萨姆逊（GMC Samson）拖拉机。1919 年，整个萨姆逊筛轮拖拉机公司搬到了简尼斯维利，逐步淘汰了其在斯托克顿的运作。然后，通用汽车公司设立了萨姆逊拖拉机公司分部，计划在生产拖拉机的同时也生产萨姆逊轿车、货车和马拉农具。

图 4-8　萨姆逊筛轮拖拉机

1918 年，萨姆逊筛轮拖拉机装上四缸汽油机，牵引杆输出功率为 12hp，带轮输出功率为 25hp，单价为 1 750 美元，这种价位还不能和价格低廉的福特森拖拉机竞争。1918 年末，推出新的萨姆逊 M 型拖拉机，采用 19hp 通用四缸汽油机、两挡变速箱及无架式机体，质量为 1 497kg，单价为 650 美元，该机型在 1919 年 5 月每天生产 10 台。但公司很快算出 650 美元不赚钱，然后把价格升到 840 美元，而此价格对福特森拖拉机依然没有竞争力。虽然 M 型拖拉机技术和制造质量都不错，但还是竞争不过量大价廉的福特森拖拉机。

威廉・杜兰特感到需要探讨另一条路。正如《杜兰特传》所述，“一旦萨姆逊的 M 型拖拉机投入生产，接着杜兰特就被一种新的叫做‘铁马’的精巧设计迷住了。”在拖拉机发展史上，铁马（Iron Horse）是一种独特的另类设计。当时拖拉机正取代马匹，一些农民开始怀念过去役畜的田园生活。为了适应这些“乡愁”，铁马用 4 个车轮代替马的 4 条腿，用系在杆上的缰绳来操纵拖拉机的前进和转弯，没有驾驶座位，驾驶者或者在它后面步行，或骑在农具上就像驾驭马匹一样。原来的马拉农具也能继续用，节省了花费。农民也不需要学开拖拉机。

威廉·杜兰特把铁马命名为萨姆逊 D 型拖拉机（图 4-9），其采用 26hp 雪佛兰四缸汽油机，带传动系统，用链条驱动 4 个轮子，每侧独立操纵，质量为 863kg，最初的广告售价为 630 美元。1919 年，当威廉·杜兰特在展览会上兴意盎然地亲自演示这种拖拉机时，销售定价为 450 美元。

图 4-9　通用萨姆逊 D 型拖拉机

这类想法当时被报纸叫好，其他制造商甚至也生产出更小的产品。威廉·杜兰特急于投产，可能未做足够的试验，尽管售出了数百台铁马，但售出后机械故障很多，在使用时农民要保持缰绳时刻紧绷并不容易，驾驭不当甚至会翻车。怀旧，固然是人性中充满诗意的柔情，但还是不能抵挡无情的技术进步，最终铁马们以失败而告终。

通用汽车公司在萨姆逊拖拉机的运营中，亏损了 3 300 万美元，不得不在 1923 年退出拖拉机业务。回顾通用汽车公司的拖拉机业务，无论是买下现有的萨姆逊公司来缩短研制的时间，还是后来沉迷于独特的铁马拖拉机另辟蹊径，这两大决策均暴露了通用汽车公司对新颖设计的偏爱，而对拖拉机市场研究不深，加上急于求成，导致它短暂并略有悲壮地走完了它的农用拖拉机征程。

30 多年后，通用汽车公司再次涉足拖拉机业务。1955 年，推出了著名的欧几里得（Euclid）TC-12 型履带拖拉机。该机采用两个并列柴油机，功率为 402hp；两个并列不停车换挡动液力传动系，分别驱动两侧的履带，可原地转向；质量为 40t，是当时世界上最大功率的履带拖拉机。但是这种拖拉机基本与农业无关，而属于土方施工机械了。

4.4 奔驰汽车公司的拖拉机之旅

在亨利·福特研制农用拖拉机时，德国奔驰汽车公司也意欲进军拖拉机领域。和福特汽车公司自主研发不同，奔驰汽车公司先后兼并了制造摩托犁的加格瑙公司、科姆尼克公司和森德林公司而进入拖拉机行业，在一次次不顺中摸索前行。

奔驰（Benz）汽车公司于 1883 年由德国人卡尔·本茨（Karl Benz）建立。1907 年，奔驰汽车公司兼并南德意志汽车厂加格瑙（Gaggenau）公司，首次接触拖拉机。加格瑙公司由乔治·威斯（Georg Wiß）于 1905 年建立，早先从事摩托犁设计，由于其设计的摩托犁太重，不幸失败。乔治·威斯在 1910 年离开加格瑙公司。1919 年，奔驰汽车公司生产的“奔驰加格瑙”拖拉机面市，功率为 50 马力（1 马力 =0.735kW），质量为 4 000kg，但似乎卖的不多。

1919 年，奔驰汽车公司与 1909 年就生产拖拉机的森德林（Sendling）汽车厂合资组成奔驰森德林摩托犁公司。该公司晚期推出的奔驰森德林 T3 型三轮拖拉机具有乔治·威斯设计的主要特征。1922 年，公司推出新设计的奔驰森德林 S6 型三轮拖拉机，在加格瑙厂生产。S6 型三轮拖拉机采用奔驰双缸柴油机，可能是世界上第一台柴油农用拖拉机，其外形和 T3 型相似，前双轮、后单宽驱动轮（参见图 3-45）。后来公司又推出加大功率的 S7 型和 S8 型拖拉机。S 系列拖拉机的销售有所增长，到 20 世纪 30 年代初共售出 1 188 台。但 S 系列拖拉机采用单宽驱动轮设计，稳定性差、易倾翻。因此在 1923 年，奔驰汽车公司和摩托犁制造商科姆尼克（Komnick）汽车公司联合生产四轮奔驰森德林 BK 型拖拉机，其基本上是奔驰双缸柴油机装在科姆尼克底盘上，价格更贵，销售状况令人失望。

1926 年，奔驰汽车公司和戴姆勒汽车公司合并组成戴姆勒奔驰汽车公司。两家公司在合并前均制造过拖拉机。1928 年，戴姆勒奔驰汽车公司推出 OE 型农用拖拉机（图 4-10），并对其寄予很大希望。OE 型拖拉机与两家公司早先的设计相比有显著不同：

一是借鉴了牛头犬拖拉机简单、经济的设计思路。OE 型拖拉机在尺寸、重量、发动机输出功率以及 3 挡变速箱的速度上和兰兹拖拉机比较一致，也有与其相似的外观，但其采用单缸柴油机，功率增加到 26 马力。

二是追随福特森拖拉机的无架式设计。OE 型拖拉机从变速箱到后轮采用齿轮传动，代替福特森拖拉机的蜗轮蜗杆传动，可靠性提高。

三是继承两家公司多年积累的经验。除柴油机特色外，后轮周边有 14 个对角安排的抓地斗块，改善了附着性能；前桥用摆式钢板弹簧悬架，缓和地面冲击；采用独特的差速器设计，转弯半径只有 4m。

图 4-10　戴姆勒奔驰 OE 型拖拉机

但是，OE 型拖拉机并不像预期的那样成功。在当时德国的拖拉机市场上，有 70 多家国内外公司竞争，其中最具影响力的进口拖拉机是量大价廉的多缸美国福特森拖拉机，国产拖拉机中简单经济的单缸兰兹牛头犬拖拉机最受欢迎。此外，主要还是奔驰汽车公司对拖拉机市场理解不深。德国的农场规模，特别是德国南部的农场规模小于美国和英国的，而该机比福特森拖拉机质量大、功率小，但售价却高得多。奔驰汽车公司对拖拉机市场理解不深还表现在产品宣传上，尽管它印制了精美的广告和小册子，但喋喋不休地从理论上阐述拖拉机牵引力与拖拉机重量及驱动轮直径的关系，为它的功率小辩护；阐述拖拉机稳定性与重量及其前后桥分配的关系，暗示该机不会像福特森拖拉机那样跳起和滚翻等。但是，这种宣传手法对农民的效果不佳。

加上 OE 型拖拉机在全球经济危机严重时推出，客户购买力减小。1933 年，OE 型拖拉机在德国市场的占有率进一步降低，特别是因为汽车需求增高，公司决定放弃拖拉机生产，戴姆勒奔驰汽车公司第一阶段的拖拉机之旅走到终点。

第二次世界大战后，戴姆勒奔驰汽车公司再次踏上拖拉机之旅，它在收购乌尼莫格后（参见第 8 章“乌尼莫格汽车拖拉机”一节），于 1951 年重返农用拖拉机市场。1973年，戴姆勒奔驰的MB Trac商标再次出现在拖拉机上（图4-11）。这辆四轮驱动拖拉机在机器前后两头均有三点悬挂。1980年，MB Trac的设计卖给德国大型拖拉机制造商施吕特（Schlüter）公司（该公司于1964年制造了德国第一台100马力拖拉机，并于1978年生产了德国第一台500马力拖拉机），戴姆勒奔驰汽车公司第二阶段的拖拉机之旅又走到终点。MB Trac拖拉机直到1991年停产。

图4-11 戴姆勒奔驰MB Trac拖拉机

4.5 雷诺公司进军拖拉机领域

法国雷诺汽车公司（简称雷诺公司）的历史可追溯到1898年，这一年雷诺兄弟公司成立，21岁的路易斯·雷诺（Louis Renault）制造出第一台雷诺A型轿车。1907年，路易斯单独掌控公司，将公司改名为雷诺汽车（Les Automobiles Renault）公司。

在雷诺公司之前，1906年，古吉亲王（Emir. Gougi）生产了法国第一台带动力输出轴的拖拉机，1907年，另一家公司也生产了另一种拖拉机。

20世纪第二个十年，雷诺公司开始研制拖拉机，产品带有第一次世界大战时履带战车浓浓的硝烟味。雷诺拖拉机是沿着履带式和轮式拖拉机两条路线平行向前发展。1919年，雷诺公司开始销售农用拖拉机，首批型号是GP型履带式，是从第一次世界大战使用的FT陆军坦克衍生而来，采用30马力四缸发动机，有3个前进挡（图4-12）。

图 4-12　雷诺 GP 型履带拖拉机

1919—1939 年，雷诺公司用字母标识拖拉机型号，最先用 2 个字母，后来用 3 个字母。履带拖拉机有 1920 年的 HI 型、1926 年的 PO 型、1933 年的 VI 型和 1939 年的 AFM 型。1921 年，雷诺公司推出了第一种轮式拖拉机 HO 型，它和 HI 型履带拖拉机相似，采用 20 马力汽油机，3 挡变速箱，质量为 2 140kg。1926 年推出了减轻重量的 PE 型，采用 20 马力四缸发动机，3 挡变速箱，质量为 1 800kg（图 4-13）。后来雷诺公司生产的轮式拖拉机有 1928 年的雷诺 RK 型，1931 年的雷诺 PE1 型，1933 年的雷诺 VY 型，1934 年的雷诺 YL 型，1935 年的雷诺 PE2 型，1938 年的雷诺 AFV 型，以及 1939 年的雷诺 AFX 型。

图 4-13　雷诺 PE 型轮式拖拉机

这一时期，法国的拖拉机市场也是美国、英国、德国等国家拖拉机企业角逐的战场，雷诺公司的拖拉机虽然型号不少，但其影响不大。直到第二次世界大战后，特别是从 20 世纪 60 年代起，雷诺拖拉机才迎来了自己的美好岁月，当然这其中部分原因是法国政府为了重建法国农业经济而给了它订单。

4.6 奥斯汀公司涉足拖拉机领域

20 世纪 20 年代，英国奥斯汀（Austin）汽车公司（简称奥斯汀）也涉足拖拉机领域。它的拖拉机征程走到二次世界大战前夕，二战后即终止，走过约 20 年征程。

20 世纪 50 年代，我国《人民日报》曾刊出奥斯汀轿车的广告（当时译为“奥斯丁”）。正是那时，我国也进口了一批英国福格森轮式拖拉机。这大概是因为在当时的西方大国中，只有英国于 1954 年和我国建立了代办级外交关系。奥斯汀公司由赫伯特·奥斯汀（Herbert Austin）于 1905 年在英国创立。1906 年奥斯汀生产出第一辆轿车。1913 年奥斯汀开始制造货车，第一次世界大战中转为生产军需品。

1917 年，英国政府订购了 7 000 台美国福特森拖拉机，所有零件在美国生产，在英国曼彻斯特装配。英国不满足于进口，组建了策划本国生产拖拉机的委员会，赫伯特·奥斯汀就是该委员会的成员。第一次世界大战期间，赫伯特·奥斯汀已涉足销售从美国进口的拖拉机，一战后他决定自产拖拉机。

1919 年，奥斯汀公司开始生产 R 型拖拉机（图 4-14），尽管该机是自行设计的，但其明显受到福特森机型的影响。它采用奥斯汀汽车的 23.5hp 汽油机，可用汽油起动，预热后使用煤油；2 进 1 退变速箱，后桥正齿轮最终驱动；无架式机体，质量为 1 422kg；摆动式牵引杆，有带轮；可选用道路拖运变型。到 1920 年该机生产了约 1 500 台，售价为 300 ～ 360 英镑。为了和美国福特森拖拉机竞争，该机的售价随后猛降至 225 英镑，后又降到 195 英镑。

图 4-14　奥斯汀 R 型拖拉机

当时奥斯汀拖拉机在法国获得认可，需求较旺，但因关税保护，奥斯汀决定在法国买地建厂，达到年生产 2.1 万台拖拉机的能力。20 世纪 20 年代中期，奥斯汀英国工厂停产，拖拉机全部转往法国工厂生产，其中少量返销英国。早期法国工厂生产的奥斯汀拖拉机和英国工厂生产的机型大同小异，在英国工厂停产后，法国工厂做了大量改进，开始发展自己的型号。1926 年，法国工厂推出了第一种有法国特色的 A.M.26 型拖拉机（后面两位数和年份相关）。在 A.M.26 型之后，推出了有少许改进的 B.O.28 型（图 4-15）和工业变型的 I.B.A.28 和 I.P.E.29 型拖拉机，采用实心橡胶轮胎或充气轮胎。

图 4-15　奥斯汀 B.O.28 型拖拉机

20 世纪 30 年代初奥斯汀公司推出了新系列拖拉机，其中的旗舰型号是 D.E.30 型拖拉机，牵引杆输出功率为 15hp，带轮输出功率为 25hp，有两种葡萄园变型。30 年代奥斯汀公司还推出了更大功率的机型，并且都采用奥斯汀自己设计的柴油机。1939 年，这些型号的拖拉机在法国工厂停产，工厂落入德国入侵者之手，德国克虏伯公司接管了该厂。

赫伯特·奥斯汀于 1941 年去世，享年 74 岁。1952 年 7 月，奥斯汀汽车公司和纳菲尔德汽车公司合并组成英国汽车公司（BMC）。1968 年，BMC 公司与罗孚（Rover）公司合并组成英国利兰（Leyland）汽车公司。1986 年，利兰汽车公司更名为罗孚集团。1988 年，罗孚集团被英国不列颠航天公司收购。1994 年，罗孚集团又以 13 亿美元价格转入德国宝马汽车公司。2000 年罗浮集团被宝马汽车公司卖给英国凤凰财团。2005 年 4 月，这艘英国汽车工业的大船宣布破产。不过故事并没有结束，中国南汽集团以 5 000 万英镑成功购得破产后的罗孚汽车公司及其发动机分部。奥斯汀汽车品牌在百年后嫁到了遥远的中国。

4.7 菲亚特公司进军拖拉机领域

同在欧洲，比雷诺公司晚一点，意大利菲亚特汽车公司（简称菲亚特）也想进入拖拉机领域。菲亚特的前身是意大利都灵汽车制造厂（Fabbrica Italiana Automobili Torino），由乔瓦尼·阿涅利（Giovanni Agnelli）于1899年7月创建。“菲亚特（FIAT）”是该公司名称的缩写，也是其产品商标。当年菲亚特手工制造了8辆外形近似马车的轿车。同时，菲亚特开始生产公共汽车和飞机发动机。第一次世界大战迫使菲亚特转为战争服务，生产飞机、机关枪、航空发动机等。第一次世界大战期间，大量军事订货使公司获得巨额利润，为其扩大再生产提供了丰厚资本。

1918年，第一次世界大战尚在进行，乔瓦尼·阿涅利与一批工业界人士和政府官员就前往都灵郊区，观看第一台菲亚特农用拖拉机的田间作业（图4-16）。1919年在都灵工厂，菲亚特702型轮式拖拉机已能与轿车和货车同时在装配线上批量生产。702型拖拉机采用30马力菲亚特四缸汽油机，3进1退变速箱，整机质量为2 700kg。

图4-16　菲亚特702型拖拉机

1919年9月，两台菲亚特702型拖拉机参加英国林肯郡的耕作比赛，在33个竞争对手中，菲亚特排名第一和第二，林肯郡的一家农场购买了19台702型拖拉机。从1919年初到1920年中期，菲亚特生产了约1 100辆702型拖拉机。702型拖拉机可耕地，也可用作固定脱粒机的动力。该机从1919年生产到1924年，并出口国外。尽管其比较庞大，在英国的售价也是福特森拖拉机的5倍，由于其强大的耕作能力，英国仍是该拖拉机的主要购买者。702型之后是702A、

702B、702BN 变型，然后是 703B 和 703BN 型，功率不断提高。1925 年，菲亚特拖拉机达到年产 2 000 台。

1920 年 11 月，乔瓦尼・阿涅利当选为菲亚特的董事长。1923 年，菲亚特采用美国福特汽车公司流水生产线思路设计生产线，成为当时欧洲最大的汽车生产厂。702 型拖拉机在 1927 年被更轻的菲亚特 700 型拖拉机取代。1929 年，工厂年销售 1 000 台拖拉机。1932 年，菲亚特推出 700 型拖拉机的履带变型 700C 型，是菲亚特第一种面向欧洲的履带拖拉机。同年，拖拉机的生产从都灵工厂移到摩德纳新建的工厂，生产 700 型和 700C 型拖拉机。在此后的半个世纪里，摩德纳工厂都是菲亚特拖拉机的主要生产基地。1933 年，菲亚特接管了 OM 公司，生产工业车辆和拖拉机。

4.8 法定内布拉斯加拖拉机检测

20 世纪初，以州法律形式建立的美国内布拉斯加拖拉机检测（Nebraska Tractor Test），至今在世界上一直享有盛名，被业界承认是当今最重要的拖拉机检测机构之一。它的起源和该州一位农民出身的州众议员威尔莫特・克洛泽（Wilmot Crozier）有关。

1910 年，美国农用内燃拖拉机的保有量只有 1 000 台左右，很多农民购买拖拉机并不积极。第一次世界大战期间，美国于 1917 年参战，购买了数千匹马用于军事，这迫使很多还在犹豫的农民不得不购买拖拉机。当时，内布拉斯加州的威尔莫特・克洛泽在选择拖拉机时想到了他信任的 T 型轿车品牌 —— 福特。1916 年，他从明尼苏达州的福特拖拉机公司买了一台福特牌三轮拖拉机（图 4-17）。而这台拖拉机实际上与亨利・福特毫无关系（参见本章“亨利・福特的拖拉机情结”一节）。威尔莫特・克洛泽的拖拉机不能像福特拖拉机公司声称的那样犁地。后来福特拖拉机公司给他换了一台，但也不比原来的好。1918 年，威尔莫特・克洛泽买了一台二手公牛（Bull）牌三轮拖拉机，但也不能取代他现在使用的骡队。当时，像威尔莫特・克洛泽先生这样的遭遇并不罕见。正如兰迪・莱芬维尔（Randy Leffingwell）在“Farm Tractors: A Living History”一书中所写：“在汽油拖拉机制造业最初的 20 年里，欺诈并非罕见。有很多独资的拖拉机生产者醉心于赚钱，而不是醉心于拖拉机。”

图 4-17　1915 年的福特拖拉机

犹豫不决的威尔莫特·克洛泽决定做最后一次尝试，1919 年他又买了一台稍大的儒米里（Rumely）Oil-Pull 四轮拖拉机。他对这台拖拉机十分满意，并且在使用中没什么麻烦，这导致威尔莫特·克洛泽反问："既然一家制造商能造出可靠的拖拉机，那为什么其他的拖拉机厂不能？"

1919 年，威尔莫特·克洛泽当选州众议员，他通过媒体使许多不可靠的拖拉机事例见诸报端。他开始推动制订"内布拉斯加拖拉机检测法案"，希望这部法律能排挤那些不好用的拖拉机和不负责任的拖拉机公司。法案规定任何公司生产的一种新型号拖拉机必须经过内布拉斯加大学农业工程系试验，并把试验结果和制造商宣称的性能相比较，如果未被试验证实，就不会得到许可，未经许可的拖拉机型号不能在内布拉斯加州合法销售。法案还规定拖拉机销售方需有备件齐全的服务站。州参众两院通过了内布拉斯加州拖拉机检测法案，这不仅对内布拉斯加州，而且对整个美国都有重大意义。威尔莫特·克洛泽并不是有对拖拉机进行检测想法的第一人，在 1915 年就有人提出建立国家拖拉机实验站的想法，但是在当时美国官僚政治的程序迷宫中被拖延，而威尔莫特·克洛泽的提案获得通过。

建立拖拉机检测实验室并制订检测程序成为内布拉斯加大学农业工程系的责任。利昂·蔡斯（Leon Chase）在 1905—1920 年任该系第一任负责人。利昂·蔡斯在 1917 年就呼吁公众应关注拖拉机标准化的缺乏、服务的不足、备件的短缺，以及可靠性和耐久性需要改进等问题。利昂·蔡斯是美国农业工程师协会（ASAE）的奠基者之一，并于 1913 年担任会长。1918—1920 年，他设计并指导了农业机械实验室大楼的建设。

为了开展拖拉机检测，利昂·蔡斯鼓励爱荷华州立大学教师克劳德·谢德（Claude Shedd）担任拖拉机检测项目的主管工程师。克劳德·谢德指导建立试验流程，并设计制造牵引试验所需的设备。1920 年 3 月，实验室第一次进行了滑铁卢男孩 N 型拖拉机的检测，乔塞·史密斯（Chauncey Smith）完成了这一检测。1919 年左右，美国州级拖拉机检测机构并不仅有内布拉斯加一家，但是只有内布拉斯加创造了规范的检测模式，并制订了很快受到全球尊重的拖拉机检测程序。检测程序按检测编码和程序一致性管理，设置的顾问组由农民、农具经销商和内布拉斯加代理人组成。检测项目包括最大功率、燃油消耗、效率、牵引杆牵引力和燃油消耗曲线，以及有无配重的最大功率、带配重的牵引力和行驶速度曲线、拖拉机噪声、轮胎、配重和总重量（图 4-18）。

图 4-18　1931 年前典型的牵引力检测试验

1920 年，美国大约有 160 多家拖拉机制造商。实验室成立的第一年检测了 65 台拖拉机，1930 年有 127 台拖拉机被检测。检测试验没有偏见，并且将试验结果汇编成册，使农民和全世界有关人士可以对拖拉机加以比较。

4.9　“春秋”时代轮式拖拉机的结构

20 世纪初是拖拉机企业群雄竞起的“春秋”时代，是拖拉机百年发展史中勇于创新的时期之一，拖拉机行业呈现“百花齐放，百家争鸣”局面。当然从另一个角度来看，也说明这个时期的拖拉机产品技术尚处在“摸着石头过河”阶段，市场和行业尚未对实用、经济、先进的农用拖拉机主流结构达成共识。不过，由于福特森等轮式拖拉机和霍尔特等履带拖拉机的出现，到 20 世纪 20 年代对拖拉机整机形态的共识开始形成，而对部件设计的共识到 20 世纪 30 年代后半期才初步成形。

轮式拖拉机总体布置　轮式拖拉机总体布置类型呈“百花齐放”形式（图

4-19），多数为四轮拖拉机，前置两转向轮较小，后置两驱动轮较大（图 4-19a）。但四轮型式中，有的是四轮驱动（图 4-19m），有的是两驱动轮前置（图 4-19i），如 1915 年的美国艾里斯查默斯 6-12 型拖拉机（图 4-20）采用的是两驱动轮前置类型。

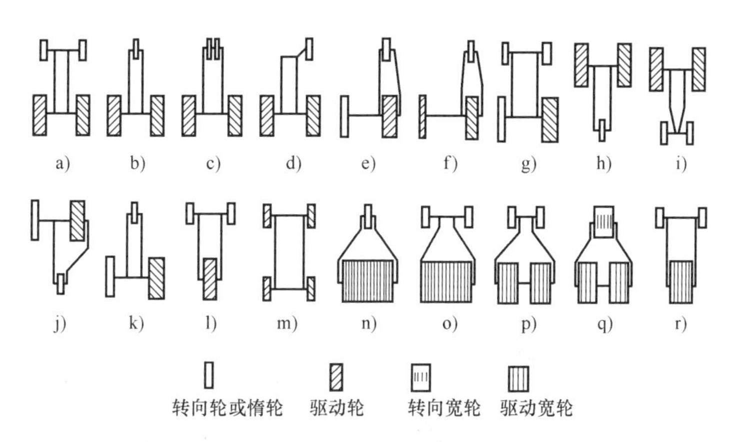

图 4-19　轮式拖拉机总体布置类型

图 4-20　艾里斯查默斯 6-12 型拖拉机

有一定数量的三轮拖拉机采用前置转向小单轮，后置两驱动轮（图 4-19b、c、d）类型。其前轮或中置，如 1916 年美国快乐农民（Happy Farmer）牌 8-16 型拖拉机（图 4-21）；或侧置或为双并轮。也有一些两驱动轮在前的独特布置类型（图 4-19h），如 1917 年的美国阿尔博多佛（Albaugh-Dover）公司的 Square Turn 型拖拉机（图 4-22）、1919 年英国里兰（Leyland）公司的格拉斯哥（Glasgow）型拖拉机。

图 4-21　快乐农民 8-16 型拖拉机

图 4-22　阿尔博多佛 Square Turn 拖拉机

还有一种现在已消失的类型，它们的车轮是宽鼓状轮（图 4-19n ～ r），增加了接地面积。其中的图 4-19o 型，如 1923 年的德国奔驰森德林摩托犁（参见图 3-45），或者像戴姆勒公司双紧靠宽后轮的犁耕拖拉机。这种设计的意图主要是无须差速器，但实际上它们转向困难，甚至可能倾翻。这一时期也出现了铰接式拖拉机，如德国兰兹牛头犬 HP Allrad 型拖拉机（参见图 3-19）。

机架　早期的机架，大都采用和蒸汽拖拉机类似的框架式机架（即全架式机架）。有的拖拉机将框架加高以增加刚性，如 1908 年美国双城（Twin-City）20-40 型拖拉机（图 4-23）。

1917 年，美国福特森 F 型拖拉机（图 4-24）用螺栓联接发动机和传动系壳体，构成无架式机架。这一无架式整机设计迅速为美国通用萨姆逊拖拉机、英国奥斯汀 R 型拖拉机、意大利菲亚特 702 型拖拉机、德国兰兹牛头犬型拖拉机、美国凯斯 12-20 型拖拉机、美国约翰迪尔 D 型拖拉机以及德国汉诺玛格 WD 型拖拉机等所仿效。

图 4-23　双城 20-40 型拖拉机机架

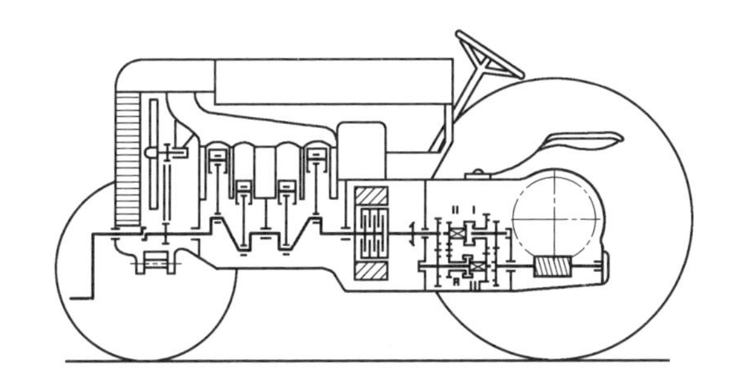

图 4-24　福特森 F 型拖拉机

发动机　内燃拖拉机兴起时主要采用汽油机。出于经济性考虑，也有许多采用煤油机。美国内布拉斯加拖拉机实验室在 1920 年检测的 65 种型号拖拉机中，就有 49 种采用煤油机。少数拖拉机用热球式重油内燃机，个别机型仍使用蒸汽机。首台使用柴油机的拖拉机在 1922 年问世，而柴油机真正开始用在拖拉机上则是 10 年以后的事。

传动系　离合器由蒸汽拖拉机的牙嵌式过渡到内燃拖拉机的摩擦式，但形式多样。其中，单片大直径离合器较少，多为小直径多片离合器，有的是油浴湿式离合器。还有少数锥形离合器或带式、蹄式离合器。有的机型，如英国马歇尔拖拉机已采用离合器换挡连锁机构。

变速箱轴的布置分为横轴式和纵轴式两种，这既取决于发动机是纵置还是横置，也取决于传动系布置。初期的变速箱沿用蒸汽拖拉机的敞开式传动，多用铸造齿轮，形体较大。后来逐步过渡到封闭式传动，采用经热处理的钢齿轮，并有液体润滑。前进挡常为 1 到 4 挡，逐步采用滑动齿轮换挡。也有使用无级摩擦传动的，如美国石岛（Rock Island）制犁公司 1924 年的 Heider 15-27 型拖拉机。

后桥与最终传动速比大，结构多种多样。包括单级或双级链传动、单级或双级直齿轮传动、内齿轮传动、蜗轮蜗杆传动，以及锥齿轮传动。变速箱箱体也由敞开式逐步向封闭式过渡。

行走系　为改善前钢轮在行驶中的颠簸，部分拖拉机前桥采用螺旋弹簧或钢板弹簧悬架。

车轮仍采用钢轮，但是为适应不同土壤结构，车轮形状有了发展，如美国艾弗里拖拉机的驱动钢轮可按通用、硬土、软土、沙土分别选用（图 4-25）。美国萨姆逊拖拉机采用筛状车轮。为适应后轮距调节，出现了可移动的后轮夹子。

图 4-25　艾弗里拖拉机驱动钢轮

工作装置　农机具牵引装置已从钢索或链条过渡到牵引杆，有的如奥斯汀拖拉机还使用摆动式牵引杆。动力除通过带轮输出外，还出现了动力输出轴装置，1927 年美国农业工程师协会制定了第一个动力输出轴标准。

覆盖件　由于汽车行业的介入，很多拖拉机机罩、挡泥板和驾驶座均采用了冲压件，图 4-26 为英国奥斯汀拖拉机，其覆盖件比以前的拖拉机精致的多。

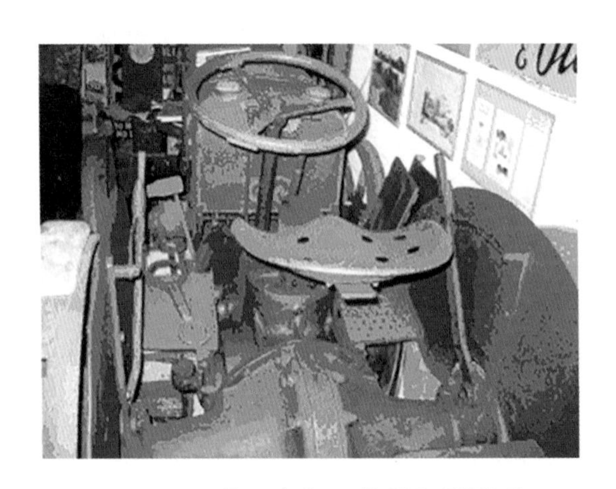

图 4-26　英国奥斯汀拖拉机覆盖件

4.10 “春秋”时代履带拖拉机的结构

在拖拉机企业群雄竞起的“春秋”时代，履带拖拉机结构也呈现“百花齐放”的局面。

履带拖拉机总体布置　总体布置类型多种多样（图 4-27）。虽然履带装置发明初期就有全履带形式（图 4-27h），但在 20 世纪初，大多数农业履带拖拉机是前面有单轮或双轮导向的半履带设计（图 4-27e、g），如最初的美国霍尔特或贝斯特履带拖拉机。到 1913 年和 1915 年，这两个公司已发展为生产全履带拖拉机。

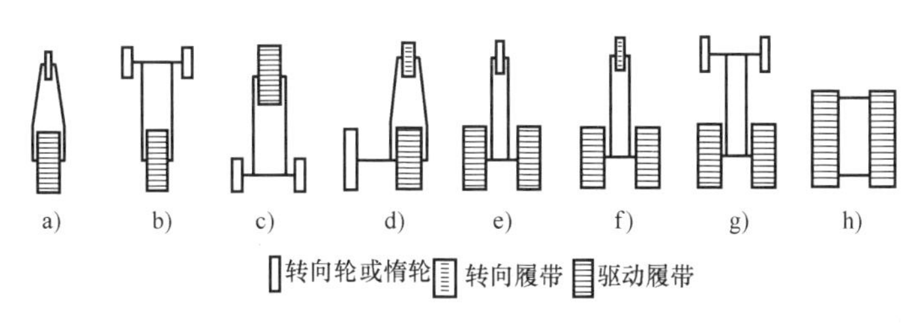

图 4-27　履带拖拉机总体布置类型

有的履带拖拉机前方采用一条履带转向（图 4-27f），如 1914 年的美国基伦斯特莱特（Killen-Strait）公司生产的斯特莱特履带拖拉机（图 4-28）。

图 4-28　斯特莱特履带拖拉机

少数履带拖拉机采用单条履带驱动（图 4-27a、b、c、d），如 1918 年的美国比因（Bean）喷雾泵公司生产的 Track Pull 履带拖拉机（图 4-29，履带布置参见图 4-27c）。

图 4-29　比因 Track Pull 履带拖拉机

相对轮式拖拉机，履带拖拉机特有的部件是履带转向系统和履带行走装置。

履带转向系统　英国理查德·霍恩斯比父子公司生产的履带拖拉机是离合器转向，这是现代履带拖拉机的基础。霍恩斯比公司在 1909 年还设计了差速转向机构，包括一组汽车差速器以及装在两根轴上的牙嵌离合器（参见图 2-33）。美国克利夫兰拖拉机公司生产的履带拖拉机采用行星差速转向机构。上述离合器转向、差速器转向和行星差速转向机构是履带拖拉机三类基本转向机构型式。

履带行走装置　这一时期后期，多数履带拖拉机采用两条平行全履带行走装置，驱动轮后置；每边多个支重轮刚性固定在整体台车架上，有的在机架前下方有可摆动的横梁，其下的左右台车架能相对摆动。也有些特别的结构，如美国克利夫兰公司 1920 年生产的克利特拉克 F 型履带拖拉机，采用驱动轮高置设计（图 4-30）。

图 4-30　克利特拉克 F 型履带拖拉机

第5章

大萧条及其后时代的技术跨越

引言：一边是海水　一边是火焰

1929 年，美国拖拉机年产量已超过 20 万台，比全球其他国家的总和还要多好几倍。在工业化国家的田野上，处处轰鸣着美国生产的拖拉机，这种绝对优势一直延续到 20 世纪 50 年代。

当时人们没有意识到，一场席卷全球资本主义世界的“大萧条”正在逼近。1929 年初，美国总统赫伯特·克拉克·胡佛在就职演说中志得意满地宣称：“我对国家的未来毫不忧虑，她辉煌灿烂，充满希望。”但是，到了 10 月 29 日，美国迎来“黑色星期五”，金融界崩溃了。到 11 月中旬，股票价格下跌 40% 以上，证券持有人损失达 260 亿美元，相当于美国在第一次世界大战中的总开支。其实，股票市场崩溃只不过是这场灾难的突破口。接着，是疯狂挤兑，银行倒闭，工厂关门，农业凋敝。

在金融界崩溃的同时，和拖拉机密切相关的农业遭到沉重打击。美国农业总产值从 1929 年的 111 亿美元跌到 1932 年的 50 亿美元。到 1933 年 3 月，约有 101.93 万农民破产，沦为佃农、分成制农民或雇农。当小麦价格在 1931 年降到 1 蒲式耳（1 蒲式耳小麦 =26.309kg）只售 25 美分时，农民已买不起新农机具了。一边是民众的贫困，一边是大农场主为保护价格而销毁产品，用小麦和玉米做燃料，把牛奶倒进密西西比河里。这场经济危机很快蔓延到其他西方国家。

1929 年，美国农用拖拉机产量达 223 081 台，创历史最高纪录，1930 年，减为 196 297 台；1931 年，直跌到 71 704 台；1932 年，再猛跌到 19 000 台左右；1933 年比 1932 年再跌 40%，只有 1929 年的 5%！缩水后的销量只向几家大企业集中，中小型企业面临倒闭或被兼并的境遇。

为吸引客户更新拖拉机，突破经济困境，农机行业的骨干企业作为主力军加快了产业技术升级步伐。正是在大萧条及其后时代，拖拉机在采用柴油机、普及充气橡胶轮胎、推广三点液压悬挂以及采用独立式动力输出轴等方面都取得了战略性的进展。

尽管 20 世纪 20 年代，在德国、意大利已出现柴油拖拉机，但是到 30 年代，柴油拖拉机才真正大量推向市场。1931 年，美国卡特彼勒公司批量生产了第一批柴油动力履带拖拉机。1935年，美国万国公司批量生产柴油动力轮式拖拉机。但是，和汽油拖拉机迅速取代蒸汽拖拉机不同，直到六七十年代，拖拉机动力用柴油机取代汽油机才取得决定性胜利。

在19世纪后半叶的蒸汽拖拉机上已出现分块式硬橡胶轮缘车轮。在20世纪20年代末的拖拉机上开始出现整条硬橡胶轮缘车轮。几年后，充气橡胶轮胎在拖拉机上出现了。1931年，美国固特里奇公司生产了农业拖拉机充气轮胎。同年，德国汉诺马克和兰兹拖拉机安装了充气轮胎。1932年4月，美国火石橡胶公司的充气轮胎装在艾里斯查默斯拖拉机上。在美国轮式拖拉机产量中，装充气橡胶轮胎的拖拉机占比从1935年的14%急剧上升到1940年的95%。

在这次技术升级中，最可贵的是福格森三点液压悬挂系统。1912年，德国兰兹公司就采用了Köszegi系统实现了耕作的液压提升。1925年，爱尔兰人哈里·福格森在英国注册了“联接农具到拖拉机上的设备并自动调节作业深度”专利。1933年，他在福格森拖拉机上装了他的三点液压悬挂系统。1936年，英国福格森布朗拖拉机装用了福格森三点液压悬挂系统。同年，迪尔公司也将自己设计的液压提升器投入生产。1939年，美国福特拖拉机采用了福格森三点液压悬挂系统并大批量生产。福格森带力位综合调节的三点液压悬挂系统迅速为各大竞争对手所仿效。

1927年，美国农业工程师协会公布动力输出轴标准。1930年，美国奥利弗公司的哈特帕尔拖拉机推出独立式动力输出装置。1938年，德国芬特公司在柴油马F18型拖拉机上装了欧洲第一种独立式动力输出轴。1940年，德国动力输出轴标准公布。

此外，一些拖拉机公司对橡胶履带和密封舒适驾驶室等也做了最早的尝试。1936年，英国兰塞姆斯M2型拖拉机采用分块连接的橡胶履带。1938年，美国明尼阿波利斯莫林公司的拖拉机装了外形像汽车的舒适型驾驶室。

这一时期，19世纪末已出现的外接电源的电动拖拉机也在德国、瑞士、苏联等欧洲国家得到发展。

一边是经济困境，一边是技术跨越，也许正是经济衰退促进了技术升级。到20世纪30年代末，拖拉机结构已越过“摸着石头过河”阶段，设计共识初步形成，主要设计已基本成熟。

在西方国家经济大萧条的同时，新兴的苏联拖拉机产业乘机奋起。这是当时“一边是海水一边是火焰”的另一风景。1928年，摆脱了内战、饥饿困扰的苏联开始实施第一个五年计划，引进技术，进口先进机器，引进人才，吸纳外国贷款，迅速建立起庞大的苏联拖拉机产业。

1921—1927 年，苏联购买了 24 000 多台美国福特森轮式拖拉机。1924 年，美国福特公司和苏联列宁格勒普梯洛夫工厂合作生产福特森普梯洛夫拖拉机，标志着苏联拖拉机产业的开始。后来该厂推出了效仿美国法毛拖拉机的通用型轮式拖拉机。

苏联在数以千计的美国、德国等专家的帮助下，1930 年建成斯大林格勒拖拉机厂，1931 年建成哈尔科夫拖拉机厂，1932 年建成车里雅宾斯克拖拉机厂。斯大林格勒拖拉机厂和哈尔科夫拖拉机厂初期的生产技术源自美国万国公司的 15/30 型轮式拖拉机。从 1937 年开始，两厂转为生产 СТЗ-НАТИ 型履带拖拉机，这是苏联第一种在集成创新基础上，吸收国外技术自主研发并大批量生产的拖拉机，是我国东方红 -54 型履带拖拉机的前辈。车里雅宾斯克拖拉机厂开始生产技术源自美国卡特彼勒公司的斯大林 60 型履带拖拉机。

苏联农业集体化方针大大推动了苏联拖拉机产业的崛起。到 1940 年，苏联的拖拉机年产量已达 53 000 台，排名欧洲第一、世界第二。在 20 世纪 30 年代后半期，得益于罗斯福新政，美国经济恢复了发展势头，拖拉机年产量再次攀升到 20 万台上下，在全球仍然雄踞霸主地位。

5.1 奥利弗公司的组建

1929 年底爆发的美国经济大萧条严重打击了美国的拖拉机产业，市场严重衰退，部分企业倒闭或被兼并重组已势不可挡。1929 年 4 月，印第安纳州奥利弗冷硬犁厂、爱荷华州哈特帕尔汽油机动车公司、密歇根州尼科斯与谢巴德公司和印第安纳州美国播种机械公司合并组成奥利弗农业装备公司（Oliver Farm Equipment Company，简称奥利弗）。

哈特帕尔汽油机动车公司是美国第一家生产内燃拖拉机的公司（参见第 2 章“美国哈特帕尔拖拉机厂”一节）。尼科斯与谢巴德公司是 19 世纪美国著名的蒸汽拖拉机生产商，1910 年后它生产蒸汽拖拉机和汽油拖拉机（参见第 1 章“美国的蒸汽耕作机械”一节）。

奥利弗冷硬犁厂由詹姆士•奥利弗(James Oliver)创立，历史可追溯到1853年。当时美国东部农民已使用带铸铁壁板的犁。当农业向西部扩张时，人们发现用这种犁耕中西部的黏性土壤，铸铁壁板擦不亮，沾满黏土。詹姆士 • 奥利弗研发了铸造犁壁板快速冷却工艺，在壁板上形成一薄层冷硬表面，使其比原来耐磨得多，1857 年取得美国专利。由于冷硬犁的成功，詹姆士 • 奥利弗在 1868 年组建了南本德（South Bend）铁工厂。1871 年，公司销售了 1 500 架犁，1874 年增到了 17 000 架，是当时著名制犁厂之一。1908 年，詹姆士 • 奥利弗去世，南本德铁工厂改名为奥利弗冷硬犁厂。此后，詹姆士•奥利弗唯一的儿子约瑟夫（Joseph）接管该厂。1910 年，公司除冷硬犁外还制造多种农机具。

1903 年，由 7 家谷物播种机、玉米种植机和其他播种机械制造商合并组成美国播种机械公司。

奥利弗公司成立后，于 1930 年又收购了威斯康星州麦肯斯（McKenzie）制造公司，它是马铃薯种植和收获设备的主要制造商。

各企业组成奥利弗公司的目的是在大萧条中抱团取暖共渡难关。合并前，各公司在行业中已渐失优势，多数产品市场已显现饱和态势，同时它们的机器也已陈旧，通过整合不同或差异化的产品系列，奥利弗公司立刻成为全系列农业装备制造商。

拖拉机是整合的重点：使用“奥利弗哈特帕尔”品牌，前几年商标奥利弗三个字较小，后来变大；综合奥利弗冷硬犁厂和哈特帕尔公司两者的想法进行全新拖拉机设计；沿用哈特帕尔表示牵引杆和带轮功率的双数字型号，1935 年后推出新设计的双位数型号；基本型的行列作物拖拉机、标准四轮或果园变型拖拉机同时设计。

1930 年，奥利弗公司首先推出奥利弗哈特帕尔 18-27 型行列作物三轮拖拉机，机架上有洞以安装农具（图 5-1）。1931 年，单前轮被并置双前轮代替，采用奥利弗发动机，烧汽油或煤油。其后推出 18-28 型拖拉机，它和 18-27 型拖拉机基本相同，但它是四轮型。1930 年，公司还推出系列中最大的 28-44 型拖拉机。

图 5-1　奥利弗哈特帕尔 18-27 型拖拉机

从 1935 年起，公司陆续推出两位数新拖拉机系列，即 33hp（1hp=745.7W）的 70 型、43hp 的 80 型和 48hp 的 90 型等。70 型拖拉机（图 5-2）是行列作物型，也提供四轮标准型或果园型，生产到 1948 年。

图 5-2　奥利弗 70 型拖拉机

多公司合并组建的奥利弗公司竞争能力得以增强。在 20 世纪 20 年代的美国轮式拖拉机市场上，合并前各公司轮式拖拉机的占有率共计为 2.2%，而 30 年代已提高到 5%，居第 5 位。

1943 年，奥利弗公司买下密歇根州安阿伯（Ann Arbor）农业机械公司，它是固定打捆机的主要制造商。1944 年，生产履带拖拉机的克利夫兰（Cleveland）拖拉机公司成为奥利弗家族的一部分，奥利弗农业装备公司改名为奥利弗公司（The Oliver Corporation）。1952 年，公司又买下宾夕法尼亚州生产脱粒机械等农业机械的法夸尔（Farquhar）公司。

1960 年，奥利弗公司被怀特汽车公司收购。当怀特汽车公司用怀特商标整合拖拉机产品后，20 世纪 70 年代中期，奥利弗品牌消失。

5.2　明尼阿波利斯莫林公司的组建

1929 年，在美国，地域相近的三家拖拉机公司组建了明尼阿波利斯莫林（Minneapolis-Moline，简称 M-M）动力机具公司。这三家公司是：明尼阿波利斯钢铁与机械公司、明尼阿波利斯脱粒机械公司和莫林制犁公司（参见第 2 章“美国明尼阿波利斯早期的拖拉机”一节）。

从 1934 年到第二次世界大战前，M-M 公司陆续推出 24hp 的 JT 型（图 5-3）、27hp 的 ZT 型、60hp 的 GT 型、40hp 的 U 型和 UDLX 型拖拉机，统一使用明尼阿波利斯莫林品牌。各型号拖拉机分别有行列作物三轮、标准四轮、可调前轮、工业、果园和舒适驾驶室等变型。

图 5-3　M-M 的 JT 型拖拉机

其中，吸引业界注目的是 1938 年推出的、带舒适密封驾驶室的 UDLX 型拖拉机。此前一些拖拉机也采用过驾驶篷或简易驾驶室，但 UDLX 型拖拉机是世界上首次批量生产的带密封舒适驾驶室的农业拖拉机（图 5-4）。它安装了流线型密封驾驶室，外形既像拖拉机又像汽车，两侧窗可开闭，后开门。驾驶室内配备采暖器、点烟器、仪表台，同时设置副座。副座平时由狗享用，而到周末常常让给了女士。据说，买了这种拖拉机可以整周在田间工作，只在周末回到镇上的家里。该机型增加了高速挡，最高速度达 64 km/h，在乡间道路上十分风光。

图 5-4　M-M 的 UDLX 型拖拉机

尽管 M-M 品牌拖拉机以质量可靠和制造认真而拥有一批忠实用户，但合并后的公司业绩并不理想。在美国第二梯队的拖拉机制造商中，市场占有率低于奥利弗公司，原因之一是产品个性特征不足。虽然 UDLX 型密封驾驶室特色突出，但在拖拉机发展史上，几乎所有汽车式拖拉机的市场前景都欠佳。尽管这提高了乘坐舒适性，但设计者忽视了汽车和拖拉机在视野与高度要求的差异。拖拉机比汽车视野要更好，头顶上空间要更高，并要能观察后方农具。除此以外，问题还在于成本和市场环境：这种拖拉机的标价高达 2 150 美元，是当时其他拖拉机价格的两倍；在大萧条末期经济仍不景气，加上战争迫近，这些因素导致 UDLX 型拖拉机生产仅仅持续到 1942 年，共生产了约 150 台。

影响公司业绩的另一原因是公司管理层被大萧条中的劳工纠纷所困扰。合并公司最大的部分明尼阿波利斯钢铁与机械（MSM）公司是当地反工会联盟和自由雇用企业运动的领导者。M-M 继承了 MSM 的态度，在 1934 年激烈罢工后做出了妥协，被联盟视为变节，但和谐的劳工关系在以后几年并未出现。第二次世界大战后，再次因罢工和养老金纠纷不得不卖掉公司。1963 年，明尼阿波利斯莫林公司被怀特汽车公司收购，其商标最后在 1974 年消失。

5.3 20 世纪 30 年代的万国公司

20 世纪 20 年代，美国万国公司迅速成长，1929 年其销售额超过 3 亿美元。公司的主要产品法毛拖拉机功不可没，到 1927 年，它们已是行业中销售最好的拖拉机（参见第 3 章“万国法毛通用拖拉机”一节），1930 年生产了第 10 万台法毛拖拉机。公司也继续扩展海外运作，20 年代末，在加拿大、法国、德国、瑞典、阿根廷、澳大利亚、丹麦、英国、意大利、拉脱维亚、新西兰、挪威、南非、西班牙和瑞士均设有子公司。

不幸的是，万国公司的成长之路被大萧条所打断，出现大幅度亏损，直到 20 世纪 30 年代末才恢复到大萧条前的水平。但是，由于 1928 年福特公司的福特森拖拉机在美国本土停产，万国公司在 30 年代美国轮式拖拉机市场上的占有率高达 44.3%，重新坐上头把交椅。所以，在万国公司的发展生涯中，大萧条还不是它最艰难的时期。

万国公司借助法毛拖拉机获得成功，在 20 世纪 30 年代推出法毛 F-12 型、F-14 型、F-20 型和 F-30 型系列机型。其中产量最大的是 F-20 型拖拉机（图 5-5），它被称为“增加功率的法毛”，在芝加哥厂和石岛厂累计生产了 154 398 台。

图 5-5　万国法毛 F-20 型拖拉机

但是，法毛拖拉机的这些机型只是功率的上下延伸，在结构上没有实质性进步。直到 1939 年推出面貌一新的“窈窕淑女”——法毛 A 型（图 5-6）和 B 型拖拉机，万国公司才又创造了法毛拖拉机新的辉煌。A 型和 B 型拖拉机的外形由世界著名的法裔美籍工业设计家雷蒙德·费尔南德·罗维（Raymond Fernand Loewy）以其“流线、简约”的风格进行设计。

图 5-6　万国法毛 A 型拖拉机

20 世纪 30 年代，雷蒙德·费尔南德·罗维的设计遍及可口可乐饮料和克莱斯勒汽车。他还为万国公司设计了新的公司标识 IH。据说，他是在火车餐车的菜单上画出标识的草图，标识象征驾驶万国拖拉机的农民。这个标识单独使用到 1985 年，在万国公司被凯斯公司兼并后，它和凯斯标识联合使用，直到现在它还是凯斯万国标识的一部分。

1931—1939 年，万国公司陆续推出了 T/TD 系列履带拖拉机，从 TD-9 型到

TD-40 型，它们奠定万国公司农用和工业用履带机械的基础。型号中的 T 表示履带型，D 表示柴油发动机。其实，从 1932 年起万国公司已尝试把自己的柴油机用于履带拖拉机，1934 年正式推出了万国麦考米克迪灵 TD-40 型（图 5-7）柴油拖拉机。万国公司是当时继卡特彼勒之后第一批生产柴油拖拉机的制造商之一。

图 5-7 万国 TD-40 型拖拉机

20 世纪 30 年代，万国公司的轮式拖拉机除法毛系列外，还有接续发展的麦考米克迪灵 W/WD 系列（W 表示轮式）。1931—1939 年，万国公司推出了 W-4 型到 WD-40 型轮式拖拉机。1935 年，柴油机用于万国 WD-40 型拖拉机，它是北美第一台轮式柴油拖拉机。

5.4 卡特彼勒公司渡过大萧条

受美国和西方国家大萧条影响，卡特彼勒公司的销售额从 1929 年的 5 200 万美元降到 1930 年的 4 540 万美元，1931 年降到 3 410 万美元，1932 年竟降到 1 330 万美元，并且亏损 160 万美元，这是卡特彼勒公司历史上第一次亏损。但几年后它就恢复到了大萧条前的水平，公司净销售额在 1935 年上升到 3 640 万美元，在 1936 年恢复到 5 400 万美元，超过 1929 年。这既由于苏联在 20 世纪 30 年代初对公司履带拖拉机的大量采购，也由于公司通过整合资源、压缩费用及开发新产品等打下了重振雄风的基础。

大萧条开始时，卡特彼勒公司较其他企业为好。早在 1913 年，在俄国圣彼得堡拖拉机展览与犁地竞赛中，霍尔特履带拖拉机就赢得金牌。一战期间，俄国购买了大量的霍尔特拖拉机用于拖运军用物资。20 世纪 20 年代后期，苏联掀起农业机械化运动，从美国大量购买拖拉机。起初，苏联试用了较便宜的其他品牌履带拖拉机，但因其质量不可靠而放弃。然后，订购了 20 台卡特彼勒 60 型履带拖拉机，试用很成功。1929 年秋，苏联订购了 1 350 台卡特彼勒 60 型拖拉机，此后又向卡特彼勒公司采购了大量的 60 型、30 型和 20 型履带拖拉机和联合收割机。当时，西方抵制年轻的苏联，卡特彼勒公司则认为，在大萧条时公司有责任保证尽可能多的雇员能够继续工作。30 年代末，卡特彼勒公司再次由于苏联的采购而改善了经营状况。

20 世纪 30 年代初，为整合资源降低费用，卡特彼勒公司将在加州的生产向东皮奥里亚集中，公司总部迁往皮奥利亚市，更接近美国地理位置的中心。公司建立了新的科研部门，研发出公司历史上最重要的成果之一 —— 柴油履带拖拉机。早在 1928 年初，公司董事长贝斯特请外部咨询工程师卡尔 • 罗森（Carl Rosen）调查柴油机装在卡特彼勒底盘上的可靠性和优点。公司要求柴油机具有良好的经济性、耐用性和通用性，并能在 0 ～ 50℃的温度下可靠运转。卡尔 • 罗森买了 Atlas、Buda、Benz 和 Coho 等品牌的柴油机，对其考察研究后认为，这些产品均不能完全达到上述要求，卡特彼勒公司必须而且能够自身设计和生产所需的柴油机。

1930 年 1 月，卡特彼勒公司完成了柴油机设计，7 月，进行了第一台带预燃室柴油机的试验。1931 年 10 月，公司推出 60 型柴油履带拖拉机（图 5-8），该机装配 89hp 卡特彼勒四缸柴油机。当时，公司要和燃油公司合作研究合适的柴油和润滑油。1931 年之前，虽然已有人在拖拉机上采用过柴油机，但使用并不广泛。1933 年，卡特彼勒公司的柴油机产量是其他美国公司柴油机产量总和的两倍，因此，公司将老型号拖拉机按配装柴油机的要求重新设计，从而推出了 D 系列柴油履带拖拉机。它们更有效，更经济，是公司 30 年代最重要的产品突破。

图 5-8　卡特彼勒 60 型柴油拖拉机

1938 年，公司推出 30hp 的 D2 型（图 5-9）和 57hp 的 D4 型拖拉机；1940 年，推出 99hp 的 D7 型拖拉机；1941 年，推出 86hp 的 D6 型和 122hp 的 D8 型拖拉机；卡特彼勒公司用与柴油机相关的字母 D 作为拖拉机编号首位的习惯一直延续至今。

图 5-9　卡特彼勒 D2 型拖拉机

此外，卡特彼勒公司另一项重要的产品调整是进军平地机市场。1928 年，公司收购拉塞尔（Russell）平地机公司。1931 年，卡特彼勒 Auto Patrol 型平地机问世，开拓了公司新的筑路机械领域。

产品调整使卡特彼勒公司的销售额上升，当然，销售额上升也得益于整个 20 世纪 30 年代美国大量的公路建设项目，这是罗斯福总统为扭转大萧条而实行新政的一部分。从 1932 年起，公司产品的颜色由灰色改为著名的“公路黄”，即后人所称的“卡特黄”。

5.5　迪尔公司渡过大萧条

1928 年 10 月，迪尔公司第三代领导人威廉·巴特沃斯（参见第 3 章“迪尔公司进入拖拉机领域”一节）年事已高，他将总裁的位置交给他连襟的儿子查尔斯·迪尔·威曼（Charles Deere Wiman），自己转任董事长。为了树立威曼的权威，公司引入了首席执行官职位，威曼兼任首席执行官。工程师出身的威曼是制造技术的内行，他认为，经营成败的关键是能否生产出一流品质的产品。上任伊始，他就提出对制造能力的技术改造，但时运不佳，大萧条开始了，威曼的设想因资金匮乏而暂被搁置。熟悉经济的巴特沃斯让位给威曼时，已预感到萧条期即将到来。

1930—1933 年，迪尔公司的经营每况愈下。在 1929 年最后的繁荣中，迪尔公司生产了 35 677 台拖拉机；1930 年售出 26 767 台，多数是在 4 月之前售出的，6 月之后拖拉机产量急速下降，显示大萧条开始伤害农业。1930 年，公司的销售额为 6 400 万美元；1931 年的销售额只有 2 700 万美元；1932 年更差，仅销售了 1 238 台拖拉机；1932 年 4 月，迪尔公司位于滑铁卢的拖拉机厂事实上已暂停生产，只有订单来了才装配；1933 年最差，仅售出 765 台拖拉机，销售额跌到 870 万美元。

满怀理想的威曼面对现实的巨大落差，不得不“退而结网”，着手解决资金问题。当时公司的销售断崖式下滑，大量产品积压，资金流通困难；同时，股市上熊市的出现使公司筹资不畅。在既往历史上，迪尔公司和国外银团、国内辛迪加没有接触，公司领导人担心在得到金融机构资金的同时，面临被吞并的危险。

为应对严酷的大萧条，威曼采取了下列措施：

第一，减员，1930—1933 年，公司减员 70%。考虑到员工的基本生存需求，将他们的工资和养老金下调，但仍为他们提供健康保险和低租金住房。

第二，挽救国内市场。因农场主和代理商资金困难，迪尔公司有数百万美元的应收款收不回来。公司没有收回产品，而是允许客户在经济状况好转后还款。公司扩大信贷，答应农场主可以分期或延期付款，甚至在必要时向客户暂时无偿提供农机具。这种做法比挨家讨账高明，宣示迪尔愿与客户风雨同舟，不仅在近期内避免了客户流失，而且产生了一批对公司满怀感激之情忠诚不二的客户群。1931—1933 年的这一做法，直到今天仍使迪尔公司十分得意。公司这一策略的代价是，1931 年亏损 100 万美元，1932 年亏损 570 万美元，1933 年亏损 430 万美元。此外，分公司在销售时，曾以优惠为砝码要求农场主不得使用其他公司产品，为此，威曼一度陷入了反托拉斯法案的诉讼。

第三，开拓国外市场。尽管极力坚守，但国内市场对缓和窘境效果有限，威曼意识到唯一的出路是向国外市场出击。公司的海外经营在巴特沃斯时期还带有自发的色彩，到了威曼时期，开始有了明显的目的性。公司的海外开拓在苏联取得成效，而在阿根廷和南非征途坎坷。

迪尔公司得知福特森拖拉机在苏联市场被看好后，开始以滑铁卢男孩拖拉机和铁犁试探苏联市场，结果不错。1929 年，迪尔公司向苏联出口了 2 232 台拖拉机，是 1928 年的 40 倍，占全美拖拉机出口量的一半。新的约翰迪尔 D 型拖拉机因操作简便、工效显著而深受喜爱。此后两年，迪尔公司向苏联出口了 5 860 台拖拉机。1928—1931 年，苏联从迪尔公司购买产品的金额高达 980 万美元。仅 1930 年，迪尔公司向苏联出口产品的金额就占公司全年销售额的 10%。

威曼深知苏联进口拖拉机的最终目标是替代进口，面对办公室的世界地图，他开始注意到南美洲。威曼从公司档案中发现，在 19 世纪末，迪尔公司曾和阿根廷格罗斯进出口公司有业务来往，便欲与其重叙旧谊。1929 年，双方达成 2 194 台拖拉机的出口合同。但经济危机同样波及了阿根廷，购买方无力支付。迪尔公司又把目标对准南非，1930 年，南非艾登进出口公司订购了大量迪尔公司的农机具，但不久它便同格罗斯公司一样面临倒闭。

第四，加紧研发新产品。尽管公司连年亏损，并且从 1932 年到 1933 年新产品销售额几乎为零，但威曼力挺研发，以便和万国公司法毛型等拖拉机竞争。1934 年，公司推出了约翰迪尔 A 型三轮行列作物拖拉机（图 5-10）。A 型拖拉机有三轮、标准四轮、高秆作物、果园、单前轮或工业用等变型，生产到 1952 年，累计生产了约 30 万台。1935 年，公司推出了更小的 B 型拖拉机，也生产到 1952 年，累计生产了约 30 万台。

图 5-10　约翰迪尔 A 型拖拉机

1937 年，公司聘请美国著名工业设计家亨利·德莱弗斯（Henry Dreyfuss）为拖拉机设计新外观，即 1938 年的 A、B 时尚型拖拉机（图 5-11）。德莱弗斯设计的时尚型拖拉机的崭新外观影响了迪尔公司十余年，在第二次世界大战后，苏联明斯克拖拉机厂和中国天津拖拉机厂早期生产的拖拉机上还可看到这种外观的影响。1937—1939 年，迪尔公司还推出了 G 型、L 型和 H 型拖拉机，它们属于迪尔“卧式双缸拖拉机”系族。

图 5-11　约翰迪尔 B 型拖拉机

到 1934 年情况有所好转，美国总统罗斯福实行的新政开始在农业上起作用。政府对农场主缩减耕地和屠宰牲畜给予补偿，同时干旱使产量下降，减少了农产品的过剩，农产品价格上升，农民有了点钱，这时迪尔公司也有了新拖拉机供农民购买。加上迪尔公司有效的海外经营，其经营业绩达到历史上的顶峰。1937 年，迪尔公司创建 100 周年，公司销售额首次突破 1 亿美元。

5.6　苏联拖拉机产业崛起

1929 年，经济危机开始席卷西方各国之时，苏联正处在第一个五年计划建设高潮初期。苏联抓住这一时机，实现了拖拉机产业的崛起。

1917 年，俄国社会主义革命成功。1922 年，俄罗斯、乌克兰、白俄罗斯和高加索联邦组成苏维埃社会主义共和国联盟（苏联）。在 1921 年，俄国结束了长达 7 年的第一次世界大战和内战，国家领导人列宁提出“新经济政策”，该政策推行 5 年后，苏联的工业和农业产量已达 1914 年第一次世界大战前的水平。

1921 年 8 月，23 岁的俄裔美国人阿曼德·哈默（Armand Hammer）走进列宁的办公室，父亲是美国共产党创始人之一的阿曼德·哈默，对新生苏维埃政权非常关注。在列宁的支持下，阿曼德·哈默成为当时美苏易货贸易的核心人物。他在美国联络了 30 多家大公司，将美国产品运到苏联，换取苏联物产。其中与拖拉机有关的，主要是福特公司的福特森轮式拖拉机和卡特彼勒公司的履带拖拉机。苏联并不想仅仅进口产品，列宁对阿曼德·哈默说：“我们真正需要的是美国的资本和技术，这样就可以让我们的车轮再次转动起来。”半个多世纪后，应邓小平邀请，80 岁高龄的阿曼德·哈默也为我国改革开放做出了贡献，为山西平朔煤矿引进了大批卡特彼勒的工程机械。

亨利•福特原先把苏维埃看作“势不两立的敌人”，在阿曼德•哈默的劝说下，商业利益战胜了意识形态，福特公司与苏联达成多项交易。从1921年到1927年间，苏联购买24 000多台福特森轮式拖拉机，1923年为此发行了纪念邮票（图5-12）。1924年，福特公司和列宁格勒普梯洛夫工厂合作生产福特森普梯洛夫拖拉机，标志着苏联拖拉机产业的诞生。

图5-12　苏联福特森拖拉机邮票

在引进拖拉机的同时，苏联开始制造自己的拖拉机，开始规划苏联的拖拉机产业。1925年12月，在苏联汽车发动机学院内组建了拖拉机分部，选择合适的进口机型，并对这些机型进行分析研究，为引进或自主开发打下基础。早在1923年，苏联就提出建立拖拉机型号谱系的设想。1931年，汽车发动机学院改组，正式成立国家汽车拖拉机科学研究所（Научный Автотракторный Институт），简称纳齐（НАТИ）。纳齐是苏联拖拉机规划和设计的主要机构，国家拖拉机型谱的制定者。

为了满足集体农庄农业机械化的需要（图5-13），苏联决定在俄罗斯的斯大林格勒市兴建斯大林格勒拖拉机厂，在乌克兰哈尔科夫市兴建哈尔科夫拖拉机厂，在俄罗斯乌拉尔地区车里雅宾斯克市兴建车里雅宾斯克拖拉机厂。苏联在新厂建设中利用西方的困境，以较有利的条件从西方引进技术，购买制造装备，吸收外国资本，引进境外人才。

在优化引进产品技术方面，除福特森普梯洛夫拖拉机是福特森F型拖拉机的俄国版外，车里雅宾斯克生产的履带拖拉机明显具有美国卡特彼勒拖拉机的血缘关系。即使是自行设计的苏联机型，也借助对国外多种拖拉机的分析研究。这些兼收并蓄的工作较快缩短了苏联产品和西方产品的差距。

图 5-13　苏联农村拖拉机站

为了缩短制造上的差距，苏联大量引进西方先进的制造设备。斯大林格勒拖拉机厂的主要设备基本上是在国外制造的，涵盖约 80 家美国厂商。整套生产线在美国试装，然后再拆卸运输到苏联，由美国人和德国人在苏联组装，当时仅用了 11 个月就奇迹般地建成了该厂。哈尔科夫拖拉机厂的主要设备由德国和美国制造，并由美国人担任工厂建设的总工程师。1944 年，苏联领导人斯大林告诉美国总统罗斯福，苏联约有 2/3 大型企业是利用美国技术建成的。

由于严重缺乏懂管理、有技术的工人和工程师，苏联开始大量引进人才。斯大林格勒拖拉机厂的建设者中，除苏联人外，还有美国人和德国人，先后在这里工作的美国工程师就有 730 名。1932 年，在苏联重工业部门工作的各国专家约有 6 800 人。

1928 年，苏联只有不到 3 万辆拖拉机，99% 的耕种靠畜力和人力完成。而到了 1932 年，苏联的拖拉机产量就提高到世界第二、欧洲第一（图 5-14）。

图 5-14　苏联大批量生产拖拉机

5.7 苏联早期的拖拉机企业

苏联最初的拖拉机制造厂是在 20 世纪二三十年代建成的，主要有基洛夫拖拉机厂、斯大林格勒拖拉机厂、哈尔科夫拖拉机厂和车里雅宾斯克拖拉机厂等。

基洛夫拖拉机厂（Кировский Тракторный Завод）的前身是十月革命后的普梯洛夫工厂，它的历史可追溯到沙皇俄国 1801 年成立的国有铸铁厂。1868 年，尼古拉·普梯洛夫（Николай И. Путилов）购买了该厂，更名为普梯洛夫工厂。

1924 年，苏联从美国福特公司大量购买福特森拖拉机后，双方在普梯洛夫工厂合作生产福特森普梯洛夫（Фордзон-Путиловец）拖拉机（图 5-15）。在 20 世纪 20 年代苏联的农业机械化进程中，这种拖拉机起到了重要作用。

图 5-15　福特森普梯洛夫拖拉机

20 世纪 20 年代后期到 30 年代初，普梯洛夫工厂以美国万国公司的法毛拖拉机为蓝本，推出通用（Универсал）牌拖拉机，其中有适合高秆作物中耕的三轮型拖拉机和适合低秆作物中耕的四轮型拖拉机。通用牌拖拉机在该厂生产到 1940 年，1944 年转移到俄罗斯弗拉基米尔拖拉机厂生产，直到 1955 年共生产了 211 500 台，它的纪念碑至今还屹立在俄罗斯大地上（图 5-16）。为了纪念 1934 年被暗杀的苏共中央书记基洛夫，普梯洛夫工厂更名为基洛夫拖拉机厂。自开始生产拖拉机到 1941 年，该厂共生产了 125 000 多台拖拉机。

在苏联第一个五年计划期间，苏联新建了斯大林格勒拖拉机厂、哈尔科夫拖拉机厂及车里雅宾斯克拖拉机厂。

图 5-16　苏联通用牌拖拉机纪念碑

在俄罗斯建立了斯大林格勒拖拉机厂（Сталинградский Тракторный Завод，简称 СТЗ）。1930 年 6 月，从工厂总装线上驶下第一台 СТЗ-1 型轮式拖拉机，标志着工厂正式投产。1932 年 5 月，工厂达到日产 144 台拖拉机的设计纲领。

在乌克兰建立的哈尔科夫拖拉机厂（Харьковский Тракторный Завод，简称 Х Т З）于 1930 年 1 月破土动工，于 1931 年 8 月成功试制出第一台轮式拖拉机，1931 年 10 月完成土建工程，开始批量生产 СХТЗ-15/30 型农用铁轮拖拉机。同年达到日产 100 台拖拉机的设计纲领。

斯大林格勒拖拉机厂和哈尔科夫拖拉机厂建成后，首先大量生产斯哈特日（СХТЗ）15/30 型轮式拖拉机（图 5-17，左为 СТЗ 所产，右为 ХТЗ 所产，两者大同小异），该机以美国万国公司的麦考米克迪灵 15-30 型拖拉机为基础，两厂在国家汽车拖拉机科学研究所协作下共同研制，结合国内条件对结构、标准和材料做了相应改变。

a）СТЗ 生产

b）ХТЗ 生产

图 5-17　斯哈特日 15/30 拖拉机

1937 年 5 月，斯大林格勒拖拉机厂最后一台轮式拖拉机下线，7 月转产 СТЗ-НАТИ 履带式拖拉机；1937 年 2 月，哈尔科夫拖拉机厂开始生产 СТЗ-НАТИ 履带式拖拉机（详见后述“СТЗ-НАТИ 履带拖拉机诞生”一节）。卫国战争后的 1948—1950 年，15/30 型拖拉机在莫斯科第二汽车修理厂生产。20 世纪三四十年代，15/30 型拖拉机是苏联农业普遍应用的拖拉机，共生产了 390 500 台。

1932 年，俄罗斯的车里雅宾斯克拖拉机厂（Челябинский Тракторный Завод，简称 ЧТЗ）开始生产斯大林 - 60（Сталинец- 60，简称 С-60）型履带式拖拉机。它在设计时，以卡特彼勒60型履带拖拉机为主要参考机型。1936 年，С-60 型履带拖拉机经历了两次探险的严酷考验，一次是穿过 -50℃的雅库特在雪地中行驶了 2 000km，另一次是穿过海拔 4 000m 的帕米尔山口。该机从 1932 年生产到 1937 年，共生产了 69 100 台。

1937 年，С-65 型柴油拖拉机（图 5-18）开始批量生产，并在 1937 年巴黎国际展览会上获最高奖。该机从 1937 年生产到 1941 年，共产了 37 200 台。

图 5-18　斯大林-65 型拖拉机

5.8　СТЗ-НАТИ 履带拖拉机诞生

苏联初期的拖拉机设计多源自美国拖拉机，而苏联 СТЗ-НАТИ（斯特日纳齐）履带拖拉机是在吸收国外技术的基础上，自主研发的第一种大批量生产的拖拉机。

苏联拖拉机产业在 20 世纪 30 年代中期出现两个新问题：一是轮式拖拉机的供应能力远大于履带拖拉机，这不适合苏联当时的农业需求；二是在 15/30 型轮式拖拉机与 60 型履带拖拉机之间，需填补中间牵引力等级的拖拉机。苏联曾试用小功率履带拖拉机达此目的，但不成功。1932 年，国家拖拉机汽车工业总局的前身 —— 全苏汽车拖拉机协会下达指令，责成斯大林格勒拖拉机厂和国家拖拉机科学研究所的设计师，参照英国维克斯阿姆斯壮（Vickers-Armstrong）公司 1931 年生产的卡登劳埃德（Carden-Loyd）牵引车（图 5-19），研制既能耕作又能运输的中等牵引力等级的履带拖拉机。

图 5-19　卡登劳埃德牵引车

卡登劳埃德牵引车到了斯大林格勒拖拉机厂后，该厂立即对其进行拆卸分析。1932 年 7 月，在该厂总设计师斯坦科维奇（В. Г. Станкевич）领导下开始设计，9 月完成总布置图。1933 年 5 月，第一台样机共青团员（Комсомолец）T-20 牵引车问世。该车的设计偏重于运输功能，驾驶室和驱动轮前置，后面有载物平台或货厢，它不像拖拉机，不适合农业用。

研制进度的迟滞引起了苏联拖拉机汽车工业总局关注。1933 年 7 月，成立了专门的委员会对此进行审议，审议得出的结论是一种拖拉机既能满足运输速度要求，又能满足牵引特性要求，是不可能的。国家拖拉机科学研究所赞同这一观点，认为应生产两种类型的拖拉机：农业型和运输型，但要采用相同的标准化零部件组装，并且提出了两种拖拉机的蓝图。会后，该研究所派出由斯洛尼姆斯基（В. Л. Слонимский）为首的设计团队去斯大林格勒拖拉机厂，与其共同研制“СТЗ-НАТИ”履带拖拉机。

为了充分发挥斯大林格勒拖拉机厂和哈尔科夫拖拉机厂的生产潜力，1935 年 5 月，苏共中央召开专题厂长会，要求两厂提交他们的拖拉机样机进行比较测试，然后择优投产。7 月，苏联领导人斯大林率政治局全体成员，在试验场视察了苏联各种新型拖拉机。其中包括斯大林格勒拖拉机厂 СТЗ-НАТИ 柴油拖拉机的农业型和运输型，以及哈尔科夫拖拉机厂采用柴油机的 В-30/4 型拖拉机和美国麦考密克拖拉机的翻版 ГТ-35/50 型拖拉机。

国家拖拉机科学研究所对上述两厂提供的四种拖拉机进行对比检测，这也反映了行业对轮式和履带式拖拉机应用的争论，结果 СТЗ-НАТИ 履带拖拉机胜出。1935 年底和 1936 年，进行农业型和运输型拖拉机的试验，设计完善、工厂改造和生产准备也同时进行。

СТЗ-НАТИ 履带拖拉机设计师们的座右铭是："不要发明，而是设计。"他们用当时世界上适用先进的设计进行集成创新。如履带借鉴英国牵引车的整体铸造履带，悬架借鉴德国克虏伯坦克的部分结构，变速箱、驾驶室和覆盖件借鉴美国卡特彼勒的样机。这一方针对缩小新兴的苏联拖拉机产业与西方的差距是成功的。在 1937 年巴黎国际展览会上，СТЗ-НАТИ 履带拖拉机获得最高大奖。1941 年，它成了第一个被授予苏联国家奖的拖拉机。

该机型分为农业型和运输型。1TA 农业型（又名 СТЗ-3 型，图 5-20）为一般用途履带拖拉机，采用 52 马力煤油发动机，全架式机架，独特的平衡台车弹性悬架履带行走装置，节距 174mm 的整体铸造履带，前进速度为 3.82 ~ 8.04km/h。

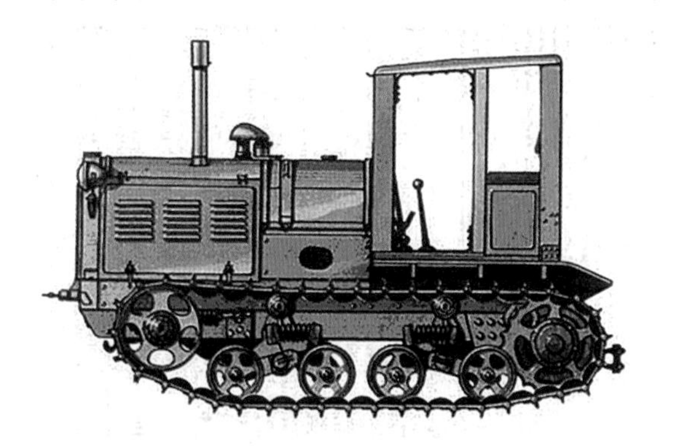

图 5-20　СТЗ-НАТИ 拖拉机农业型

2TB 运输型（又名 СТЗ-5 型，图 5-21），载质量为 1 500 kg，可牵引 4 500kg 的拖车。发动机功率加大到 56 马力，履带节距减小一半为 86 mm，最高车速为 21.5km/h。在苏联卫国战争期间，它们成了喀秋莎火箭炮的运载工具。

1937 年 7 月，斯大林格勒拖拉机厂开始批量生产 СТЗ-НАТИ 履带拖拉机。随后哈尔科夫拖拉机厂以 СХТЗ-НАТИ（斯哈特日纳齐）品牌，生产几乎同样的履带拖拉机。在苏联卫国战争中，两厂均受重创，在它们的参与下在后方建成了阿尔泰拖拉机厂（Алтайский Тракторный Завод，简称 АТЗ），该厂从 1942 年 8 月开始生产这种拖拉机，以 АСХТЗ-НАТИ（阿斯哈特日纳齐）为品牌。1937—

1952 年，这种履带拖拉机共生产了 210 744 台。

图 5-21　СТЗ-НАТИ 拖拉机运输型

在拖拉机发展史中，此前的农用履带拖拉机，如卡特彼勒那样，采用整体台车行走系（即每侧所有支重轮刚性固定在整体台车架上）。СТЗ-НАТИ 型履带拖拉机首次把平衡台车弹性悬架用于农用履带拖拉机，有独特意义。虽然对这种结构的争议，从它们诞生起就存在，并经过大半个世纪直到今天，但不可否认的事实是：无论是产销量还是保有量，这种结构的拖拉机大约占据全球农用履带拖拉机的半壁江山。

5.9　早期英国马歇尔拖拉机

当英国不再是工业化国家霸主之后，其在全球拖拉机产业的地位也在下降。但是，仍有一些英国企业保持着全球影响力，如福格森公司、马歇尔公司和大卫布朗公司等。

英国马歇尔（Marshall）父子公司的历史可追溯到 1848 年，那一年，威廉·马歇尔（William Marshall）在林肯郡创立了不列颠铁工厂。19 世纪，该公司的克伦尼尔（Colonial）牌蒸汽锅炉在英国较著名，公司也生产蒸汽牵引机动车、蒸汽压路机、轻便蒸汽机和脱粒机械等。

1900 年，公司开始生产 60hp 克伦尼尔牌内燃拖拉机（图 5-22），以替代蒸汽牵引机动车出口。到 1914 年，这种拖拉机卖了 300 多台。

马歇尔公司大量生产拖拉机是从 20 世纪 20 年代末开始的。1928 年，他们开始发展和德国兰兹牛头犬拖拉机相似的拖拉机，但目标是将热球式内燃机改为柴油机。1930 年，该公司推出第一台马歇尔 15/30 型拖拉机，采用单缸柴油机。15/30 型拖拉机对牛头犬拖拉机有竞争力，是 30 年代该公司的主打机型。

图 5-22　马歇尔克伦尼尔拖拉机

按马歇尔公司的传统，每台 15/30 型拖拉机及其漆色（红、白或蓝）均可和客户协调制造，对用户来说每台拖拉机都是独一无二的。这种个性化生产特征今天在芬兰维创等公司仍然可以见到。1932 年，15/30 型升级为 18/30 型，发动机转速增加，传动系是重载改良型，加强了后传动箱体，采取正方形外观，用薄钢板来减小质量和降低成本。18/30 型拖拉机太重，质量为 3.5t。下一个采用单缸柴油机的拖拉机是 1935 年推出的 12/20 型拖拉机。该拖拉机是全新设计，有许多小型化改进，如重新设计的喷油泵和缸盖。

1938 年，马歇尔公司对 12/20 型拖拉机进行了重新设计，并改称 M 型拖拉机（图 5-23）。M 型拖拉机仍具有兰兹牛头犬拖拉机的特征，颜色是标准的深绿，排气管仍像咖啡壶形状。M 型拖拉机采用的单缸发动机的功率，增加到了 50hp，以便和多缸发动机竞争，其变速箱和发动机铸件更精致。

图 5-23　马歇尔 M 型拖拉机

第二次世界大战后，马歇尔公司陆续推出道路马歇尔（Road Marshall）系列筑路装备、田野马歇尔（Field Marshall）系列轮式拖拉机和履带马歇尔（Track Marshall）系列履带拖拉机，奠定了自己的设计风格，成为英国重要的拖拉机生产商。

5.10 早期英国大卫布朗拖拉机

售价数百万元人民币的英国阿斯顿马丁高档轿车2007年首次登陆我国，其DB系列轿车因曾作为电影007詹姆斯·邦德的座驾而风靡高消费阶层。“DB”两个字母出自第二次世界大战后该公司的掌门人大卫·布朗（David Brown）的名字。其实，这位被英国皇室于1968年因其在事业上的成就而授予爵位的企业家，最初是在大卫布朗拖拉机上崭露头角的。

大卫布朗公司的历史可追溯到1860年，它由大卫·布朗爵士的同名祖父大卫·布朗创立，专注齿轮系统的设计与生产。到19世纪末该公司以机切齿轮而著名，1902年公司迁往约克郡哈德斯菲尔德。1903年老大卫·布朗去世，公司由他的儿子珀西（Percy）和弗兰克（Frank）接手，增加了轴承、轴和蜗轮蜗杆等产品。老大卫·布朗的孙子小大卫·布朗于1904年生于哈德斯菲尔德，毕业后在大卫布朗公司做学徒。

1913年，公司在美国建立了生产蜗杆驱动装置的合资公司，于1921年成为世界上最大的蜗轮制造商。1931年，珀西去世，其长子大卫·布朗成为总裁，弗兰克担任董事会主席。1935年，公司获得了一项差速转向系统控制的坦克传动系专利。

1936年，拥有强大制造能力的大卫布朗公司和发明三点液压悬挂的爱尔兰天才发明家哈里·福格森合作，协议生产福格森布朗拖拉机，大卫布朗公司从此进入拖拉机行业。福格森布朗拖拉机是世界上首次带福格森三点液压悬挂系统的拖拉机（图5-24），该系统迅速引起了农用拖拉机的革命性变革（详见后述“里程碑：福格森三点液压悬挂”一节）。

除了三点液压悬架系统外，福格森布朗拖拉机还有很多创新，包括采用了一批轻而坚固的合金铸件。首批550台拖拉机采用外购的20hp四缸汽/煤油发动机，在大卫·布朗买下发动机专利后改由自己生产发动机。该拖拉机的价格最初为224英镑，和当时仅140英镑的福特森拖拉机相比，价格偏高，加上经济低迷，1937年开始出现积压。福格森布朗拖拉机因合作双方分手，于1940年停产，共生产了1 354台。

图 5-24　福格森布朗拖拉机

大卫·布朗和哈里·福格森各有自己的公司，合作时已出现分歧。两人都很能干又都很自信，并且在拖拉机设计和应对市场上各有思路，这导致大卫·布朗秘密设计了他自己的变型。当哈里·福格森决心和亨利·福特联合，允许三点液压悬挂系统用在福特森拖拉机上时，大卫·布朗和哈里·福格森之间的协议提前终止。第一批大卫布朗牌 VAK1 型拖拉机（图 5-25）在 1939 年面市，并在英国皇家展览会上展出。该机比福格森布朗拖拉机功率大，质量大，挡数多。该机最初的订货是 3 000 台，但是由于第二次世界大战开始，订货减少到 1 000 台。

图 5-25　大卫布朗 VAK1 型拖拉机

第二次世界大战期间，大卫布朗公司生产齿轮和少量飞机牵引支架，并从事车辆修复工作。第二次世界大战后，公司于 1946 年转为生产拖拉机。大卫布朗公司因第二次世界大战后五六十年代的繁荣而持续增长，于 1971 年成为英国第三大拖拉机生产商。

1947 年，大卫·布朗以 20 500 英镑买下英国阿斯顿马丁汽车公司，后来，他在汽车事业上更加成功并于 1968 年获得了爵士称号。20 世纪 70 年代初公司陷入困境，1972 年公司将拖拉机业务卖给美国凯斯公司。

大卫·布朗爵士是天然的冒险家，他热衷赛马、玩马球、驾驶赛车和摩托车，还是有资质的飞行员。大卫·布朗于 1993 年 9 月去世，享年 89 岁。在他去世之前 8 年，大卫布朗公司被美国德事隆（Textron）公司收购。

5.11 道依茨的农民拖拉机

德国的田块没有英国的田块大，尤其是在德国南部。1935 年，德国政府要求 1926 年已开始制造拖拉机的道依茨公司，生产一种普通农民能买得起的、采用常用技术的低成本拖拉机。

道依茨公司在 1933 年已生产 28 马力的 F2M315 型拖拉机，但它对于政府这一要求来说还是太大了。1936 年，公司生产了 11 马力的 F1M414 型拖拉机，售价为 2 300 马克，被人们称为“农民拖拉机”或“道依茨小精灵（Elfer Deutz）”。

道依茨 F1M414 型（图 5-26）命名方式带有明显的发动机特征，F 指拖拉机类特种车辆，1 表示单缸机，M 表示水冷，414 表示发动机系列号和冲程。该机型的特点是其前、后桥间配置了割草机驱动装置并具有良好的运输性能，能完全取代畜力。

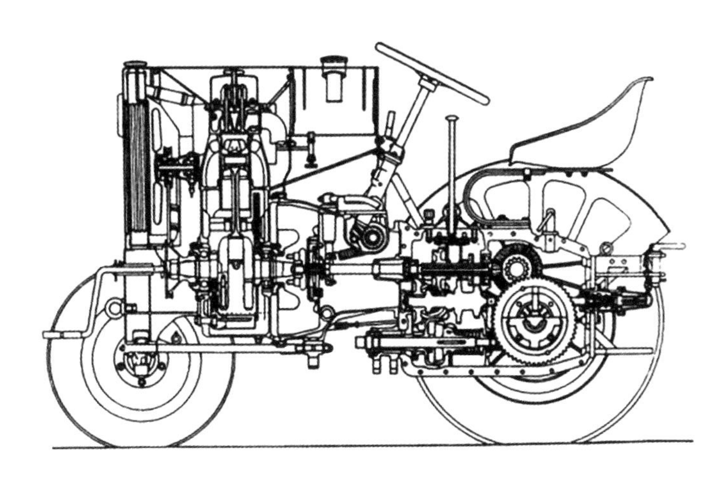

图 5-26　道依茨的农民拖拉机

到 1942 年，道依茨公司售出了该类型拖拉机约 1 万台，它是第二次世界大战前德国最成功的拖拉机之一。第二次世界大战后，道依茨公司几乎原封不动地继续生产该类型拖拉机到 1951 年。最初由于工厂在第二次世界大战中被毁，只能用幸免于战争的备件装配，后来出现改进的 F1M414 拖拉机，功率增到 12 马力。从第二次世界大战结束后直到 1951 年，道依茨公司约生产了 9 000 台 F1M414 拖拉机。

20 世纪 30 年代，道依茨公司的产权结构有过较大变化。1930 年，公司和洪堡（Humboldt）机械制造公司及上乌瑟尔（Oberursel）发动机厂合并，组成洪堡道依茨发动机公司。随后，世界经济衰退，上乌瑟尔发动机厂暂时关闭，道依茨公司收到苏联政府的大量订单而舒缓了两三年。1938 年，洪堡道依茨发动机公司进入钢铁企业主彼得·克勒克纳（Peter Klöckner）的联合企业，改名为克勒克纳洪堡道依茨（Klöckner-Humboldt-Deutz，简称 KHD）公司。克勒克纳这个名字一直伴随道依茨拖拉机走过了半个多世纪。

在两次世界大战之间，特别是在 20 世纪 30 年代，德国经济与外界相对隔绝。1931 年，德国强化进口限制，收紧外汇管控，限制外国公司把在德国挣得的利润返回本国。这些均不利于吸收国外技术和外资直接投资，加上当时德国军事备战对拖拉机企业的影响，所以，在 30 年代，尽管德国总体经济发展很快，但拖拉机产量不大。1933 年，德国的拖拉机保有量为 2.51 万台，1939 年才达到 5.77 万台，远低于美国、英国、苏联等国家的水平。

5.12 德国芬特公司的最初岁月

芬特公司诞生在德国南部巴伐利亚州马克特奥伯多夫。1928 年，赫尔曼·芬特（Hermann Fendt）和兄弟克萨韦尔（Xaver）、保罗（Paul），在父亲约翰·芬特（Johann Fendt）指导下，在自家铁匠铺用固定式发动机和老式割草机，试制了一台 6 马力小型汽油铁轮拖拉机，它可以挂接犁和独立驱动割草机。1929 年，他们开始用柴油机、采埃孚（ZF）传动系和萨克斯（Sachs）离合器组成小型拖拉机。1930 年，这种小型拖拉机正式投放市场。

1930 年，他们制造的第二台小型拖拉机卖给了农民兼酿酒厂主弗朗茨·赛勒。弗朗茨·赛勒将这台拖拉机命名为柴油马（Dieselroβ），以便和当时流行的兰兹牛头犬拖拉机相区别。约翰·芬特和他的儿子赫尔曼·芬特立即采用了这一名称，柴油马（图 5-27、5-28）成了芬特公司成功的开始。1931 年，该拖拉机的生产数量有限，每台机器的结构不完全相同，因为它们是按客户的不同要求制造的。1932 年，芬特公司推出了 9 马力柴油马拖拉机，采用弹簧前桥，最初采用硬橡胶轮胎，后来采用充气橡胶轮胎。

图 5-27　农作状态的柴油马拖拉机

图 5-28　运输状态的柴油马拖拉机

1935 年，芬特公司和巴伐利亚中介商 BayWa 合作成立制造工厂。1936 年，芬特公司生产了 233 台拖拉机。新工厂于 1937 年投入运作，同年推出了单缸 16 马力装备独立动力输出轴的 F18 型柴油马拖拉机（图 5-29）。1937 年 12 月，克萨韦尔 · 芬特公司（Xaver Fendt & Co）进行了商业注册。1938 年，公司推出装有机罩覆盖件、双缸 18 马力直立柴油机的改进 F18 型拖拉机。这一年，第 1 000 台柴油马拖拉机下线。当年又推出了 22 马力的 F22 型拖拉机。芬特柴油马 F18 型和 F22 型吸引了许多巴伐利亚的农民。20 世纪 30 年代末，公司快速增长到年产约 1 000 台柴油马拖拉机。这种增长持续到 1941 年，这时，战时经济已严重影响了生产。

图 5-29　柴油马 F18 型拖拉机

5.13　早期意大利兰迪尼拖拉机

1884 年，在意大利北部盛产葡萄酒的雷焦艾米利亚省的法布里科，铁匠乔瓦尼・兰迪尼（Giovanni Landini）在小伊米莉亚镇开始了他的生意，并渐渐从简单的铁匠活向为当地农场制造机械发展。他先是生产酿酒机械，然后是蒸汽机动车、内燃发动机以及压榨装备。

1910 年，乔瓦尼・兰迪尼制造了第一台热球式内燃机。后来他开始设计拖拉机，但在 1925 年去世前未能完成样机，他的儿子们接管生意并完成了拖拉机项目。1925 年，他的三个儿子制造了第一台采用热球内燃机的 25/30hp 型拖拉机。他们生产的第一批拖拉机是由 25/30hp 型演变而来的 40hp 型拖拉机，采用热球式二冲程单缸发动机，后轮轮缘包硬橡胶，可农用也可运输，最高速度为 10km/h。

1934 年，他们开始生产超级兰迪尼拖拉机（图 5-30）。该机影响较大，是当时意大利市场上功率较大的拖拉机之一，可用于大块田地的开垦。该机生产到第二次世界大战爆发。

图 5-30　超级兰迪尼拖拉机

因为热球式发动机在许多欧洲国家流行，因此他们生产热球式拖拉机直到1957年。

5.14 张学良尝试制造拖拉机

1908年，我国首次引进美国的蒸汽拖拉机在黑龙江使用。尽管此后我国处于贫弱的半殖民地半封建状态，但仍有一批有识有志的中国人力图制造拖拉机。据一些尚待考证的历史信息，从20世纪20年代到抗战时期，江苏南通、辽宁鞍山、上海和湖南祁阳等地均有企业曾试制拖拉机。由于社会环境制约，这些尝试均未能建立中国拖拉机产业，但他们不甘人后自强不息的奋斗事迹仍然值得后人挖掘、考证和怀念。

在20世纪20年代末，中国近代名人张学良曾推动尝试制造拖拉机。1928年6月“皇姑屯事件”后，张学良成了东北的军政首领，他开始大张旗鼓地推行“东北新建设”。在农业方面，张学良推行军垦和民垦。1928年7月，成立兴安屯垦区公署，着手实行军垦；提倡和鼓励关内农民移居东北，实行民垦。同时，他主张积极推广使用拖拉机等现代农机具。

在制造业方面，张学良意欲在鞍山工业区生产汽车、拖拉机、飞机和坦克。鞍山重工公司在总工程师赵博文领导下开始了研发。张学良把本来就紧缺的5架飞机拆了一架，从苏联购买了一辆拖拉机，并且让他们拆了好几辆苏联嘎斯汽车。1931年6月，鞍山重工的第一辆载货汽车出厂。当晚，赵博文告诉张学良：“我们也研发出了拖拉机。”但是，他认为农民买不起。张学良对他说，生产拖拉机也是为了生产坦克。赵博文认为，现在能生产的拖拉机马力不够大，估计造出坦克实用价值不大。由此推测，这可能是一台履带拖拉机。

张学良在仿造第一辆拖拉机时就意识到，拖拉机使用柴油机是今后的发展趋势，所以生产出我国第一台国产柴油机的广东民族企业家薛广森被重金请到东北。薛广森，1865年生于广东顺德，17岁去香港船厂做工，学成机械技术。他在维修柴油机时绘出其零件图样，并经过反复试验改进，在1915年成功研制出我国第一台75马力国产柴油机，不久就成批投产。

在薛广森带领下，奉天第一柴油机厂顺利建厂，很快一批拖拉机用40马力柴油机顺利出厂，经测试性能良好。为能使拖拉机装上轮胎，法国米其林公司在东北自治政府重金支持下，建造了奉天第一轮胎厂，作为汽车拖拉机轮胎的配套生产厂。

由于 1931 年日本发动“九一八”事变，张学良的“东北新建设”运行 3 年后夭折，生产拖拉机的尝试也随即中止。

5.15 充气轮胎的应用

橡胶在拖拉机车轮轮缘上的应用，是从橡胶块轮缘、整体硬橡胶轮缘、零压力橡胶轮胎，逐步发展到充气橡胶轮胎的。

1870 年，苏格兰发明家罗伯特·汤姆森（Robert Thomson）在蒸汽拖拉机上采用了带橡胶轮缘的车轮。早在 1845 年，他 23 岁时就申请了让他留名全球的充气橡胶轮胎专利。尽管这种轮胎优点明显，但因缺乏合适材料和社会需求不足，没有得到人们重视。1867 年，他取得用于蒸汽机动车的固体天然橡胶轮缘专利。1870 年，罗伯特·汤姆森制造了他的第一台三轮蒸汽机动车（图 5-31），其车轮外缘是一条条 125mm 厚的硫化实心橡胶块，避免了损毁道路。它常常牵引满载 40t 货物的四轮货车在爱丁堡街道上行驶，引起了人们的巨大兴趣。1871 年，英国和美国的坦南特（Tennant）公司、查尔斯伯尔（Charles Burrell）父子公司、罗比（Robey）公司获得这种设计的许可制造权。

图 5-31　汤姆森的蒸汽机动车

但是，这种橡胶块轮缘车轮并没有得到重视。直到 20 世纪 20 年代后期，一是随着轿车普及，道路状况改善，拖拉机钢轮会损害路面；二是工业化国家的大田犁耕已较普遍，拖拉机开始进入经济林作业，而钢轮会伤害树根；三是存在提高拖拉机速度来提高生产率的需求，促使制造商需对橡胶轮胎进行研发。

1928 年，按万国公司工程师斯佩里（L.B.Sperry）所述，在佛罗里达州的柑橘林，人们将报废汽车的外胎包在钢轮上，以避免损坏柑橘树根，获得了成功。当时人们已经见到艾里斯查默斯公司在20-35型拖拉机上采用了硬橡胶轮缘车轮（图5-32）。

图5-32　艾里斯查默斯20-35型拖拉机

橡胶车轮的应用引起轮胎制造商的注意。1931年，美国固特里奇（Goodrich）公司生产了零压力农用拖拉机轮胎。它由穿孔钢背和柔软的橡胶拱形胎面组成，装在钢制驱动轮上。因其弹性和接触面大，牵引性能超过了实心轮胎，并且因无气压而不怕刺穿。

1930年，美国艾里斯查默斯公司首先在拖拉机上开始试装充气轮胎。1932年，美国火石（Firestone）公司制造的飞机橡胶轮胎试装在艾里斯查默斯U型拖拉机上，十分成功。同年，艾里斯查默斯公司宣告推出标配充气轮胎的U型拖拉机（图5-33）。1933年，凯斯、迪尔、福特、休伯（Huber）、万国、麦赛哈里斯、明尼阿波利斯莫林、奥利弗等公司的某些型号拖拉机也装上了充气橡胶轮胎。

图5-33　艾里斯查默斯U型拖拉机

人们对拖拉机采用充气轮胎感到激动并充满期望。为响应这一动向，一些人热衷于充气轮胎的速度效应，举办犁耕竞赛和道路拖运演示。艾里斯查默斯公司在 1933 年的展览会上，演示了经特殊改装提速的拖拉机。拖拉机在演示犁耕后，美国知名赛车手以 57km/h 的速度，驾驭拖拉机驶过密尔沃基汽车赛道，令在场的爱好者们目瞪口呆。艾里斯查默斯公司也建立拖拉机比赛队伍来扩大轰动效应，其 U 型充气轮胎拖拉机还以 28km/h 的速度牵引拖车行驶 5 小时到达目的地。

但是，人们很快认识到拖拉机对过高速度的追求是陷阱。这不仅因为速度对拖拉机来说并不是最重要的指标，还在于当时的拖拉机悬架、制动等技术尚不能很好地保证其在高速下的平顺性、操纵性和安全性。冷静的大学和企业关注并研究拖拉机更重要的牵引性、经济性与充气轮胎的关系。充气轮胎 1933 年起在美国和 1934 年起在德国开始批量生产。美国和德国都对此进行了对比试验和研究，如美国的内布拉斯加大学、俄亥俄州立大学、伊利诺伊大学，以及德国的迈耶（H. Mayer）博士等。

1935 年，内布拉斯加拖拉机检测数据表明，装用充气轮胎，拖拉机平均速度明显增加。多数充气橡胶轮胎拖拉机在公路上速度可达 25 km/h 或更高。这样的农用拖拉机不仅能在田野上耕作，而且能在公路上拖运。同时，拖拉机速度的提高允许农场土地分散，规模扩大，有助于农业变革。

在拖拉机百年发展史上，充气轮胎的普及是最迅速的一项技术革命。以美国为例，在 1935 年的轮式拖拉机产量中安装充气橡胶轮胎的占 14%，1936 年占 31%，1937 年占 43%，1938 年占 65%，1939 年占 83%，1940 年占 95%，1950 年几乎达到 100%。

5.16 里程碑：福格森三点液压悬挂

北爱尔兰人哈里·福格森（Harry Ferguson）发明的具有力位调节功能的三点液压悬挂系统，在格拉斯顿伯里的《The Ultimate Guide to Tractors》一书中，被描述为“拖拉机技术中最有意义的进展”。这一意义在于，首先，它是拖拉机技术的原始创新，并且后来还成为滑移式装载机等借用的源技术，而之前大量拖拉机技术是借助汽车等机械技术发展而来；第二，通过三点连接的标准化。使一种农机具可用于不同的拖拉机；第三，它兼有拖拉机挂接农具和牵引农具两种机组的功能，统一了拖拉机整机形态；第四，它的力位调节和重量转移功能大大改善了拖拉机的牵引性和稳定性。

天才“福格森系统”—— 福格森三点液压悬挂系统不是瞬间灵感的一蹴而就，它是哈里·福格森和他的团队历时十余年，一步步完善而来。福格森为了把这一成果转化为大批量生产的商品，除自己多次制造外，还先后5次和他人（谢尔曼兄弟，大卫布朗公司，福特汽车公司，斯坦达德汽车公司以及麦赛哈里斯公司）合作，走过了坎坷而又辉煌的征途。

1911年，哈里·福格森创立了五月街摩托公司，后改名为哈里福格森公司。一战期间，公司把从美国进口的滑铁卢男孩拖拉机卖给爱尔兰用马拉犁的农民。哈里·福格森认为当时的牵引犁耕机组太粗糙、太笨重，如果把拖拉机和农具通盘考虑会更好。哈里·福格森和威利·散兹（Willie Sands）一起制造了他的第一个机械操作的挂接犁，装配到福特T型轿车改装的“爱神（Eros）”农用变型拖拉机上。这种犁是两铧犁，挂接在拖拉机后面，带平衡弹簧，允许驾驶员通过座位旁的杠杆来升降（图5-34）。1917年，这种“无轮犁”第一次向农民演示。

图5-34 福格森的机械挂接犁

这时，福特汽车公司开始生产福特森F型拖拉机，哈里·福格森在卖掉无轮犁的股票后，开始设计适合福特森F型拖拉机的犁。该犁采用福格森新的“双联悬挂系统”固定在拖拉机上，这种机构由弹簧和两个平行拉杆组成，驾驶员仍在驾驶座位上控制。它的主要优点除质量较轻外，还能在犁碰到物体时防止拖拉机向后倾翻，避免砸伤驾驶员。

因福格森犁专为福特汽车公司的拖拉机配套，亨利·福特愿意聘用哈里·福格森，但哈里·福格森更爱独立，决定在美国建厂生产福格森犁。1925年，哈里·福格森和爱伯与乔治·谢尔曼（Eber & George Sherman）兄弟在美国组成福格森谢尔曼公司。同年，哈里·福格森用洗礼时的名字——亨利·乔治·福格森（Henry George Ferguson）在英国注册了名为“联接农具到拖拉机上的设备并自动调节作业深度”的专利。

1928 年，哈里·福格森又取得液压升降三点悬挂专利，它是后来福格森三点悬挂的雏形。它有两个上拉杆和一个下拉杆（图 5-35）。哈里·福格森很快认识到这种悬挂存在几何学的问题，后来将其改为一个上拉杆和两个下拉杆。

图 5-35　福格森最初的三点悬挂

虽然福格森三点液压悬挂系统是开创性设计，但其要获得商业成功仍有相当难度。有些公司对哈里·福格森设计的悬挂系统感兴趣，如艾里斯查默斯公司、拉什顿（Rushton）公司、兰塞姆斯公司和罗孚汽车公司。其中最积极的是莫里斯（Morris）汽车公司，它同意制造带福格森液压悬挂系统的拖拉机，但时逢大萧条，协议在最后几分钟未能达成。

于是，哈里·福格森着手自己制造拖拉机。1933 年，样机在他家乡的贝尔法斯特工厂装配。拖拉机采用模块化设计，包括发动机和大卫布朗变速箱等许多部件外购，轻合金铸件在附近的铸造厂制造。拖拉机采用福格森三点液压悬挂系统，增加力调节系统，同时配备专门设计的农具。样机像美国福特森拖拉机，但颜色为黑色，因此命名为黑福格森拖拉机（图 5-36）。1932—1933 年参与研发黑福格森拖拉机的主要工程师除前述的威利·散兹外，还有阿奇·格里尔（Archie Greer）和约翰·钱伯斯（John Chambers）。黑福格森拖拉机在 1933 年演示成功，福格森又花了两年时间克服其液压系统的问题，然后他准备将黑福格森拖拉机投入批量生产。

1933 年，哈里·福格森与制造能力强，并且曾为他供应过零部件的大卫布朗公司签订了合作生产协议，并于 1936 年推出了福格森布朗 A 型拖拉机，该机采用福格森三点液压悬挂系统，用大卫布朗传动系和差速器，拖拉机颜色从黑色改为战舰灰（参见图 5-24）。

图 5-36 黑福格森拖拉机

哈里·福格森和大卫·布朗的合作经常出现分歧，同时哈里·福格森也一直想把他的悬挂系统用于更多的拖拉机品牌上。1938 年，他向亨利·福特演示了福格森布朗拖拉机，并重点介绍了三点液压悬挂。当时亨利·福特正寻求重整拖拉机雄风之路，这促使他和哈里·福格森用简单的握手达成协议，协议的成果就是福特 9N 型拖拉机（图 5-37）。这个握手协议使福特福格森系列拖拉机共生产了 30 多万台（详见后述“福特握手福格森”一节）。

图 5-37 福特 9N 型拖拉机

采用福格森三点液压悬挂系统，农具不需要像牵引式那样带多个轮子和手动控制机构，降低了机器重量；能把牵引力转化成对后驱动桥的增重，改善了拖拉机牵引性；拖拉机在耕作过载时能自动提升通过，使拖拉机更安全。福特福格森拖拉机的三点液压悬挂技术已基本成熟，其他拖拉机公司立即纷纷仿效，成为拖拉机上的标准装置。至此，福格森三点液压悬挂系统也为 20 世纪 30 年代末拖拉机“经典设计”的形成画上完美句号。

5.17 福特握手福格森

在拖拉机百年发展史中，企业间合作的示例比比皆是，其中彼此最真诚但也最令人感伤的合作，可能就是亨利·福特和哈里·福格森的握手了。

1938 年 10 月，辛劳大半生将迎来 55 岁生日的哈里·福格森携带第 722 台福格森布朗拖拉机及一套农具奔赴美国。他的老朋友爱伯·谢尔曼为他安排了向亨利·福特演示这台拖拉机，特别是演示他发明的独特的力位调节三点液压悬挂系统（图 5-38）。当时，哈里·福格森欲扩大这一发明在美国乃至全球的应用和市场空间，而亨利·福特也正在思考如何创造新型福特拖拉机，使公司重振雄风，以便与万国公司和迪尔公司竞争。俩人一拍即合，迅速成了忘年交。这一装置给 75 岁的亨利·福特如此深的印象，使他和哈里·福格森用简单的握手就达成合作的君子协议，史称“握手协议”。

图 5-38 福格森向福特演示

双方商定，由亨利·福特制造带三点液压悬挂的拖拉机，并在拖拉机前标上“福格森系统”标识，福格森则通过自己的销售系统营销它们。双方合作的结晶就是 1939—1942 年生产的福特 9N 型拖拉机和 1942—1947 年生产的福特 2N 型拖拉机。

借助汽车技术，福特设计团队和福格森设计团队一道，创造了现代拖拉机的雏形——23hp 福特 9N 型拖拉机（参见图 5-37）。该机除采用福格森液压系统外，传动系等采用福特的零部件，和福特拖拉机风格一致，梁式前桥由福格森设计团队重新设计。1939—1942 年，该拖拉机共生产了 99 002 台，1939 年的单台售价为 585 美元。9N 型拖拉机出口到英国，改名为 9NAN 型拖拉机。福特 2N 型是 9N 型的变型，在二战中推出，改型号是为了绕过 9N 型价格的限制。因战时物资短缺，2N 型有某些变化：去掉了交流发电机和蓄电池，改用磁电机和手摇起动代替；因橡胶短缺，钢轮成为一种特需配置，出口英国的拖拉机定为 2NAN 型。福特 9N 型和 2N 型等福特福格森型拖拉机在美国福特公司迪尔伯恩厂生产，共生产了 30 多万台。

亨利•福特之子艾德赛（Edzel）于 1943 年去世，其孙子亨利•福特二世（Ford Henry II）在 1945 年成为福特帝国的掌门人。亨利•福特二世认为他祖父的一些商务决策对公司有害。比如，他对由另一组织销售公司生产的拖拉机持反对态度，明显不喜欢祖父和哈里•福格森之间的君子协议，并决定于 1947 年 6 月 30 日中止它。哈里•福格森和福特公司之间的关系不幸恶化，他的反应是启动一场标的为 2.51 亿美元的法律诉讼。

1948 年，福特公司制造了自己的 8N 型拖拉机（图 5-39），它简直就是换了新颜色的 9N 改进型，并通过自己的销售网络销售。福特 8N 型拖拉机对福格森力调节液压悬架系统有所改变，以规避福格森专利。与此同时，很像 8N 型设计的福格森 TE-20 型拖拉机也在英国制造。

图 5-39　福特 8N 型拖拉机

哈里•福格森与福特公司之间的诉讼案件于 1951 年 3 月开始审判。哈里•福格森主张的 2.51 亿美元赔偿，涉及福特公司推出 8N 型拖拉机的总损失，对福格森组织的商务损失，以及福格森液压悬挂系统专利在新福特拖拉机上未经许可的应用。经过漫长而昂贵的诉讼，1952 年 4 月以 925 万美元实现庭外和解，赔偿的损失仅仅包括未经许可而应用了福格森液压悬挂系统，而商务损失的主张因福格森 TE-20 型拖拉机很快成功而不予考虑。

这场两位同具爱尔兰血统的忘年交朋友真诚握手的精彩大剧，在一位当事人老亨利•福特 1947 年去世后而最终谢幕。

5.18 哈里·福格森的一生

哈里·福格森（图 5-40）是一位北爱尔兰发明家，是有才能的工程师和商人。他不仅发明了三点液压悬挂系统，而且还开发了第一辆四轮驱动一级方程式汽车福格森 P99 赛车，并且是爱尔兰第一个制造飞机并亲自驾驶它飞翔的人。

图 5-40 哈里·福格森

1884 年，农民的儿子哈里·福格森诞生在北爱尔兰道恩郡一个小镇上，今天这里已不属于爱尔兰共和国，而是英国的一部分。哈里·福格森诞生洗礼时起名亨利·乔治·福格森，但很少使用。哈里·福格森在少年时已显示出在机械上的天赋，并且对农活不感兴趣，这使他父亲很扫兴。1902 年，哈里·福格森加入其兄长在贝尔法斯特镇上的车辆修理店，他爱好汽车和摩托车比赛，20 岁时开始赛车。但是，他对速度的爱好不止于车辆。1909 年 12 月，他制造了爱尔兰第一架有动力的飞行器，并驾驶这个单翼机飞了 119m。

后来哈里·福格森和兄长闹翻了。据说是两人在飞行安全和未来方向上有难以调和的分歧，但可能实质上是两人在心仪同一个女孩上撞了车。兄弟俩分手后，哈里·福格森在 1911 年建立了自己的五月街摩托（May Street Motors）公司来销售汽车，公司最后的名称是哈里福格森公司。他在一战期间销售耐久（Overtime）拖拉机，“耐久”是美国滑铁卢男孩拖拉机在海外的销售品牌。从此，哈里·福格森的拖拉机生涯开始了。

1917 年，他制作的机械升降挂接犁可以和福特 T 型汽车的农用变型车配套。

哈里·福格森是位发明家，对销售也有一定经验，但是在生产能力和资金上，他需要与人合作。1925—1953 年的 28 年间，他 5 次与英国、美国的不同公司合作，其中和美国福特公司的合作最成功。

1938 年，哈里·福格森向美国汽车大王亨利·福特演示他的三点液压悬挂拖拉机。他们真是相见恨晚（图 5-41），迅速达成充满绅士风度的“握手协议”。这一合作使福格森的设计在全球产生了最广泛的影响。但是这一君子协议并不是严格的文字合同，只是俩人在彼此信任基础上达成的默契，因而也留下了令人扼腕的法律后遗症。

图 5-41　相见恨晚的福特和福格森

随着“握手协议”崩溃，哈里·福格森不得不指望靠近家乡的公司来制造他设计的拖拉机。他在英国考文垂找到一家属于斯坦达德（Standard）汽车公司的工厂，于 1946 年生产了福格森 TE-20 型拖拉机。

哈里·福格森启动了要福特公司赔偿 2 亿多美元的漫长而昂贵的法律诉讼。在君子协议法理先天缺失情况下，索赔额过高使处于弱势的哈里·福格森难以胜诉。最后诉讼以哈里·福格森收到 925 万美元的赔偿而结案。

1953 年，哈里·福格森和加拿大麦赛哈里斯公司合作，组成麦赛哈里斯福格森（Massey-Harris-Ferguson）公司，哈里·福格森位列董事会前三名，公司在英国考文垂开设了工厂。1958 年，哈里·福格森退休并卖掉了他在公司的权益。同年，公司改名为麦赛福格森（Massey Ferguson）公司。

“伤口虽然愈合，伤疤却留在心里！”哈里·福格森的晚年因与福特公司的官司而郁闷，尽管他得到了近千万美元的赔偿。与麦赛哈里斯公司的合并也未能帮他排解不愉快。退休后，他建立了福格森研究公司，转为研究汽车。1960 年，他制造了顶级考文垂（Coventry-Climax）四轮驱动一级方程式汽车。他最后的雄心是通过四轮驱动和防抱死制动来改进汽车的安全性，但未能在商业上取得突破。遭受失眠折磨和深感沮丧的哈里·福格森，可能因用药过量于 1960 年 10 月不幸去世，终年 76 岁。

哈里·福格森辉煌然而最终令人伤感的拖拉机旅程走到了终点，但是人们并没有忘记他！今天，在北爱尔兰贝尔法斯特的阿尔斯特银行建筑物上，还挂着纪念哈里·福格森的蓝色牌子，这里是他陈列室的原址。一尊花岗岩纪念碑竖立在哈里·福格森首次飞行处，一架福格森单翼机复制品和一台福格森早期拖拉机与犁在贝尔法斯特西郊的阿尔斯特民俗与交通博物馆展出。1981 年，爱尔兰共和国邮政局发行了纪念哈里·福格森的邮票。在北爱尔兰，哈里·福格森的肖像出现在北方银行发行的 20 英镑纸币上。2003 年，哈里·福格森的孙子在英格兰南端怀特岛上，开办了福格森家族博物馆，大量私人收藏品告诉人们一位充满激情、灵感和创造力的男人的故事。2008 年，在北爱尔兰道恩郡哈里·福格森故居对面，哈里·福格森纪念花园开放。他的雕像竖立在花园里，这位值得拖拉机行业尊敬的人靠着栅栏，俯瞰他为之献身的广袤田野。

对世界而言，哈里·福格森的名字至今依然活在著名的“麦赛福格森”农机品牌和公司名称里。

5.19 早期的电动拖拉机

以电力驱动的拖拉机，即电动拖拉机，按电力来源可分为外接电源和自备电源两种。最初出现的电动拖拉机均采用外接电源。据《Scientific American》杂志报道，19 世纪末，美国南部农场出现了一种拖拉机，它的车头上有两根连接到电网上的电线，它不用燃油，每天可耕作大片土地。

最早生产电动拖拉机的是德国西门子（Siemens）公司。西门子公司的历史可追溯到 19 世纪，它是世界上著名的电气公司。1912 年，该公司生产了功率为 50 马力的电动四轮拖拉机，其后方挂接旋耕装置，电力由电网提供，拖拉机有根长长的导线与电网连接（图 5-42）。随后，25 马力型电动拖拉机在 1914 年德国农业协会举办的汉诺威展览会上展出。

1924 年，西门子公司推出 4 马力手扶旋耕拖拉机。该拖拉机可选装汽油机或电动机，电动机型生产了 1 000 台，汽油机型生产了 200 台。电动拖拉机在耕作时，电力通过从田地旁的电线杆引下的电线输送给拖拉机。拖拉机从每根电线杆获得的电力可耕作其周围 1 200m^2 的田地。电动拖拉机可以直接连接 120V、210V、380V 或 500V 交流电，也可以连接 110V、220V、440V 或 500V 直流电。一个田块耕完后，拖拉机牵引拖车运输电线杆和电缆转移到另一田块。

图 5-42　西门子 50 马力电动旋耕拖拉机

1934 年，德国拖车制造商艾弗哈德·博卡兹（Everhard Bungartz）公司买下了西门子公司的耕作机分部，以博卡兹品牌生产农用机。第二次世界大战时德国缺乏燃油，该公司研发了电动双向手扶拖拉机，其特点是可以在两个方向作业，该电动拖拉机还配有变速箱。

第二次世界大战后，博卡兹公司于 1948—1954 年生产 U1 型手扶拖拉机，它可装配汽油机、煤油机、柴油机或电动机，其装 AEG 电动机的型号为 U1E（图 5-43），功率为 5kW，双速为 1.3km/h 和 5km/h。

图 5-43　博卡兹 U1E 电动手扶拖拉机

第二次世界大战时期燃油供应紧张，1941 年瑞士格兰德尔（Grunder）公司也开始生产电动手扶拖拉机，采用全密封电动机（图 5-44）。此外，1951 年，德国阿格里亚厂（Agria-Werke）在其 1300 型手扶拖拉机基础上，推出外接电源的电动拖拉机。在西欧出现的外接电源小型履带拖拉机，可能是在英国兰塞姆斯履带拖拉机上改装的。

图 5-44 格兰德尔电动手扶拖拉机

1937 年，苏联以 60 型履带拖拉机为基础，制造了苏联第一台由电缆供电的农用电动拖拉机，其功率为 65 马力，电压为 500V，并带有长 750m 的电缆，进行了 8 年的使用试验（图 5-45）。1948 年，苏联又在斯特日纳齐履带拖拉机基础上，制造了 ЭТ-5 电动拖拉机，其电压提高到 1 000V。1949 年制造了 30 台这种拖拉机，放在拖拉机站使用，它们 75% 以上的作业是耕翻土地作业。后来，苏联又在 MT3-2 型轮式拖拉机基础上制造了 ЭТ-36 电动拖拉机，在 ДТ-54 型拖拉机基础上制造了 XT3-15 型和 XT3-15A 型电动拖拉机，以及结构更趋完善的 XT3-2e 型电动拖拉机。

图 5-45 苏联早期的电动履带拖拉机

在生产外接电源拖拉机时，制造厂家不仅提供电动拖拉机，还要研究并推荐连接电网的方便挂钩、移动变压器，以及为拖拉机服务的电网布置方案。

在 20 世纪 50 年代，我国也做了外接电源电动拖拉机的探索。哈尔滨松江拖拉机厂与哈尔滨工业大学及东北农学院一道研制出电牛 -28 型和电牛 -33 型轮式电动拖拉机，其电压 1 000V，质量为 3 200kg。经田间试验证明该机性能良好。

上述外接电源电动拖拉机是通过长长的导线从电网获得电源，这样增加了电力传输的损耗，同时转移作业地块也不方便，限制了作业范围，第二次世界大战后其渐渐被自备电源电动拖拉机所取代。

5.20 涉及拖拉机的两部影片

19 世纪 90 年代后期，短短的影片广告已经出现。拖拉机行业第一部商业影片可能是宣传履带车辆的电影。影片拍摄于 1907 年，影片表现的是一支马队拉着货物经过沼泽，马队慌乱地下沉，此时一台履带车辆驶过同样的沼泽，避免了下沉，并拉出了马队。影片于 1908 年夏天在影院放映，当时这是第一部时间较长的商业电影。

在 20 世纪 30 年代后期，美国已拨开大萧条的阴霾，再次成为全球拖拉机行业的领跑者；苏联由于五年计划的成功而稳坐拖拉机行业全球第二的宝座。除了我国正笼罩在日本侵华的炮火中外，这是第二次世界大战烽烟再起前全球拖拉机行业一段难得的阳光日子。电影作为反映社会情绪的重要载体，有两部与拖拉机有关的美苏故事片，从侧面体现了行业的乐观心态。一部是美国 1936 年拍摄的《厄茨沃姆拖拉机》，一部是苏联 1939 年拍摄的《拖拉机手》。有趣的是这些涉及冷硬钢铁拖拉机的电影，常常由观众喜爱的明星出演，以演绎青春、进取和爱情主题。

1936 年，一部热闹的浪漫喜剧电影《厄茨沃姆拖拉机》（图 5-46）在美国卡特彼勒公司总部所在地皮奥利亚市首映。编剧曾在霍尔特公司工作过，“厄茨沃姆（蚯蚓）”这一名字无疑是影射卡特彼勒公司的“毛毛虫”拖拉机。该电影在英国放映时，以《天生的推销员》为片名。

在影片中，自称天生推销员的年轻人一直试图赢得女朋友的芳心。但是当女孩父亲发现准女婿只卖小钟表配件时，就拒绝把女儿嫁给他，除非他能成为卖重要商品的成功商人。因这一刺激，这位推销员决定卖厄茨沃姆拖拉机。他给拖拉机公司写信自荐并被雇用，被派去向一位暴躁的林场主推销厄茨沃姆拖拉机。他在会见林场主之前偶遇他的女儿，并且对她一见钟情。现在，男主角努力销售拖拉机不仅能使他的老板满意，而且能借故和情人待在一起。最后，他卖了很多拖拉机给林场主，并赢得了爱情，也证明了他的确是位优秀的推销员。今天，在美国电影网站里不难找到这部电影。该片提高了卡特彼勒公司的知名度，同时也反映了卡特彼勒公司在这一时期的艰辛和奋斗的历程。

图 5-46　《厄茨沃姆拖拉机》海报

此时，农业机械化在苏联取得巨大进展，拖拉机遍及辽阔的苏维埃大地。1939 年的故事片《拖拉机手》反映了这一时期苏联的农场生活。本片由莫斯科电影制片厂和基辅电影制片厂联合摄制。影片讲述的是乌克兰库班草原上某集体农庄的女拖拉机手是位获得勋章的劳动英雄，她因为出色的劳动而赢得人们的敬爱，每天收到许多求爱信。为避免这些纠缠，农庄男拖拉机手小队长提议对外谎称她是自己的女朋友。从远东复员的一位坦克兵在报上看到这位女拖拉机手的事迹和照片，心生仰慕，决定去该农庄寻求工作并与她相会。途中两人巧遇，彼此一见钟情，从而引发了一系列年轻人之间的喜剧冲突和有趣纠葛。当然最后的结局是皆大欢喜，有情人终成眷属（图 5-47）。我国在 50 年代译制了这部电影，片中插曲《三个坦克兵》为当时的我国观众所熟悉。

苏联后来拍摄的电影《幸福的生活》，追忆了这段时期集体农庄的生活场景，该片几乎展示了苏联早期的各种拖拉机。片中由苏联著名作曲家作曲的《红莓花儿开》等插曲受到我国观众的喜爱，流传至今。

图 5-47　《拖拉机手》海报

5.21　20 世纪 30 年代的拖拉机结构

20 世纪初，农用拖拉机行业从包罗万象的蒸气牵引机动车行业中剥离出来，作为一种独立的机械类型存在。但是，这一新兴行业的技术尚未成为独立的学科，仍处在“摸着石头过河”阶段，受到牵引机动车和汽车技术的深远影响。而采用哪种结构来满足农业需求尚处于探讨完善过程中。直到 30 年代晚期，特别是柴油机、充气轮胎、三点液压悬挂系统等的应用，农用拖拉机技术才渐趋成熟，多数用户和企业就拖拉机的整机形态及哪种部件结构既经济又适用等达成基本共识。此时，苏联李沃夫（Е.Д.Львов）等学者的研究使农用拖拉机理论和技术形成相对独立完整的体系。在 30 年代末形成的农用拖拉机的“典型设计”，直到今天在一些国家的普及型拖拉机上仍然可以见到。

轮式拖拉机整机　轮式拖拉机整机形态在 20 年代已基本成熟，主流设计是采用无架式结构布置，前轮小，后轮大，基本是两轮驱动。适应行列作物的通用型既有四轮拖拉机，也有适合中耕的高地隙三轮拖拉机，前轮采用单轮或并双轮。

履带拖拉机整机　30 年代，履带拖拉机的整机形态出现了两类，在以卡特彼勒为代表的整体台车行走系之外，出现了苏联的平衡台车行走系。后者在附着能力和工程作业能力上虽不如前者，但在提高速度和降低成本方面有明显优势。

发动机　柴油机开始批量用于拖拉机，但汽(煤)油机仍是多数拖拉机的动力。

传动系　主流设计是大直径单片干式离合器，3 ～ 4 挡变速箱，滑动齿轮换挡，少数用啮合套换挡，后桥采用锥齿轮中央传动、直齿轮最终传动。

转向与行走系　轮式拖拉机采用类似汽车的梯形机构转向或独特的福格森双拉杆转向，充气轮胎迅速推广应用。

履带拖拉机主要采用多片干式离合器转向。英国兰塞姆斯拖拉机采用分块式橡胶履带（图 5-48）。每节履带之间通过橡胶连接，避免了金属铰链连接的弊病。

图 5-48　兰塞姆斯 MG2 履带拖拉机

工作装置　30 年代最有意义的进展是后期大量生产了带力位调节功能的三点液压悬挂。

1930 年，在美国奥利弗哈特帕尔拖拉机上出现了独立式动力输出轴。

其他　拖拉机开始讲究造型风格。镀铬的型号装饰条、封闭驾驶室、灯光、收音机和扬声器开始出现。

第 6 章

第二次世界大战及战后复兴时期

引言：第二次世界大战烽火及硝烟飘散之后

第二次世界大战期间，全球拖拉机产业基本上都在欧洲和北美，以西方史观的第二次世界大战时段（1939 年 9 月到 1945 年 9 月）来描述拖拉机产业历史阶段也还合适。当时正蓬勃兴起且初具规模的世界拖拉机产业在战争中受到沉重打击。

那些身处战场的大型拖拉机厂，不管是在同盟国还是在轴心国，几乎都遭遇灭顶之灾。

战争初期，苏联哈尔科夫拖拉机厂和斯大林格勒拖拉机厂遭受重创。前者于 1941 年、后者于 1942 年被迫中止拖拉机生产。在著名的斯大林格勒战役中，德军把斯大林格勒拖拉机厂夷为平地。在德军围困列宁格勒长达近千天的日日夜夜，苏联最早批量生产拖拉机的基洛夫拖拉机厂，一百多名职工被炸死，2 000 多名职工饿死。而斯大林格勒拖拉机厂和基洛夫拖拉机厂职工顽强的卫国精神，铸就了一部英雄主义史诗永载史册。

在战争后期，同样的灾难落到战败国头上。在德国，道依茨公司在德国的工厂几乎全部损坏，3/4 的生产设施被战火焚毁；兰兹公司位于曼海姆的工厂成了一堆瓦砾，超过 90% 的建筑物被摧毁。被德国吞并的捷克斯洛伐克布尔诺兵工厂（热托拖拉机厂的前身）于 1944 年被炸毁。被德国占领的波兰乌尔苏斯厂在华沙的原址被战火焚毁。法国雷诺公司在第二次世界大战中与德国占领者合作，其工厂在战争后期被同盟国飞机轰炸。追随德国的罗马尼亚飞机企业（布拉索夫拖拉机厂的前身）大部分被炸毁。

那些幸免炮火焚毁的拖拉机厂也不得不在战时部分或全部转向军需品生产。

在英国，大卫布朗公司农用拖拉机的生产暂停，转而为皇家空军制造牵引飞机和挂弹的拖拉机；马歇尔公司大部分产品用于战争，拖拉机生产的极少。在意大利，菲亚特摩德纳厂因缺少原材料而中断了拖拉机生产，转为检查和修理军用车辆。在苏联，后方的车里雅宾斯克拖拉机厂和东迁到该地的 7 家企业合作组成坦克城，生产了 18 000 辆坦克和自行火炮。

在美国，福特汽车公司生产了 8 000 多架 B-24 轰炸机和 2 000 多辆坦克。迪尔公司生产军用拖拉机、弹药、航行器零件和军用流动洗衣车。凯斯公司提供了数十万发炮弹、高射炮架和B-26轰炸机机翼等部件。艾里斯查默斯公司制造海军船舶蒸汽涡轮机部件和军用拖拉机，特别是参与了研制原子弹的曼哈顿计划。第二次世界大战中，远离战场的美国本土拖拉机的生产仍保持良好的增长势头，除1943年外，拖拉机年产量均为20万～35万台。

由于第二次世界大战阻断了欧美拖拉机企业部分原材料供应链，加上战时优先保障军用物资，导致部分拖拉机结构不得不倒退。比如，有的不得不放弃充气橡胶轮胎而配装铁轮，有的不得不用木燃气代替汽柴油作燃料，有的不得不用永磁交流电动机系统代替使用蓄电池的直流电气系统，有的甚至从多挡退回到单挡传动系。

1945年9月，第二次世界大战结束。拖拉机行业战后复兴的主流板块，仍然是那些战前的老骨干企业，只是对于战败国的企业来说形势更为严峻。

西欧各国的老企业在艰难复苏。在英国，福格森公司与他人合作于1946年推出了福格森TE 20型拖拉机，马歇尔公司战后推出了田野马歇尔系列轮式拖拉机，大卫布朗公司因涉足阿斯顿马丁高档汽车而影响了拖拉机业务发展，兰塞姆斯公司推出了新的分块式橡胶金属履带拖拉机。在法国，雷诺公司的资产被收归国有，陆续推出了一批轮式拖拉机。在联邦德国，道依茨公司推出了空冷柴油拖拉机系列，兰兹公司几经顽强挣扎，最后被美国迪尔公司收入囊中，处地偏僻的芬特公司在联邦德国市场排序升为第三。在意大利，赛迈公司1948年推出了第一台拖拉机。“好斗公牛”兰博基尼公司展示了第一台拖拉机，后来该公司以兰博基尼跑车而举世闻名。菲亚特公司1951年成功推出了25R型拖拉机。在奥地利，1915年已生产军用重型拖拉机的斯太尔公司于1947年开始批量生产180型农用拖拉机。

苏联拖拉机产业也逐步恢复元气。首先重建被战火焚毁的斯大林格勒拖拉机厂、哈尔科夫拖拉机厂和列宁格勒基洛夫拖拉机厂。1949年，斯大林格勒拖拉机厂和哈尔科夫拖拉机厂开始大批量生产ДТ-54型柴油履带拖拉机。1946年，车里雅宾斯克拖拉机厂开始大批量生产斯大林-80型柴油履带拖拉机。其次新建一批拖拉机企业，拓宽拖拉机型谱。1946年在白俄罗斯建立了明斯克拖拉机厂，1953年该厂的MT3-2型轮式拖拉机下线。1945年在俄罗斯建成了弗拉基米尔拖拉机厂，生产中小型轮式拖拉机。1947年在俄罗斯建立了利佩茨克拖拉机厂，批量生产КД-35型履带拖拉机。

在中东欧和北欧，由于战败国原军工企业的转型，以及社会主义农业集体化的需要，催生了一批新型拖拉机，如芬兰的维美德拖拉机，捷克斯洛伐克的热托拖拉机，民主德国的依发拖拉机，波兰的乌尔苏斯拖拉机，罗马尼亚的布拉索夫拖拉机和匈牙利的红星拖拉机。

相对于欧洲，美国各拖拉机骨干企业的元气未伤，战后重振雄风。1951 年，美国农用与园地拖拉机总销量已达 60.9 万台，创美国至今历史上的最高峰。万国公司发展势头正旺，1947 年建成每周可生产 2 200 台的世界上最大的拖拉机厂。迪尔公司 1947 年开办新工厂，生产约翰迪尔 M 型拖拉机。福特公司 1947—1952 年生产了 52 万多台 8N 型拖拉机。卡特彼勒公司 1950 年在英国成立了第一家海外子公司，向跨国公司迈出第一步。凯斯公司因战时工厂转型幅度较大，加上劳工纠纷历时过长，首次面临可能破产的威胁。艾里斯查默斯公司也步履艰难，但仍推出了更新的 W 系列拖拉机和当时世界上最大的履带拖拉机。此外，战后较富裕的美国也催生了为花园、草坪、近宅小地块专用的小型拖拉机市场，这类园地拖拉机在 20 世纪后半叶成了拖拉机行业另一支新兴大军。

这一时期，在我国使用的国外拖拉机有所增多。

二战后的 5 ～ 10 年内，全球拖拉机行业已完成战争疗伤，逐渐恢复了元气，并在东欧和北欧扩张，步入良性发展轨道。动力换挡增扭器、全独立动力输出轴、动力转向和液力变矩器的初次面市，为随后的产品创新拉开了序幕。

6.1 战火下的西欧拖拉机产业

在德国，1938 年，道依茨公司成为德国最大的柴油机制造商。第二次世界大战初期，道依茨公司生产大发动机供德国海军使用，后来生产德国军用牵炮拖拉机。因德国城市遭飞机袭击，消防需求提升了道依茨发动机的产量。道依茨公司还把水冷发动机改为空冷发动机，以适应战争条件下的可靠运转要求。第二次世界大战后期，道依茨公司在德国的工厂几乎全部焚毁，只能用轰炸中幸存的备件装配 F1M 414 拖拉机，甚至是单挡机型。道依茨公司的主人彼得·克勒克纳于 1940 年 10 月去世，没有看到工厂被毁。

当时在德国，汽油和柴油首先要为战争服务。第二次世界大战开始后，用燃油发动机的拖拉机生产受到严格管控，后来完全被禁止。1938 年，芬特公司已开发 25 马力木燃气拖拉机。1942 年，柴油马 F18 和 F22 型拖拉机退出生产线，木燃气拖拉机开始生产。

第二次世界大战期间，生产履带拖拉机的汉诺玛格公司开始生产军用车辆发动机，他们的重型拖拉机变型为军用半履带运兵车 SS-100。此外，汉诺玛格公司还和宝马公司合作，生产源自军工厂的四轮驱动四轮转向的汉诺玛格 20B 型小型乘用车，1937—1940 年共生产了 2 000 辆左右。

第二次世界大战后期，生产牛头犬拖拉机的兰兹公司的工厂被毁坏了 90%，只能在瓦砾中用配件继续装配拖拉机和修理现有农业装备。

在意大利，1939 年菲亚特公司摩德纳厂大量生产菲亚特 40C 型履带拖拉机（图 6-1），它比 700C 型更强大，迅速成为填海工程的主力机型，1941 年被军队用在对苏前线上。40C 型又称 40 柏盖托型，其发动机使用柏盖托（F. Boghetto）的分层充气发明专利，能使用各种燃料（煤油、柴油、酒精、汽油、天然气和可燃气），由操作者自己设定供燃料渠道，并提前调整压缩比。1944 年，摩德纳厂因缺少原材料和被德军占领而中断了拖拉机生产，转为检查和修理军用车辆。

图 6-1　菲亚特 40C 型履带拖拉机

英国是西欧同盟国对德作战的主力，英伦三岛虽未被德国占领，但时刻处于德国空军轰炸和海军封锁的威胁之下。第二次世界大战开始后，大卫布朗公司的农用拖拉机生产暂停，转而为皇家空军制造牵引飞机和挂弹的拖拉机，以及齿轮和少量飞机牵引架。第二次世界大战期间，英国马歇尔公司大部分产品用于战争，拖拉机生产的极少。1938—1946 年，公司生产马歇尔 M 型拖拉机。

1933—1945 年，福特公司把在爱尔兰科克厂生产的福特森 N 型拖拉机（图 6-2）转移到英格兰达格南厂生产。第二次世界大战期间，英国福特公司对英国战事的贡献，除达格南厂的正常生产外，还有就是对曼彻斯特飞行器“影子工厂”的管理。战时公司财力充实并富有成效，英国福特公司三位领导人因他们的战时服务被授予爵位。

图 6-2　英国产福特森 N 型拖拉机

第二次世界大战中，法国雷诺公司创始人路易斯·雷诺，据称其因饱受第一世界大战之苦，为了保持企业运行，他选择与德国当局合作，履行德军订单。雷诺公司的拖拉机厂在 1941—1942 年推出 301—307 型拖拉机及其变型产品。第二次世界大战也严重影响了雷诺公司的生产，因来料短缺雷诺公司被迫仅生产有限系列拖拉机，这些拖拉机甚至不加修饰，并使用钢轮（图 6-3）。

图 6-3　雷诺 307H 型拖拉机

第二次世界大战法国光复后，路易斯·雷诺被关进监狱。1944 年 10 月，他在狱中神秘死去。1945 年，戴高乐将军颁布法令，没收路易斯·雷诺的所有资产，将其企业收归国有。

6.2　战火笼罩苏联拖拉机产业

苏联一些大型拖拉机厂在建立时已同步规划军需品生产。斯大林格勒拖拉机厂生产小型装甲车、自行火炮和 T-37 坦克（和英国卡登劳埃德牵引车类似，参见图 5-19）。哈尔科夫拖拉机厂制造自行火炮（图 6-4）、装甲车辆和 T-26 坦克。车里雅宾斯克拖拉机厂生产 BT 型坦克。1938 年，坦克产量占各厂总产量的百分比为：斯大林格勒拖拉机厂为 32.8%，哈尔科夫拖拉机厂为 38.3%，车里雅宾斯克拖拉机厂为 28.9%。

图 6-4　哈尔科夫拖拉机厂的 XT3-16 型自行火炮

苏联在备战的同时，也力争延后开战，直到 1941 年 6 月 22 日，在北起波罗的海、南至黑海的漫长战线上，德军 113 个师和盟军 40 个师向苏联发动突然袭击，苏联才被迫应战。

在苏联卫国战争中，斯大林格勒拖拉机厂和哈尔科夫拖拉机厂受到重创。哈尔科夫拖拉机厂于 1941 年、斯大林格勒拖拉机厂于 1942 年被迫中止拖拉机生产。两厂在战时条件下，在后方阿尔泰边疆区的鲁布佐夫斯克快速建设了阿尔泰拖拉机厂。当时，阿尔泰拖拉机厂几乎是苏联唯一能够批量生产拖拉机的工厂，保证了战时前后方对拖拉机的需要。1945 年前夕，该厂组装了第一台 ДТ-54 柴油拖拉机样机，其设计团队因这一研发成果被授予国家奖。

1939 年，地处后方的车里雅宾斯克拖拉机厂掌握了斯大林 -2 火炮牵引车技术。1940 年，该厂开发并生产了列宁格勒基洛夫拖拉机厂设计的 КВ 型重型坦克。苏联卫国战争期间，车里雅宾斯克拖拉机厂和 7 家搬迁到这里的企业合作组成坦克城，生产了 18 000 辆坦克和自行火炮，48 500 台坦克用柴油机，1 770 万件弹药。战争期间，该厂多次荣获国家红旗勋章、红星勋章和列宁勋章。

列宁格勒基洛夫拖拉机厂主要生产大型蒸汽涡轮机、起重机、地铁隧道钻机、水坝提升设备、运河闸门、联合收割机发动机、T-28 中型坦克及其他军用和民用产品。1941 年秋，工厂的大部分设备和 15 000 名职工及家庭撤退到乌拉尔，在那里和车里雅宾斯克拖拉机厂一道组成了坦克城。而留在列宁格勒的基洛夫拖拉机厂，则遭遇了近代史上对大城市来说时间最长、破坏性最强、死亡人数第二多的围城战。在近 900 个日日夜夜被德军围困的严酷日子里，基洛夫拖拉机厂距前线仅 4km，是德军炮击和轰炸的主要目标之一。据不完全统计，共计 4 700 发炮弹和 770 个炸弹落在工厂区域，约 2 500 名职工死于饥饿，约 150 名职工被炸死。但是，支援前线的生产从未停止。工人组成列宁格勒城防部队第一步兵团从基洛夫拖拉机厂出发，约 1 000 名职工在前线战斗。

卫国战争爆发前，斯大林格勒拖拉机厂已参与了苏联军工系统的工作，研制著名的 T-34 坦克。战争开始后，该厂职工轮换生产坦克或走上前线。1942 年 8 月，德国军队入侵斯大林格勒城区，该厂在几天之内修好了 60 辆坦克、45 台牵引车和 1500 支机关枪。8 月 23 日，德军离工厂仅 1km 多，工厂工人组成了突击营，驾驶修好的坦克，开赴火线直接投入战斗。9 月 13 日后，在敌军连续炮火攻击下工人收集余件还拼凑出 40 辆坦克。因工厂不停制造武器供应前线，德军为消灭这个军火供应库，在百日战争中，向拖拉机厂投了 6 000 多个燃烧弹，打了 14 万发炮弹，最后又动用了 5 000 架次飞机进行轰炸，把整个工厂夷为平地，工厂的每寸土地都渗透了英雄的鲜血。当敌人溃败的第二天，职工们又立刻回到厂区，住在战壕里或打毁的坦克与飞机里，夜以继日地重建工厂，边修复边进行武器生产，支援逐渐西移的战线。

1943 年 2 月工厂埋葬了阵亡者。6 月，拖拉机厂组成队伍在“斯大林格勒的回答”的口号下赴前线修复坦克。留在工厂的职工在 1944 年 5 月建成新的拖拉机装配线。1945 年 2 月，斯大林格勒拖拉机厂获“伟大卫国战争一级勋章”。

整个第二次世界大战期间，全球拖拉机行业最壮烈、最可歌可泣、最充满不屈英雄主义的一页，当之无愧地应属于列宁格勒和斯大林格勒的拖拉机同行！

6.3 战火波及美国拖拉机产业

相对于欧洲，美国拖拉机行业受第二次世界大战的影响较小，拖拉机生产仍保持良好势头，仅仅在美国参战后的前两年有所下降。这主要是因为美国本土远离主战场，有利于避开战火焚毁之灾；同时，美国作为大后方，要为身处战场的同盟国伙伴提供拖拉机和农产品；第三，美国为自身计，第二次世界大战初期对潜在敌国立场暧昧，尽量推迟宣战时刻。正如我国教育家陶行知日志所载，卢沟桥事变时的 1937 年，日本战略物资的 54.4% 是从美国进口。直到 1941 年年底，这些战略物资用来攻击珍珠港后，美国才下决心对日本宣战。

1939 年美国农用拖拉机产量为 205 685 台，1940 年为 274 196 台，1941 年为 342 093 台，1942 年为 201 701 台，1943 年为 134 701 台，1944 年为 293 991 台，1945 年为 289 302 台。美国拖拉机的在用量也增加较快，1940 年为 156.7 万台，1945 年为 240 万台。

第二次世界大战期间，万国公司在美国轮式拖拉机市场上处于领先地位。该公司继推出法毛 A 型和 B 型拖拉机后，1939 年又推出 26hp 的 H 型和 38hp 的 M 型拖拉机（图 6-5）。此外，第二次世界大战时期，万国公司还为各同盟国提供 KR-11 型载货汽车。

图 6-5　万国法毛 M 型拖拉机

第二次世界大战期间，卡特彼勒公司的推土机在战区修复了受损的道路（图 6-6），修建了新辟道路，推平了坦克陷坑和建造碉堡。在我国南疆，卡特彼勒的筑路装备修建了滇缅公路。该公司产品为美国海军工程部队修建战时机场等设施，声望很好。南太平洋联合舰队司令声称卡特彼勒推土机为赢得太平洋战争做出了重要贡献。

卡特彼勒公司对二战的另一个贡献是直接研制军用发动机。1942 年，其新建的迪凯特工厂推出了 M-4 坦克用的新星形柴油机。新工厂还生产其他发动机、榴弹炮、弹壳和炸弹零件。当时这个厂 85% 的员工是女性。在参战的 4 年里，公司向政府售出超过 5 亿美元的产品，这是 1941 年公司营业额的 4 倍，同时雇员从 1.1 万人增到 2 万人。

图 6-6　卡特彼勒推土机清理伦敦街道

第二次世界大战中，福特公司的作用同样重要，其产品包括军工产品和民用产品。1939—1942 年，该公司在美国本土生产福特 9N 型拖拉机，但在销售上它没有福特森 F 型拖拉机成功。这是因为在 1941 年美国参加了二战，使生产拖拉机的原材料供应出现困难，1942 年福特公司被迫停止生产 9N 型拖拉机，转向生产按战时易得材料修正的 2N 型拖拉机。在军品方面，福特公司生产了 8 685 架 B-24 轰炸机，57 851 台飞机发动机，277 896 辆吉普车，93 217 辆货车，26 954 台坦克发动机和 2 718 辆坦克。20 世纪 40 年代初，福特公司生产负责人查尔斯•索伦森（Charles Sorensen）负责军事合同，他领导了生产 B-24 轰炸机的工厂的设计，应用汽车大量、快速、准确的生产组织经验，使每架由 488 193 个零件组成的 B-24 轰炸机，从原来的每天生产一架，惊人地提高到每小时生产一架。

第二次世界大战爆发后，迪尔公司没日没夜地生产军用拖拉机、弹药、航行器零件和军用流动洗衣车。1942 年，公司总裁查尔斯 • 威曼应征入伍，被委任为陆军上校。伯顿 • 匹克（Burton Peek）接替他任临时总裁，公司的生产几乎全部在政府管理下运作，这种局面一直维持到第二次世界大战结束。迪尔公司在战时约有 4 500 名员工服务于军事，某些员工在欧洲“约翰迪尔”军营做产品服务。在 1944 年返回迪尔公司之前，查尔斯 • 威曼短暂担任美国战时生产委员会农业机械与装备分部委员。

第二次世界大战开始后，对凯斯公司拖拉机的需求增多。1941—1945 年，超过 15 000 台凯斯拖拉机用于军事，凯斯公司按符合战争需要来设计和制造这些拖拉机。凯斯公司为国家提供了数十万发 155 mm 炮弹，500 磅炸弹，40 mm 高射炮架，B-26 轰炸机机翼，以及飞机发动机后冷器。凯斯公司比卡特彼勒公司和迪尔公司要更多地参与了与拖拉机无关的战时工程，这使它在战末转回拖拉机生产时处于不利地位。

艾里斯查默斯公司第二次世界大战中也十分繁忙。它的民用产品生产被迫搁置，只生产维持现有拖拉机运转的零件，但它的军用品生产达到最大化。从20世纪30年代后期到40年代中期，该公司为海军船舶制造蒸汽涡轮机、发电机、电动机、牵引火炮拖拉机和其他军用拖拉机（图6-7），以及电力开关和控制件。特别是，该公司还是美国绝密的研制原子弹的曼哈顿计划所需铀材料采矿与处理设备的生产厂。以战时军用产品合同额排序，艾里斯查默斯公司在美国企业中居第45位。

图6-7　艾里斯查默斯M6军用拖拉机

6.4　英法老企业战后复苏

1945年12月，英国斯坦达德（Standard）汽车公司宣布要制造福格森TE 20型拖拉机。第二次世界大战时公司在考文垂的航空发动机厂空置，便用来生产拖拉机。TE20型拖拉机（图6-8）于1946年夏末开始生产。T表示拖拉机，E表示英格兰，20是圆整后的马力数。它们和福特9N型拖拉机相似，俗称“小灰福格森”。该拖拉机配套的农机具有悬挂犁、圆盘耙、割草机、提升机、打洞机及水泥搅拌机等。

1947年，福特公司与福格森公司的握手协议中止，最后一台福特福格森拖拉机于1947年6月在美国下线。与福特公司的决裂使福格森美国公司只能销售农机具而没有可供销售的拖拉机，因此，超过 25 000 台英国产的 TE 20 型拖拉机运到了美国和加拿大。直到 1948 年，福格森美国公司在底特律的新厂生产 TO 20 型拖拉机才填补了这一缺口。TO 20 型拖拉机几乎和 TE 20 型拖拉机一样，O 表示海外。到 1956 年，英国生产了 517 651 台 TE 20 系列拖拉机，其中 2/3 对外出口，主要销往欧洲大陆和英联邦国家。1956 年，TE 20 型和 TO 20 型拖拉机停产。

图 6-8　福格森 TE 20 型拖拉机

1945—1951 年，福特公司在英国达格南工厂继续生产它认为适合英国市场的福特森 E27N Major 型拖拉机（图 6-9），其主要特点是牢固的结构和不用蜗轮的传动系，有行列作物、工业和标准农业变型机型。当时，因福格森 TE 拖拉机的销售增长，导致福特英国公司的销量下滑。1952 年，福特公司推出升级的福特森 New Major 型拖拉机，生产到 1958 年。

图 6-9　福特森 E27N Major 拖拉机

1945年，英国马歇尔公司恢复了拖拉机的生产。该公司按新的市场策略使用了新的系列名称：田野马歇尔（Field Marshall）用于轮式拖拉机，履带马歇尔（Track Marshall）用于履带拖拉机，道路马歇尔（Road Marshall）用于筑路装备。1945年，田野马歇尔系列I单缸柴油拖拉机投放市场，它比仿制德国牛头犬的马歇尔M型拖拉机更符合潮流。1946年，约翰福勒公司（参见第1章“福勒和他的蒸汽绳索牵引犁”一节）加入马歇尔托马斯沃德（Marshall Thomas Ward）联合体。1947年，改进的田野马歇尔系列II取代系列I，1949年推出了田野马歇尔系列III（图6-10）。

图6-10　田野马歇尔II/III系列拖拉机

第二次世界大战结束后，英国大卫布朗公司重新生产拖拉机，并且在产品质量和创新上立即赢得了好的名声。也正是在这一时期，1947年，大卫·布朗收购了阿斯顿马丁高档汽车。毋庸置疑，大卫·布朗对跑车的痴迷影响了他对拖拉机业务的关注和大卫布朗拖拉机的发展。1972年，该公司把它的拖拉机权益卖给了美国凯斯公司。大卫布朗作为拖拉机品牌于1983年最终消失。

法国雷诺公司因和德军的关系，1945年其所有资产收归国有。战后法国对拖拉机的需求很大。雷诺公司基于已有技术，陆续研制出众多新拖拉机系列，1946—1954年，陆续推出R3040到R3046型、R3082到R3085型和R7012到R7022型（图6-11）拖拉机。

图 6-11　雷诺 R7022 型拖拉机

6.5　英国兰塞姆斯小履带拖拉机

兰塞姆斯公司在拖拉机发展史上的地位，除了其在 1849 年率先推出蒸汽拖拉机外，其在 1936—1966 年生产的 MG 系列小型履带拖拉机也有一定影响，它们在拖拉机上首次使用分块连接的整条橡胶履带，这在当时是很先进的。

进入 20 世纪，该公司开始关注使用内燃机的农用机械。1902 年，该公司推出了第一台商用汽油动力草坪割草机。1903 年，该公司推出了 20hp 内燃轮式拖拉机。但除 1903 年制作了某些样机外，直到 1936 年该公司未进入拖拉机领域。20 世纪第二个十年，该公司制造了电池供电的电动货车和公共汽车。1927 年，该公司研制出配套拖拉机的犁。30 年代中期，该公司转向生产系列园地履带拖拉机。1936 年，该公司开始生产 MG 2 型履带拖拉机，MG 是针对园地市场（Market Garden）之意，它们是世界上第一批使用分块式橡胶金属履带的拖拉机，并且是英国售出的第一台履带拖拉机。MG 2 型拖拉机（参见图 5-48）装配 6hp 空冷单缸汽油机，拉一架兰塞姆斯单铧犁。该机生产到 1948 年，被改进的 MG 5 型拖拉机取代。

20 世纪 30 年代末，兰塞姆斯公司为军方制造飞机和武器，为犁耕运动制造农具。第二次世界大战后的 1948 年，该公司生产万能型 MG 5 履带拖拉机（图 6-12），采用 7hp 单缸空冷汽油机。MG5 型拖拉机很流行，年产量增到 1 000 台，生产到 1954 年，出口到 30 多个国家。MG 5 型拖拉机可装推土铲刀，铲刀的升降由手拉杆控制。尽管没有液压助力，铲刀的升降并不需要很大体力。1951 年，动力输出轴作为标配加到 MG 5 型拖拉机上。

图 6-12　兰塞姆斯 MG 5 型拖拉机

MG 系列还有 MG 3 型、MG 6 型和 MG 40 型。MG 6 型拖拉机从 1959 年开始生产，采用 8hp 柴油机。MG 40 型也采用柴油机，生产到 1966 年，它仍保持微型概念，但更精致。兰塞姆斯履带拖拉机共生产了 15 000 台，是当时英国履带拖拉机产量的最高纪录。

MG 系列拖拉机最重要的特点是具有独特的专利履带，它们由橡胶拼块组成一体，完全省略了履带销、销套和履带节。橡胶拼块的耐久性比传统的履带销和销套长得多，并且易于分块更换，比传统履带磨损元件有价格优势。

MG 系列拖拉机的发动机和传动系前置，履带驱动轮前置，张紧轮在后，这在农业履带拖拉机上少见，履带张力用两个吊环螺柱调整。在发动机飞轮处装离心式离合器，它可在发动机转速稍高于空转速度时自动结合。发动机后面是单进单倒变速箱、锥齿轮差速器和干式带式制动器。当时大多数履带拖拉机采用转向离合器转向，而兰塞姆斯履带拖拉机是差速器与制动器联合转向，由两个手操纵杆操作转向和制动。熟练的驾驶者能使拖拉机“跳华尔兹”，灵巧地在地头掉头。拖拉机的生产率相当于两匹马，并且驾驶者可乘骑而无须步行。

20 世纪 60 年代中期，兰塞姆斯公司停止生产履带拖拉机而转向草坪装备。1968 年，兰塞姆斯公司收购了卡奇普尔（Catchpole）公司，生产犁、根茎收割机和播种机。1987 年，兰塞姆斯公司的农具业务卖给了美国著名的家居公司伊莱克斯（Electrolux）公司。兰塞姆斯公司成为专业的草坪割草机制造商，其产品采用韦斯特伍德（Westwood）和芒特菲尔德（Mountfield）割草机商标。1998 年，兰塞姆斯公司被美国德事隆（Textron）公司接管，变成德事隆公司的草坪护理与专业产品分部。

6.6 德意老企业战后复苏

德国兰兹公司位于曼海姆市区的工厂在第二次世界大战中被炮火变成了一堆瓦砾，3 500 台机床设备仅有 800 台保持完好。1945 年夏，兰兹公司得到美国占领当局恢复生产的许可，但形势黯淡，主要忙于工厂的缓慢重建和拖拉机备件生产，当时在德国还保有 4 万台牛头犬拖拉机，迫切需要保障它们的正常作业。1946—1951 年，兰兹拖拉机继续生产。在恢复生产过程中，兰兹公司强调保留战前的传统，利用自己的铸造和锻造能力，尽可能自制发动机和传动系。1950 年，兰兹公司推出 16 马力万能（Allzweck）牛头犬拖拉机（图 6-13），采用 6 进 2 倒变速箱，如同汽车一样采用按钮起动。

图 6-13　兰兹万能牛头犬拖拉机

1951 年，兰兹全能犬（Alldog）自走底盘拖拉机在汉堡展览会上亮相。该机除挂接功能外，有 3 处动力输出装置，并且轮距调整范围后轮有 4 档、前轮有 6 档（图 6-14）。该机自走底盘的设计是革命性的，但不够成熟的发动机导致了兰兹公司这一机种的失败。

图 6-14　兰兹全能犬自走底盘拖拉机

截至1953年2月，共生产了15万台牛头犬拖拉机，其中3万台出口。同年，在德国农业协会展览会上，兰兹公司展出三轮行列作物牛头犬拖拉机，机具安装在机体下面，采用液压操作。

牛头犬拖拉机的问题在于热球式发动机的噪声与振动大，这种发动机已经过时。1952年，公司推出半柴油牛头犬拖拉机，这是热球式内燃机与柴油机之间的中间形式。早在1949年就开始开发这种发动机，尽管它的燃油耗很好，但仍存在振动和噪声问题。由于平稳多缸柴油机的竞争，农民不接受这种机型。1955年，兰兹公司才提供装柴油机的兰兹牛头犬拖拉机。

尽管兰兹公司为了摆脱因热球式内燃机带来的被动，对产品做了多角度扩展，但是，由于其发动机的转型升级步伐不够坚决迅速，无情的市场还是没有足够耐性等待它好转。在1956年制造出第20万台牛头犬拖拉机后，兰兹公司的大多数股票已到了美国迪尔公司囊中。有近百年历史的兰兹公司成了第一个落入外国公司手中的德国拖拉机企业。1957年，兰兹公司推出最后的40马力牛头犬D 4016型拖拉机。1958年，兰兹的蓝红色房子被喷成了迪尔的绿黄色。1960年，兰兹公司更名为约翰迪尔兰兹公司，牛头犬拖拉机停止生产，新设计的约翰迪尔（兰兹）系列柴油拖拉机取代了牛头犬系列拖拉机。

第二次世界大战后，德国道依茨公司3/4的生产设施被战火毁坏，在轰炸中幸存的上乌瑟尔厂也被拆除。公司材料短缺，财务困难，缺少有资质劳力，生产大厅被美军接管。1945年年中，占领当局允许道依茨公司重新开始生产民用发动机及其配件，但仅仅在几月之后就撤销了许可。在以后几年里，占领当局允许生产的产品中几乎没有发动机，道依茨公司洪堡工厂只生产建筑机械配件。

1948年德国美英法占领区因货币改革情况开始变好，此后联邦德国经济逐渐正常。1949年，道依茨公司重新为联邦德国军队制造空冷柴油机。由于职工重建公司的积极性，道依茨公司在1951年发展情况超过战前。1951年道依茨公司有15 700名在册人员，销售额达2.92亿马克。1950年，借助埃米尔·弗拉茨（Emil Flaz）设计师的技术，道依茨公司推出了装空冷柴油机的拖拉机。这些15马力的F1L 514型和28马力的F2L 514型拖拉机很成功，取代了11系列拖拉机，一直生产到20世纪60年代，共销售了8万台。

1953年，按占领当局指示对克勒克纳公司重组，克勒克纳工厂变成克勒克纳公司，同时废除和道依茨公司的合并协议，使其再次独立。但克勒克纳公司继续持有道依茨公司的主要股份。1955年，道依茨公司生产了第10万台拖拉机。

处地偏僻且未转为军工生产的德国芬特公司受战争影响较小。1946 年，在继续生产木燃气拖拉机的同时，芬特公司立即开始向柴油拖拉机转换，推出和战前 F22 型拖拉机相似的柴油马 F22V 型拖拉机。芬特三兄弟中的老大赫尔曼博士致力于产品发展，老二克萨韦尔负责生产和产品质量，最年轻的保罗负责国内外销售。20 世纪 50 年代借助联邦德国经济发展的奇迹，加上国家倡导农业机械化，拖拉机需求急剧增加，芬特公司实现第二次增长。芬特公司的销售额在 1948 年后陡峭上升并持续到 1954 年，1950 年芬特公司第 1 万台拖拉机下线（图 6-15）。1953 年，芬特公司发展了“芬特一人系统”，这种自走底盘获得市场认可［参见第 8 章“独特的自走底盘（中）”一节］。20 世纪 50 年代中期，联邦德国拖拉机制造商重新排序，芬特第一次在注册统计中排序第三。

图 6-15　芬特第 1 万台拖拉机下线

在意大利墨索里尼被推翻后，因菲亚特公司的奠基者乔瓦尼·阿涅利和墨索里尼的特殊关系，1945 年意大利国家解放委员会解除了阿涅利家族对菲亚特公司的控制权。1944 年，摩德纳厂因缺少原材料并被德军占领而中断生产，转为修理和检查军车。在此背景下，该厂的总设计师埃德蒙多·塔施里（Edmondo Tascheri）开始从事新履带拖拉机的设计，借助职工从前线带回的几张苏联拖拉机照片，技术部门开始制造不为德国管理者所知的秘密样机，1946 年该厂开始生产菲亚特 50 型履带拖拉机。

1951 年，菲亚特公司推出菲亚特 25R 型轮式拖拉机（图 6-16），它是新拖拉机系列的第一种，是公司历史上的关键机型之一。该拖拉机有履带式 25C 型及窄型、工业型，果园型、森林型等变型机型，共生产了 4.5 万台，于 1983 年停产。

图 6-16 菲亚特 25R 型拖拉机

6.7 意大利赛迈公司成立

今天，赛迈道依茨法尔（Same Deutz-Fahr）集团是全球主要的拖拉机跨国公司之一，它的主体是在第二次世界大战中成立的意大利赛迈公司。

20 世纪 20 年代末，弗朗西斯科·卡萨尼和兄弟一道制造了意大利第一台柴油拖拉机，从而和玛丽亚结为夫妇（参见第 3 章“卡萨尼的爱情和他的柴油拖拉机”一节）。但对卡萨尼夫人玛丽亚来说，恋爱是浪漫的，婚姻是现实的！婚后十余年，跟着雄心勃勃而又喜欢折腾的弗朗西斯科·卡萨尼在 12 年里搬了 10 次家，直到结婚 14 年后才有了女儿露易塞拉（Luisella）。

1932 年，弗朗西斯科·卡萨尼建立了卡萨尼喷射泵有限公司，制造柴油机喷射系统。尽管喷油泵被德国博世（Bosch）公司垄断，但他还是取得了成功。1941 年，卡萨尼喷射泵有限公司被在米兰生产赛车的阿尔法罗密欧汽车公司控股。1942 年，弗朗西斯科·卡萨尼离开了公司，他因对喷射系统的贡献而得到了经济上的回报，这使他能实现他的梦想：不仅生产机械零部件，而且成立能生产用发动机驱动的整台机械的公司。

1942 年，弗朗西斯科·卡萨尼和兄弟欧金尼奥在意大利米兰西北特莱维奥的一座空厂房里，成立了赛迈（SAME，曾译为萨姆）公司。SAME 是意大利文“内燃机有限公司（Società Accomandita Motori Endotermici）”的缩写。此时，意大利常遭空袭，公司经营艰难，弗朗西斯科·卡萨尼不想把名字用在公司名称里。在厂房的上面是公寓，住着兄弟俩的妻子和孩子。直到此时他们才基本安定下来。对卡萨尼兄弟来说，驾驶阿尔法罗密欧赛车和每月有固定薪酬已成过去，他们立刻不断地向家里借债，艰难度日。弗朗西斯科·卡萨尼侧重对外联络，去米兰揽活，欧金尼奥则组织工厂进行生产。

赛迈公司最初的业务与军用车辆修理改装厂相似。经过菲亚特副总裁介绍，赛迈公司和内政部达成制造消防用发动机的交易。弗朗西斯科从奥意边境低价购回二手军用车辆，欧金尼奥在崇拜他的一群男孩羡慕的目光下，小心翼翼地拆车，并将其改造为小型发电机组。当时小型工厂和医院经常缺电，这种微动力是它们的“普罗米修斯”。

第二次世界大战结束后，弗朗西斯科·卡萨尼意识到意大利的农业必须机械化。他开发了8马力内燃机自走式割草机（图6-17）。内燃机通过胶带驱动割草机、脱壳机、泵及通风机等。以弗朗西斯科·卡萨尼的观点，这个动力收割机在所有功能上已经等同于拖拉机。

图 6-17　卡萨尼自走割草机

1948年，赛迈公司推出了第一台真正的拖拉机，即赛迈3R/10型三轮通用轮式拖拉机（图6-18）。该机采用10马力单缸内燃机，4进3退变速箱，最高速度为10.6km/h，质量为700kg，可变型为履带式或反向驾驶。1950年，赛迈公司推出了4R/10型和4R/20型拖拉机。

图 6-18　赛迈 3R/10 三轮拖拉机

1953 年，赛迈公司推出了新的 DA 12 和 DA 25 型四轮拖拉机，这两种拖拉机生产了 20 多年。型号中的 DA 表示空冷柴油机。同年推出的 DA 25 DT 型四轮驱动轮式拖拉机（图 6-19），前桥采用钢板弹簧悬架，配套 25 马力双缸柴油机，7 档变速箱，最高速度达 24.3km/h，质量为 1 450kg，在欧洲市场销售。从此，橙色带圆润前脸的四轮驱动成为赛迈拖拉机的特色。

图 6-19　赛迈 DA 25 DT 拖拉机

1956 年，赛迈公司推出 DA 30 DT 拖拉机，并有 18 种变型。这种拖拉机是 DA 25 型的改进型，为随后的 240 型奠定了基础。该公司也制造了一批农具，如犁、播种机、圆盘耙、切割机、装载机、折叠拖车和水泵灌溉装置。拖拉机原来用橙色加绿色的车轮，在 20 世纪 50 年代后期改为红色车轮，发动机、机身和车轮为深灰色。1958 年，推出赛迈 240 型拖拉机，该机带下轴传感的三点悬挂装置，绰号叫聪明拖拉机，四轮驱动 240 DT 型的最高速度为 28km/h。

赛迈公司在 1948 年的拖拉机产量为 33 台，1950 年为 180 台，1955 年为 1 750 台。在 20 世纪 50 年代末和 60 年代，赛迈公司显著提升了生产能力，才有了产量的显著增加。

6.8　好斗的公牛：兰博基尼

兰博基尼是意大利赛迈道依茨法尔集团的拖拉机品牌之一。对拖拉机行业外的人群来说，兰博基尼大概是那个与法拉利齐名的跑车品牌。兰博基尼牌拖拉机和跑车都源自一生如好斗公牛的意大利人费鲁乔·兰博基尼（Ferruccio Lamborghini，图 6-20），兰博基尼的商标就是一头好斗公牛。

图 6-20　费鲁乔 · 兰博基尼和他的商标

费鲁乔 • 兰博基尼于 1916 年出生于意大利东北部费拉拉省琴托市一个小镇的农场。他年轻时喜爱农业机械甚于农活本身，父母支持他的爱好。他在博洛尼亚附近的技术学院学习，1940 年入伍成为一名空军军人，作为地勤人员在某个岛上服役。1945 年英军攻陷该岛，费鲁乔 • 兰博基尼被俘。战后意大利严重缺乏农业机械，1946 年费鲁乔 • 兰博基尼被释放，据说他在蜜月里有了制造农用车辆的想法。同年，他决定制造拖拉机，便与其他三个合伙人成立了一家公司，注册资本为 2 000 里拉。

1948 年，他在琴托市广场展示了第一台兰博基尼拖拉机，这是他用回收的美军军用车辆零部件改造而成的。他的公司改名为兰博基尼拖拉机公司，以拆解下来的莫里斯（Morris）发动机、通用汽车传动系和福特汽车差速器为主体制造卡里奥卡（Carioca）拖拉机。费鲁乔 • 兰博基尼设计了巧妙的燃油雾化器并申请了专利，它允许发动机用汽油起动，启动以后再切换到柴油。1950 年，L33 型拖拉机应运而生，它是第一台由兰博基尼制造的拖拉机。

1952 年，该公司推出了新型号 DL15 型、DL20 型、DL25 型和 DL30 型拖拉机（图 6-21），1953 年推出了 DL40 型和 DL50 型拖拉机，1955 年推出黄色兰博基尼 DL 25 C 型履带式拖拉机，随后推出 DL 30 C 型拖拉机。DL 系列是兰博基尼公司生产的第一种拖拉机系列，采用自制的 26 马力直立双缸发动机，4 挡变速箱，液压后制动器。20 世纪 50 年代中期，兰博基尼公司每年生产 1 000 台以上的拖拉机，1958 年生产了 1 500 台。

1962 年，该公司推出兰博基尼 2R 型拖拉机，采用 39 马力三缸直喷柴油机，4 挡变速箱，是兰博基尼公司生产的第二种拖拉机系列。凭借其 2R DT 型拖拉机，兰博基尼公司生产了一系列带风冷发动机的四轮驱动拖拉机。1966 年，兰博基尼拖拉机是意大利第一个标配同步器换挡机构的拖拉机。

图 6-21　兰博基尼 DL25 型拖拉机

在拖拉机成功后，费鲁乔·兰博基尼拓宽他的商业领域，成立了兰博基尼燃烧器公司，制造家用和工业用加热和空调装置。他还试图制造直升机，但政府拒绝批准。在他拓宽的业务中，影响最广并最具传奇色彩的是兰博基尼跑车。

费鲁乔·兰博基尼在拼凑拖拉机之初已痴迷快速轿车。空闲时，他把菲亚特家用汽车改造成敞篷跑车，并参加了 1948 年极具浪漫色彩的耐力赛。但是，车开到半路出了意外，用他的话说就是“我和轿车一道穿墙进到了一座酒吧。”此后，他对跑车的狂热冷却了好多年。费鲁乔·兰博基尼在拖拉机与燃烧器上的成功积累了财富，他买了多种高级轿车，包括三辆不同的法拉利跑车。他认为法拉利跑车比较好，但噪声大，做工粗糙，有些部件如离合器可用拖拉机的进行改造。

费鲁乔·兰博基尼如何决定自己造轿车的故事，传说与事实已混在一起。一种流行的传说是：费鲁乔·兰博基尼的法拉利轿车出了故障，他去服务部投诉遭到冷遇，气愤不过的他直接去拜访恩佐·法拉利。据说法拉利不屑地说“我想用不着一个造拖拉机的人来告诉我如何造汽车吧？”这激怒了好斗的公牛费鲁乔·兰博基尼，他决心自己制造汽车与法拉利比试比试！但据后来求证，实际是他请求会见法拉利但被拒绝。他在成功修改一辆法拉利汽车后，决定自己制造汽车，他相信自己造的车可以比法拉利车更轻便舒适，并且采用拖拉机零件制造，利润更高，是有利可图的新业务。1963 年 5 月，在距其拖拉机工厂不远的地方，他建立了费鲁乔兰博基尼汽车公司，并从法拉利和玛莎拉蒂吸引了大批设计人才，其中包括法拉利 250GTO 型轿车的设计师，开始生产高级轿车。

费鲁乔·兰博基尼在 20 世纪 60 年代获得成功之后，遭遇了 70 年代的危机。他向银行借贷了巨额资金参与开发南美洲市场，但因玻利维亚发生政变惨遭挫折，加上与工会的冲突，公司财政遇到困难。1973 年，他把拖拉机分部卖给意大利赛迈集团，但保留了兰博基尼品牌，今天银白色的兰博基尼拖拉机仍然是意大利农民熟悉的风景。同期，费鲁乔•兰博基尼也把他的汽车业务出售，几经转手，1998 年归到德国大众公司麾下。

一生渗透着狂牛野性的费鲁乔•兰博基尼厌倦了潮起潮落的生活。退休后他叶落归根，在盛产葡萄的乡村过起悠闲的田园生活，并酿造了俗称“公牛之血（Sangue Di Miura）”的高端红葡萄酒。1993 年费鲁乔•兰博基尼去世，享年 76 岁。

6.9 奥地利斯太尔生产农用拖拉机

第二次世界大战前，斯太尔（Steyr）农业机械公司（以下简称斯太尔）是奥地利一家拖拉机制造商。斯太尔公司尽管在 1915 年就生产军用重型拖拉机，但直到 1947 年，该公司才开始批量生产农用拖拉机。

斯太尔公司的最初名字是约瑟夫与弗朗兹•温德尔（Josef und Franz Werndl）公司，是来复枪的制造商，1864 年在奥地利斯太尔城建立。1894 年，该公司开始生产自行车。1915 年，该公司为帝国军队制造了第一台牵引设备用的斯太尔重型拖拉机。1918 年后，该公司开始生产斯太尔汽车。1924 年，该公司改名为斯太尔工厂公司。1934 年，斯太尔和奥地利戴姆勒普赫公司合并组成斯太尔戴姆勒普赫（Steyr-Daimler-Puch）公司，成为奥地利的主要经济体。第二次世界大战期间，该公司生产军用车辆，包括斯太尔 RSO 履带牵引车，还有轻武器、冲锋枪、机关枪和飞机发动机。

第二次世界大战后的 1947 年，第一台斯太尔 180 型农用拖拉机出厂，这标志着斯太尔农用拖拉机生产的开始。180 型拖拉机（图 6-22）按模块化设计制造，采用 26 马力水冷双缸柴油机。

图 6-22　斯太尔 180 型拖拉机

1949 年，该公司的产品向下延伸，15 马力斯太尔单缸拖拉机现身。1950 年，斯太尔拖拉机装备液压悬挂，并承诺为已交货的拖拉机翻新。1952 年，斯太尔拖拉机采用的柴油机扩展为四缸柴油机。1955 年，增加了装配三缸柴油机的拖拉机。斯太尔拖拉机的特色是装有可顺时针或逆时针旋转的同步动力输出轴，以及转速为 540r/min 和 1 000r/min 的双速动力输出轴。此外，斯太尔拖拉机还设计了前装载机。

6.10 铸剑为犁：芬兰维美德拖拉机

第二次世界大战中，芬兰因苏芬战争而站在德国一边。1944 年 9 月，芬兰宣布退出战争。按照《苏芬和平条约》，芬兰停止生产武器，但不能解雇工人，芬兰的拖拉机企业就是在这种背景下产生的。

1926 年，年轻的芬兰共和国在于韦斯屈莱市东北端的托卢拉地区选址建立了国家步枪厂。该厂第一个产品是著名的 M26 轻机枪，半个世纪后，人们还能在公司接待室的墙壁上见到它。随后该厂生产重型武器，诸如机械加农炮和反坦克来复枪。第二次世界大战后，该厂转为生产民品，制造建筑工具、牙医椅、装订机和木工机械。为偿还战争赔款，芬兰所有的武器厂合并成国家金属工厂（Valtion Metallitehtaat），简称 Valmet（维美德），包括步枪厂、加农炮厂、船舶厂、飞机厂及其在诺基亚城堡山的发动机厂。

1951 年，维美德和其他芬兰工厂完成了战争赔偿后，必须分别规划适合各厂的稳定的民用产品。对托卢拉国家步枪厂的结论是：奥拉维 • 西皮莱（Olavi Sipilä）领导下的拖拉机项目比较合适。理由是该厂在 1949 年已制造出 12 马力的拖拉机样机；同时生产武器的装备可改造成生产拖拉机的装备，避免了昂贵的再投资。

第一台小型拖拉机用现存的零部件设计生产。最初 10 台试验拖拉机在于韦斯屈莱的工厂制造，后转移到托卢拉的国家步枪厂。同时，拖拉机的商标定为“维美德”。1951 年，第一批 15 马力维美德 15 型拖拉机（图 6-23）在托卢拉工厂装配。1952 年，该厂生产了 75 台批量试验拖拉机。15 型拖拉机的四缸煤油机来自城堡山发动机厂。该拖拉机的设计力求简单，质量为 780kg，采用带卸载弹簧的机械式提升农具装置。由于当年的拖拉机还不是采用通用的三点连接装置，故与它配套的农具需按拖拉机型号分别进行研制。当时的芬兰需要大量的小型拖拉机来代替马匹作为农田动力。

图 6-23 维美德 15 型拖拉机

维美德 15 型拖拉机的销售情况良好，至 1955 年春，已售出 3 000 台。用户要求加大拖拉机功率，公司总裁古斯塔夫·弗雷德（Gustafav Wrede）男爵于是在 1955 年启动了 20 型拖拉机的研发，由奥拉维·西皮莱在托卢拉工厂领导设计。新型拖拉机 1955 年 5 月推出，柴油机由城堡山工厂提供，采用液压悬挂。在 1963 年停产前，共计生产 15 型和 20 型维美德拖拉机 1 万台。20 型拖拉机后来发展为维美德 33 型拖拉机（图 6-24），它是该厂首次在拖拉机上配装城堡山工厂提供的柴油机。1956 年该公司在赫尔辛基展览中心发布了维美德 33 型拖拉机，芬兰总统曾前往观看。维美德公司在 1958 年开始出口拖拉机，有 1 250 台出口到巴西，后来有 350 台出口到中国。

图 6-24 维美德 33 型拖拉机

6.11 苏联拖拉机产业战后复兴

第二次世界大战后的十年，苏联拖拉机产业的复兴首先是重建被战火焚毁的老骨干企业；其次是再建一批新拖拉机企业，拓宽拖拉机型谱。此外，在技术上主要是向柴油拖拉机过渡。

苏联最早批量生产拖拉机的列宁格勒基洛夫工厂，战后主要忙于生产军用装备和核电动力设备。从战后到 1951 年，该厂生产了少量 KT-12 煤气集材拖拉机。从 1962 年起，该厂才开始批量生产较有影响的基洛夫（Кировец）系列拖拉机。

1944 年 1 月，阿尔泰拖拉机厂生产了第 1000 台 АТЗ-НАТИ 拖拉机，该拖拉机一直生产到 1952 年。至此，在斯大林格勒拖拉机厂、哈尔科夫拖拉机厂和阿尔泰拖拉机厂先后共生产 СТЗ/ХТЗ/АТЗ-НАТИ 煤油履带拖拉机 210 744 台。1944 年 12 月，阿尔泰厂制造了苏联第一台 ДТ-54 型通用履带拖拉机样机，采用 54 马力柴油机，ДТ（德特）即俄文柴油拖拉机的缩写。1949 年，这种拖拉机移往斯大林格勒拖拉机厂和哈尔科夫拖拉机厂生产，阿尔泰拖拉机厂在 1952 年也开始生产这种拖拉机。

斯大林格勒拖拉机厂在 1945 年 4 月已下线 1 000 台拖拉机。1948 年，该厂第一次在战后盈利。1949 年 9 月，该厂生产出第一台 ДТ-54 型柴油拖拉机，11 月开始批量生产。ДТ-54 型拖拉机（图 6-25）性能可靠并易于维护和驾驶。这种拖拉机出口到欧洲和亚洲 36 个国家，是我国第一拖拉机制造厂东方红 54 型拖拉机的原型。此外，1954 年，苏联政府要求该厂为苏联北极科考队生产极地用全地形车，1958 年 1 月企鹅（Пингвины）号极地用全地形车抵达南极洲。

图 6-25　苏联 ДТ-54 型履带拖拉机

哈尔科夫拖拉机厂于 1949 年开始生产 ДТ-54 型柴油拖拉机的同时，在苏联第一次规划生产 ДТ-14 型、ДТ-20 型和 Т-25 型轮式园艺拖拉机。

车里雅宾斯克拖拉机厂制造了战后第一台斯大林 -80（С-80）型拖拉机（图 6-26），采用封闭驾驶室，并于 1946 年 7 月开始批量生产。在伏尔加河 - 顿河运河施工时，该厂生产的拖拉机完成了一半以上的挖掘工作量，并且它们也广泛适用于处女地的春耕。在卡拉库姆（Кара-Кумов）沙漠和南极洲冰冷的大陆都有该拖拉机的身影。C-80 型拖拉机是 20 世纪 50 年代我国鞍山红旗拖拉机厂生产的红旗 80 型拖拉机的原型。

图 6-26 苏联 C-80 履带拖拉机

第二次世界大战后，苏联还建立了位于白俄罗斯的明斯克拖拉机厂（详见本章“苏联明斯克拖拉机厂诞生”一节）和位于俄罗斯的弗拉基米尔拖拉机厂及利佩茨克拖拉机厂等。

早在卫国战争期间的 1943 年 2 月，苏联就开始建设弗拉基米尔拖拉机厂（Владимирский Тракторный Завод，简称 ВТЗ），规划其承接列宁格勒基洛夫工厂的产品。1944 年 3 月，随着列宁格勒解围，基洛夫工厂通用牌拖拉机配件运到该厂，同年 7 月露天组装了第一批 5 台拖拉机。1945 年 4 月，该厂的第一阶段基建完成，此时该厂已产出 500 台拖拉机。1949 年，该厂达到设计产能，生产通用轮式拖拉机系列直到 1955 年。后来该厂还生产了中小型拖拉机系列 Д Т-24 型、T-28 型、T-25 型和 T-25A 型。其中 T-28 型拖拉机（图 6-27）是 20 世纪 50 年代我国长春拖拉机厂生产的东方红 28 型拖拉机的原型。20 世纪 80 年代以来，弗拉基米尔拖拉机厂生产温室和苗圃拖拉机以及路面机械。

1947 年，新建成的利佩茨克拖拉机厂（Липецкий Тракторный Завод，简称 ЛТЗ）生产的基洛夫 КД-35 型履带拖拉机（图 6-28）采用 37 马力柴油机。该厂生产这个型号的拖拉机到 1956 年。1950 年 11 月起，КД-35 型拖拉机也在明斯克拖拉机厂大规模生产。

图 6-27　苏联 T-28 型拖拉机

图 6-28　苏联 КД-35 型履带拖拉机

6.12　苏联明斯克拖拉机厂诞生

卫国战争胜利后，苏联制订了重建被战火焚毁城市的规划，其中包括在白俄罗斯首府兴建明斯克拖拉机厂（Минский Тракторный Завод，简称 МТЗ）。该厂于 1946 年成立，是今天独联体国家中产量最大的拖拉机制造厂。

该厂最初的产品是犁和小汽油机。1947 年，设计师佛米切夫（К. Д. Фомичев）开发了 2ПФ-55 犁。1948 年，第一台 ПД-10 单缸汽油机装配成功，它是东方红 54 型履带拖拉机所配备柴油机起动机的原型。该厂生产的第一种拖拉机是 37 马力的 КД-35 型履带拖拉机。该拖拉机由苏联国家汽车拖拉机研究所设计，1947 年开始在俄罗斯利别次克拖拉机厂生产，1950 年 11 月开始在明斯克拖拉机厂生产。

明斯克拖拉机厂生产的第一种轮式拖拉机是该厂自行设计的 MT3-1 型和 MT3-2 型拖拉机。1948 年 5 月，苏联汽车拖拉机工业部按农业部的技术要求，指令该厂设计 37 马力柴油轮式拖拉机，并且是苏联第一次要求拖拉机带液压悬挂装置。1948 年 10 月该厂完成设计，1949 年 7 月第一台轮式拖拉机驶出厂房。1953 年 10 月，该厂批量生产适合低秆作物的 MT3-2 型拖拉机（图 6-29），生产到 1958 年。1954 年，该厂生产适合高秆作物并双前轮的 MT3-1 型拖拉机，生产到 1957 年。这些是“白俄罗斯”品牌拖拉机家族的始祖，奠定该厂生产轮式拖拉机的基础。

图 6-29 MT3-2 **型轮式拖拉机**

1957—1961 年，明斯克拖拉机厂陆续生产 40-50 马力的 MT3-5 型、MT3-5K 型、MT3-7Л 型、MT3-7M 型、MT3-5MC 型和 MT3-7MC 型系列轮式拖拉机。K 为带液压悬挂，Л 为起动机起动，M 为电起动，C 为带驾驶室。我国天津拖拉机厂在 20 世纪 50 年代引进 MT3 拖拉机技术，生产铁牛 40 型轮式拖拉机。

20 世纪 50 年代，明斯克拖拉机厂既生产轮式拖拉机也生产履带式拖拉机。除 КД-35 型拖拉机外，1951—1957 年，该厂还生产过拖运木材的 KT-12 型、ТДТ-40 型和 ТДТ-54 型集材履带拖拉机。KT-12 型煤气集材拖拉机由基洛夫拖拉机厂和列宁格勒林业研究院合作设计，原在基洛夫拖拉机厂生产，1951 年 8 月由该厂接替生产。1954 年，该厂在改进型 KT-12A 拖拉机的基础上，选用柴油机，设计了 ТДТ-4 型集材拖拉机，1955 年试验，1956 年生产。

乌拉尔和西伯利亚的森林作业需要更有力的集材拖拉机。明斯克拖拉机厂和国家汽车拖拉机研究所一道开发了 54 马力的 ТДТ-54 型集材拖拉机（图 6-30），后来升级为 60 马力的 ТДТ-60 型拖拉机。我国松江拖拉机厂在 20 世纪 60 年代引进 TДТ 拖拉机技术，生产 50 型集材拖拉机。

图 6-30　TДТ-54 型集材式拖拉机

苏联农业部需求的 MT3 型轮式拖拉机和林业部需求的 TДТ 型履带拖拉机的结构完全不同，它们在工厂的不同区域生产。从技术和经济角度考虑，该厂认为专门生产农用轮式拖拉机为好。1957 年，集材履带拖拉机转移到奥涅茨克机械厂和阿尔泰拖拉机厂生产。

1958 年，明斯克拖拉机厂生产了第 10 万台拖拉机。该厂 20 世纪 50 年代生产的轮式拖拉机在世界上影响有限。直到 60 年代推出 MT3-50/52 型和 70 年代推出 MT3-80/82 型拖拉机，白俄罗斯牌轮式拖拉机才在世界上占据一席之地。

6.13　捷克热托拖拉机诞生

第二次世界大战结束后，波兰、捷克斯洛伐克、匈牙利、罗马尼亚、南斯拉夫、民主德国等国家的拖拉机产业迅速兴起。其中，在全球影响较大的是捷克斯洛伐克的热托（Zetor）拖拉机。

1927 年，在捷克斯洛伐克最先生产拖拉机的是汽车制造商斯柯达（Škoda）公司。20 世纪 20 年代末，生产拖拉机的还有捷克科尔本丹历（Kolben - Daněk）公司和威驰德勒科瓦里克（Wichterle - Kovařík）公司。第二次世界大战后，它们均被热托拖拉机所取代。

1945 年 11 月，捷克斯洛伐克第一台拖拉机在布尔诺兵工厂生产，由该厂的小汽车厂设计。布尔诺兵工厂的前身是 19 世纪中叶布尔诺镇的一家金属厂。第二次世界大战期间，该厂为德国生产军需品，直到 1944 年被炸毁。第二次世界大战后，该厂职工开始恢复生产，制造拖拉机。1946 年，移交了 3 台热托

25 型拖拉机，同时也推介热托 15 型拖拉机。8 月该厂注册了热托商标，商标由词根 Zet 加上捷克文拖拉机（traktor）的后两个字母构成，Zet 是布尔诺兵工厂（Zbrojovka Brno）的俗称，是首个字母读音。1947 年，该厂的拖拉机产量增加到 3 500 台，有的出口到波兰、比利时、荷兰、丹麦和瑞典。

第一代热托拖拉机主要有 25 型、15 型，35 型和 50 型。热托 25 型拖拉机装配 25 马力双缸柴油机，采用 6 进 2 退变速箱，独立制动器和当时少见的差速锁，很受国内外用户欢迎。其变型 25K 拖拉机适合平原高地隙农业作业，25A 型拖拉机（图 6-31）则更现代舒适。热托 25 型拖拉机于 1961 年停产，共生产了 158 570 台，其中 61% 出口。

图 6-31　热托 25 型拖拉机

1950 年，布尔诺兵工厂在利森的一家工厂转变为布尔诺利森（Brno-Líšeň）赛车精密工程厂，拖拉机在 1952 年转到该厂生产，该厂在国营名义下转变为拖拉机生产厂（热托公司），并在此成长至今。1955 年，热托公司推出 42 马力热托 35Super 型拖拉机，可装四轮驱动装置，采用工厂自制的驾驶室。热托公司是机械前加力四轮驱动的早期采用者之一，也是在拖拉机上最早制造加热和空调驾驶室的公司之一。1956 年，热托公司推出 Super P 型拖拉机的履带变型。1960 年，推出热托 50 Super 拖拉机（图 6-32），采用悬挂前桥、差速锁和轮胎充气空压机，可选装带加热器的驾驶室。1955—1968 年，超级（Super）系列拖拉机共销售 106 811 台。

第一代热托拖拉机采用当时的先进技术，特别是液压系统把拖挂农具的大部分重量转移到拖拉机后轮上，改善牵引性能，加上有吸引力的价格，使该机在世界各处很流行。20 世纪五六十年代，热托公司也在印度和伊拉克按许可证生产拖拉机。50 年代末和 60 年代，第一代拖拉机被新的标准化热托 UR 1 系列取代。

UR 1 系列拖拉机的各机型元件通用，但尺寸、功率成系列，生产了 100 多万台。

图 6-32　热托 50 Super 拖拉机

20 世纪 50 年代，我国进口第一代 25 型、35 型和 50 型热托拖拉机约 13 000 台。以后中断了十几年，1978—1980 年，又进口了第二代 UR 1 系列 6911 型拖拉机 6 500 台。

数十年来，热托公司经历了多次组织和名称变化。1976 年，“热托”成为公司名称。

6.14　民主德国依发拖拉机

德国在第二次世界大战中战败后，被美、苏、英、法四国占领。1949 年 5 月，德意志联邦共和国（联邦德国）在美、英、法占领区成立。10 月，德意志民主共和国（民主德国）在苏占区成立。1990 年，联邦德国和民主德国统一。

1948 年，德国苏占区成立“车辆制造工业协会（Industrieverband Fahrzeugbau）”，简称依发（IFA），它是民主德国所有车辆制造公司的联合体，生产自行车、摩托车、各种汽车和农业机械。民主德国的拖拉机产业基础不如联邦德国，何况战争已将众多工厂夷为平地。民主德国批量生产拖拉机始于 1949 年，主品牌是“依发（IFA）”。初期的拖拉机机型有 RS 01 ～ RS14 型和 KS 07 型、KS 30 型，RS 是德文轮式拖拉机（Rad Schlepper）的缩写，KS 是德文履带拖拉机（Ketten Schlepper）的缩写。几乎每种机型都有子品牌，如先驱者（Pionier）、积极分子（Aktivist）、服务员（Famulus），以及鼹鼠（Maulwurf）、山神（Rübezahl）、女巫（Brockenhexe）等。主要制造厂是依发联合体中以地名命名的三家国有企业舍内贝克拖拉机厂、诺德豪森拖拉机厂和勃兰登堡拖拉机厂。

民主德国第一台拖拉机是 1949 年生产的先驱者 RS 01 型轮式拖拉机（图 6-33），其技术源头可追溯到 20 世纪 30 年代德国 FAMO XL 型拖拉机，装 40 马力四缸柴油机，5 进 1 退变速箱，弹性摆动前桥。该拖拉机最初在国企茨维考霍希汽车和发动机厂制造，生产了 2 250 台后，1950 年转到新成立的国企诺德豪森拖拉机厂制造，生产到 1958 年。

图 6-33　依发 RS 01 型拖拉机

诺德豪森（Nordhausen）拖拉机厂于 1948 年在机械制造和铁路用品公司的废墟上成立。1949 年，该厂生产 22 马力女巫 RS 02 型拖拉机（图 6-34），到 1952 年共生产了 1 935 台。除 1950 年生产 RS 01 型拖拉机外，该厂还生产 30 马力的 RS 04 型和 30 ～ 60 马力的服务员 RS 14 型拖拉机。1956 年，该厂划归农业机械制造产业管理。按行业规划，1964 年改为诺德豪森发动机厂。1965—1990 年，生产了超过 100 万台柴油机，东德和西德统一后被清算。

图 6-34　依发 RS 02 型拖拉机

1949 年，30 马力积极分子 RS 03 型轮式拖拉机在国企勃兰登堡（Brandenburger）拖拉机厂制造，到 1952 年共生产了 3 761 台。勃兰登堡拖拉机厂成立于 1948 年，在一家破败的汽车公司的基础上建立。该厂 1952 年开始生产 KS 62 型履带拖拉机。1954 年开始生产 60 马力的山神 KS 07 型履带拖拉机，共生产了 5 665 台。1956 年开始生产 63 马力的 KS 30 型履带拖拉机，到 1964 年共生产了 4 486 台。20 世纪 50 年代，我国曾进口 KS 07 型和 KS 30 型拖拉机（图 6-35）在国营农场使用。1956 年，该厂也划归农业机械制造产业管理。按行业规划，从 1964 年起专业生产齿轮箱，后改名为勃兰登堡传动系厂。

图 6-35　依发 KS 30 型拖拉机

民主德国最主要的拖拉机厂是舍内贝克（Schönebeck）拖拉机厂。该厂可追溯到布雷斯劳车辆与发动机厂（FAMO）的容克斯（Junkers）厂，20 世纪 40 年代后半期曾制造 FAMO 山神柴油履带拖拉机。五六十年代，舍内贝克拖拉机厂的经营重点是自走底盘。1952 年，该厂生产鼹鼠 RS 08 型自走底盘，到 1956 年共生产了 5 751 台。RS 08 型自走底盘（图 6-36）采用后置 15 马力单缸汽油机，8 进 8 退变速箱，前后动力输出轴。中部可安装各种机具，轴距和轮距可调。由于汽油机发热与稳定性低，采用柴油机的 RS 09 型自走底盘作为继承者于 1955 年推出。RS 09 型自走底盘采用弹簧摆动前轴和刚性后轴，设计为双向车辆，驾驶座椅可旋转 180°。因装不同柴油机而有不同功率（15～25 马力）和不同代号，如 GT 109 型、GT 122 型和 GT 124 型，GT 是德文自走底盘（Geräteträger）的缩写。所有这些自走底盘共生产了约 12 万台。1956 年，舍内贝克拖拉机厂划归农业机械制造产业管理。经规划重组，到 60 年代中期，该厂是民主德国唯一的拖拉机制造商。

图 6-36　依发 RS 08 型自走底盘

1967 年，舍内贝克拖拉机厂推出 ZT 300 型轮式拖拉机（图 6-37），ZT 是德文牵引式拖拉机（Zugkraft Traktoren）的缩写。ZT 300 型是当时东德技术含量较高的全新设计的拖拉机，配装 90 马力依发直喷四缸柴油机，1978 年增加到 100 马力；主离合器为气助力操纵，9 进 6 退部分动力换挡变速箱，速度为 3.0 ～ 28.8 km/h，有差速锁；半架式机架，液压助力转向，后期用全液压转向；可装四轮驱动，特别是当后轴滑转率超过 7% 时，四轮驱动自动接通；有可调液压悬挂系统，1974 年开始有牵引增重装置；牵引空气制动拖车，允许 24t 拖车载荷；可漆成橙、蓝、绿等不同颜色。除基本型外，包括 ZT 303 前加力四轮驱动型，ZT 304 道路牵引型，ZT 305 双轮胎四轮驱动型，ZT 300 GB 履带型，ZT 307 大功率型（150 马力）等。该拖拉机可改装成双向拖拉机，用作小型企业铁路连接的编组设备。由于 ZT 300 系列拖拉机太重，技术含量高，成本不低，加上最初部件出现问题，开始时它的销售不畅。从 1967 年 9 月到 1984 年初，该拖拉机共生产了 72 382 台。该拖拉机虽然很先进，但后续研发没有进展，导致其几乎没有更新，生产到东德和西德统一前的 1989 年。

图 6-37　民主东德 ZT 300 型拖拉机

1973 年，舍内贝克拖拉机厂成为民主德国弗驰瑞特（Fortschritt）农业机械联合体的一部分，其产品使用弗驰瑞特商标，弗驰瑞特的德文含义是进步。1984 年，舍内贝克拖拉机厂与舍内贝克柴油机厂合并，组成舍内贝克拖拉机和柴油机厂。20 世纪 80 年代末，其销售额约为 12 亿马克，员工约 7 300 名。1990 年联邦德国和民主德国统一后，该厂离开弗驰瑞特联合体，作为舍内贝克农业工程股份公司进行信托管理。该公司多次尝试私有化，1999 年被舍内贝克多普斯塔特（Doppstadt）公司接管，存在到 2006 年。

6.15 饱受折腾的波兰乌尔苏斯公司

20 世纪 50 年代，在我国的国营农场里常见到一种笨重的轮式拖拉机，它能烧废柴油、植物油，甚至能烧废机油，嗵嗵嗵的响声很大，开起来很威武，这就是波兰乌尔苏斯 C-45 型拖拉机。2006 年 6 月，乌尔苏斯公司庆祝其第 150 万台拖拉机下线。但是数十年来，乌尔苏斯公司的发展之路并不平坦，企业在政治与经济交织的折腾中艰难前行。

1893 年，3 位工程师和 4 名商人在波兰华沙建立了乌尔苏斯（Ursus）机械厂，它最初仅生产蒸汽机配件。1902 年，该厂制造出第一台装内燃发动机的轮式拖拉机。从 1914 年起就能见到该厂的拖拉机广告。1930 年，乌尔苏斯机械厂因世界金融危机而陷入困境，被国有化后归属于波兰兵器和车辆的制造商国家工程公司，开始生产军用拖拉机、坦克和其他军用重型机械。第二次世界大战期间，该厂被德国人移到德国，在华沙的原址被毁。

第二次世界大战后，乌尔苏斯公司在华沙重建。1946 年，该公司开始设计 C-45 型拖拉机，技术文件在爱德华·哈比赫（Edward Habich）的领导下于 7 月完成。1947 年制造了第一台样机，并在华沙五一劳动节游行中展示，9 月正式生产，到年底制造了 130 台。C-45 型拖拉机采用卧式单缸二冲程热球式内燃机，最大功率为 45 马力，3 挡变速箱，质量为 3t 左右。起初，C-45 型拖拉机采用钢轮（图 6-38）。最早的 C-45 型拖拉机曾工作 12 000 h 无大修。

C-451 型拖拉机（图 6-39）是该公司在 1954 年对 C-45 型拖拉机改进而成的。改进的内容包括简化操作、采用高效风扇、对曲轴表面热处理和起动时采用汽油喷射，以及增加了顶灯、风挡玻璃、后挡泥板和帆布驾驶室。1947—1959 年，C-45 型和 C-451 型在华沙乌尔苏斯工厂生产；1960—1965 年，C-451 型在卢布斯卡省戈茹夫（Gorzów）机械厂生产。约 6 000 台乌尔苏斯 C-45 型和 C-451 型拖拉机出口到巴西、中国和朝鲜。

图 6-38　乌尔苏斯 C-45 型拖拉机

图 6-39　乌尔苏斯 C-451 型拖拉机

20 世纪 50 年代，乌尔苏斯公司开始基于热托拖拉机设计制造拖拉机并获得成功。1961 年，波兰和捷克斯洛伐克签订协议，后者向乌尔苏斯工厂提供制造拖拉机所需的零件，并使工厂现代化，波兰向捷克斯洛伐克供应原材料。目标是在两国间建设年产 12 万台的拖拉机工业。但在 1963 年，波兰仅生产了 15 000 台拖拉机。

波兰在 20 世纪五六十年代出现摆脱苏联倾向，但由于没有找到成功途径，在 60 年代其国民经济严重失调。1970 年年底发生了工人激烈罢工和社会骚动，后来发展成流血冲突，导致国家领导人更迭。新领导人推行大量引进外资、大上建设项目和大幅度提高人民生活水平的方针。70 年代初波兰经济繁荣，乌尔苏斯工厂是被重点关注的项目之一，西方银行给了它大量贷款。1974 年，该厂购买英国麦赛福格森中马力轮式拖拉机的生产许可证（图 6-40）。

图 6-40　波兰产 MF 235 型拖拉机

从 1975 年起，在表面繁荣的背后，波兰因外债高筑而陷入萧条。1976 年 6 月，为反对食品价格上涨，乌尔苏斯工厂的工人和当地及其他地区的工人举行罢工，并阻塞和毁坏了华沙东西南北的铁路。1977 年，乌尔苏斯工厂再次获得国内外银行贷款，从国外购买机械设备。在政治利益鼓动下，渴望力挽狂澜的狂热导致了冷静经济分析的缺失，波兰政府在乌尔苏斯工厂投资近 10 亿美元实施麦赛福格森拖拉机项目，纲领是年产 75 000 台拖拉机。但按许可证规定，这些拖拉机不能在西方市场销售；同时，未对原设计的英制做公制转换；加上由于国产化较差等问题，该厂生产的拖拉机与东方对手的相比价格较贵。由于上述原因导致乌尔苏斯 MF 拖拉机的生产和销售受到较大影响。1981 年，乌尔苏斯工厂的库房里堆满多余的进口备件，如很少使用的螺栓多达 160 万个。

在 20 世纪七八十年代，乌尔苏斯公司在当时举世瞩目的民众和当局对抗中扮演了重要角色。罢工、抗议及阻塞道路等激烈行动大大分散和影响了职工对拖拉机发展的注意力。整个 90 年代，因为需要偿还巨大债务，断绝了工厂日常运作所需资金的渠道。乌尔苏斯公司的拖拉机产量下滑，从 1980 年的 6 万台降到 1995 年的 1.6 万台。1996 年，占乌尔苏斯公司总债务 80% 的近 700 个债权人的 5.5 亿兹罗提债务被注销。2006 年拖拉机销量下滑到最低点的 1 578 台。

1998—2003 年，乌尔苏斯公司和有军工背景的布马尔（Bumar）公司合作进行重建，并继续生产乌尔苏斯拖拉机，布马尔公司成为乌尔苏斯公司的主要股东。

2007 年，土耳其乌泽尔（Uzel）控股公司宣告其购买了乌尔苏斯公司 51% 的股份，乌泽尔公司和乌尔苏斯公司都曾是获得福格森拖拉机许可证的生产者。2008 年，乌泽尔公司宣告不再维持它的承诺。同时，印度拖拉机生产商塔菲（TAFE）和一家波兰控股公司取得了乌尔苏斯公司的股权，饱受折腾的乌尔苏斯公司能否踏上坦途尚需观察。

6.16 罗马尼亚通用拖拉机

20 世纪我国引进国外拖拉机技术有两次高潮：一次是 50 年代从苏联引进多个项目，一次是 80 年代从西方引进多个项目。其实在两次高潮之间的 70 年代，我国曾在云南引进罗马尼亚 UTB 拖拉机技术。UTB 即布拉索夫通用拖拉机公司（Universal Tractor Brasov）的缩写。

UTB 的前身是 1925 年成立的罗马尼亚飞机企业（I.A.R.），它和法国合资生产飞机。1938—1945 年，I.A.R. 成为罗马尼亚全资自治国家企业。第二次世界大战期间罗马尼亚和德国站在一起，到 1945 年制造了 19 种飞机。在苏军攻陷罗马尼亚前夕，美军轰炸该厂，将其大部分炸毁。1946 年 12 月，在苏联援助下，该厂生产了第一台 35 马力的 IAR 22 型农用拖拉机（图 6-41）。

图 6-41 IAR 22 型拖拉机

1947 年，I.A.R. 更名为国家铁工厂。1948 年它和苏联合营，更名为布拉索夫拖拉机厂，引进苏联技术。1954 年，该厂生产 KD-35 型（即苏联 KД-35 型）履带拖拉机。1955 年，IAR22 型轮式拖拉机改为生产 UTOS-2 型（即苏联 MT3-2 型），后改为 45 马力的 UTOS-26 型，该型号拖拉机曾出口我国。

1954 年，为纪念被杀害的德国革命家台尔曼逝世 10 周年，该厂改名为台尔曼拖拉机厂。1963 年，开始批量生产自行设计的 65 马力的 U-650 型轮式拖拉机及 U-651 四轮驱动变型。1964 年，开始批量生产 130 马力仿美国卡特彼勒拖拉机的 S-1300 型工业用履带拖拉机。1965 年，开始批量生产 65 马力的 S-650 型农用履带拖拉机。

1965 年，该厂引进意大利菲亚特 45 马力轮式和履带式拖拉机产品技术。1967 年和 1970 年分别开始批量生产引进消化的 U-445 型轮式拖拉机和 S-445 型履带拖拉机，U-445 型（图 6-42）生产到 1981 年。我国在 20 世纪七十年代末期引进了这两种拖拉机技术。

图 6-42 U-445 型拖拉机

1990 年，UTB 成为国家控股 80% 的股份公司。1999 年，它改制为独立企业，名称为 UTB 拖拉机公司，继续生产拖拉机。

6.17 匈牙利红星拖拉机

从波兰到罗马尼亚的东欧各国中，匈牙利是最早批量生产拖拉机的国家。1921 年，一组匈牙利商人和英国著名蒸汽牵引车制造公司克莱顿与沙特尔沃斯，在匈牙利布达佩斯合资建立了豪夫赫施兰兹克莱顿沙特尔沃斯（Hofherr-Schrantz-Clayton-Shuttleworth，简称 HSCS）公司（参见第 1 章“英国的蒸汽耕作机械”一节）。

1923 年，HSCS 公司制造了第一台拖拉机（图 6-43），采用 15hp 单缸热球式内燃机，单挡。该公司在 1938 年由匈牙利人完全控股后，其生产的拖拉机采用德国兰兹热球式发动机技术，一直生产到 20 世纪 50 年代。

图 6-43　HSCS 第一台拖拉机

第二次世界大战后匈牙利实行社会主义制度，HSCS 公司划归国有。1951 年，公司改名为红星（Vörös Csillag）拖拉机厂。20 世纪 50 年代，我国从匈牙利进口红星拖拉机厂生产的 DT-413 型履带式拖拉机较多。该机的整机和底盘是仿制苏联 ДТ-54 型，但发动机采用重量轻、转速高的 WP-413 型柴油机，由电动机起动。

20 世纪 60 年代，红星拖拉机厂更名为杜特拉（DUTRA）拖拉机厂，DUTRA 是柴油通用拖拉机（Diesel Universal Tractor）的缩写，也是产品商标。该厂 1961—1973 年生产的拖拉机多为轮式拖拉机。它后来发展为今天的拉巴（RÁBA）。该厂和奥地利斯太尔公司合作，于 1968 年制造了使用斯太尔发动机的 DUTRA Steyr 型拖拉机。70 年代，该厂有少量拖拉机出口到英国、法国、新西兰和欧洲。

但是，在苏联主导的经济互助委员会国际分工中，匈牙利拖拉机产业尽管历史较早，但由于缺乏特色而被边缘化，一直规模不大。20 世纪 50 年代初，匈牙利年产拖拉机 4 000 台左右，随后拖拉机产量逐年下降，60 年代年产量为 2 000 台左右，70 年代年产量仅为数百台，80 年代降为 100 台左右，90 年代匈牙利基本上不生产拖拉机了。

6.18　美国企业战后重振雄风（上）

由于美国本土企业的固定资产在第二次世界大战中损失较小，同时第二次世界大战后的欧亚国家急需美国供应拖拉机，加上战后推行的“马歇尔计划”有利于出口，所以美国拖拉机产业在战后迅速重振雄风，产销量大幅度增长。不利因素是，第二次世界大战后美国工人受苏联社会福利制度的启发，掀起了第二次劳资纠纷和罢工浪潮（第一次是在大萧条前后），这对部分企业如凯斯公司、艾里斯查默斯公司等的复兴造成一定影响。

1945年，美国农用与园地拖拉机的总销量是287 690台；1951年，总销量已达609 115台，创美国历史上最高峰。第二次世界大战后的十年，是美国农用拖拉机在用量增长最快的时期，增长80%以上，达440万台上下，为美国全面实现农业机械化奠定了基础。此后美国进入拖拉机在用量的稳定期，除1966年到1977年间农用拖拉机在用量在500万台以上外，几十年来一直维持在450万～500万台。

居领先地位的万国公司战后发展势头旺盛，继续生产法毛或麦考米克迪灵轮式拖拉机以及万国履带式拖拉机。1947年，号称当时世界上最大拖拉机厂的万国路易斯维尔工厂开始生产小型法毛A型和B型拖拉机，以及新的法毛童子军（Cub）型拖拉机，生产能力为每周2 200台。同年，法毛型拖拉机开始在英国唐卡斯特生产。1946年，工业设计家雷蒙德·罗维为万国公司设计的IH新标识在全球推出，并完成美国1800家万国公司经销商统一的店面标准化设计。1951年，万国公司的法毛工厂生产了第100万台法毛型拖拉机。

1954—1956年，万国公司推出新的数字系列法毛型拖拉机，从100型到400型（图6-44），取代原字母系列的超级A型到超级MTA型拖拉机。这一系列机型的主要特色是在全球拖拉机行业首次采用增扭器，无须切断动力即可换挡。同时，该系列还采用了独立式动力输出轴和两点快速农具挂接装置。

图6-44　法毛400型拖拉机

应征入伍的查尔斯·威曼于1944年10月回到迪尔公司继续担任总裁。战时临时总裁伯顿·匹克转任公司高级顾问。该公司于1947年在爱荷华州迪比克开办新工厂，制造在第二次世界大战期间已研发多年的22hp的M型拖拉机（图

6-45），取代 H 型、L 型和 LA 型，满足对小型拖拉机日益增长的需求。M 型拖拉机是迪尔公司第一种采用直立双缸汽油机的拖拉机，有 MT 三轮型、MC 履带型和 MI 工业型 3 种变型，到 1952 年共生产了 45 799 台。1949 年，迪尔公司推出 R 型柴油拖拉机，采用 47hp 双缸柴油机，小起动机起动，它也是迪尔首次采用带单独离合器的全独立动力输出轴的机型，到 1954 年共生产了 21 293 台。M 型和 R 型是迪尔公司字母系列拖拉机的最后型号，接续的是 20 世纪 50 年代后半期的数字系列拖拉机。

图 6-45　约翰迪尔 M 型拖拉机

总裁查尔斯 • 威曼由于身体欠佳预感到自己不会工作太久，迫不及待地要实现他对产品特别是发动机的升级。尽管迪尔公司 20 世纪 30 年代的双缸发动机仍受农场主青睐，但查尔斯 • 威曼认为未来要发展四缸和六缸发动机。查尔斯 • 威曼的思路导致迪尔公司的产品从字母系列更新到双位数系列。1952—1955 年，迪尔公司陆续推出约翰迪尔 40 型—80 型拖拉机。迪尔公司的双位数系列拖拉机历时不长，很快就换代为三位数系列拖拉机。

福特公司在和哈里 • 福格森分手后，于 1947 年开始自行生产福特 8N 型拖拉机（参见图 5-39），尽管仍用福格森三点悬挂，但在机头椭圆形 Ford 标志下面不再有福格森系统标牌。8N 型是对 9N/2N 型的精致化，主要改进是 4 速传动系和液压悬挂的位置调节系统，到 1952 年共生产了 524 000 台。8N 型和随后的 NAA 型是福特字母系列拖拉机最后的机型，接续的是 50 年代后半期的数字系列拖拉机。

关于福特公司和福格森公司决裂的利弊与得失是个有争议的话题。两家公司分手后，在 1950—1955 年的美国轮式拖拉机市场份额上，福特拖拉机占

19.3%，次于万国公司的30.6%，居第二位，而麦赛福格森拖拉机占10.8%。如果福特公司没有为自己增加一个竞争对手，不抛弃在北美市场有影响力的福格森销售网络，福特拖拉机有可能夺得和万国公司平起平坐的位置。此外，在英国市场上，福特拖拉机在与麦赛福格森拖拉机的竞争中渐失优势地位。

6.19 美国企业战后重振雄风（下）

第二次世界大战后，生产履带拖拉机的美国公司如卡特彼勒公司、凯斯公司、艾里斯查默斯公司等，也处于重振雄风之中。不过，因各公司战时战略与当前对策的不同，发展势头有所不同。

卡特彼勒公司在战后恢复每周工作40h，并制订复员就业计划，安排复员伤残人员在合适岗位工作，当时这在全国属于雇佣战争伤残人员的模范。第二次世界大战后，美国工人受苏联社会福利制度激发而兴起的劳资纠纷中，卡特彼勒公司像迪尔公司一样，因重视雇员福利而受影响较小。

战后卡特彼勒公司的战略决策是：进军海外，向跨国公司迈出第一步；扩大产能，满足国内外市场需求；把工程用附属装置收回自产，产品用途向土方工程倾斜。

第二次世界大战末期，美国政府购买的卡特彼勒产品大多留在欧洲和亚洲，成了免费的卡特彼勒品牌橱窗，公司顺势在国外建立了大量经销服务中心。1950年，卡特彼勒公司在英国成立了第一家海外子公司，这是迈向跨国公司的第一步。该公司坚持其国内外所有的工厂使用统一工艺技术，因为零件的一致性是保证公司产品能在全球销售的关键因素。该公司的销售网络扩展到数百个地点，在全球有3万名雇员，在24h内能把备件发到世界任一地方。

欧洲和日本利用马歇尔计划等资金开始大规模重建。美国战后掀起建设道路和高速公路的高潮，并迅速扩展到城市和郊区。卡特彼勒产品供不应求，该公司决定把东皮奥利亚厂扩大50%，新柴油机厂1947年投产，新试验场1947年落成，1951年投资5 700万美元建设履带等新生产厂。

在拖拉机越来越多地用于建筑工程的态势下，卡特彼勒公司早在1944年就决心将原来由配套厂生产的铲运机、运土车、推土机、松土器附件转为自产。1951年，该公司自己建厂或收购专业厂生产这些装置。更重要的是，从设计开始这些装置不再按单独附件进行设计，而是和拖拉机一体化设计，这使卡特彼勒拖拉机向建筑市场倾斜迈出重要一步。

1941—1963 年，路易斯·纽米勒（Louis Neumiller）任卡特彼勒公司总裁。他 5 岁丧父，19 岁就在霍尔特公司就业。虽然他受过的正规教育很少，但他在第一次世界大战服役、零件生产、销售以及人事主任等岗位上的表现，加上他谦逊、简朴的“家乡男孩”领导风格，赢得公司信任。第二次世界大战中，他说服政府保留公司传统产品的核心制造能力，建新厂生产新增的产品 M4 坦克空冷柴油机。和不少企业利用原能力生产军需产品不同，路易斯·纽米勒这一转型对策对公司战后复兴起到关键作用。

路易斯·纽米勒任职期间，该公司营业收入从 1941 年的 1 亿美元增长到 1963 年的 8.27 亿美元，净资产增加到 3 倍，利润增加 7 倍，占美国土方设备市场 50% 的份额，比排名第二的竞争者高 3 倍。战后该公司的工厂、产品和雇员的数量激增。1951 年，路易斯·纽米勒在一次会议上，以“巨大的小厂”为题告诫大家：“我们不可因规模大而迷失方向，我们要保留小公司的优点：合作无间，机动灵活，尊重工作人员。”他认为对扩张后的企业能否有效管理，取决于能否像经营小公司一样，重视“融洽关系”，保证每个雇员的贡献都能得到正确评价。

凯斯公司的战时任务比卡特彼勒公司和迪尔公司多，这不利于其战后转型。不过战后农业机械供不应求，对凯斯公司恢复市场份额有利。凯斯公司的复兴被 1945 年延续 440 天的罢工所打断，罢工打击了凯斯公司与其经销商和用户的关系，打击了其产品研发。凯斯公司 1949 年盈利，1950—1953 年利润下降，其中部分原因是产品过时，战后流行轻型拖拉机，而凯斯公司的产品基本是大型拖拉机，这时公司责怪代理商而非自责。从 1948 年到 1953 年，该公司两易掌门人。20 世纪 30 年代，凯斯公司在美国轮式拖拉机市场所占份额居第 4 位，40 年代退居第 6 位，而到 1950—1955 年间，已跌到第 7 位。

1953 年，约翰·布朗（John Brown）领导凯斯公司，推出大量新产品，包括较受欢迎的 300 型～ 800 型数字系列拖拉机。第一种 500 型轮式拖拉机（图 6-46）装按钮起动燃油喷射六缸柴油机，特别是其采用的动力转向机构，可能是历史上第一次大批量生产。但是凯斯公司仍遭遇第二次亏损，首次面临可能破产的威胁。

20 世纪 30 年代，艾里斯查默斯公司在美国轮式拖拉机市场所占份额居第 3 位，也是美国 3 大履带式拖拉机生产公司之一。战后 1945—1946 年，该公司经受长达 11 个月的罢工，给竞争对手夺走市场份额提供了机会。战后该公司生产字母系列轮式拖拉机，其中影响较大的是 W 系列。1948 年，该公司推出 28hp 的

WD 型行列作物拖拉机（图 6-47），手操纵湿式离合器独立控制动力输出轴，后轮轮距动力移动调整，共生产了 146 125 台，成为另一个销售顶峰。1953 年，公司推出代替 WD 型的 32hp 的 WD-45 型拖拉机，可选用多种燃油或燃气发动机，也是行业首次采用动力转向机构的机型之一，采用操作者在座位上操纵的农具快速挂接，到 1957 年共生产了 90 382 台。

图 6-46　凯斯 500 型拖拉机

图 6-47　艾里斯查默斯 WD 型拖拉机

艾里斯查默斯公司的履带式拖拉机比较有影响力，在世界拖拉机行业具有一定地位。战后该公司继续生产 HD 系列拖拉机，HD 后的数字基本接近以吨表示的整机质量。其中 10W 型、14 型和 9 型产量较多，5B 型最多，达 29 255 台。1947 年，该公司乘卡特彼勒公司“打盹”之时，推出当时世界上最大的 163hp HD19 型履带拖拉机（图 6-48），其传动系采用液力变矩器，生产了 2 650 台。

艾里斯查默斯公司原来生产牵引式联合收割机，1955 年它收购了生产自走联合收割机的格林纳尔（Gleaner）公司。35 年后，爱科（AGCO）公司成立，其名称中的 G 即源于格林纳尔。

图 6-48　艾里斯查默斯 HD19 型拖拉机

6.20　最初的四轮园地拖拉机

农用拖拉机主要用于耕耘野外农田，经济发展和居民富裕又催生了专为花园、草坪、庭院、市政、近宅小块土地使用的小型动力作业机械。这种机械主要有乘坐式草坪割草机（Riding Lawn Mower）、草坪拖拉机（Lawn Tractor）和花园拖拉机（Garden Tractor）。Garden Tractor 在我国多译为园艺拖拉机，而在联合国粮农组织（FAO）文件中，中文名为园地拖拉机，似乎更恰当，以区别于农用拖拉机（Farm Tractor）。广义的园地拖拉机，有的也包括结构相似的草坪拖拉机。只是草坪拖拉机的功能及结构简单些，地隙较低，只有割草和拖带装草小拖斗功能；而园地拖拉机功率较大，结构增强，能配装更宽泛的各种机具。乘坐式草坪割草机虽然也是四轮自行机械，但它和园地拖拉机的形态与功能有较大差异，通常不计入园地拖拉机。在各类文献中，园地拖拉机又名微型拖拉机（Mini Tractor）和庭院拖拉机（Yard Tractor）等。我国将小四轮拖拉机数据呈报联合国，纳入其粮农组织园地拖拉机统计范畴。

虽然小型农用拖拉机，包括手扶拖拉机，也可用于园地作业，但是，直到第二次世界大战前后，在美国才开始批量生产专用的四轮园地拖拉机。20 世纪 60

年代后，园地拖拉机发展迅速，成为全球拖拉机行业又一支强大的分支和一道亮丽的风景线。

1939—1940年，美国著名零售百货商西尔斯（Sears）公司，按其自制商品战略，生产Handiman R-T园地拖拉机（图6-49），它是手扶拖拉机的变型。可配装单铧犁、5片圆盘耙、3行中耕机和割草机。

图6-49　Handiman R-T拖拉机

1947年，美国人埃尔默·庞德（Elmer Pond）的辕马（Wheel Horse）公司生产辕马RS-83型四轮园地拖拉机（图6-50）。该机型采用空冷汽油机，两轮驱动，生产到1955年。

图6-50　辕马RS-83型拖拉机

1949年，美国堪萨斯州麦拉茨（Mayrath）机械公司制造了8hp标准型和豪华型两种园地拖拉机（图6-51），采用单缸空冷汽油机，用拉绳起动，生产到1952年。麦拉茨机械公司是生产手提谷粒螺旋输送机的先驱，园地拖拉机对它只是昙花一现的产品。

图 6-51　麦拉茨园地拖拉机

1953 年，美国加利福尼亚州的小斯坦利 • 希勒（Stanley Hiller Jr.）研发并销售了一台庭院能手（Yard Hand）100 型三轮草坪拖拉机（图 6-52）。该机设计精巧美观，采用 1.7hp 单缸空冷汽油机，用手拉绳起动，从飞轮至后轴通过带传动在带轮组中变换位置实现变速，2 进无退，质量为 59kg。该机从 1953 年生产到 1955 年。该机后方可牵引割草机、草坪镇压器、可卸装草拖斗及种子肥料撒布机等，于 1960 年停止生产。

图 6-52　庭院能手 100 型草坪拖拉机

1954 年，西尔斯公司推出工匠（Craftsman）品牌草坪拖拉机，它们是贴牌的换了颜色的希勒庭院能手拖拉机。从 20 世纪 70 年代起，西尔斯公司所有园地拖拉机均使用工匠品牌，成为该行业的著名品牌。

到 20 世纪 60 年代，不仅上述先行者们继续发展园地拖拉机，而且有新的 10 余家小公司也进军园地拖拉机。更为重要的是，一批著名大型农用拖拉机生产商也加入园地拖拉机生产行列，园地拖拉机将迎来它们的春天［参见第 8 章“园地拖拉机的春天（上、下）”两节］。

6.21　中国抗日及战后时期的拖拉机

抗日战争期间，我国各地进口与使用拖拉机的情况因所在地是否处于战场而情况不同。

在东北沦陷区，日本为支撑战争需要，在伪满洲国北部办起很多开拓团、满拓农场、特别农场等，引入并使用拖拉机。资料显示：黑龙江省 36 个市、县有农用拖拉机 368 台。各类拖拉机型号与台数分别为：德国兰兹 149 台，德国汉诺玛格 42 台，美国万国 93 台，美国卡特彼勒 41 台，美国约翰迪尔 11 台，日本小松 4 台，其他型号 28 台。

西北新疆省政府，1934 年从苏联购进少量拖拉机。1937—1943 年，又从苏联引进拖拉机，在伊犁、塔城、阿勒泰和乌鲁木齐等地推广。

地处战区的华北、华东、华南引进和使用拖拉机很少。

1925 年，广西开始引进拖拉机，至 1943 年共引进 7 台。由于日军 1944 年入侵广西，它们大部分被毁坏。1934 年，山东威海竹岛园艺场从美国引进两台小型拖拉机。20 世纪 30 年代，江苏省裕华垦殖公司引进德国兰兹拖拉机。1934 年，湖北省政府在武昌县兴办金水农场，从美国福特公司等 5 家公司引进拖拉机 24 台，在日军侵占武汉前转移到重庆。

20 世纪 30 年代初，在我国建设工地开始使用外国拖拉机。1930 年在天津，卡特彼勒 34hp 履带拖拉机由美国人驾驶修筑道路。此外，从 1938 年起，美国卡特彼勒拖拉机大量用在我国南疆建设滇缅公路的施工中，为维护机器而设立的临时修理店被称为小皮奥里亚。

1945 年抗战胜利后，无论是国民党还是共产党治理的区域，引进和使用拖拉机都在增多。这既包括搜集第二次世界大战时遗留下来的拖拉机，也包括进口少量外国拖拉机。特别是联合国善后救济总署（以下简称“联总”）将战后剩余物资援助中国，1945—1946 年运来产自多国的各种牌号（百姓戏称“万国牌”）拖拉机 2 049 台。

在黑龙江解放区，到 1948 年，搜集了日、伪时期遗留的万国、法毛、卡特彼勒、兰兹、福特及小松等旧拖拉机共 71 台，以此兴办国营农场。1948 年后开始进口苏联的通用、斯特日纳齐和斯大林 80 等拖拉机。沈阳解放后，从联总那里接收卡特彼勒、约翰迪尔、法毛和福特等拖拉机 190 台。第二次世界大战后，苏联和东欧国家赠送我国东北解放区的拖拉机约有 200 台，主要留在东北的国营农场使用。

在河南黄泛区，从 1946 年 6 月到 1947 年 6 月，联总先后四次运来拖拉机 250 多台，品牌有福特、福特森、麦赛哈里斯、艾里斯查默斯、凯斯、克拉克、卡玛和迪弗尔等。在山东省，第二次世界大战后联总运进的拖拉机品牌有福特、法毛、麦赛哈里斯和卡特彼勒。1946 年底，联总把 40 台拖拉机运到烟台解放区。

1946 年，南京市政府引进 24 台美国艾里斯轮式拖拉机，因其产品属淘汰机型而逐渐报废。截至 1949 年，江苏省除学校、事业单位外的农用拖拉机仅有 25 台。在湖北省，1945 年联总拨给金水农场 5 台美国拖拉机，1946 年联总在天门县建立中美合作实验农场，装备美国拖拉机等机具。1946 年 3 月，福建南平纪廷洪自筹资金从美国购回一台手扶拖拉机，这是该省所见的第一台拖拉机。1946 年，联总拨给浙江 10 台美制拖拉机。

1947 年，联总在广东省惠阳成立机械复耕农场，使用美国战后剩余拖拉机进行耕作。 1948 年，联总赠送两台美国轮式拖拉机给中山县。抗战胜利后，联总给广西 60 台美国拖拉机。

台湾于 1947 年秋引进农用拖拉机 40 余台，设立“台湾省机械农垦委员会”。但因成本太高、土地零碎、水田过多、农业劳力过剩，推广农业机械化的结果不甚理想。

在联总派往我国培训拖拉机使用的志愿人员中，有一位美国年轻人韩丁，原名威廉·辛顿（Willam Hinton，图 6-53），后来他成为中国人民的亲密朋友。1985 年，他被聘为中华人民共和国农业部技术顾问。

图 6-53　韩丁培训中国拖拉机手

1931 年 9 月至 1949 年 9 月，除了解放战争后期，黑龙江等省的农业机械化取得部分进展外，在中国大多数地域这一进程被战争阻断。

6.22 第二次世界大战及战后拖拉机的结构

第二次世界大战期间，大多数拖拉机企业无暇关注技术进步。由于国家对立和战场分割，阻断了企业部分原材料供应链，加上战时物资优先军队使用，部分拖拉机零部件结构与技术出现倒退。战后拖拉机技术迅速恢复到战前水平。有些国家（主要是美国）的拖拉机技术继续向前发展。

整机　战时拖拉机整机形态无大变化，有的为了军用做了相应改装。战后除传统形态外，出现了自走底盘，其农机具挂接在前后轮之间。这种特殊形态的拖拉机引起了行业的关注，并在德国和苏联得到发展 [详见第 8 章“独特的自走底盘（上、中、下）”三节]。

发动机　战时因汽油和柴油的短缺，出现木燃气拖拉机，如德国芬特拖拉机等。意大利菲亚特履带式拖拉机采用柏盖托的发明专利，能用各种燃料（煤油、柴油、酒精、汽油、天然气和可燃气）运转。战时迟滞了行业从汽油机和煤油机向柴油机的过渡，战后重启。这一转变在苏联的进展比西方快，因其是计划经济体制。1946—1955 年，西方国家在美国内布拉斯加实验室检测的 216 台拖拉机中，只有 69 台使用柴油机。

传动系　战时在美国的拖拉机中，啮合套换挡的应用逐渐增多。而对处于战场中的国家，因为供应困难，传动系出现退步，如德国道依茨 F1M414 型拖拉机甚至从多挡退回到单挡。战后，特别是美国，保持了技术发展势头。艾里斯查默斯公司 1947 年在 HD19 型履带拖拉机的传动系中采用了液力变矩器，1948 年在 WD 型轮式拖拉机上采用了双离合器全独立动力输出轴。1954 年，万国公司法毛轮式拖拉机采用由离合器、行星排和自由轮组成的增扭器，无须分离主离合器即可快速换挡。这是世界上第一次在量产拖拉机上采用两挡动力换挡装置（参见第 8 章“里程碑：增扭器登上历史舞台”一节）。

转向与行走系　1939 年，美国福特 9N 型轮式拖拉机采用福格森独特的双拉杆前轮转向机构。1953 年，艾里斯查默斯 WD 型和凯斯 500 型轮式拖拉机，在世界上率先采用了动力转向机构。1939 年，菲亚特 40C 型履带拖拉机和通常结构不同，采用方向盘机械式操纵拖拉机转向。

对于轮式行走系，因战时欧美橡胶供应紧张，有些拖拉机不得不放弃充气橡胶轮胎而配装钢轮。1948 年，艾里斯查默斯 WD 型轮式拖拉机实现动力调整后轮距。1947 年，约翰迪尔 MT 三轮型拖拉机在双并前轮上采用 Roll-O-Matic 设计，一边的前轮遇突起可抬起以降低冲击（图 6-54）。

图 6-54　迪尔 Roll-O-Matic 设计

对于履带行走系，1940—1950 年生产的美国艾里斯查默斯 HD-7 型履带拖拉机，首次使用摆块式变刚性履带张紧装置（图 6-55），后来苏联 T-150 型履带拖拉机和中国东方红 1002/1202 型履带拖拉机都采纳了这一设计理念。

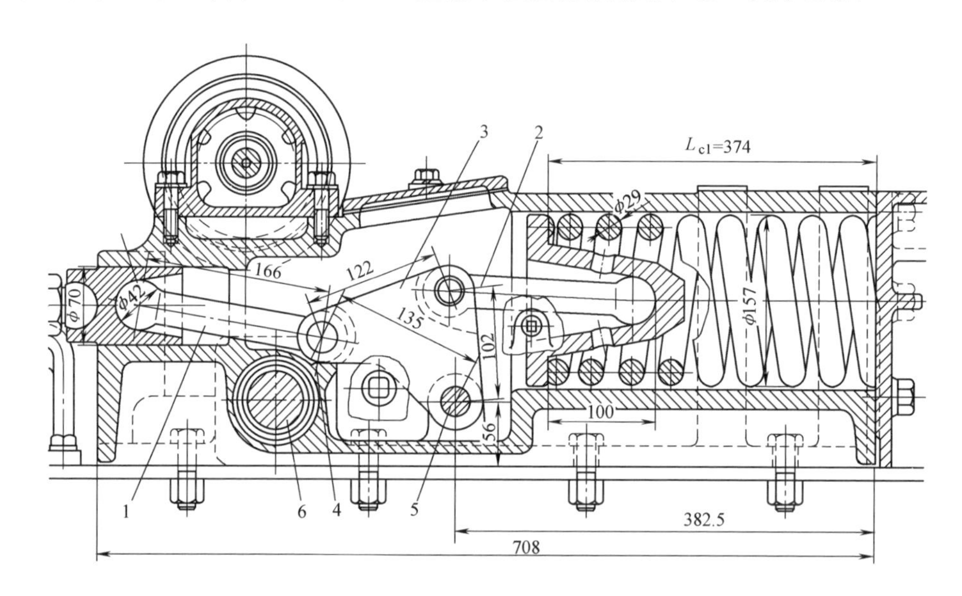

图 6-55　HD-7 六连杆张紧缓冲装置

1，2—连杆　3—三角摆块　4—支座　5—摆块摆动轴　6—台车架摆动曲柄

其他　战时，有些拖拉机不得不用永磁交流电动机电气系统代替使用蓄电池的直流电气系统。战后 1953 年，艾里斯查默斯 WD 型轮式拖拉机采用农具快速挂接机构。

第 7 章

激情燃烧的 20 世纪五六十年代（上）

引言：进军号在全球上空回荡

第一次世界大战结束 20 年后，第二次世界大战再起。在第二次世界大战结束 25 年后，尽管局部热战在朝鲜半岛、中东、越南先后爆发，冷战喧嚣在意识形态对立态势下甚嚣尘上，但是两大对立阵营还很难下决心再打一场全面战争，第三次世界大战并未发生。在二战后的 10 年复苏振兴期之后，从 1955 年到 1970 年，人类度过了一段难得的和平发展时光，经济形势和民众生活显著提高。在此背景下，拖拉机行业进军的号角在全球吹响，从规模到技术都进入了它激情再次燃烧的年代！

在第二次世界大战后的 10 年内，在原来几乎不生产拖拉机的中东欧和北欧诞生了一批新的拖拉机企业，如捷克热托、罗马尼亚布拉索夫、奥地利斯太尔、波兰乌尔苏斯、苏联明斯克、芬兰维美德、民主德国依发和匈牙利红星等。继这一强劲势头，1955—1970 年，拖拉机产业的新兴之火燃烧到了亚洲、中东和拉丁美洲各国。

我国于 1955 年在洛阳开工兴建第一拖拉机制造厂，仅用三年多时间就建成了年产万台“东方红”牌履带拖拉机的工厂，中国农业机械化“新的一天从‘东方红’开始”。另外，还在天津、沈阳、长春、南昌、鞍山、哈尔滨、上海、乌鲁木齐等地布局拖拉机产业，开始用自己制造的拖拉机耕耘这片辽阔的东方古国。

在南亚次大陆的另一古国印度，1961 年，引进联邦德国技术的印度艾歇尔拖拉机公司开始批量生产拖拉机。1961—1964 年，印度的塔菲公司与麦赛福格森公司，印度斯坦公司与捷克热托公司，以及印度伊思考特公司与波兰乌尔苏斯公司合作生产拖拉机。1965 年，印度马恒达公司等与美国万国公司合资成立了印度万国拖拉机公司，并开始生产拖拉机。

第二次世界大战后的日本再次崛起，创造了经济奇迹。日本农业机械化从“耕耘机”起步，日本的农机制造企业把它们转化成东亚水田的主要生产工具，并将其做到精致而领先于世界。接着是农用拖拉机，1951—1961 年，芝浦、久保田、小松、洋马和井关公司开始制造四轮拖拉机。

1954 年，中东国家土耳其的 5 家企业与美国明尼阿波利斯莫林公司合资，建立了明尼阿波利斯莫林土耳其拖拉机公司，并于1955年制造出土耳其第一台拖拉机。1963年，该公司与意大利菲亚特公司签署了拖拉机许可证制造协议。1962年，家族私营企业乌泽尔公司生产出其第一台拖拉机。

在地处南美洲的巴西，1960年，芬兰维美德公司在圣保罗注册成立了巴西维美德公司。1961年，麦赛福格森公司在圣保罗开始生产拖拉机。此外，福特公司、道依茨公司和芬特公司也在巴西设立了子公司。1959年成立的国有巴西拖拉机公司于1961年开始生产源自美国奥利弗公司技术的拖拉机。

在中欧国家南斯拉夫，1949年，塞尔维亚地区贝尔格莱德的拉科维察汽车工业公司试制出南斯拉夫第一台拖拉机。1955年，贝尔格莱德附近的南斯拉夫机械公司和拖拉机工业公司开始试制拖拉机。1959年，波斯尼亚地区的新特拉夫尼克公司开始生产履带拖拉机。

在新兴拖拉机生产国不断涌现的同时，原来先进国家的拖拉机生产企业仍然牢固保持其全球主导地位。它们既要满足本国农业机械化的需要，又要满足全球新兴国家农业机械化的大量需求，销售额大幅增长。

20世纪50年代，世界上最大的拖拉机生产商美国万国公司推出了更大功率、适应多种燃料、可选装动力换挡增扭器、带独立式动力输出轴的新一代60系列轮式拖拉机。1958年，财大气粗的万国公司在试验农场举办了行业最大的营销派对，款待25个国家的12 000名代理商。60年代，万国公司扩展了业务，开始研制家用草坪和花园机械。

1956年，美国迪尔公司收购德国百年老店兰兹公司，迈出其跨国经营的第一步。1960年，在美国达拉斯市的大商场里该公司的由传统双缸发动机向多缸发动机转型的新一代拖拉机，令5 000名来宾耳目一新。1963年，迪尔公司超越万国公司，成为全球最大的拖拉机生产商。1964年，迪尔公司的产品扩展到草坪与花园拖拉机。

1958年，加拿大和英国合资的麦赛哈里斯福格森公司定名为麦赛福格森公司，结束了此前其加拿大和英国子公司双轨运营的混乱局面。该公司推出著名的MF系列拖拉机，其多种灵活的变型既能满足发达国家要求，也能适应发展中国家需要，在全球具有强大吸引力。到1963年，该公司在10个国家已建有27家工厂。

1960年，苏联拖拉机年产量已超过美国，并且供应新兴的社会主义阵营国家。哈尔科夫拖拉机厂，1959年批量生产T-75型履带拖拉机，1962年生产改进的T-74型拖拉机；斯大林格勒拖拉机厂1960年批量生产ДТ-75型履带拖拉机，1967年生产受欢迎的ДТ-75М 型拖拉机；明斯克拖拉机厂 1963 年批量生产 МТЗ-50 型轮式拖拉机；车里雅宾斯克拖拉机厂 1958 年批量生产 С-100 型履带拖拉机，1961 年生产 ДЭТ-250 型电动拖拉机。此外，苏联还建立了奥涅加、塔什干、巴甫洛达尔和基什涅夫等拖拉机厂。

20 世纪 50 年代中期，美国福特公司调整拖拉机的单一化产品战略。其美国工厂提供福特品牌百位数系列拖拉机，1961 年开始提供千位数系列拖拉机；其英国工厂提供福特森品牌系列拖拉机。1965 年，福特公司整合美欧所有拖拉机型号，消除为不同市场生产不同设计产品的习惯。

意大利菲亚特公司和法国雷诺公司的拖拉机业务已在各自国内市场站稳脚跟，开始向欧洲和全球进军。

20 世纪 50 年代中后期，美国、澳大利亚、英国等基本完成农业机械化，它们的拖拉机保有量趋于饱和。到 60 年代后期，法国、联邦德国等发达国家也接近完成农业机械化，意大利、西班牙等国家的拖拉机保有量仍处于增长期。因此，美欧发达国家拖拉机产业的竞争加剧，以致产业重新洗牌现象已露端倪。

美国凯斯公司尽管在 20 世纪 50 年代后期成功制造了大批前装后挖的拖拉机，但是因企业多次亏损而面临破产。几经顽强拼搏，最终不得不在 1964 年被一家地产公司控股。继而在 1967 年再被休斯顿从事多元投资的田纳科公司控股。

在激烈竞争中沉浮的中小企业面临或转型突围，或被兼并重组，或被迫破产的境地。从 1960 年起，拖拉机老企业美国奥利弗公司、加拿大科克沙特公司和美国明尼阿波利斯莫林公司先后被美国怀特汽车公司收购。1969 年，怀特汽车公司把它们合并组成怀特农业装备公司。

生产通用拖拉机的意大利卡拉罗公司，其创始人的儿子们分兵突围：其中三个儿子将核心业务转为拖拉机转向桥与传动系统，后来发展成拖拉机行业这类部件的著名供应商；小儿子安东尼奥专注特种拖拉机，劳动并快乐地生活着。

1970 年和 1961 年相比，全球拖拉机保有量增长 42%。其中，发达国家增长 39%，苏联增长 63%，发展中国家增长 91%。这是一段令人怀念的激情燃烧岁月！

7.1 中国第一拖拉机制造厂诞生

为迎接 21 世纪的到来，我国在北京修建了中华世纪坛，其青铜甬道上镌刻了从 300 万年前到公元 2000 年间的中华文明历程。在公元 1959 年项下，镌刻着“第一拖拉机制造厂在洛阳建成”字样，其被列为中华文明重大事件之一。

1949年10月1日，中华人民共和国成立，百业待举。1953年5月，中苏两国签订了苏联帮助中国建设拖拉机制造厂的协议。工厂的工艺技术设计由苏联汽车拖拉机设计院负责；工艺施工设计由苏联哈尔科夫拖拉机厂负责；工厂各车间扩建初步设计和铸钢、铸铁车间建筑施工设计由苏联哈尔科夫农业机械设计院负责；其余由国内15家单位完成。

拖拉机制造厂于1953年筹备，最初称为洛阳拖拉机制造厂，1955年10月定名为第一拖拉机制造厂（简称一拖），1968年改为东方红拖拉机制造厂，1978年恢复为第一拖拉机制造厂，直到1992年公司化改造。1997年，公司发展成为中国一拖集团有限公司，简称“中国一拖”。

1953年，第一机械工业部（简称一机部）汽车工业管理局的拖拉机工厂筹备组开始选址，先在哈尔滨、石家庄及西安，后在河南省内的郑州、洛阳、偃师、新安、陕县踏勘。苏联专家倾向于郑州，中方专家倾向于洛阳。1954年1月，自始至终关心拖拉机厂建设的中华人民共和国中央人民政府主席毛泽东决定把工厂建在洛阳。

1953年7月，在洛阳成立了拖拉机制造厂筹备处。1954年，决定在洛阳涧河以西的农村建厂。厂址既定，环境勘测、地形测绘、地质勘探、处理古墓等工作立即展开。仅在厂区就打了102.68万个探孔，发现从秦、汉、晋、唐、宋到近代古墓1 568座，古河、古井、古坑、古蚁穴等1 450处。

施工大军进场的时刻来到了。1954年，集体转业的解放军建筑第八师和建筑工程部第五建筑公司合并组成洛阳工程局，负责拖拉机厂项目。1955年年初，设备安装队伍从北京、长春和武汉进入工地。施工大军按先建宿舍后建厂房，先建辅助生产车间后建基本生产车间，以及边土建、边安装、边调整试生产的方针投入基建。

1955年10月1日，共有9万人左右的洛阳有7万多人参加了一拖主厂房的奠基典礼，一拖全面进入一期建设。全国有140多家单位为该厂输送干部和工人，有450多家单位提供设备、材料和协作产品。全国人民写了数万封祝贺信鼓励建设者。土建、安装施工人数最高时达两万人。1956年土建施工进入高潮，2.4万m^2的发动机工场厂房框架吊装任务仅用38个工作日就完成了。年底，大雪纷飞，气温降到零下16℃，施工人员仍坚持施工（图7-1）。1958年，设备安装进入高潮。到1958年10月底，一拖基本建成，可批量生产调试。

图 7-1　一拖工地在大雪中坚持施工

当时洛阳的商业网点在 10 km 外的老城，为保障创业者们的生活，两年的时间里，上海、广州等地 3 500 名商户、17 家工厂、88 家商店的 2 717 名职工支援洛阳。他们的服务精神依然保留在今天工厂区“上海市场”和“广州市场”的名字里。

在施工大军如火如荼、夜以继日建设的同时，一拖逐步扩大职工队伍，到 1958 年年底已有职工 18 404 人。管理干部主要来自河南、湖南和湖北，技术干部和生产调整工主要来自第一汽车制造厂，技术工人来自上海、济南、太原、烟台以及洛阳、长春、大连、济南、武汉、郑州、北京的技校和哈尔滨航校，青年工人主要来自河南农业地区以及各地的中学生，工程技术人员来自各地四五十年代大学、大中专院校的毕业生，其中部分人有国外经历。但是，绝大多数职工没见过拖拉机，没接触过工业，抓紧培训是刻不容缓的大事。工厂一方面将相关人员派往北京、天津、上海、长春、哈尔滨等地大专院校，分专业学习；另一方面抽出有经验、文化程度较高的干部，让他们学习俄语并派他们前往苏联实习深造。在此期间，选拔了 2 165 人去国内兄弟厂实习、52 人去大学学习、83 人去中专学校学习，158 人分成两批，由副厂长带队到苏联哈尔科夫拖拉机厂实习一年。对于坚守岗位的人员，从厂长到工人，由工程师给他们上课，让他们边工作边学习。早在工厂筹建时，图书馆及阅览室就和医院、幼儿园、食堂、浴池一道成为工厂最初必须建立的服务设施。

1954 年，一机部任命原河南省委副书记刘刚为第一拖拉机厂厂长。在工厂投产前的 1958 年，刘刚调任西安飞机厂厂长。

建厂过程中得到了苏联专家兄弟般的援助。1956年，苏联专家总负责人列布可夫到一拖指导工作，1958年他奉命回国，同年苏联派专家特维宁科作为总负责人接替列布可夫。聘请的40位苏联专家认真敬业，每天随职工上班，常干到深夜，有病或受伤仍坚持工作。一拖建成投产8个月后，苏联专家奉召回国，他们为一拖培养了大批技术人才，留下了丰富的技术资料。至今，苏联专家辛勤工作、谆谆教导的形象仍展示在洛阳东方红农耕博物馆的大厅里（图7-2），他们严谨、忘我、真诚的帮助永远留在一拖人的心里。

图7-2 苏联专家与职工研讨问题

一拖开工建设3年后，生产设施基本建成，准备批量生产拖拉机。出生在湖南农民家庭的毛泽东主席，早在延安时期就对苏联农业集体化和机械化心驰神往。1958年3月，他在拖拉机厂规划的批语中写道："拖拉机型号名称不可用洋字。各种拖拉机样式和性能一定要适合我国的气候和地形；并且一定要是综合利用的；其成本一定要尽可能降低。"这段不足百字的批语，毛泽东主席反复修改了七八处，他对拖拉机的深刻思考跃然纸上。受一首陕北民歌启发，经一拖建议、一机部批准，拖拉机品牌定为"东方红"。尽管"不可用洋字"在后来已不再遵循，但毛泽东主席体谅当时农民文化水平有限的情愫仍留在人们的记忆里。

1958年4月4日，为适应当时"大跃进"浪潮，第一台16马力（1马力=0.735kW）煤气轮式拖拉机试制成功。后来该机以"洛阳"为品牌。一拖生产了10台煤气轮式拖拉机，其中有的还使用铁制车轮。1958年7月20日，第一台东方红54型履带拖拉机诞生（图7-3）。1958年，生产了44台54型履带拖拉机。其中，2台参加了国庆9周年的群众游行。

图 7-3 第一台东方红履带拖拉机

1958 年 9 月，杨立功接任一拖党委书记兼厂长，直到 1962 年调任国务院农业机械部副部长。1959 年，一机部同意一拖向国家交工验收。1959 年 10 月 12 日，国务院总理周恩来视察一拖。他语重心长地对职工说：“要记着，你们是中国第一啊！要出中国第一的产品，出中国第一的人才，创造中国第一的业绩。”他还强调，交工验收大会要隆重热烈，不要铺张浪费。几十年来，“三个第一”始终被一拖人尊为企业精神。

1959 年 11 月 1 日，在一拖门前广场上隆重举行了第一拖拉机制造厂落成典礼。奋战 4 年，一拖投资 28 948 万元，完成厂房和宿舍建筑面积 57.36 万 m^2，安装当时具有国内外先进水平的设备 9 691 台。中国农民盼望已久的“耕田不用牛”的伟大时代开始了！1963 年，农业机械部任命马捷接任一拖厂长。一拖没有辜负国家和人民的期望，到 1984 年年底，共生产各种拖拉机 333 636 台，上缴利润、税金和折旧金共 22.8 亿元，为国家投资的 3.5 倍。

7.2 万众支援创建一拖

20 世纪 50 年代初，我国建造拖拉机制造厂的新闻，犹如一声春雷传遍辽阔的中国大地，燃起亿万农民“耕田不用牛”的梦想。

全国民众先后写了数万封祝贺信鼓励建设大军和工厂，这些信来自北大荒、新疆建设兵团、志愿军和广阔的农村。全国各地民众把节省下来的大米、过冬用的木炭以及大量耐火土和砖石块送到洛阳；成千上万的“红领巾”把拾废品和拾麦穗换来的零钱寄到洛阳；河南省灵宝县送来用大枣制作的像真马一样大的枣红马……全国人民的关怀，极大地激励着拖拉机厂的建设者们。

拟定的厂址原来是洛阳涧河西岸的肥沃农田。千百年来，生活在这片土地上的人们辛勤耕作，汗水撒向脚下的热土。为了建厂，需占地 5 000 多亩（1 亩 =666.7m^2），涉及 4 座村庄，其中两座须全部搬迁。农民欢迎在他们村庄建厂，但是没见过大工业的他们远没想到需要撤离故土。当地政府做了深入细致的工作，为了建厂，农民们最终还是舍弃了自家的房舍、枣树和坟地，唐屯村和崔家村全部搬迁到北面邙山半山坡上的新址。搬迁时，苏联塔斯社记者在村支书的带领下绕村转了一圈，亲眼目睹并记录了难舍故土而又深明大义的村民拖家带口、离井离乡的一幕。

古都洛阳的大地上，即便是在农田中也遍布古墓，探墓是保证建筑安全的百年大计。初始采纳苏联专家建议用钻探机探墓，但一周后仍未见古墓踪影。钻探机适合打井但不适合探墓，并且进度远赶不上需要。工厂筹备处找到了擅长寻找古墓的人，在他的帮助下完成了探墓工作。施工方请河南新乡县修筑黄河堤坝的专业打夯队来完成古墓挖掘后的填实工作。新乡县接到邀请后，当即答应派 800 ～ 1 000 人，并愿意义务填墓夯实，分文不取。春暖花开之时，工地打夯声此起彼伏。

1954 年 10 月，一拖建设在宿舍区 11 号和 12 号街坊展开。但是从上海、武汉来的建筑队在施工前一天发现因管道问题不能正常供水。为保证如期开工，工厂动员 100 多名农民，挑着木桶往返数公里，从涧河担水，保证了施工进度。

1958 年 8 月，工厂将第一台履带拖拉机赠送给为建厂而搬迁的唐屯村，表达对乡亲们的感念之情。赠送拖拉机的那天下午，早早在村口等候的换上新衣的三四百村民围了上来，锣鼓喧天地迎接“东方红”的到来，工人、农民紧紧拥抱。村里宽宽的街道挤满人群，将拖拉机围得水泄不通，震耳欲聋的鼓掌声响成一片（图 7-4）。

图 7-4　新唐屯村迎接东方红拖拉机

从 1958 年起，一拖开始在河南省大批招工。1958 年是一拖职工人数增加最多的一年。在农村招收 7 925 人，其中 70% 来自贫穷的地处豫东农业平原的商丘地区。其余来自新乡、南阳、信阳、许昌和洛阳等。数以千计的小伙子和姑娘们经过培训，成为新中国第一代拖拉机产业工人。这些农民的后代在一拖这个舞台上，实现了“让东方红拖拉机遍布全国、走向世界”的梦想。

7.3 新中国布局拖拉机产业

经过连年战争，到 1949 年，我国在用的拖拉机仅有 117 台。新中国的建立推动了我国研制拖拉机的热潮。

新中国研制的第一台拖拉机诞生在辽宁大连。在旅大行署人民法院劳动习艺机械工厂里，有个判刑一年、有制造内燃机经验的犯人，提出能试制拖拉机。1950 年 2 月 10 日，他带人制成一台 40 马力的轮式拖拉机，它可牵引 10 ～ 12t 的拖车，拖带 10t 拖车时车速达 12 km/h。后来该拖拉机在法院农场及旅大试验农场作过耕作试验。新中国研制的第一台履带拖拉机诞生在山西太原。1950 年 12 月，山西机器公司下属的振兴机器厂参照美国旧的克拉克（Clark）拖拉机，制成了“抗美援朝”号履带拖拉机。该拖拉机采用 25 马力水冷四缸汽油机，轨距 1 520mm，质量为 4t，最高速度为 7km/h。

此后，特别是在“大跃进”时期，全国研制拖拉机的浪潮风起云涌，截至 1958 年 5 月底，全国试制的拖拉机样机从蒸汽拖拉机到内燃拖拉机、从轮式到履带、从四轮到手扶、从充气橡胶轮胎到钢轮，达 155 种之多。其中较重要的有：1957 年，辽宁安东机械厂（后命名为丹东五一八拖拉机配件厂）仿照匈牙利 GS-35 拖拉机试制的 35 马力“鸭绿江一号”农用轮式拖拉机；1958 年，辽宁灵山农业机械厂参照苏联 C-80 拖拉机试制的 80 马力履带拖拉机；天津拖拉机厂参照苏联 MT3-5 拖拉机试制的 40 马力轮式拖拉机。

但是，这些拖拉机绝大多数不具备持续生产的合理性。为适应新中国农业机械化浪潮，1951—1958 年，国家用 4.06 亿元从国外购买了 2.8 万多台拖拉机，主要供东北、新疆等地的国营农场使用。1958 年 9 月，一机部提出轮式、履带和手扶三类拖拉机的设计草案。国家在集中力量建设一拖的同时，制定了全国拖拉机发展规划，组建了一批拖拉机制造厂，对拖拉机的机型和产地做了全国布局。

1960 年 10 月，农业机械部决定生产工农 7 型手扶拖拉机，跃进 20 型、丰收 27 型、东方红 28 型和铁牛 40 型轮式拖拉机，东方红 54 型和红旗 80 型履带拖拉机以及集材 40 型履带式林业拖拉机 8 种机型。同年，在全国安排了 19 个拖拉机建设项目。此后恰逢三年困难时期，拖拉机建设项目收缩到部属洛阳、天津、沈阳、长春、鞍山、江西、松江等拖拉机制造厂。由于多种原因，除一拖外，其他大中型拖拉机厂都经历了曲折的发展过程。

天津拖拉机制造厂　1954 年，一机部决定利用天津汽车制配厂改建并生产铁牛 40 型轮式拖拉机，1956 年命名该厂为天津拖拉机制造厂。1958 年 4 月，天津拖拉机制造厂制成第一台铁牛 40 型轮式拖拉机，当年生产了 19 台。40 型轮式拖拉机采用 40 马力四缸柴油机、5 进 1 退变速箱，最高速度为 12.95km/h，质量为 2.9t，1960 年生产了 1 909 台。该厂的生产能力经过 8 次变动，1978 年扩建为年产 1 万台的生产能力。从建厂到 1984 年，该厂共生产拖拉机 11 万台（图 7-5）。

图 7-5　天津拖拉机厂装配线

沈阳拖拉机制造厂　该厂的前身是创建于 1952 年的沈阳农业机械厂，1958 年改为沈阳拖拉机制造厂，1964 年开始批量生产东方红 28 型拖拉机。1965 年，改产 2125 型柴油机，为长春和新疆的两个拖拉机厂配套，1965 年年末成为年产 6 000 台发动机的专业厂。1969 年再次生产东方红 28 型拖拉机，1980 年的年产量为 3 640 台。

长春拖拉机制造厂　1958 年 6 月，一机部决定将吉林省国营六三六厂的辅助车间按年产 1 万台铁牛 40 型拖拉机的规模改为长春拖拉机制造厂。此后几经变动，1964 年改为生产东方红 28 型拖拉机底盘并总装 5 000 台的规模。1965 年，沈阳拖拉机制造厂已形成的 1 万台生产能力并入该厂。1976 年建成年产 1 万台 28 型轮式拖拉机的工厂。

江西拖拉机制造厂　1958 年，南昌市江西机械厂造出丰收（原名“八一”）27 型轮式拖拉机，当年生产了 4 台，采用 27 马力四缸柴油机、4 进 1 退变速箱，最高速度为 21.2km/h，质量为 2.1t。同年 5 月，改建为江西拖拉机制造厂。1963 年调整为制造丰收 27 型拖拉机底盘并总装 2 500 台的规模，1966 年调整为年产 1 万台的规模。

鞍山红旗拖拉机制造厂　1958 年 6 月，创建于 1949 年的辽宁鞍山市灵山农业机械厂试制成功红旗 80 型履带式拖拉机，当年生产了 3 台。该机采用 80 马力四缸柴油机、5 进 1 退变速箱，最高速度为 9.65km/h，轨距为 1 880mm，质量为 11.4t。同年 10 月，更名为鞍山红旗拖拉机制造厂，中华人民共和国副主席朱德题写了厂名。1958 年试制出第一台红旗 100 型履带式拖拉机，1963 年开始批量生产。经调整，1965 年建成年产 500 台履带式拖拉机的工厂。

松江拖拉机制造厂　1958 年，在哈尔滨一家创建于 1949 年的工厂的基础上组建松江拖拉机制造厂，生产 40 马力轮式拖拉机。1965 年确定参照苏联 ТДТ 型集材拖拉机生产集材 50 型履带式林业拖拉机。1966 年生产拖拉机 300 台，1971 年完成年产 500 台能力的扩建改造。

上海丰收拖拉机制造厂　1958—1962 年，经上海汽车装修厂（上海汽车厂的前身）、宝锠汽车材料厂和上海拖拉机制造厂接力研发，试制成功丰收 35 型水田轮式拖拉机。1963 年，上海拖拉机制造厂集中力量发展手扶拖拉机，丰收 -35 型拖拉机由上海七一农业机械修配厂生产。1965 年，该厂改名为七一拖拉机厂，当年生产了 323 台丰收 35 型拖拉机，1966 年生产了 608 台丰收 35 型拖拉机。1969 年该厂试制成功 5 台 45 型拖拉机样机。1970 年，45 型拖拉机由上海拖拉机制造厂生产，七一拖拉机厂继续生产 35 型拖拉机。1972 年，七一拖拉机厂改名为上海丰收拖拉机制造厂，1981 年并入上海拖拉机制造厂。从 1963 年试生产到 1982 年停产，上海丰收拖拉机制造厂共生产 35 型拖拉机 68 902 台（图 7-6）。

图 7-6　丰收 35 型水田拖拉机

同时，国内也出现了研制手扶拖拉机的热潮。1958 年，湖北武汉通用机械厂研制成功 3 马力手扶拖拉机，上海拖拉机制造厂和常州拖拉机厂陆续试制出 7 马力手扶拖拉机。1960 年，上海拖拉机制造厂试生产工农 7 型手扶拖拉机，1964 年生产了 622 台。1964 年，国家投资扩建常州拖拉机厂、武汉手扶拖拉机厂。至 1966 年，常州拖拉机厂生产了 2 700 台拖拉机。1965 年，国家又先后扩建沈阳小型拖拉机厂和广东新会农业机械厂，用于生产手扶拖拉机。

到 1966 年，我国（除台湾省以外）基本建成了 11 个大中型拖拉机厂、8 个手扶拖拉机厂，形成年产 2.8 万台中型拖拉机和 3.5 万台手扶拖拉机的能力。

7.4 东方红履带拖拉机

我国大批量生产的第一种拖拉机是一拖制造的东方红 54 型农业通用型履带拖拉机（图 7-7）。它引进苏联ДТ-54 型拖拉机技术，采用 54 马力柴油机、5 进 1 退变速箱，有推土和液压悬挂等变型。该机每天可耕地 8hm^2，是牛耕地的 40 多倍。东方红 54 型拖拉机从 1958 年生产到 1966 年，之后被 75 型拖拉机取代，共生产了 53 903 台，全部零件实现了国产化。1964 年 6 月，东方红 54 型拖拉机获得国家计委、经委、科委工业新产品奖二等奖。

图 7-7 东方红 54 型履带拖拉机

一拖在生产 54 型拖拉机的同时，开始研制 75 型拖拉机。1959 年 4 月，75 型拖拉机试制成功。1960 年，《人民日报》刊发一拖的《怎样改进东方红拖拉机——洛阳拖拉机厂征求意见》一文，从 10 个方面征求用户意见和建议。

1959—1961 年，一拖先后试制了 3 批 29 台 75 型拖拉机样机，进行性能和田间试验，并发往东北农垦总局、新疆建设兵团、河南省黄泛区和海南岛农场等地做长期使用试验。

75 型拖拉机（图 7-8）是一拖在引进 54 型拖拉机后自行改进设计的尝试：加大功率，加快工作速度，提高生产率；改进车架、履带与驱动轮，提高行走系寿命；加强变速箱齿轮，加大中央传动螺旋角，提高最终传动齿轮支撑刚度等。1964 年 6 月，东方红 75 型履带拖拉机获得国家计委、经委、科委工业新产品奖一等奖。尽管此时苏联，停止供应一些后续设备，但援建一拖的苏联工厂仍通过持续寄出产品更改通知书传递苏联同行对中国同行的情谊，这些通知书对研制 75 型拖拉机起到了重要作用。

图 7-8　东方红 75 型拖拉机

1965 年之前，零星生产了 63 台 75 型拖拉机。1966 年，完成 54 型换产 75 型，并一直生产到 1990 年，共生产 286 200 台。1980 年产量达 24 006 台，是该厂履带拖拉机的最高年产量。此时，东方红履带拖拉机不仅在农垦和农村使用极为广泛，还在水利、交通、土方施工领域得到广泛应用。20 世纪 80 年代之前，东方红 54 型和 75 型履带拖拉机完成了我国机耕地 70% 以上的耕作。

此后，一拖在发展轮式拖拉机的同时，继续推动履带拖拉机升级换代。1989 年，一拖推出 80 马力新型 802 型履带拖拉机，配有舒适驾驶室，取代 75 型拖拉机。该机有宽履带、推土、电起动、橡胶履带、前推土后挖掘等变型产品（图 7-9）。802 型拖拉机及其变型产品一直生产到 21 世纪初。到 2000 年，已累计生产了 166 496 台。

图 7-9 802 KT 湿地推土变型拖拉机

1997年，一拖推出了自行设计的新型1002型/1202型履带拖拉机（图7-10）。1002型拖拉机装配LR 6105柴油机，功率为100马力，采用双功率控制系统；采用6进2退变速箱、双向浮式制动器，带液压或机械转向助力，整体后桥壳体，最终传动为简支梁结构；行走系统采用大半架式焊接车架、三角摆块式液压张紧装置和浮式密封支重轮；液压系统采用三阀分配器，前、后液压输出，双速动力输出轴，采用独立式动力输出轴；采用全密封驾驶室、顶置暖风机、选装空调、高度可调弹性座椅，以及按人机工程设计驾驶操作等。1999年12月，东方红1002型/1202型农业履带式拖拉机获得国家科技进步奖二等奖。

图 7-10 东方红 1002 型拖拉机

21世纪初，新型C系列履带拖拉机已扩展为40～200马力多平台履带拖拉机系列（图7-11），分别采用多项国际先进技术，如无芯铁摩擦驱动橡胶履带行走系、履带持续液压张紧、扭杆减振悬架、方向盘操纵差速转向机构及电控悬挂系统等。

图 7-11 东方红 C 1302 型拖拉机

7.5 一拖总工程师罗士瑜

在一拖建厂阶段任命的总工程师钟道昌，就任不到一年不幸去世。罗士瑜从一机部设计分局副局长岗位调入一拖，接任总工程师。

罗士瑜于 1915 年出生在天津市的一个医生家庭。1936 年，他同时考上清华大学、协和医学院、济南齐鲁医学院，最后他选定了清华大学工学院机械系。1937 年暑假，抗战开始，学校在战火中远迁长沙、昆明。他发奋学习，成绩居班级前三名，受到清华副校长刘仙洲的肯定。20 多年后，已是一拖总工程师的罗士瑜拜访刘仙洲，刘老直呼他小罗，令同行的一拖人员大感意外。

罗士瑜从清华大学毕业后，系主任留他当助教，并答应两年后送他出国留学。但他想去工厂，遂由系主任推荐到当年被誉为抗战功臣的昆明中央机器厂工作。该厂是抗战前期国民政府创办的第一个国营大型机器制造厂，曾创造中国机械工业 68 项第一。怀着救国情怀，罗士瑜在中央机器厂从 1940 年工作到 1945 年。他和同事一道建成大型铸造车间，设计制造冲天炉、混砂机及桥式起重机等。两年后，他被提拔为副工程师和热处理车间主任。后因派系影响，难以施展抱负。1945 年，他回清华大学工作，同年 6 月赴美留学。

在美国留学两年后，罗士瑜放弃了到密歇根大学读硕士的机会，先后在 6 个工厂实习，学习热处理、铸造、锻造和模具设计制造。1947 年，他留学归来，到天津机器厂工作。1949 年天津解放，接收工厂的军代表请罗士瑜担任设计科科长，同年他又被调到华北机器公司工程师室任副主任。

1950 年，罗士瑜被调到重工业部中央机器工业局技术室担任科长。1951 年，罗士瑜执笔编制《机械工业第一个五年计划发展规划》，得到重工业部和国家计委的肯定。1952 年，他被调到一机部第一设计分局任副总工程师，参与了创建各类机械工厂的设计。1955 年，罗士瑜任第五设计分局副局长、总工程师。在一机部期间，他负责或参与组织了一拖、江西拖拉机厂、天津拖拉机厂等 22 个工厂的设计。

1958 年，罗士瑜被调到一拖任总工程师兼副厂长。当时一拖的建设尚未竣工，他主抓工装设备的订购和安装。因国内厂家不能按合同交货，厂领导决定自制非标准设备。罗士瑜组织人员，借助苏联图样自行设计制造非标设备，使一拖提前一年交工验收。

一拖投产后的几年内，只生产 54 型履带拖拉机这个单一产品。罗士瑜和总设计师吴敬业一道，20 世纪从 50 年代末到 1966 年，组织了 75 型履带拖拉机、40 型轮式拖拉机、160 型大型工业推土机、665 型军用越野汽车等新产品的研制。罗士瑜在 40 型轮式拖拉机批量生产上付出了较大心血，到了晚年他还时常提起。他认为一拖仅生产履带拖拉机是危险的，选定中功率轮式拖拉机比较合理。但因计划经济下的产业布局，部分上级部门对此有异议。在征得农机部领导同意后，1964 年一拖开始研制 40 型轮式拖拉机，1970 年正式投产。一拖利用自有资金，因陋就简维持生产，加上当时环境的影响，40 型轮式拖拉机终因质量问题和上级指示于 1978 年停产，累计生产了 31 716 台。

罗士瑜过去在大型工厂工作的经历，使他喜欢在一线观察与解决问题（图 7-12）。他创造了生产技术管理五大计划，即生产计划、设备维修计划、工艺装备制修计划、模具与毛坯鉴定计划、工艺检查零件升级计划。这五大计划分别编制，逐月汇总，统一平衡，分系统归口管理、调度和考核，把生产和技术统一了起来，较好地解决了数量和质量的关系。

图 7-12　罗士瑜（中）在现场

1966 年，罗士瑜在“文革”中受到冲击。1973 年落实政策，他回到技术领导岗位后，上下奔忙，筹集场地、人员、设备，重建了 1968 年被撤销的厂级技术处室。80 年代初，为适应农村改革，一拖决定开发小型轮式拖拉机。罗士瑜多次找部长汇报此事，最终得到许可。15 马力东方红 150 型拖拉机 1982 年完成 5 台样机，1983 年通过鉴定，同年正式投产。150 型拖拉机及其变型产品生产到 2000 年，共生产了 510 818 台，推动了改革初期我国农村的发展。

1978 年，一机部决定引进迪尔公司和菲亚特公司等的拖拉机技术。擅长铸造及热处理技术的罗士瑜，对当时一拖重建的拖拉机设计处的设计能力估计过高，他倾向自主设计，对引进技术持保留态度。1981 年，65 岁的罗士瑜退居二线，担任一拖顾问。1997 年 12 月罗士瑜去世，享年 82 岁。

20 世纪 50 年代，国家对罗士瑜这样的第一代专家十分重视，当时他的工资在全厂最高。60 岁后，他有重回农机部机关任技术领导的机会，但他还是留在了一拖。按照企业退休制度规定，他的退休金不高，过着淡泊宁静的晚年生活。像罗士瑜一样在制造业工作终身的第一代专家们，晚年大多如此。这些前辈们是我国制造业技术的奠基人，他们鞠躬尽瘁的精神永远值得后辈们学习！

7.6 印度拖拉机产业兴起

20 世纪 40 年代中期，印度的农业机械化水平很低，二战后剩余的拖拉机和推土机开始用于土地开垦和耕作。从第二次世界大战后期到 1946 年，印度进口了 4 500 台拖拉机。1947 年，印度独立。1947—1960 年，印度进口了 3.25 万台拖拉机。60 年代，以生产拖拉机的时间排序，印度有艾歇尔拖拉机公司、塔菲公司、印度斯坦拖拉机公司、伊思考特公司和印度万国拖拉机公司 5 家公司。和其他发展中国家类似，印度的拖拉机产业也是从引进外国技术开始。

艾歇尔拖拉机公司　印度第一次生产拖拉机的故事得从遥远的德国巴伐利亚州艾歇尔兄弟说起。20 世纪 30 年代，在靠近慕尼黑的一个小村庄，约瑟夫 • 艾歇尔和艾伯特 • 艾歇尔（Joseph Eicher &Albert Eicher）兄弟制造了艾歇尔拖拉机。1949 年，他们凭借采用空冷发动机的农用拖拉机已跻身联邦德国主要拖拉机制造者之列（图 7-13）。

图 7-13 艾歇尔 22PSI 拖拉机

1952—1957 年，印度新德里大地（Goodearth）公司进口了约 1 500 台艾歇尔拖拉机。1958 年，大地公司与联邦德国艾歇尔汽车公司合作，在印度法里达巴德建立了印度艾歇尔拖拉机公司。1959 年，该公司装配出印度第一台本土拖拉机。1960 年，印度产艾歇尔拖拉机开始投放市场，1961 年开始批量生产。1965 年，该公司完全为印度股东所有，其产品仍采用艾歇尔品牌，型号为 115/8 型，功率为 25 ～ 35hp。该公司规划年生产能力为 2 000 台。1965—1975 年，该拖拉机实现了 100% 的本土化。艾歇尔拖拉机公司 1969/1970 财政年度生产这种拖拉机 400 台，1970/1971 财政年度生产了 800 台。

1970 年，麦赛福格森公司购买联邦德国艾歇尔拖拉机公司 30% 的股权，1973 年完全收购了这家公司。2005 年，艾歇尔拖拉机公司的母公司艾歇尔汽车公司把它卖给了印度塔菲公司。

塔菲公司　塔菲（TAFE）公司起源于印度联合集团。当时麦赛福格森公司正寻找一家在印度制造 MF 拖拉机的公司。此前，印度南部班加罗尔的印度斯坦达德（Standard）汽车公司已负责 MF 拖拉机在印度的全部业务。联合集团和麦赛福格森公司会谈，决定接管斯坦达德汽车公司的运作。1960 年，在马德拉斯成立了新的拖拉机和农业装备（Tractors and Farm Equipment）公司，简称塔菲（TAFE）公司，其年产拖拉机能力为 7 000 台。1961 年，该公司开始生产 MF35 型拖拉机（图 7-14）。该拖拉机 1969/1970 财政年度的产量为 2 800 台，1970/1971 财政年度的产量达 4 000 台。

图 7-14　塔菲公司生产的 MF35 型拖拉机

2005 年，塔菲集团通过其全资子公司 —— 塔菲汽车和拖拉机公司，收购了印度的艾歇尔拖拉机公司，成为印度第二大拖拉机生产商，生产塔菲、麦赛福格森和艾歇尔三种品牌的拖拉机。

印度斯坦拖拉机公司　1959 年，作为印度最初三家轿车制造厂之一的印度斯坦（Hindustan）汽车公司成立了子公司 —— 拖拉机和推土机公司，其业务是进口拖拉机。1963 年，子公司与捷克斯洛伐克的热托合作，开始生产拖拉机。1967 年，公司改名为印度斯坦拖拉机公司。该公司生产基于热托设计的 35 型和 50 型拖拉机（图 7-15），以印度斯坦品牌销售，形成年产 35 型拖拉机 2 000 台、50 型拖拉机 5 000 台的生产能力。该拖拉机 1969/1970 财政年度的产量为 1 650 台，1970/1971 财政年度的产量为 2 000 台。

图 7-15　印度斯坦 50 型拖拉机

1978 年，印度古吉拉特邦政府收购了处于困境的印度斯坦拖拉机公司，组成公营的古吉拉特（Gujarat）拖拉机公司。1999 年 12 月，印度马恒达拖拉机公司购买古吉拉特拖拉机公司 60% 的股份，接管了该公司，又于 2001 年购买其剩余部分股权，并将其改名为马恒达古吉拉特（Mahindra Gujarat）拖拉机公司。

伊思考特公司　1944 年，伊思考特（Escorts）公司在拉合尔成立。1947 年，因印巴分治，该公司从拉合尔搬到新德里。1948 年，伊思考特农业机械公司成立，并从美国明尼阿波利斯莫林公司取得特许权，销售其拖拉机等农业装备。1949 年，获得麦赛福格森拖拉机的特许经营权，在印度北部销售麦赛福格森拖拉机。1953 年，伊思考特公司和伊思考特农业机械公司合并组成新的伊思考特公司。1958 年，新公司开始从南斯拉夫进口麦赛福格森拖拉机。

1961 年，该公司在法里达巴德建立制造基地，与波兰乌尔苏斯合作生产拖拉机，其 50% 的零部件实现了本土化。该拖拉机以伊思考特品牌投放市场。1964 年，该公司开始生产伊思考特拖拉机，型号有 27 型和 37 型，年生产能力为 7 000 台。该拖拉机 1969/1970 财政年度的产量为 7 800 台，1970/1971 财政年度的产量达 10 000 台。1969 年，该公司定名为伊思考特拖拉机公司。

印度万国拖拉机公司　1963 年，印度马恒达（Mahindra & Mahindra，M&M）公司、美国万国公司和印度沃尔塔斯（Voltas）公司在孟买合资成立了印度万国拖拉机公司（ITCI），各方分担设计、制造和营销责任。1965 年，该公司推出首批 225 台 35hp 的 B 275 Regular 型拖拉机。该公司形成年产 7 000 台拖拉机的生产能力，1969/1970 财政年度的产量为 4 400 台，1970/1971 财政年度的产量达 8 000 台。1971 年，该公司结束与美国万国公司的合作。1977 年，ITCI 融入马恒达（M&M）公司，成为它的拖拉机分部。1994 年，马恒达公司机构重组后，拖拉机分部改为农业装备分部。

上述 5 家制造商 1961 年共生产拖拉机 880 台，1965 年生产拖拉机 5 673 台，1969/1970 财政年度的生产拖拉机达 17 090 台，1970/1971 财政年度生产拖拉机达 24 800 台。当时伊思考特公司的拖拉机产量最大。印度在 20 世纪 60 年代形成年产 2.5 万台功率为 25 ～ 35hp 拖拉机年产 5 000 台功率大于 35hp 拖拉机的生产能力。印度农业拖拉机的在用量从 1965 年的 5.2 万台增到 1970 年的 14.6 万台。

7.7　日本拖拉机产业兴起

第二次世界大战后，日本拖拉机产业从耕耘机开始。日本所谓的耕耘机大抵涵盖我国的微耕机和手扶拖拉机，当时是日本农业机械化的主力军。农用拖拉机作为日本农业机械化主力军的第二梯队，也在发展。特别是在耕耘机保有量基本饱和的 20 世纪 60 年代中期之后，农用拖拉机的发展速度加快。擅长吸收外来技术再创新的日本拖拉机产业，当前是全球手扶拖拉机和中小型农用拖拉机一支有特色的重要力量。

耕耘机　约从 1920 年起，日本开始引进耕耘机。初期从美国进口的品牌有养蜂人（Beaman）、俞吉利塔（Yuchirita）和金凯德（Kincaid）等，从瑞士也进口了很多。1931 年，日本政礼（Seirei）实业公司生产了日本第一台耕耘机。据说，1937 年洋马（Yanmar）株式会社也曾制造过耕耘机。这一时期日本耕耘机的保有量为：1937 年约 1 000 台，1939 年约 3 000 台，1942 年约 7 000 台。

1945—1955 年是日本经济恢复期。战争毁灭了日本 42% 的国民财富，日本经济混乱，物价飞涨。日本政府提出“增加生产以平息通货膨胀，稳定国民生活”的政策。1949 年日本经济开始恢复，到 1953 年已接近二战前的水平。

第二次世界大战后，日本引进耕耘机的主要机型之一是美国梅里耕耘机（Merry Tiller）（图 7-16），它由克莱顿·梅里（Clayton Merry）在 1947 年设计，日本在 1950 年前后引进了该耕耘机。它们既能拖挂拖车，也能用于耕作，可配装在畜力犁上改进的拖拉机犁。第二次世界大战后日本耕耘机保有量增长加快，1949 年约为 1 万台，1953 年约为 3.5 万台，1955 年达 8.2 万台。

图 7-16　美国梅里耕耘机

1947年，日本久保田（Kubota）株式会社开始生产4hp K-4型耕耘机（图7-17）。

图7-17 久保田K-4型耕耘机

1955—1973年，日本经济高速增长。国民生产总值增加了12.5倍，1966年超越英国，1967年超越法国，1968年超越联邦德国，在资本主义国家中仅次于美国，被称为世界经济奇迹。1955年后的10年，日本发展与改良耕耘机取得成效。在吸收外国技术基础上再创新的日本业界，成功解决了水稻移栽和收获的机械化，其他农作物种植也开始建立有效的机械化体系。日本推广耕耘机的进展明显加快，1958年其保有量为22.7万台，1965年已达294万台，1967年为302.1万台，趋近饱和。农业机械化在日本取得成功，畜力耕作完全被动力耕作取代。

在世界微耕机和手扶拖拉机发展史上，日本不是最早的发明者，但日本的贡献功不可没。首先，这类机械早期主要用于菜园、果园、花园、苗圃等园地的土壤作业，而日本把它们转变成亚洲水旱农田的主力农作机械。其次，日本企业提高了这类拖拉机的技术水平，使它们不仅美观精致，还扩展了多种用途，确立了日本在这一领域的全球领先地位。

农用拖拉机　1909年，日本从国外引进的农用蒸汽拖拉机在岩手县小岩井农场使用。1911年，日本引进美国霍尔特公司的内燃履带拖拉机在北海道的农场使用。但是直到第二次世界大战时期，这种较大的机型仅用于范围很窄的大农牧场。1931年，日本小松（Komatsu）株式会社生产了日本第一台履带拖拉机。30年代，小松也为军队生产军用拖拉机、推土机、坦克和榴弹炮。据说，洋马株式会社在1937年也曾制造过拖拉机。

第二次世界大战后，农用拖拉机，得到迅速扩展。1950年，日本进口农用拖拉机在各地农业试验站试验。1952年，日本开始进口福特森和兰兹等品牌的农用拖拉机，功率多为20马力等级。由于1953年日本制定的《农业机械化促进法》，拖拉机功率有逐渐增大的趋势。

1951年，芝浦（Shibaura）株式会社的AT-3型三轮园地拖拉机问世。1958年，久保田株式会社开始制造四轮拖拉机，以对抗从美国进口的拖拉机。它制造的第一种拖拉机是15马力T15型试验拖拉机（图7-18），质量为900kg，是为稻田作业而自行设计的，但结构上受到联邦德国保时捷Allgaier A III型拖拉机的影响，不过外形与其不同。1959年，久保田株式会社又造了4台样机进一步试验。1962年，改进的L15R型拖拉机投入批量生产。

图7-18 久保田T15型拖拉机

此外，1958年小松株式会社生产了WD 50型轮式拖拉机（图7-19）。1961年，洋马株式会社制造了YM 13A型四轮拖拉机。1961年，芝浦株式会社开始制造紧凑型四轮拖拉机。同年，井关（Iseki）株式会社也开始制造四轮拖拉机。

图7-19 小松WD 50型拖拉机

20 世纪 60 年代，农用拖拉机得到推广。70 年代，最初使用耕耘机的农田作业逐步转向使用拖拉机。日本耕耘机的保有量在 1974 年达到 337.5 万台的最高峰后有所下降，而日本农用拖拉机产量则逐年增加：1960 年仅为 40 台，1965 年为 9 687 台，1970 年达 4.25 万台。农用拖拉机保有量增长加快：1964 年为 1.3 万台，1968 年为 12.4 万台，1974 年为 33.9 万台，1977 年为 109.6 万台。这种增长势头一直延续到 1990 年。拖拉机的所有制形式从原来的共同拥有逐渐变成逐户拥有。

7.8 巴西开始生产拖拉机

20 世纪 50 年代后期，巴西进口拖拉机增多。像所有发展中大国一样，巴西不会完全靠进口满足需求，而是要自己制造拖拉机，政府开始规划建立本国的拖拉机产业。1959 年 12 月，属于巴西政府国有的汽车工业集团公司（GEIA）向国内外公布了建立巴西拖拉机制造企业的招标文件，应标者须在 1960 年 1 月底前提交投标计划书。这次招标不仅时间急促，并且规定只有在巴西注册的公司有资格应标。

GEIA 在 1960 年 3 月末宣布胜出者。在 20 家投标企业中有 10 家被批准，评审按大型、中型和小型拖拉机分类。在中型拖拉机组，芬兰维美德公司排序最靠前，其项目预期年产 4 000 台拖拉机。其他被接受的外国投标者还有麦赛福格森公司、福特公司、道依茨公司和芬特公司。巴西国内的制造商有国营巴西拖拉机公司（CBT）等。据说，随后立即着手生产拖拉机的只有 6 家，其中最重要的是维美德巴西公司。

维美德巴西公司　1959—1960 年，芬兰维美德公司已向巴西出口了 1 250 台拖拉机。为了投标，1960 年 1 月，芬兰维美德公司在圣保罗紧急注册了巴西维美德拖拉机工贸公司。1960 年，维美德巴西公司将位于圣保罗摩基达斯克鲁易斯的一家纺织厂扩建为拖拉机工厂（图 7-20）。同年 12 月，巴西制造的第一台维美德拖拉机面世。最初的维美德拖拉机是 40hp 的 360 D 型，此时维美德的柴油机尚未得到巴西政府的许可，因此，该拖拉机采用了巴西制造的 MWM 发动机。1964 年，巴西维美德拖拉机取得成功，销售了 2 368 台。

图 7-20　20 世纪 60 年代的巴西维美德工厂

1965 年，巴西政府停止补贴拖拉机购买者，巴西的拖拉机产业情况恶化并持续了多年。6 家拖拉机生产商中，福特公司、道依茨公司和芬特公司的巴西子公司不得不停产。福特公司在 70 年代重回巴西，道依茨公司被转移给了康明斯（Cummins）公司，芬特公司在 1968 年把工厂卖给了一家钣金机械制造商。几乎只有麦赛福格森公司、维美德巴西公司和 CBT 继续生产。维美德巴西公司运用芬兰步枪厂（芬兰维美德公司的前身）在第二次世界大战及战后期间巧妙和节俭的经营经验，持续维持生产。

麦赛福格森巴西公司　1961 年 2 月，麦赛福格森巴西公司在圣保罗的塔博昂达塞拉开始生产 MF 50 型拖拉机。因当时巴西总统的口号是“五年执政，五十年进步”，因此把拖拉机定为 50 型，其实际功率只有 42hp（图 7-21）。MF 50 型拖拉机从 1957 年开始在西欧和北美多地生产，曾名为麦赛哈里斯 50 型或福格森 40 型拖拉机。该机型生产到 1964 年后，升级为 MF 150 型拖拉机。

图 7-21　MF 50 型拖拉机

巴西拖拉机公司　约1959年，属于巴西政府国有的巴西拖拉机公司（CBT）在圣卡洛斯成立。1961年，新工厂开始大量生产CBT拖拉机。早期的CBT拖拉机采用许可证方式生产，采用美国奥利弗990型拖拉机的设计，采用巴西制造的帕金斯、梅赛德斯及MWM柴油机。最初该拖拉机以奥利弗品牌销售，后来有一段时间以CBT-Oliver或Oliver-CBT品牌销售。20世纪60年代初，奥利弗公司把生产装备卖给了CBT。

CBT生产的80马力1020型拖拉机（图7-22）是巴西第一种100%国产化的拖拉机。CBT不仅生产拖拉机，也生产类似吉普车的多功能车。CBT拖拉机在20世纪80年代初曾出口美国。在外资长期主导巴西拖拉机市场的背景下，巴西拖拉机公司最终还是未能站住脚跟，于1999年宣告破产。

图7-22　CBT 1020型拖拉机

1960年巴西生产农用拖拉机37台，1961年生产1 679台，1965年生产8 121台，1970年生产14 233台。由于巴西的拖拉机产量逐渐提高，因而减少了拖拉机进口：1960年进口农用拖拉机10 550台，1961年进口6 348台，1965年进口374台，1970年进口60台。巴西全国农用拖拉机的在用量逐步增长：1961年为7.2万台，1965年为11.4万台，1970年达16.587万台。这些初步进展为随后70年代巴西拖拉机产业的兴旺打下了基础。

7.9　土耳其拖拉机产业启程

20世纪50年代中期，土耳其拖拉机（Türk Traktör）公司开始制造农用拖拉机。到 60 年代，土耳其的乌泽尔（Uzel）公司等又加入该国拖拉机产业。在此后的近半个世纪里，土耳其拖拉机公司和乌泽尔公司都是该国拖拉机产业的主力军。

土耳其拖拉机公司　1954 年，土耳其 TZDK 公司等 4 家企业、农业银行与美国明尼阿波利斯莫林公司合资建立了明尼阿波利斯莫林土耳其拖拉机（Minneapolis-Moline Türk Traktör，MMTT）公司。

1955 年 4 月，MMTT 庆祝土耳其制造出第一台拖拉机（图 7-23），这是明尼阿波利斯莫林较老的 UTSD 型拖拉机。同年，公司在安卡拉的一座原飞机制造厂厂址上建设工厂。1956 年，按许可证生产了 1 056 台拖拉机。然后公司生产明尼阿波利斯莫林较新的 445 型拖拉机。1962 年 4 月，土耳其总统视察该工厂并试驾了 445 型拖拉机。

图 7-23　土耳其制造的第一台拖拉机

1962 年，工厂装配了第一批菲亚特拖拉机。1963 年与菲亚特公司签署许可证制造协议，拖拉机品牌为菲亚特土耳其（Fiat Türk），后来改为土耳其菲亚特（Türk Fiat）（图 7-24）。MMTT 拖拉机的生产在 1965 年结束，从合资开始，该公司共装配了 4 879 台。60 年代美国明尼阿波利斯莫林公司的产权多次转手，1967 年成为美国怀特汽车公司的子公司。同年，菲亚特公司接管 MMTT 的一半股份。1968 年，MMTT 公司改名为土耳其拖拉机和农业机械公司，常被简称为土耳其拖拉机（Türk Traktör）公司。该公司生产 FIAT 411/415 型拖拉机，然后发展了自己的拖拉机系列。1978 年，土耳其拖拉机公司生产了第 10 万台拖拉机。

图 7-24　土耳其菲亚特拖拉机

1992 年 9 月，土耳其拖拉机公司所有的政府股份移交给土耳其富有的廓齐（Koç）家族。1998 年，该公司的股份在纽荷兰公司与廓齐家族的投资之间进行平衡，约 25% 的股份提供给了公众。同年，该公司开始生产纽荷兰品牌拖拉机。2000 年，菲亚特公司收购了凯斯公司，组成凯斯纽荷兰公司。2002 年，土耳其拖拉机公司开始生产凯斯万国拖拉机。

乌泽尔公司　和最初的土耳其拖拉机公司不同，乌泽尔（Uzel）公司是一家更古老的家族私营公司。它可追溯到 1864 年，当时乌泽尔家族在尚属于奥斯曼帝国的保加利亚制造四轮马车。1937 年，易卜拉欣 • 乌泽尔（İbrahim Uzel）在土耳其成立乌泽尔公司，为机动车辆制造钢板弹簧。

1961 年，麦赛福格森公司在土耳其寻求生产拖拉机的合作伙伴。易卜拉欣•乌泽尔对此感兴趣，双方签署了生产拖拉机的许可协议。1962 年，第一台拖拉机从生产线下线。1964 年，乌泽尔公司和英国帕金斯（Perkins）公司签订了柴油机生产许可协议，建立了柴油机工厂，开始生产柴油机。乌泽尔公司 1970 年生产了 2 250 台拖拉机，1973 年生产 10 350 台拖拉机（图 7-25），此后便一直生产麦赛福格森的各种拖拉机。

从 20 世纪末到 21 世纪初，乌泽尔公司加大了资本运作。1997 年，由摩根士丹利（Morgan Stanley）协调，乌泽尔公司 15% 的股份在伊斯坦布尔和伦敦证券交易所销售。2005 年，在与国际接轨思想的指导下，乌泽尔公司把总部搬到了荷兰的阿姆斯特丹，并重新设计了它的法人身份。2005 年，乌泽尔公司开始了一系列的扩张：收购德国葡萄园拖拉机制造商霍尔德（Holder）公司；与欧洲著名农机具生产商格兰（Kverneland）公司签署经销协议，以“乌泽尔格兰”品牌销售先进的农机具；农具和联合收割机生产线也开始运作。

图 7-25　乌泽尔 MF 型拖拉机

2006 年，乌泽尔公司推出 16 个新型号拖拉机和农具；发布乌泽尔“Cottoncraft（采棉之船）”品牌采棉机械和乌泽尔前装载机；增加叶片弹簧生产能力；与芬兰联合收割机制造商桑波（Sampo）公司签署协议，从土耳其进口联合收割机并冠以乌泽尔名称。2007 年，乌泽尔公司购买了波兰乌尔苏斯拖拉机厂 51% 的产权，2008 年，乌泽尔公司宣告不再履行这一承诺。

在一系列令人目眩而又令人担忧的快速扩张后，2008 年，乌泽尔公司宣告破产。爱科集团取消了乌泽尔公司的麦赛福格森拖拉机生产许可证。2009 年年初，乌泽尔公司仍以乌泽尔品牌生产拖拉机，基本上是以前的麦赛福格森（图 7-26）拖拉机，但采用道依茨发动机代替帕金斯发动机。

图 7-26　乌泽尔 Efsane 拖拉机

20 世纪 60 年代，还有一些土耳其公司加入拖拉机产业，如巴沙克（Başak）公司（引进福特技术）、BMC 土耳其公司（引进英国 BMC 技术）、TZDK 公司（引进福特技术）、土耳其汽车工业（Türk Otomotiv Endustrilen，TOE）公司（引进万国技术）和 MKEK 公司（引进联邦德国汉诺马格技术）。

1968 年，土耳其拖拉机产量达到 15 166 台。20 世纪 70 年代土耳其的拖拉机年产量为 8 194 ～ 39 357 台，80 年代年产量为 2 万～ 4.6 万台，90 年代年产量为 21 964 ～ 52 545 台。

7.10 南斯拉夫开始生产拖拉机

第二次世界大战后，南斯拉夫联邦人民共和国成立，并从 20 世纪五六十年代开始批量生产农用拖拉机。最早生产拖拉机的企业是塞尔维亚地区贝尔格莱德的 IMR（拉科维察汽车工业公司），最大的拖拉机企业是贝尔格莱德附近的 IMT（机械和拖拉机工业公司），农用履带拖拉机生产企业是波斯尼亚地区新特拉夫尼克的 BNT（布拉茨特沃公司）。此外，生产工程机械的工厂也生产少量的轮式和履带农用拖拉机。

IMR　IMR 是南斯拉夫最早生产拖拉机的企业，其历史可追溯到 1927 年成立的飞机发动机工业公司，第二次世界大战后开始生产拖拉机。1949 年，IMR 在贝尔格莱德工厂试制出南斯拉夫第一台拖拉机，即扎德鲁加尔 T08 型拖拉机（图 7-27）。1955 年，IMR 推出柴油拖拉机。1959 年，IMR 推出按意大利兰迪尼许可证生产的 50/1 型拖拉机，后来发展为 5010 型。此后 IMR 又推出 IMR03 型拖拉机，采用按帕金斯许可证自产的 42hp 发动机。

图 7-27　扎德鲁加尔 T08 型拖拉机

从 1967 年起，IMR 将品牌扎德鲁加尔改为拉科维察（Rakovica），并推出拉科维察 60 型拖拉机。1976—1996 年，IMR 陆续推出 76 型、120 型、135 型、47 型（图 7-28）、55 型和 85 型拖拉机。

图 7-28　拉科维察 47 型拖拉机

IMT　IMT 是南斯拉夫最重要的拖拉机企业，其历史可追溯到 1947 年由国家建立的中央铸造厂。1949 年，中央铸造厂与 4 家当地公司合并组成以第二次世界大战抗德领导人名字命名的亚历山大·兰科维奇金属研究所。1954 年，该研究所更名为拖拉机和机械工业公司（ITM），目标是生产拖拉机与农业机械。1955 年，ITM 获得麦赛福格森许可证，开始生产拖拉机，1956 年，形成年产 2 000 台拖拉机的能力，并开始生产 MF 20 型和 MF 65 型拖拉机。ITM 生产批量较大并迅速流行的是 533 型轮式拖拉机（图 7-29），采用 35hp 三缸柴油机、6 进 2 退变速箱，质量为 1 516kg，533 De Luxe 变型拖拉机带驾驶室。1961—1963 年，共生产 533 型及其变型拖拉机 4 000 台，一直生产到 1988 年。

图 7-29　ITM533 型拖拉机

1962 年 ITM 开始自行设计拖拉机，从 1964 年开始生产 50 马力的 555 型拖拉机。1965 年，ITM 改名为机械和拖拉机工业公司（IMT），即沿用至今的名字。1970 年，IMT 经改造形成年产 1 万台拖拉机的能力。1976 年，IMT 再次改造，采用高水平设备与技术，形成年产 4 万台拖拉机的能力。1977 年 IMT 有职工 8 576 人，年产 3.35 万台拖拉机。到 1982 年，IMT 共生产拖拉机 59.2 万台，出口 10.77 万台，销往欧洲、非洲、亚洲、美洲以及大洋洲等 84 个国家。

1982 年，IMT 建成生产大功率发动机与拖拉机的新工厂，形成年产 100 马力以上大型轮式拖拉机 2 000 台和相应配套发动机的能力。1982—1992 年，IMT 生产 105 马力的 5100 型和 135 马力的 5106 型拖拉机。1988 年，IMT 的拖拉机产量创最高历史纪录，生产了 42 000 台拖拉机和 35 000 台农业机械，产值超过 6 亿马克。

BNT　布拉茨特沃工厂（BNT）是南斯拉夫主要的国有金属工业生产厂，1959 年开始生产农用履带拖拉机。

第二次世界大战后，按当时南斯拉夫领导人铁托关于建立军事工业的决定，在南斯拉夫的波斯尼亚建立新特拉夫尼克镇和布拉茨特沃工厂。1949 年，镇和工厂的建设同时开始。1959 年，BNT 开始生产 BNT60 型履带拖拉机，其底盘基本仿苏联 ДТ-54 型拖拉机，发动机选装 3 种 65 马力柴油机。1965 年，BNT 开始和萨拉热窝农学院等单位共同设计主要用于农业深耕作业的 90 马力的 BNT90 型履带拖拉机，并于 1970 年投产。

新特拉夫尼克镇的名称用到 1980 年，后在复旧思潮影响下曾更名为旧称。1992 年恢复为新特拉夫尼克。直到 1990 年，BNT 主要生产军用装备，每年生产 400 台拖拉机。

7.11　初生的麦赛福格森公司

1953 年，加拿大麦赛哈里斯公司和英国福格森公司联手组建麦赛哈里斯福格森（Massey-Harris-Ferguson）公司。当时，控股方麦赛哈里斯公司感到竞争力不足，而掌握三点液压悬挂技术的福格森公司正寻求合作伙伴，于是双方开始合作。合并后的新公司继续使用福格森品牌和麦赛哈里斯品牌，均采用福格森三点液压悬系统。新公司的总部设在美国佐治亚州德卢斯，在北美和欧洲均有生产基地，哈里 • 福格森为新公司董事长。当时，新公司是全球第二大农业机械制造商，在万国公司之后、迪尔公司之前。

两大公司强强联手后的整合并不容易。两个品牌由两个完全独立的营销网络进行营销，给经销商和客户都造成混乱；同时，两个品牌相似功率与特点的机型存在重叠，加上各有独立的研发机构，两个品牌的产品设计会有冲突。1954 年 7 月，因在麦赛哈里斯机型设计上产生争论，自信又倔强的哈里・福格森离开了董事会，后来他又卖掉了其在新公司的股份，但他发明的三点液压悬挂继续留在新公司的产品里，“福格森”一词也仍然存在于品牌和新公司的名称中。

1956 年，埃里克・菲利普斯（Eric Phillips）被任命为新公司的董事长和首席执行官，他着手解决混乱的双轨现象。他引进了外部管理咨询，双轨政策于 1958 年结束，新公司改名为麦赛福格森（Massey-Ferguson）公司，后来去掉了中间的短横线。

从 1957 年年底起，麦赛福格森公司陆续推出统一使用麦赛福格森商标并在北美、欧洲和全球销售的系列拖拉机，主要有 MF25 ～ MF85 型。其中 MF35 型拖拉机（图 7-30）在美国密歇根和英国考文垂生产，可装 37hp 汽油机或柴油机，销售遍及英国、澳大利亚、爱尔兰和美国。MF35 型拖拉机在 20 世纪 50 年代曾批量出口到我国，对我国轮式拖拉机的发展有一定影响。虽然麦赛福格森公司把产品的品牌和型号统一了，但其在北美和欧洲生产的产品结构仍带有原先技术来源的印记。如 MF 95 型拖拉机基于明尼阿波利斯莫林拖拉机，MF 98 型拖拉机基于奥利弗超级 99 GM 拖拉机。到 1957 年年底，麦赛福格森拥有 2.1 万名员工，其在欧洲的销售额增长 200% 以上。

图 7-30　麦赛福格森 MF35 型拖拉机

原福格森公司的拖拉机是委托英国斯坦达德汽车公司生产的，斯坦达德汽车公司有一半左右的雇员为此服务。麦赛福格森公司已有斯坦达德汽车公司 18% 的股份，并逐步增加持股比例。1959 年，斯坦达德汽车公司把生产拖拉机的所有现存权益和设备卖给了麦赛福格森公司，主要是斯坦德汽车公司在考文垂旗帜路的拖拉机厂，有雇员 4 000 人，具有日产 375 台、年产 10 万台拖拉机的生产能力，是当时世界上最大的拖拉机厂之一，从此它成为麦赛福格森拖拉机数十年的摇篮。同年麦赛福格森公司还收购了英国帕金斯发动机公司（后来又归美国卡特彼勒公司所有），它是麦赛福格森拖拉机发动机的主要供应商。1959 年，麦赛福格森公司对英国业务进行重组，在考文垂成立了独立的英国运营管理机构。1959 年，麦赛福格森公司的销售额为 4.95 亿美元，盈利为 2 100 万美元，扭转了 1957 年亏损 470 万美元的局面。

美国怀特公司于 20 世纪 60 年代初兼并了原来为麦赛福格森公司在北美贴牌生产拖拉机的美国奥利弗公司和明尼阿波利斯莫林公司，这两家公司从而不再为麦赛福格森公司供应拖拉机。由于这个原因，再加上继续整合产品，麦赛福格森公司从 1964 年起推出了 30 ～ 71hp 的 100 系列拖拉机，其外形具有现代感。新阵容包括 MF130 ～ MF180 型。其中 45hp 的 MF135 型拖拉机（图 7-31）是 MF35 型的升级版，影响较大。在 60 年代后半期，麦赛福格森公司又推出了 1000 系列拖拉机，功率进一步增加。

图 7-31　麦赛福格森 MF135 型拖拉机

20 世纪 60 年代，麦赛福格森公司在整合双轨制的同时，继续在全球扩张。1960 年，该公司在法国博韦的拖拉机工厂正式开业（当前博韦工厂已取代考文垂工厂成为麦赛福格森拖拉机的装配基地）。同年底，该公司收购了意大利兰迪尼拖拉机公司（后来兰迪尼拖拉机公司又归意大利阿尔戈集团所有）。1961 年，该公司开始在巴西生产拖拉机。1958—1963 年，该公司在全球建立了 13 座工厂。至此，该公司在 10 个国家共有 27 家工厂。1965 年，该公司的产品出口到 140 个国家。1966 年，麦赛福格森公司在意大利罗马附近建设了新的制造工厂。1967 年，该公司在墨西哥建立了新的装配工厂。从 1969 年开始，麦赛福格森公司用 Ski Whiz 名字开始生产一系列雪地车（该业务在 1977 年售出）。

麦赛福格森公司的急剧扩张带来一系列财政问题，虽然有一定的销售规模，但效益在下降。由于国际市场的竞争愈发激烈和农业市场不振，麦赛福格森公司将迎来它严峻的发展时期。

7.12 万国公司的 20 世纪五六十年代

美国万国公司从 1902 年成立到 20 世纪 50 年代，其拖拉机先后使用过 8 个品牌：如此前提到的万国（International Harvester 或 International）、泰坦（Titan）、莫卧儿（Mogul）、麦考密克迪灵（McCormick-Deering）、麦考密克（McCormick）和法毛（Farmall）等。但从 50 年代中期起，万国公司把其拖拉机品牌基本整合为两个：一个是“万国”，主要用于通用型拖拉机；另一个是“法毛”，主要用于行列作物拖拉机。

1954 年，万国公司开始生产三位数系列拖拉机。其中 23hp 的 140 型拖拉机（图 7-32）运营时间较长，从 1958 年生产到 1973 年，共生产了 66 290 台。

图 7-32　万国 140 型拖拉机

20 世纪 50 年代后期，万国公司以“动力新世界（New World of Power）”为旗号，推出了新一代更大功率的 60 系列：61 ～ 95hp 的 460 型、560 型和 660 型轮式拖拉机。它们可选装汽油机、柴油机或液化石油气发动机；传动系可选装 5 进 1 退滑动齿轮传动系或带增扭器 10 进 2 退传动系；并且标配后置独立式动力输出轴。当时，美国的拖拉机销量总体下滑，许多代理商希望扭转这一趋势。1958 年 7 月，万国公司在伊利诺伊州的试验农场启动了空前的营销活动来推介 60 系列拖拉机。

财大气粗的万国公司款待了来自 25 个国家的 12 000 名代理商。这大概是全球拖拉机行业最大的营销派对了。

但不幸的是，新系列拖拉机带来的乐观是短暂的。拖拉机售出后，有农民报告该拖拉机重载作业约 300h 后出现传动系失效。问题出在最终传动，传动系从 1939 年以来就未改变过，而且在 60 系列重载下又未充分试验，导致其很快失效。据说这是高管决策失误的后遗症：1951 年约翰 • 麦卡弗里（John McCaffrey）取代福勒 • 麦考密克（Fowler McCormick）任万国公司首席执行官。约翰 • 麦卡弗里是位优秀的工程师，他更关注提高万国公司在工程机械市场的份额，削减了公司在拖拉机试验上投入的经费。

1959 年 6 月，万国公司决定召回 460 型、560 型和 660 型拖拉机。尽管工程师们加班来解决问题并最终取得成效，尽管立即进口了在英国设计生产的万国麦考密克拖拉机（图 7-33），但这还是对万国公司领先制造商的声誉造成了巨大伤害。从 1959 年 7 月起，竞争对手们利用万国公司的召回事件，抢占市场取得成效。特别是在 1960 年迪尔公司有针对性地推介“动力新一代”拖拉机后，许多万国拖拉机的客户转移到约翰迪尔旗下。农民对品牌的忠诚度在全球拖拉机市场都是一个关键要素，在市场领先半个世纪的万国公司为这一致命不慎付出了惨重代价！没过多久，迪尔公司就取代万国公司成为世界领先的拖拉机制造商。

图 7-33　麦考密克 B250 拖拉机

毕竟拖拉机仍是万国公司的命根子，万国公司努力保持竞争力。20 世纪 60 年代，万国公司推出新的拖拉机和新的销售技巧，每隔 4 ～ 5 年就更新拖拉机系列。1961 年，万国公司放弃自己的两点悬挂系统而改用类似福格森拖拉机的三点液压悬挂。从 1963 年起，万国公司推出新的 06 系列拖拉机：80hp 的 706

型和 105hp 的 806 型，来抵消 60 系列的消极影响。1964 年，万国公司生产了第 400 万台拖拉机。1965 年，万国公司推出了第一台 122hp 两轮驱动 1206 型拖拉机，其前轮可改装为驱动轮（图 7-34）。06 系列拖拉机均有各种变型，均可选装 8 进 4 退滑动齿轮传动系，或带增扭器 16 进 8 退传动系。从 1965 年起，06 系列拖拉机均可选装驾驶室、风扇和加热器。到 1967 年，06 系列拖拉机的总产量超过 10 万台。同时，万国公司还推出 38hp 的 276 型拖拉机，它在较小农场流行，提升了公司微薄的利润。

图 7-34　万国 1206 型拖拉机

1967—1969 年，万国公司推出 70 ～ 144hp 的 56 系列拖拉机以取代成功又流行的 06 系列拖拉机，包括 656 ～ 1456 型。656 型可选装 5 进 1 退传动系或带增扭器 10 进 2 退传动系或静液压无级传动，756 型仅装有 8 进 4 退机械传动系，856 型、1256 型和 1456 型可选装 8 进 4 退滑动齿轮传动系或带增扭器的 16 进 8 退传动系。新设计了驾驶室，可带空调、加热器和调幅收音机。1970 年，公司推出 1026 Hydro 型拖拉机。它是 1256 型的静液压变型，是当时美国制造的最大功率静液压传动拖拉机。

20 世纪 60 年代，万国公司进入家用草坪和花园机械行业，生产并销售幼兽之子（Cub Cadet）系列机械，包括骑乘式或步行式草坪割草机、吹雪机、撒肥机、旋耕机、清洗机和园地拖拉机。

7.13　迪尔夺冠并超越万国

1955 年 5 月，迪尔公司第四代掌门人查尔斯 • 威曼去世后，其女婿威廉 • 休伊特被任命为公司总裁。在迪尔公司发展史上，威廉 • 休伊特被称为“今日迪尔公司之父”。他掌管公司20多年（1955—1964年任总裁，1964—1982年任董事长），把迪尔公司建成遍及全球的跨国公司，确立了其在世界农机市场上的领先地位。

威廉·休伊特（图7-35）是最后一个领导迪尔公司的迪尔家族成员。他生于加利福尼亚，从加利福尼亚大学获得经济学学位，在哈佛大学商学院学习一年后，因经济原因肄业。他在海军服役4年后加入太平洋拖拉机与农具公司。1948年，他和查尔斯·威曼的女儿结婚，婚后不久他相当不情愿地加入了迪尔公司，担任加利福尼亚区域经理。1955年，威廉·休伊特被选为迪尔公司执行副总裁，在其岳父去世后接任总裁。此时，迪尔公司在美国拖拉机市场上仅次于万国公司，位居第二位。威廉·休伊特为了超越万国公司，采取了建立跨国公司和推出新一代拖拉机等战略。

图7-35 威廉·休伊特

第二次世界大战后，美元成为唯一和黄金挂钩的货币，美国成为国际资本的发源地。海外投资热潮也在诱惑迪尔公司。对建立跨国公司，迪尔公司上下莫衷一是。威廉·休伊特主意已定，他上任不久就把几个主张海外建厂的分公司人物吸收进高管层，并争取到董事会两位少壮派和一位资深经理的支持。他把争论引导到具体目标选择上，但领导层对此也存在分歧：南美研究小组认为，巴西和阿根廷是当前最佳投资对象，因欧洲市场已有大量万国公司的产品，迪尔公司晚了一步；而董事会少壮派的报告表明对收购联邦德国兰兹公司感兴趣。

威廉·休伊特提出筛选目标的条件：最好是已存在的企业；该企业应有自己

的成套设备和人员；企业已打通市场渠道。他把投资联邦德国、墨西哥和阿根廷的方案提交给董事会。经过激烈争论，迪尔公司最后决定放弃南美，把墨西哥和联邦德国作为公司跨国经营的第一站。为慎重起见，威廉·休伊特安排力主进军南美或欧洲的两报告牵头人分别到对方地区进行全面调查。南美派带头人的态度发生了 180° 转弯，这使管理层拿定主意：接近兰兹公司。

1956 年 1 月，威廉·休伊特亲率财务、技术副总裁赴联邦德国谈判。兰兹股票的转让由联邦德国银行受理，其 51% 的股票价值为 530 万美元。双方清楚，要盘活兰兹公司，先要对其进行全面改造，银行提出的价码是企业改造费用加 51% 的股票价值，总价约 1 012 万美元。迪尔公司财务副总裁认为，如果考虑当前由银行负担的职工工资，购买兰兹公司的总资金需要 2 500 万美元。威廉·休伊特担心的是，一些美国公司在欧洲市场已打下稳固根基，比兰兹拖拉机有竞争优势，而迪尔公司在欧洲尚在探索阶段。但兰兹公司项目很有诱惑力：第一是联邦德国银行给出的价格没有水分，并且兰兹公司很大一部分设备优于迪尔公司的设备，如按美国市场价估算，这些设备的价格应在 1 500 万美元左右；第二是兰兹公司拥有近百年经营形成的企业文化，它有一支训练有素、技术精良、克勤克俭和守时认真的员工队伍。

1956 年，经再三权衡，迪尔公司购买了兰兹公司。对兰兹公司的重建十分顺利，新厂房拔地而起，旧车间修复一新，迪尔公司的新生产线替代了老生产线，兰兹公司在注入迪尔血液后复活了。但复活后的兰兹公司并没有恢复到其战前在德国的地位。随着万国公司和麦赛福格森公司产品的出现，兰兹公司产品的销量一般。加上迪尔公司对管理这个百年企业缺乏经验，并且对当地的经销方式、商业传统和农耕环境知之甚少，这些都直接或间接地影响了兰兹公司的经营。迪尔公司急于把兰兹新产品换上迪尔公司的鹿商标，但它们在联邦德国和欧洲市场并没有像在北美那样被认可。兰兹公司的经营情况引起舆论界关注：有人认为迪尔公司在跨国经营上出现败笔；而相反的看法是，迪尔公司在缺乏完备信息的新领域，很快使兰兹公司运转成为西欧重要的拖拉机厂之一，这足以说明迪尔公司已成功进入跨国经营。威廉·休伊特清醒地意识到，公司的首次跨国经营正在“摸着石头过河”。

尽管墨西哥政府通过许可和高额关税来限制进口，但对迪尔公司情有独钟，希望它在墨西哥建厂，独资、合资或合作经营均可。1956 年，迪尔公司以 200 万美元在气候、地理、商业传统和基础建设均较理想的墨西哥东北部建立了拖拉机和机具的制造厂。在很短的时间内，该厂就生产了 630 型、730 型和 830 型拖拉机。1956—1960 年，迪尔公司在墨西哥的销售额从 150 万美元升至 450 万美元。

此外，迪尔公司控股了 1958 年合并组建的法国园林大陆公司（CCM），生产收割和除草设备。除联邦德国、法国、墨西哥外，迪尔公司又在西班牙、南非、阿根廷等国进行海外投资。迪尔公司拟定了海外经营战略的六条细则：产品销售；利润率；产品质量；新型设计；安全操作；最佳的员工、经理、股东和公共关系。迪尔公司在战略坚定、举措慎重、致密预案和摸索实践中迈出跨国经营的第一步，初步实现了其在海外投资建厂的战略。

威廉•休伊特同时展开他的产品战略。

当时美国大多数拖拉机的设计类似。农民倾向于购买已有的成熟产品，不愿主动尝试未经时间证明的新机型。此外，大多数生产商倾向于生产现有产品，不愿为有风险的研发投入大量资金。1960 年以前，所有的约翰迪尔拖拉机都装有维修方便的卧式双缸发动机。但这种发动机因排气声被戏称为“砰砰响的约翰尼”。迪尔公司制定了“动力新一代（New Generation of Power）”拖拉机计划，对拖拉机重新设计，既增强其动力，又为其添加时尚元素。在生产超过 125 万台双缸拖拉机后，迪尔公司将四缸和六缸发动机安装在拖拉机上。通过 7 年研发和 4 000 万美元的工厂改造，动力新一代拖拉机于 1960 年在达拉斯市与公众见面，来自北美的经销商、记者和来宾 5 000 人出席了“达拉斯迪尔日”盛典。

1960 年 8 月，威廉•休伊特夫妇和著名工业设计家德莱弗斯主持了富有创意的揭幕式。一辆拖拉机停放在大商场珠宝柜台旁，藏在巨大的系着蝴蝶结的礼盒中。威廉•休伊特夫人剪断蝴蝶结，带有钻石装点的约翰迪尔商标，时尚而动力强劲的约翰迪尔四缸拖拉机展示在人们面前，黄绿两色的约翰迪尔商标在地板上闪烁。在美国历史上，这可能是农机与时尚的第一次接轨，感慨万千的威廉•休伊特相信，新型拖拉机将使迪尔公司超越万国公司成为世界领先的拖拉机供应商。

动力新一代系列拖拉机首次使用四位数型号，这种命名方式使用至今。早在 1959 年秋天，迪尔公司就已推出了 8010 型 215hp 铰接式拖拉机，这是迪尔公司第一种独立型四轮驱动拖拉机，比迪尔公司以往的拖拉机功率大 2 倍多，其价格也比以往机型贵 5 倍多。迪尔公司原想以此震撼拖拉机市场，但效果不佳，这种拖拉机仅生产了 100 台。特别是因传动系问题被迫召回售出的拖拉机。所以，为了应对危机很可能也是策划“达拉斯迪尔日”的考虑因素之一。

1960—1963 年，迪尔公司迅速投放其擅长的中小型四位数系列拖拉机。有 40 ～ 134hp 的 1010 ～ 5010 型（图 7-36）。所有这些机型均采用四缸或六缸发动机，而其价格和以往的机型差不多，因此它们对用户十分有吸引力。原 8010 型拖拉机也被改进的 8020 型拖拉机取代。

图 7-36 约翰迪尔 3010 型拖拉机

1963—1965 年，迪尔公司以更大功率和更新特色推出四位数 20 系列拖拉机，并把它们带入 70 年代。它们是 43 ～ 148hp 的 1020 ～ 5020 型。到 1966 年，4020 型拖拉机（图 7-37）占约翰迪尔拖拉机销量的 48%。同期，迪尔公司倡导防滚翻架来防护农民，以避免其受到伤害。

图 7-37 约翰迪尔 4020 型拖拉机

1958 年，约翰迪尔信贷公司开始运作，为国内客户提供买方信贷，推动其产品销售。这种业务至今仍是迪尔公司经营的重要部分。1964 年，迪尔公司决定生产和销售草坪与花园拖拉机、割草机和旋转式清雪机，向家用消费品和市政服务市场进军。

这一时期，反映出迪尔公司志得意满的还有在距离莫林市中心约 11km 处，新落成的公司总部。这座由著名芬兰裔美国建筑师埃罗·沙里宁（Eero Saarinen）设计的建筑不论是在 1964 年落成时还是在今天，都完美地体现了时代感和实用性。在高低起伏的河岸和树木苍翠的溪谷，深色总部大楼由玻璃和未经加工的钢铁构成，竖立在人造湖旁。正如迪尔公司一样，它植根于土地，与四周林木融为一体。

威廉·休伊特的愿望实现了，迪尔公司的销售额从 1960 年的 5.1 亿美元增长到 1964 年的 8.1 亿美元。1963 年，迪尔公司超越万国公司，成为全球农业与工业拖拉机以及农业装备最大的生产与销售商。1966 年，迪尔公司的总销售额首次超过 10 亿美元，收益高达 7 870 万美元。其草坪与花园装备销售额增长 76%。但是，到 60 年代后期，迪尔公司农业装备的销量下降，业绩平平。

7.14 苏联拖拉机快速增长

第二次世界大战后，饱受战争伤害的苏联充满对拖拉机的渴望，拖拉机产量和在用量快速增长。1960 年，苏联拖拉机年产量超过美国，也超过英、法、德三国的总和。1970 年，苏联大中型拖拉机产量达 45.85 万台，是 1955 年的 281%。1970 年，苏联农用拖拉机在用量达 197.75 万台，是 1956 年的 227%。

大企业仍然是国家主力队伍，它们接连推出加大功率的新一代拖拉机机型。

斯大林格勒拖拉机厂于 1956 年完成两台 ДТ-75 型试验履带拖拉机的装配。1963 年，该厂开始生产 75 马力的 ДТ-75 型拖拉机，它是 ДТ-54 型的换代机型。1967 年，该厂搬迁并生产 ДТ-75M 型履带拖拉机（图 7-38）。ДТ-75M 型是 ДТ-75 型的改进型，采用 90 马力直喷柴油机、8 挡变速箱，可选装 4 个超低速挡，最低速度为 0.33km/h，后桥采用行星转向机构，采用焊接车架，配有舒适驾驶室，有沼泽地区用和山地园林用等变型，可适用多种作业需要。1970 年 1 月，该厂第 100 万台拖拉机下线。

图 7-38 ДТ-75M **型履带拖拉机**

哈尔科夫拖拉机厂于1959—1962年生产75马力的T-75型履带拖拉机，它是该厂对ДТ-54型的换代产品，共生产了4.58万台。1960年，该厂生产改进的T-74型履带拖拉机，采用75马力新柴油机、9进3退变速箱，到1984年共生产了88.07万台。至1967年，该厂已生产了100万台拖拉机。

明斯克拖拉机厂于1963年制造了MT3-50型轮式拖拉机及其变型产品（图7-39），1964年推出MT3-52四轮驱动型拖拉机。这为1974年推出有影响的MT3-80/82型拖拉机打响前哨战。

图7-39 MT3-52**型拖拉机**

车里雅宾斯克拖拉机厂在第二次世界大战时改名为坦克厂，1958年恢复原厂名，批量生产C-100型履带拖拉机，它是C-80型拖拉机的改进型。1961年，该厂批量生产310hp的ДЭТ-250型柴油电动拖拉机。1960—1966年，该机3次获得不同的国际展览会金牌奖。1963年，首台108hp的T-100M型拖拉机下线。为提高拖拉机在各种恶劣条件（沼泽、沙地和永久冻土等）下的作业效率、可靠性和工作寿命，研发并批量生产了T-100M型拖拉机的各种变型产品。在60年代末，重新设计了T-100M拖拉机，并更新了制造装备，推出了T-130型拖拉机（图7-40）。

图7-40 T-130型拖拉机

阿尔泰拖拉机厂从1957年起已转向生产ТДТ-60型和ТДТ-75型集材拖拉机。1965年开始生产本厂设计的90马力T-4型农用履带拖拉机（图7-41），但很快将其改进为T-4M型。

图7-41 T-4型履带拖拉机

为改善苏联的拖拉机产业布局，这一时期苏联又增加了一批拖拉机制造厂。如在苏联西北部的奥涅加（Онега）拖拉机厂，主要生产林业和发电等用的拖拉机；在乌兹别克的塔什干（Ташкент）拖拉机厂，生产中小型轮式拖拉机；在哈萨克斯坦的巴甫洛达尔（Павлодар）拖拉机厂，生产3t级履带拖拉机；在摩尔达维亚的基什涅夫（Кишинёв）拖拉机厂以及在乌克兰的南方机械厂（后来主要生产导弹）也生产拖拉机。

这一时期，苏联重视提升各拖拉机厂的产量，拖拉机的平均功率在增大，轮式拖拉机的占比在增加，还在增加变速箱挡数、扩大液压系统的运用、提高行走系可靠性和改善驾驶室环境等方面做了改进。但是和西方发达国家相比，在采用同步器换挡、动力换挡、动力转向、四轮驱动和液压传动等技术上，苏联的拖拉机多停留在研发阶段，未能批量生产，也从此拉开了和西方技术的差距。

7.15 怀特汽车公司生产拖拉机

1900年，托马斯·怀特（Thomas White）建立了美国怀特汽车公司，当年生产了50辆蒸汽轿车。托马斯·怀特的儿子罗林（Rollin）的兴趣在拖拉机上。在怀特汽车公司对拖拉机不感兴趣时，罗林和兄弟一道于1916年成立了克利夫兰摩托犁公司。1944年年底，它被美国奥利弗农业装备公司接管（参见第3章“美国克利特拉克履带拖拉机”一节）。

但是怀特家族的拖拉机情结并没有消失。到1960年，怀特汽车公司全资收购了奥利弗农业装备公司，开始了怀特家族的第二次拖拉机之旅。1962年，怀特汽车公司收购了加拿大科克沙特（Cockshutt）农业装备公司，并将其作为奥利弗公司的子公司。科克沙特从1934年起营销奥利弗拖拉机，后来它把奥利弗拖拉机的油漆颜色改为红色，用科克沙特品牌进行销售。1963年，怀特汽车公司收购了明尼阿波利斯莫林公司，并将其直接作为怀特汽车公司的子公司。1969年以前，怀特汽车公司没有在拖拉机上推出怀特品牌，上述子公司仍以各自品牌销售，但是各公司的拖拉机设计逐步向奥利弗趋同。因为科克沙特公司是奥利弗公司的子公司，所以融入较快，而明尼阿波利斯莫林公司则融入较慢。

1960年起，奥利弗子公司推出四位数系列拖拉机，首先出场的是1800A型和1900型行列作物拖拉机。1800A型拖拉机（图7-42）可选装82hp汽油机或柴油机，后发展到85hp；1900型拖拉机装有99hp柴油机。1800型和1900型拖拉机均可选装6进2退变速箱或带Hydra-Power增扭器的12进4退变速箱，采用双速独立动力输出轴。随后又推出64hp的1600型拖拉机。

图7-42　奥利弗1800A型拖拉机

1964年，奥利弗子公司推出了103hp的1850型拖拉机，采用闭式液压系统。该机除了仍可选装啮合套换挡6进2退变速箱或带Hydra-Power增扭器12进4退变速箱外，还可选装带Hydraul-Shift三挡动力换挡的18进6退变速箱。从1964年起，奥利弗子公司陆续生产了42～145hp的50系列1250～2150型近十种机型。从1969年起，奥利弗子公司陆续生产了42～163hp的55系列1255～2255型十余种机型。所谓2655型拖拉机则基本上是把明尼阿波利斯莫林A4T1600型的黄色换成绿色，再贴奥利弗品牌。

20 世纪 60 年代，明尼阿波利斯莫林子公司主要生产中功率 M 系列和大功率 G 系列拖拉机。1960—1964 年，该公司推出 67 ～ 81hp 的 M 系列拖拉机，包括 M-5 型～ M-670 型。其中 M-670 型拖拉机（图 7-43）可选装汽油机、柴油机或石油气发动机，带 Ampli-Torc 增扭器 10 进 2 退变速箱，动力转向。M 系列于 1970 年终止生产。

图 7-43　明尼阿波利斯莫林 M-670 型拖拉机

1959—1969 年，明尼阿波利斯莫林子公司推出 89 ～ 156hp 的 G 系列拖拉机，从 G-VI 型、G-704 型到 G-1350 型。1965 年推出的 G-1000 型拖拉机（图 7-44）有三种形态：行列作物型、麦田型和高视野型。可选装 100hp 柴油机、汽油机或石油气发动机，带 Ampli-Torc 增扭器 10 进 2 退变速箱，动力转向。1972 年推出 157hp 的 G-1355 型拖拉机是功率最大的明尼阿波利斯莫林拖拉机。1973 年推出的 108hp 的 G-955 型拖拉机是最后标有明尼阿波利斯莫林品牌的拖拉机。这期间，奥利弗和明尼阿波利斯莫林两个子公司已开始将产品互换漆色、贴牌生产，到产品基本无差别时，明尼阿波利斯莫林拖拉机便融入了奥利弗系列。

图 7-44　明尼阿波利斯莫林 G-1000 型拖拉机

1969 年，怀特汽车公司把奥利弗、明尼阿波利斯莫林和科克沙特 3 个子公司合并组成怀特农业装备公司，总部设在美国伊利诺伊州的奥克布鲁克。6 年后，公司产品统一使用怀特品牌，绿色奥利弗、红色科克沙特和黄色明尼阿波利斯莫林拖拉机被银色怀特田野首领（Field Boss）系列拖拉机（图 7-45）所取代。只有奥利弗品牌后延到 1977 年，当最后的奥利弗拖拉机驶出美国最早量产内燃拖拉机的查尔斯城工厂后，奥利弗品牌从此消失在尘封的卷宗里。

图 7-45　怀特 2-105 型拖拉机

20 世纪 70 年代，拖拉机市场不景气，怀特家族这次对拖拉机的介入不到 20 年。1979 年，怀特汽车公司将其农机分部售出。80 年代早期，它被转卖给美国联合产品（Allied Products）公司。当时，联合产品公司已拥有新思路（New Idea）农业装备品牌，因此就将两者合并组成怀特新思路（White-New Idea）分部。1991 年和 1993 年，联合产品公司分两次把怀特新思路分部卖给了爱科公司［参见第 10 章“爱科在一路收购中壮大（上）”一节］。

7.16　福特拖拉机调整产品战略

福特公司的奠基人老亨利·福特坚信：一辆汽车，如果造的正确，那几乎对每一个人都足够好。所以，他的产品战略就是大批量生产较少型号甚至是单一的基本型，来满足大多数用户的需要，这也利于降低成本和方便维修。福特公司在 20 世纪初运用这一战略，汽车和拖拉机产品都取得了巨大成功。但是随着社会进步，人们的需求多样化，T 型轿车在它那个时代是一个伟大的创造，但并不适合所有人。福特汽车分部首先违反老亨利·福特这一哲学，追随他们的竞争者，以宽范围型号来应对宽范围市场。

但是老亨利·福特的哲学仍影响拖拉机分部：第二次世界大战前后，福特公司坚持在美国或英国分别只生产一种福特或福特森基本型，以应对各自市场。在美国，1939—1947年生产福特9N/2N型拖拉机，1947—1952年生产8N型拖拉机，1953—1954年生产NAA型拖拉机；在英国，1929—1945年生产福特森F型拖拉机，1945—1951年生产E27N型拖拉机。

单一化产品的拖拉机实践首先在美国走到终点。1954年，福特公司在北美开始推出末位为0的三位数系列拖拉机：基于NAA型设计的33hp的600系列及其三轮变型700系列，以及44hp的800系列（图7-46）及其三轮变型900系列。

图7-46　福特860型拖拉机

1957—1958年，福特公司推出末位数为1的新三位数系列拖拉机：37hp的501系列，48hp的601和701系列，62hp的801和901系列。1系列相对原来的0系列有较大变化，更新了外观和装饰，提高了部件技术水平（图7-47）。1958年，福特公司在1系列的某些型号上采用了Select-O-Speed全动力换挡传动系，在全球拖拉机行业引起轰动，但可惜它并不成功。后又经过长时间再开发，Select-O-Speed动力换挡项目最后取得了成功。

图7-47　福特841型拖拉机

1961 年，福特公司推出四位数系列拖拉机。首先是 73hp 的 6000 系列安装了六缸发动机。但是新设计的拖拉机未进行足够的试验，其发动机与传动系有问题。后来福特公司对其进行了重新设计，并将红白色外观改为蓝白色（图 7-48），重新推介。1962 年，福特公司推出 36hp 的 2000 系列取代 601 系列，55hp 的 4000 系列取代 801 系列。1965 年，从 2000 系列到 4000 系列均被改进，6000 系列改名为 Commander（司令官）6000。尽管机型的四位数未变，但从柴油机到传动系均已有较大不同。到 1975 年，福特公司的拖拉机从 2000 系列已扩展到 9000 系列。

图 7-48　福特 6000 型拖拉机

同时，福特公司在英国使用福特森拖拉机品牌，由单独的英国设计团队改进，以应对欧洲市场。20 世纪五六十年代，单一化产品战略在福特公司的英国分部继续延续。自 1939 年福特品牌出现后的 60 多年里，有 170 多种拖拉机型号。而福特森品牌从 1917 年在美国诞生到落户英国，再到 60 年代中期，也只有 9 种型号。1952 年，由 27hp 福特森 Major 型升级到 38hp 的 New Major 型（图 7-49）。1957 年，推出 32hp 的 Dexta 型。1958 年，New Major 型被 52hp 的 Power Major 型取代。1961 年，Power Major 型被 69hp 的 Super Major 型取代。1962 年，推出 39hp 的 Super Dexta 型取代 Dexta 型。这两种型号是福特公司英国分部最后的独立设计产品。当时福特公司也进口英国生产的福特森拖拉机来供应北美市场，不过机型均改名为数字系列。福特森 Super Dexta 型在美国以福特 2000 Diesel 型销售，福特森 Super Major 型以福特 5000 型销售。

图 7-49　福特森 New Major 型拖拉机

1965 年，福特公司整合了其美欧所有的拖拉机型号，改变了为不同市场生产不同拖拉机的习惯。福特公司保持了型号的数字编码制，但提升了多数型号的功率，涵盖 2000 ～ 9000 型。亨利 • 福特要覆盖全球统一的拖拉机系列的愿望成为现实，但之后不久，福特公司的拖拉机分部还是分离成福特和福特森两部分。尽管福特拖拉机继续努力，但再也难以达到当年推出福特森 F 型和福特福格森 9N 型拖拉机时的辉煌了。1993 年，福特公司把拖拉机业务卖给了意大利菲亚特公司。

7.17　菲亚特拖拉机向欧洲扩展

1957 年，菲亚特公司的拖拉机总产量已超过 10 万台。在满足意大利市场后，菲亚特公司开始进军欧洲市场。

1956 年，菲亚特公司推出的 60 型履带拖拉机取代了 50 型拖拉机，奠定了其作为欧洲履带拖拉机制造商的地位。1959 年，菲亚特公司推出 200 系列小型轮式拖拉机，以取代 50 年代销量最大、机型最小的 18 型。200 系列中的 211R 型装有 21 马力双缸菲亚特柴油机，211Rb 型装有 22 马力四缸菲亚特汽油机，采用 6 进 2 退变速箱，最高速度为 20km/h，质量为 900kg，适合在小块农田工作。1958 年，菲亚特公司推出 411R 型（轮式）和 411C 型（履带式）拖拉机。

1962 年，菲亚特公司推出新的钻石（Diamante）系列拖拉机，包括 20 ～ 66 马力的 215 ～ 615 型（图 7-50）。这是菲亚特公司第一次使用同步器换挡和差速锁装置，奠定了菲亚特拖拉机在欧洲的地位。

图 7-50　菲亚特 415 型拖拉机

1967年起，菲亚特公司针对欧洲市场陆续推出25～85马力的50系列拖拉机，型号为250～850型。

菲亚特公司拖拉机业务在20世纪60年代快速增长，还得益于其向国外的技术输出。1963年，它和土耳其拖拉机公司签署许可证制造协议。1965年，它向罗马尼亚布拉索夫拖拉机厂输出菲亚特45马力轮式和履带式拖拉机产品技术。

1945年，意大利国家解放委员会剥夺了阿涅利家族对菲亚特公司的控制权，直到1963年，该家族才返回菲亚特公司（参见第6章“德意老企业战后复苏”一节）。1966年，菲亚特公司创始人乔瓦尼·阿涅利的孙子吉安尼·阿涅利（Gianni Agnelli）担任总经理，直到1996年转任董事会主席。吉安尼·阿涅利首先以产品类型为基础，重组公司的管理机构。他认为原来的集中管理不适合菲亚特公司60年代的稳定扩张和国际业务增长。在60年代后期，鉴于菲亚特公司越来越多地从事农业机械与建筑装备制造，该公司建立了拖拉机与土方机械分部。

在以后的八九十年代，菲亚特推出新一代80系列和90系列拖拉机，奠定了其在拖拉机行业欧洲领先、全球有影响力的地位。

7.18　意大利卡拉罗公司

意大利有两家与卡拉罗家族有关的拖拉机公司，一家是卡拉罗集团公司，另一家是安东尼奥卡拉罗公司，两家公司的掌门人都是铁匠乔瓦尼·卡拉罗的子孙。

1890年，乔瓦尼·卡拉罗（Giovanni Carraro）诞生在意大利帕多瓦市坎波达尔塞戈，他的父亲是手艺人、铁匠和兽医。他11岁时就到父亲的车间制造各种农具，赢得能干、强壮和创新铁匠的名声。乔瓦尼·卡拉罗上帕多瓦的夜校学习制图和工程原理。他夜以继日地制造了一种能同时耕、耙、播、收和滚压的多用途机械，然后带着它去参加了1910年帕多瓦工农业展览会。他是这次展览会最年轻的参展者，并赢得一枚奖章和荣誉证书。

1932年，卡拉罗公司诞生。乔瓦尼·卡拉罗设计并生产出第一台马拉播种机。卡拉罗公司最初专注于播种机，目标是当地市场。1950年，该公司进入拖拉机领域。乔瓦尼·卡拉罗和他的儿子奥斯卡（Oscar）与马里奥（Mario）一起制造了公司第一台乔瓦尼卡拉罗牌农用拖拉机（图7-51）。随后卡拉罗公司继续制造通用型轮式和履带式拖拉机。

图7-51　卡拉罗农用拖拉机

20世纪50年代后期，乔瓦尼·卡拉罗的4个儿子在如何沿着父亲足迹前进的理念上发生分歧，奥斯卡等3个兄长主张跟随父亲的步伐，沿着量大面广的传统通用拖拉机发展；而小儿子安东尼奥主张继承父亲的创新特色，他的兴趣在于创造市场上没有的产品，即便是小众市场的拖拉机。可能是卡拉罗的发音和意大利语“马（cavallo）”的发音相近，乔瓦尼·卡拉罗的子孙后来成立的不同公司的标识都和马有关。1958年，第一台以三匹马为标识的卡拉罗农用拖拉机（图7-52）诞生。

图7-52　卡拉罗农用拖拉机

1959 年，乔瓦尼 • 卡拉罗的儿子们分道扬镳，形成两家公司：一家是“乔瓦尼 • 卡拉罗机械工场”，属于奥斯卡 • 卡拉罗与马里奥 • 卡拉罗兄弟与弗拉泰利（Fratelli）公司，后来成为属于三兄弟的卡拉罗公司（Carraro SpA），使用卡拉罗品牌，已发展成卡拉罗集团；另一家是“乔瓦尼的安东尼奥 • 卡拉罗”，属于乔瓦尼的小儿子安东尼奥 • 卡拉罗，后来成为安东尼奥卡拉罗公司（详见“拖拉机人：安东尼奥 • 卡拉罗”一节）。两家公司的总部均在帕多瓦市。

20 世纪 70 年代，卡拉罗公司在拖拉机市场增长乏力。1977 年，卡拉罗公司将其拖拉机和农业机械生产转移到帕多瓦南面的罗维戈，成立了阿格里塔利亚（Agritalia）分部，其产品沿用卡拉罗公司的三匹马商标，Agritalia 含意大利农机之意。卡拉罗公司在坎波达尔塞戈的工厂专注新的核心业务，即农业和土方机械的车桥与传动系统。这一战略调整非常成功，卡拉罗公司后来发展成为全球农业机械行业中最大的拖拉机前桥制造商。

1987 年，卡拉罗公司与雷诺农机签署协议，在罗维戈的阿格里塔利亚分部为其生产某些雷诺品牌拖拉机。卡拉罗公司后来拥有雷诺公司 16% 的股份。1989 年，卡拉罗公司与美国凯斯公司签署合同，为其生产某些凯斯万国品牌拖拉机。

1995 年 12 月，卡拉罗股份公司在意大利证券交易所（米兰）上市。1997—1998 年，阿格里塔利亚分部的规模和能力不断扩大，设施逐渐更新。这期间，该公司为美国迪尔公司生产某些约翰迪尔品牌拖拉机，为芬兰维创公司生产某些维创品牌拖拉机。21 世纪初，这种合作关系又扩大到克拉斯、麦赛福格森、意大利阿尔戈（ARGO）及印度伊斯考特等公司，并且从 1997 年开始，该公司在国外设厂，走向国际化。

2010 年，阿格里塔利亚分部再次启动自己的拖拉机系列（图 7-53），以新的卡拉罗三匹马标识销售。但是，在市场上，卡拉罗公司的拖拉机似乎没有它的车桥有名。

图 7-53　卡拉罗 Agricube 拖拉机

今天，卡拉罗公司和安东尼奥卡拉罗公司已基本由乔瓦尼·卡拉罗的第三代运作，两家公司加强了合作。

7.19 拖拉机人：安东尼奥·卡拉罗

乔瓦尼·卡拉罗的小儿子安东尼奥·卡拉罗（Antonio Carraro）（图 7-54）选择了另一条路。安东尼奥·卡拉罗生于 1932 年，他在孩童时和兄长们一起用铁块敲打零件玩。他在 10 岁时开始干活，并成为使用车床和大剪刀的内行，他继承了父亲“劳动并快乐着”的个性。

图 7-54 安东尼奥·卡拉罗

安东尼奥·卡拉罗还在青少年时期就钟情于“创造市场还不存在的机器”。1960 年，他在家族企业之外，在父亲的车间建立了“乔瓦尼的安东尼奥·卡拉罗”，即今天安东尼奥卡拉罗公司的前身。该公司以旋转马形象作为品牌标识，其源头可追溯到 1 500 年前波斯人的涂鸦，安东尼奥·卡拉罗更自由地表现出创新的个性。

1960 年，安东尼奥·卡拉罗沿着父亲的脚步，发布“金龟子（Scarabeo）”产品——一种联邦德国风格的机动耕作机（图 7-55），它高雅、精致、舒适。“金龟子”这个名字代表了再生和力量。

图 7-55 “金龟子”机动耕作机

安东尼奥·卡拉罗倾向于为利基市场（缝隙市场）生产装备，他选择了等大四轮驱动紧凑型拖拉机。第一种型号拖拉机装有 18 马力发动机，逐年加大功率并加以改进。1964 年，第一台有特色的安东尼奥卡拉罗拖拉机研制成功。这台是以“虎（Tigre）”为名的 20 马力小型拖拉机（图 7-56）采用铰接式机架，四轮等大，四轮驱动。“虎”牌拖拉机从诞生直到今天始终是公司的成功品牌，甚至不带标识也能被认出。1966 年，他开发出更有力的孟加拉虎拖拉机，安东尼奥卡拉罗品牌在意大利和欧洲开始扩展。1969 年，他开发出 35 马力的超级虎 635 型拖拉机，销售遍及欧洲，需求旺盛。

图 7-56 安东尼奥卡拉罗“虎”拖拉机

该公司的优势是研发（R&D）。1970 年，安东尼奥卡拉罗公司建立了有实验室的研发中心。研发中心立即成为公司理念与产品创新的推进器，至今都是公司最重要的部门。1972 年，该公司开发出头号虎（Tigrone）740 型拖拉机（图 7-57），其功率增加，性能提高，远超过竞争者的产品。

图 7-57 头号虎 740 拖拉机

1973年，安东尼奥卡拉罗公司建立了学习与研究中心（SRC），加强产学研结合，与帕多瓦、博洛尼亚、柏林（洪堡）和悉尼的大学合作，组建研发团队，致力于产品创新。项目涉及多功能和人体工程学，目标是提高终端用户的生活和作业质量。SRC的重要成果有：在几秒内逆行的技术集成系统（RGSTM），提供稳定舒适的可摆动拖拉机底盘（ACTIOTM），与帕多瓦大学合作的首台沼气拖拉机，市政车辆静液压传动系统（VIMAC），用于道路维护和地面养护的灵活底盘（ACTIFTM），斯图加特保时捷咨询公司推介的精益（KAIZEN）管理系统，以及超低机型在进行植保作业时隔离有毒烟雾并具有未来感的有压驾驶室（SLPCab）等。对研发的高度重视是该公司的特色，其从事研发的职工人数占职工总数的1/3左右。

1974年，头号虎热带型拖拉机是使用摆动底盘的第一代拖拉机，主要用于农业和林业，也出口到南非、尼日利亚、澳大利亚和北欧。1980年，该公司业务从特色农业扩展到市政领域，包括绿地、道路、城市保洁、建筑工地和体育中心（图7-58）。同年，该公司推出头号虎改进型拖拉机，采用24挡传动系，它是该公司第一种可逆向驾驶的拖拉机。1990年，安东尼奥卡拉罗成为紧凑型拖拉机的领导品牌，已有22种高可靠性拖拉机系列。该公司的强虎世界大会取得成功，集聚了世界各地1 000多家经销商。

图7-58 安东尼奥卡拉罗拖拉机养护地面

2000年，该公司的主导产品以Ergit系列拖拉机（图7-59）为代表。它是铰接式紧凑型的具有高技术水平的拖拉机，功率直到100马力。其特点是：具有独特的适应灌木种植园和窄行作物的超低轮廓；悬臂式发动机和前后桥体能相对摆动15°，可在坡上操作，改善了越障安全性；可装超低型有压驾驶室，舒适性与汽车相当，可进入传统驾驶室进不去的地方。

图 7-59 安 · 卡拉罗 Ergit 系列拖拉机

进入 21 世纪，该公司为雷诺农机制造拖拉机，加强了与家族企业卡拉罗公司的联系；举办头号虎日全球大会，意大利著名歌手和世界摩托车锦标赛冠军与会，推出为地中海盆地特殊耕作而研发的新头号虎系列拖拉机；推出铰接式可逆行 4 履带拖拉机，采用电液主离合器、双向 16 挡变速箱，可选装驾驶室。

安东尼奥卡拉罗品牌拖拉机以多用途、可逆行、高技术、铰接式紧凑型而知名，不仅用于特殊农业（葡萄园、果园、温室、行列作物等），也用于地面养护与林业，甚至已延伸到休闲游乐领域（图 7-60）。多年来，意大利和世界各地的许多企业家、演员、歌手、运动员和政治家都购买了该公司的产品。

图 7-60 安 · 卡拉罗拖拉机在休闲农场

安东尼奥 · 卡拉罗的拖拉机事业引人注目，首先因为它是世界上小型铰接式等大四轮驱动的紧凑型拖拉机最早的创建者之一。其次，该公司从产品设计到公司网页所体现的人文艺术气质令人难忘；特别是自称“拖拉机人”的安东尼奥 · 卡拉罗和他的团队在研制拖拉机中表现出来的欢乐气氛，在把职业仅仅作为谋生手段的市场经济环境中尤为难得！

7.20 20世纪60年代的雷诺拖拉机

1950年，雷诺农机（Renault Agriculture）已是法国最大的拖拉机制造商，生产了8 549台拖拉机，占法国拖拉机总产量的58%。但它也面临国外品牌的激烈竞争和缺乏较大功率拖拉机的困局。1956年，为和竞争对手有所区别，雷诺拖拉机的外观统一为橙色。20世纪60年代，雷诺农机频繁推出新机型。

1962—1964年，雷诺农机推出25～42马力超级系列拖拉机，即Super 3～Super 7型。每种型号拖拉机有正常、窄轨和葡萄园变型产品。雷诺农机在1964年更新了拖拉机外形，方机罩和更高的后挡泥板成为它们的显著特征。1963年，雷诺农机推出R385型拖拉机，采用55马力的MWM发动机或自产四缸柴油机、10进2退变速箱。随后推出Master 1型和Master 2型拖拉机。Master 1型装有60马力四缸空冷MWM发动机，Master 2型（图7-61）装有55马力四缸水冷发动机，两者均装有10进2退变速箱。Master TP型是Master系列的工业变型，是为法国政府的市政工程设计的。

图7-61 雷诺Master 2型拖拉机

1965年，雷诺农机推出所有机型加上D字的“D”系列拖拉机，安装MWM发动机，改变了格栅，提升装置采用自动控制深度的Tracto控制系统（一个手柄调节耕深，另一个手柄提升农具上下），可靠性好，促进了公司销售。

1967年3月，雷诺农机开始推出全新的50系列和80系列拖拉机。28～43马力的50系列有53～57型；50～60马力的80系列有86～89型。这两个系列拖拉机注重美学造型（图7-62），再次采用MWM发动机，带内置前照灯、设计良好的机罩使雷诺拖拉机有了自己的统一特色。雷诺农机也首次推出四轮驱动型拖拉机，在型号前冠以 4，有 43 ～ 60 马力的 456 ～ 489 型。

图 7-62　雷诺 50 系列拖拉机

1969 年，为了满足高功率需求，雷诺农机推出 90 系列及其四轮驱动型拖拉机。这是第一批带标准驾驶室和新发动机盖与挡泥板的拖拉机。62 ～ 90 马力的 90 系列有 92 ～ 98 型，四轮驱动的有 496 型和 498 型。20 世纪 60 年代末，雷诺拖拉机开始应用动力转向技术，并且有窄型与葡萄园型。

从 20 世纪 60 年代末到 80 年代，雷诺农机曾试图和外国公司（包括它的竞争对手）合作。60 年代末，雷诺农机和美国艾里斯查默斯公司合作，生产 40 马力的艾利斯查默斯 160 柴油拖拉机。它们最后合作生产的产品是 145 马力的雷诺 1451 型拖拉机，它像裹着“雷诺床单”的艾里斯查默斯拖拉机，但它从未在欧洲销售。1972 年，雷诺农机和意大利卡拉罗公司合作，出售以雷诺为标识的卡拉罗公司某些型号的拖拉机。七八十年代，雷诺农机也销售日本三菱公司某些型号的拖拉机。

7.21　田纳科收购财政困难的凯斯

1953 年，凯斯公司因保守的产品战略和劳资纠纷首次亏损，因此它试图将产品现代化，放弃在美国拖拉机不采用柴油机作为动力的思维惯性。1953—1958 年，凯斯公司陆续推 30 ～ 60hp 的三位数系列柴油轮式拖拉机，有 300 ～ 800 型。但是，1956 年凯斯公司仍遭遇了第二次亏损，首次面临破产的风险。该公司采用产品多元化方案，通过将农用拖拉机向工业变型发展来扭转困局。凯斯公司的农用拖拉机被改装成工业变型已历时 30 年，并且街道和公路修建、森林和公园维护等工程已依赖这些拖拉机的工业变型。

1957年，凯斯公司收购了一家小型履带拖拉机生产商，即美国拖拉机（American Tractor）公司，对它在推土和反铲挖掘方面的研发感兴趣。该公司规模不大，但因快速增长而负债。凯斯公司接管了它的资产，包括履带拖拉机和装载挖掘机系列的产品研发技术，强大的分销网，以及精力旺盛的总裁马克·罗吉特曼（Marc Rojtman）。在马克·罗吉特曼的领导下，凯斯公司充满信心地进入建筑装备行业。凯斯公司把液压反铲装置和前置液压装载机一起装到若干型号的拖拉机上。1958年，凯斯公司推出320型工业拖拉机（图7-63），这是第一种在凯斯工厂集成的前装后挖工业用拖拉机。该拖拉机共生产了2 409台，在美国几乎成为前装后挖拖拉机的同义词。

图7-63　凯斯320型前装后挖拖拉机

马克·罗吉特曼惯于利用眼花缭乱的地区演示促进新产品推广，营销效果明显。1957年凯斯公司的销售额提升50%，达1.24亿美元。但是如同美国拖拉机公司那样，良好的市场效应并未带来公司财务状况的改善。新产品研发、营销和海外扩张造成公司的财政负担加重，销售额和负债同步增长。这引起了异议，凯斯公司董事会主席利昂·克劳森（Leon Clausen）强烈反对马克·罗吉特曼任公司总裁。

1957—1960年，凯斯公司推出28～78hp的B系列拖拉机，包括200 B～900 B型，涵盖12级不同功率、124种机型配置，有各种工业和农业用变型，适合行列作物农民、种稻人、果园人、产业工人和其他特殊场合使用。特别是1958—1959年生产的凯斯800系列，采用Case-O-Matic传动装置和动力转向装置。Case-O-Matic是液力变矩器与8进2退变速箱的组合，后来该装置广泛用于凯斯、万国、大卫布朗的工业用拖拉机上。800系列拖拉机有800 B柴油型等多种变型，共生产了255台。

1958 年，凯斯公司扩展国外业务，在澳大利亚建立了第一家子公司，其后又在巴西和英国建立了子公司。在 1958 年的低迷期，凯斯公司处于不稳定状态，虽然凯斯公司在 1959 年已成为美国第四大农业和建筑装备生产商，但它的债务负担高达 2.36 亿美元。1960 年，马克·罗吉特曼被威廉·格里德（William Grede）取代。

1960 年，凯斯公司推介新的 37～89hp 的 30 系列拖拉机，它的功率得以提升，有更好的传动系和三点悬挂选项，包括 430～930 型。其中的 930 型在 1965 年推出 930 Comfort King，即所谓的“舒适王”型。在 30 系列基础上还发展了“建筑王（Construction King）”工业拖拉机系列，采用适合工业用的传动、液压、转向灯系统。如 530CK 型拖拉机采用动力转向，传动系可选装液力变矩器加机械式逆行器与 8 挡变速箱，或仅装 12 进 3 退变速箱，也可选装液力变矩器加 4 进 1 退变速箱。

威廉·格里德上任后下达的第一个指令是降低负债和合并制造。因增加了拖拉机的供应量并有销售折扣，凯斯公司的销售在 1960 年仍旧坚挺，但在这一年发生了连续半年的罢工。1962 年凯斯公司的财政状况继续恶化，已无力偿还 1.45 亿美元的短期信贷。银行和凯斯公司商谈企业重组、撤换威廉·格里德和延付利息的协议。1962 年，威廉·格里德被原来在福特拖拉机与农具分部工作的梅里特·希尔（Merritt Hill）取代。

梅里特·希尔按职能重组了凯斯公司，设置了市场、制造和技术分部。特别是他改善了劳工与管理者的关系，这是历届总裁最敏感的事项。梅里特·希尔也带来了底特律的人才，包括一位产品总工程师。但是财力的限制阻碍了公司新产品的发展。1964 年凯斯公司收购了柯尔特（Colt）制造公司，进入园地拖拉机领域。

凯斯公司的亏损额下降，产量上升，经营情况好转，似乎在 1964 年站稳了脚跟，但仍不能兑现 1962 年与银行签订的还款协议。1964 年 5 月，在财政困境中挣扎十余年的凯斯公司不得不向加利福尼亚克恩县地产公司（KCL）转让其主要股份。建立于 1874 年的 KCL 公司开始是一家畜饲养企业，在找到石油后，进入矿产、房地产和制造业。KCL 公司现金富裕并同意不干预凯斯公司的发展或内部决定。这些环境允许凯斯公司在 1964—1967 年扩展现有产品。1965 年前后，凯斯 450 型履带拖拉机（有推土、装载、后挖掘、滑移装载等变型）和 1150 型履带推土机面市。前装载后挖掘轮式新系列拖拉机也同时推出，其中替代 530 CK 的 580 CK 型及后续改进的 530B 型、530C 型和 530D 型拖拉机（图 7-64），连续生产了 17 年，成为凯斯工业拖拉机的支柱。

图 7-64　凯斯 530D 型工业拖拉机

1965 年，凯斯公司在全球已有 125 家分销商，在英格兰、法国、南非、巴西和澳大利亚设有子公司，在其他国家有 15 家许可商。凯斯公司在美国生产的拖拉机中，有 20% 出口海外。

20 世纪 60 年代后半期，为了与迪尔公司和万国公司竞争，凯斯公司加入美国市场中提高拖拉机功率的竞赛。1966 年，凯斯公司推出 113hp 的 1030 型和 133hp 的 1200 型拖拉机。1200 型“牵引王（Traction King）”拖拉机（图 7-65）是行业内第一种四轮同步转向的四轮驱动四轮制动的大型拖拉机，也是凯斯公司生产的第一种四轮驱动的大型拖拉机。和“舒适王”拖拉机不同，它更注重提高作业效率。但四轮驱动这一概念在当时并不成功，直到 70 年代初，四轮驱动的拖拉机才成为北美拖拉机市场增长最快的部分。

图 7-65　凯斯 1200 型“牵引王”拖拉机

到 1966 年，凯斯公司收入下降的趋势得到扭转。梅里特 • 希尔转任董事长，原来在控股公司（KCL）任职的查尔斯 • 安德森（Charles Anderson）成为总裁。1967 年，凯斯公司建筑分部的销售几乎和农业分部一样多。

令人意想不到的是，KCL 面临恶意收购，这时它宁愿把自己卖给美国休斯敦的田纳科（Tenneco）公司。田纳科公司的历史可追溯到 1940 年，其前身是田纳西州天然气输送公司，第二次世界大战期间，它把美国南部的天然气输送到东北部，以应战争所需。40 年代，美国政府对田纳西州天然气公司的天然气价格严格监控，政商关系恶化，该公司于是向不受监管的产业实施多元化经营。从 1950 年 9 月到 1966 年 3 月，该公司收购了 22 家公司，组成田纳科公司。田纳科公司总裁亨利 • 西蒙兹（Henry Symonds）提出了产业投资的三项原则：被收购的公司能够从田纳科公司的管理中受益；被收购的公司能够补充田纳科公司的业务缺项；保持被收购的每个分部能“大到用自己的双脚站稳”。1967 年 8 月，它以 4 亿美元购买了克恩县地产公司，从而获得了凯斯公司 53% 的股权。1969 年，田纳科公司向凯斯公司增资至拥有其 91% 的股权。1970 年，凯斯公司成为田纳科公司的全资子公司。

第8章

激情燃烧的20世纪五六十年代（下）

引言：创新激情再次燃烧的岁月

20 世纪 50 年代后半期到 60 年代，拖拉机产业冲锋的号角声在全球上空继续回荡，对拖拉机技术的创新激情再次燃烧，技术含量之高、覆盖面之宽、影响之远，均超过此前的年代。

对拖拉机传动系统的创新有实质性突破。1954 年，美国万国公司推出增扭器，在世界上首次实现了拖拉机在负载下的不停车换挡。这种两挡动力换挡变速箱迅速被整个行业接受：美国明尼阿波利斯莫林公司于 1955 年、美国艾里斯查默斯公司于 1957 年、美国奥利弗公司于 1960 年、加拿大和英国合资的麦赛福格森公司于 1961 年、意大利菲亚特公司于 1965 年、美国迪尔公司和福特公司于 1967 年纷纷跟进。

这种不停车换挡技术迅速扩展到在多挡甚至在所有挡中应用。福特公司于 1958 年、迪尔公司于 1963 年推出全动力换挡变速箱；万国公司于 1965 年、联邦德国芬特公司于 1967 年、奥利弗公司于 1968 年、明尼阿波利斯莫林公司于 1969 年、美国凯斯公司于 1969 年均推出部分动力换挡变速箱。

人类对无级传动的期望伴随着整个拖拉机的发展史。从源头上说，最初的蒸汽拖拉机就是通过调节蒸汽量来无级控制速度的。在内燃拖拉机诞生后，利用调节发动机转速来调节拖拉机速度无法满足牵引性能要求，需安装机械式有级变速机构。在 20 世纪初，拖拉机行业就已经用外接式电力传动或摩擦式机械传动对无级变速拖拉机做了最初的探索。到 20 世纪五六十年代，人们对无级传动拖拉机的梦想再次燃烧，众多企业和研究机构从动液力传动、静液压传动、机械传动和电传动等方面对无级传动拖拉机做了深入认真的研究，并完成多项产业化征程。

1947 年，艾里斯查默斯公司推出世界上首台动液力传动农用履带拖拉机。1950 年，联邦德国阿尔盖尔公司将液力偶合器装在轮式拖拉机上。1958 年，凯斯公司推出世界上首台动液力传动轮式拖拉机。到 1965 年，大批拖拉机制造商研制或生产了动液力传动拖拉机，其中主要有万国公司、卡特彼勒公司、麦赛福格森公司、奥利弗公司、迪尔公司、维克斯公司、施吕特公司、汉诺玛格公司及尤克里德公司等50多家公司，以及苏联的拖拉机研究部门。

1954年，英国国立农业工程研究所研发了世界上首台静液压传动拖拉机样机。1960年，美国万国公司研制了一台静液压传动拖拉机样机。1963年，英国卢卡斯公司试装的静液压传动拖拉机在英国展出。几乎同一时期，英国卡思柏森公司推出静液压传动低比压履带拖拉机。1964年，联邦德国芬特公司展出静液压传动拖拉机。但是，静液压传动在拖拉机上的首次商业应用出现在小型园地拖拉机上。如1963年美国柯尔特公司、1965年凯斯公司和美国辕马公司、1966年万国公司和迪尔公司、1967年麦赛福格森公司、1968年艾里斯查默斯公司、1969年美国博伦斯公司等生产的园地拖拉机。1966年联邦德国埃歇尔公司首次实现了静液压传动在农用拖拉机上的商业应用。静液压农用拖拉机最重要的进展是1967年美国万国公司批量生产的法毛656型静液压传动拖拉机。

1956年，联邦德国生产的莱默斯机械链式无级变速箱首次安装在拖拉机上。1957年，联邦德国采埃孚公司推出农用拖拉机用链式无级变速传动系。1959年，联邦德国芬特公司推出安装链式无级变速箱的试验拖拉机。1966年，采埃孚公司推出在此类链式无级变速箱中性能较好的T-518型拖拉机传动系。

1960年前后，美国艾里斯查默斯公司制造了一台20马力的车载燃料电池的电动拖拉机。1961年，苏联车里雅宾斯克拖拉机厂批量生产了310马力的柴油电动履带拖拉机。

由于第二次世界大战后大多数国家的经济持续增长，发达国家生活质量改善，拖拉机的功率向两头延伸，派生出新的拖拉机类型。

首先是拖拉机的作业领域从农田向郊区、果园、花园、草坪、庭院扩展，第二次世界大战前已出现的四轮园地拖拉机迎来它们的春天。不仅一批中小型的专业公司（如西尔斯公司、辕马公司、辛普里斯蒂公司、托罗公司和博伦斯公司等）做了最初的探索，而且一批大型农用拖拉机生产商（如万国公司、艾里斯查默斯公司、明尼阿波利斯莫林公司、迪尔公司、麦赛福格森公司、福特公司、凯斯公司和怀特公司等），也加入了园地拖拉机的生产行列，其中最先进入的万国公司以大企业的严格规范来研制这种小型拖拉机，使其功能近一步扩展，奠定了园地拖拉机在行业中的地位。

其次，不满足于前轮附加驱动的变型四轮驱动、大型四轮等大的独立型四轮驱动拖拉机登上历史舞台。不仅一批中小型的专业公司（如菲奇公司、瓦格纳公司、斯泰格尔公司和沃瑟泰尔公司等）做了最初的探索，而且一批大型农用拖拉机生产商（如麦赛福格森公司、迪尔公司、万国公司、凯斯公司、明尼阿波利斯莫林公司和怀特公司等）也加入了独立型四轮驱动拖拉机的生产行列。与此同时，串联式四轮驱动拖拉机也有厂家开始尝试生产。

此外，在我国深泥脚水田地区诞生了船式拖拉机。1958 年，江苏省江都县的农民首创了沤田拖拉机。随后生产的湖北 12 型和南方 12 型机耕船是当时船式拖拉机的代表作，这类拖拉机至今仍在我国的水田中应用。

20 世纪 30 年代末，行业对拖拉机整机形态大体上已有共识。但是第二次世界大战后，特别是众多非农机制造企业因多种原因进入拖拉机行业后，原来被固化的拖拉机形态受到挑战。

最令人感兴趣的是一种中部可挂接农具或设置装卸平台的自走底盘，它的设计思路源于第二次世界大战前一名德国工程师的概念设计。1950 年，民主德国舍内贝克拖拉机厂制出 15 马力自走底盘。同时，联邦德国兰兹公司研制了 12 马力“机具载体”自走底盘。当时比较成功的是 1953 年联邦德国芬特公司研制的 12 马力“芬特一人系统”自走底盘。1956 年，联邦德国克拉斯公司推出 15 马力自走底盘。1956 年，苏联哈尔科夫拖拉机自走底盘厂开始生产 14 马力自走底盘。

另一种整机形态的探索是所谓的“通用机动装备”，即乌尼莫格，1946 年在德国展出。它由原从事飞机发动机研究的工程师设计，和传统的汽车或拖拉机均不同：等大四轮驱动，四轮制动，中部有装载平台，侧面、前面、后面和顶面均可安装机具。1951 年，这种装备的生产由戴姆勒奔驰公司接管。

当时这些令人耳目一新的拖拉机新形态最终并没有取代传统的拖拉机。曾被苏联和德国等国家的一些专家认为会取代中小型轮式拖拉机的自走底盘，历史表明它只是一种补充的农用动力装备。而被认为兼有汽车与拖拉机功能的乌尼莫格最终主要用于军事和特种需要。

这一时期，对拖拉机除汽油机、柴油机外的动力来源也做了勇敢的探索：

1959 年，艾里斯查默斯公司推出了燃料电池驱动的拖拉机；20 世纪 60 年代初，万国公司、福特公司、迪尔公司和博伦斯公司等把燃气轮机装在农用或园地拖拉机上；60 年代初，苏联还探讨过原子能拖拉机。但是，它们在经济上的合理性均未得到证明。

由此可见，创新总是伴随着成功和挫折，这既有技术成熟因素，也有社会经济原因。动力换挡技术稳步推进并量产，但在 20 世纪 70 年代的石油危机和 80 年代的金融危机时期欧洲市场有所萎缩；单功率流静液压传动在农用拖拉机上的应用受阻，而在园地拖拉机上得以应用；动液力传动技术促进了工业拖拉机向工程建筑机械的转变，而在农用拖拉机上几乎全军覆没；电动与机械式无级传动在拖拉机行业遇冷，停留在部分“粉丝”的热情里；园地拖拉机一帆风顺，后来其低挡形态在发展中国家还演变为小型农用拖拉机；大功率独立型四轮驱动拖拉机保持增长，而它在 70 年代拖拉机功率更大、更强的盲目竞赛中略显病态；船式拖拉机仍然在我国的水田中坚持前行，不过它始终未能突破大面积推广的门槛。

百年拖拉机发展史显示，随着技术的进步和经济状况的改善，某些早期不成功的创新在数十年之后又重新焕发出活力。就像上面提到的静液压传动，由于电子控制技术的进步和用户经济能力的提高，从 20 世纪末至今，双功率流静液压传动一直成功应用于大型农用拖拉机上。的确，无论是成功还是挫折，那些勇于创新的前辈们都为探索拖拉机的发展道路做出了自己的贡献！

8.1 园地拖拉机的春天（上）

20 世纪 60 年代，园地拖拉机在西尔斯公司、辕马公司等先行公司继续发展（参见第 6 章“最初的四轮园地拖拉机”一节），并且有更多、更强的公司大量涌入这一领域。这些新入行的公司中，不仅有 10 余家小型的拖拉机专业生产商，而且有一批著名的大型农用拖拉机生产商，园地拖拉机的春天到来了！

西尔斯公司　在 1939 年已推出四轮园地拖拉机的美国西尔斯（Sears）公司，于 1959 年推出了大卫布拉德雷（David Bradley）郊区人（Suburban）系列四轮园地拖拉机。1964 年，该系列拖拉机冠以西尔斯郊区人品牌。郊区人系列拖拉机有 6hp 的 600 型、7hp 的 725 型（图 8-1）和 8 ～ 12hp 的 8 型、10 型和 12 型。郊区人 600 型、725 型、8 型和 10 型拖拉机采用非常闭式离合器和带式传动机械式无级变速机构。12 型拖拉机采用带式传动驱动 6 进 2 退齿轮变速箱。20 世纪

60 年代末，西尔斯公司生产的 Hydro-Trac 12 型园地拖拉机采用著名的桑斯川特（Sundstrand）无级变速静液压传动系。

图 8-1　郊区人 725 型拖拉机

西尔斯公司的产权几经转手，最终于 1988 年归到胡斯华纳（Huqvarna）公司旗下。

辕马公司　1947 年已生产四轮园地拖拉机的美国辕马（Wheel Horse）公司，1955 年推出了辕马 RJ 25 型园地拖拉机。1960—1968 年，该公司陆续推出三位数和四位数系列拖拉机，从 400 型到 1277 型，采用 4 ～ 12hp 单缸汽油机。该系列首台 4hp 辕马 400 郊区人型拖拉机采用带式传动驱动 3 进 1 退 Uni-Drive 变速箱（图 8-2）。1965 年，该公司推出的 8hp 和 10hp 的 875 型和 1075 型拖拉机采用带式传动驱动桑斯川特 Wheel-a-Matic 静液压传动系，此后静液压传动系在拖拉机上的应用增多。该公司在 1968 年推出的 Charger 系列和 Raider 系列拖拉机分别使用静液压传动系或 6 进 2 退机械变速箱。

图 8-2　辕马 400 郊区人型拖拉机

从 1974 年起，辕马公司的产权几经转手，1986 年被美国托罗公司收购。

辛普里斯蒂公司　1922 年成立的美国辛普里斯蒂（Simplicity）公司，于 1937 年生产两轮步行拖拉机，于 1959 年推出第一种四轮园地拖拉机，即辛普里斯蒂 700 型拖拉机，采用 7hp 单缸空冷汽油机、3 进 1 退机械式变速箱。1961 年，700 型拖拉机被改进为 725 型拖拉机（图 8-3）。1965 年，美国艾里斯查默斯公司收购了辛普里斯蒂公司，725 型拖拉机在艾里斯查默斯公司的南卡罗来纳州工厂从 1964 年生产到 1969 年，依次被改进为辛普里斯蒂地主（Landlord）系列，但实质上变化不大。

图 8-3　辛普里斯蒂 725 型拖拉机

1983—2002 年，辛普里斯蒂的所有权又经历 4 次转移，2004 年被一家户外装备制造商——布里格斯与斯特拉顿（Briggs & Stratton）公司以 2.25 亿美元收购。

博伦斯公司　美国博伦斯（Bolens）公司的历史可追溯到 1850 年的哈利·博伦斯（Harry Bolens）。该公司于 1919 年在威斯康星州推介其第一台园地拖拉机，于 1947 年推介其首台骑乘者（Ridemaster）四轮紧凑型拖拉机。20 世纪 60 年代，博伦斯公司推出管状机架系列园地拖拉机。1962 年，推出该系列第一种 Husky 600 型拖拉机。1963 年推出 800 型拖拉机，使用 7 ~ 8hp 的单缸空冷汽油机，传动系装差速锁。1965 年推出 1000 型拖拉机，装有 10hp 单缸汽油机，首次采用带高低挡的组成式 6 挡传动系。1969 年推出 1225 型拖拉机，装有 12hp 单缸汽油机，首次使用伊顿（Eaton）静液压传动系，机具采用液压提升。1964 年，博伦斯公司推出房地产主（Estate keeper）型拖拉机（图 8-4），其特点是采用铰接式转向，在当时是一种独特新颖的紧凑型拖拉机概念。

图 8-4　博伦斯 Estate keeper 型拖拉机

80 年代后，博伦斯公司的产权几经变化。1988 年，花园之路（Garden Way）公司收购了博伦斯公司。2001 年，花园之路公司被 MTD 公司购买，其在草坪拖拉机上使用博伦斯品牌，直到 2010 年。

托罗公司　美国托罗（Toro）公司成立于 1914 年，起初是托罗发动机公司，为美国公牛（Bull）拖拉机公司提供发动机。随着公牛拖拉机公司的破产，托罗公司需另找出路，几经摸索，最终转型到高尔夫球场动力装备产业。

1959—1970 年，托罗公司生产 5hp 和 6hp 的乘坐式割草机。1967—1968 年，生产 4 ～ 6hp 的草坪拖拉机。1967—1968 年，生产 7 ～ 12hp 的托罗郊区人 7 ～ 12 型系列园地拖拉机（图 8-5），均安装单缸汽油机、带式传动驱动 3 进 1 退或 4 进 1 退齿轮变速箱。1969 年，推出 5 ～ 12hp 的三位数系列拖拉机，其中功率较小的基本是草坪拖拉机，而 10 ～ 12hp 的为园地拖拉机。

图 8-5　托罗郊区人 12 型拖拉机

1986 年，托罗公司买下辕马公司，收购其全部产品，包括乘坐式草坪割草机、草坪拖拉机和园地拖拉机。21 世纪的前十年，托罗公司专心生产商用装备，放弃草坪与园地拖拉机。2007 年，托罗公司开始销售 MTD 公司制造的新品牌拖拉机。

8.2 园地拖拉机的春天（下）

在一批中小企业尝试园地拖拉机之后，这一市场引起了大型拖拉机生产商的注意。20 世纪 60 年代，万国公司、艾里斯查默斯公司、明尼阿波利斯莫林公司、迪尔公司、麦赛福格森公司、福特公司和凯斯公司等介入园地拖拉机。它们进入的路径有自主独立开发、兼并先行者及外委制造、自己营销等。

万国公司　最先介入园地拖拉机的大型企业是美国万国公司。1958 年后期，万国公司注意到采用单缸发动机的小型四轮拖拉机有潜在市场，特别是在城市郊区。第二次世界大战后，一批复员军人被安排在郊区，他们大都需要能减轻草坪和园地杂务的多用途拖拉机。虽然万国公司已有 10hp 法毛幼兽（Cub）拖拉机，但它们比其他成功的园地拖拉机贵 500 多美元。

1960 年年初，该公司出身农村、少年困苦的年轻设计师哈罗德 • 施拉姆（Harold Schramm）及其团队完成 7hp 拖拉机的设计，后将其定名为幼兽次子（Cub Cadet）拖拉机。其设计理念除保留此前园地拖拉机轻小简廉特色外，还考虑应适合承担田间作业，更具农用拖拉机特色。该拖拉机借用幼兽拖拉机的变速箱、差速器和转向机构，但不用直接传动，而是采用带传动。该公司对这种生疏的小型拖拉机仍严格按程序研制。6 月，3 台样机制成并全面试验。10 月，又制造了 10 台。其中 6 台交客户测试，其余用于农具开发、编制服务手册和制作营销资料。

1960 年 11 月，该公司生产了 25 台幼兽次子拖拉机，可选装爬行挡，并将这些拖拉机交给中东部 4 个州的农田客户，让他们用割草机或铲刀对每台拖拉机进行 50h 测试。1961 年年初，幼兽次子拖拉机（图 8-6）投产。该公司预测初始年需求量为 5 000 ～ 10 000 台，但这被严重低估。设计师们认为不正规的带式传动反倒成为最大的卖点。事实上，1961—1962 年该拖拉机的产量接近 4.9 万台，1963 年销量约 6.5 万台。正如哈罗德 • 施拉姆所说：“产品取得的成功比我们梦想的大得多。”

图 8-6　幼兽次子拖拉机

1963 年，哈罗德 • 施拉姆和他的团队设计了采用直接传动的 70 型和 100 型短系列拖拉机。1965 年，用 71 型替代 70 型，用 102 型代 100 型，并推出新的 12hp 的 122 型和 123 型。123 型拖拉机（图 8-7）是万国公司生产的第一台静液压驱动拖拉机，将铸铁传动箱用作液压油箱。1967 年，万国公司用 72 型、104 型、124 型、125 型替代 71 型、102 型、122 型、123 型，并加入静液压 105 型，其特点是具有安装农具的快速连接系统。与幼兽次子系列拖拉机配套的附件包括割草机、铲刀、除雪机、前装载、犁和小拖斗等。

图 8-7　幼兽次子 123 型拖拉机

不幸的是，此后万国公司因陷入财务危机而逐步解体［参见第 9 章“万国‘帝国’的崩溃（下）”一节］。1981 年，美国 MTD 公司收购了万国公司幼兽次子拖拉机，成立全资子公司——幼兽次子公司，该公司独立运作并使用幼兽次子品牌。

迪尔公司　美国迪尔公司从 1963 年起进入园地拖拉机市场，它和万国公司一样，都是从自行设计起步的。迪尔公司的设计理念和万国公司类似，目标是让城乡有小块土地的农民拥有他们负担得起的、仍有大田感受的小型拖拉机，并能提供和农用拖拉机一样宽范围的农具。

1962 年，迪尔公司启动草坪和花园拖拉机的设计，其型号按农用拖拉机规则定为约翰迪尔 110 型（图 8-8），于 1963 年投产。它装有 7hp 单缸空冷汽油机，采用独特的“Peerless”机械式无级变速与 3 进 1 退变速箱组合，以适应高速割草和低速耕种；后轮轮距可调，对山坡割草有利；符合人体工程学设计，机具快速连接，机架和前桥加强，以适应重载。园地拖拉机通常和家居生活有关，孩子们可能在拖拉机上攀爬，迪尔公司认为安全是 110 型拖拉机的关键卖点：对旋转件、后轮胎和带式传动设防护罩；采取三重安全措施，即只有脱开 PTO、变速箱空挡和使用钥匙，拖拉机才能起动。在当时的园地拖拉机领域，110 型拖拉机是技术含量较高的出色设计，尽管其价格比其他公司的高上百美元，但在投产当年就生产了 1 000 台，引起市场注意。随后，110 型拖拉机经过 5 次改进，并提供割草机、镇压器、除雪机、旋耕机、铲刀及喷雾器等附件。

图 8-8　约翰迪尔 110 型拖拉机

迪尔公司 1966 年推出的 10hp 的 112 型和 1968 年推出的 14hp 的 140 型，均采用桑斯川特静液压传动系。

艾里斯查默斯公司　从 1961 年起，美国艾里斯查默斯公司通过自行开发与收购相结合进入园地拖拉机领域。1961 年，该公司推出第一种园地拖拉机 B-1 型（图 8-9），采用 7.25hp 单缸空冷汽油机、直联 3 进 1 退齿轮变速箱，前、中、后均有动力输出轴，中部地隙较高，可安置机具。从 1963 年起，该公司推出 B-10 型和 B-12 型拖拉机，可选装高低挡、6 进 2 退传动系。

图 8-9　艾里斯查默斯 B-1 型拖拉机

1965 年，该公司收购了园地拖拉机生产商辛普里斯蒂公司。从 1968 年起，该公司开始生产三位数系列拖拉机。100 系列有 B-110 型（图 8-10）和 B-112 型。200 系列有 B-206 型～ B-212 型，其中 212 型拖拉机有静液压变型。

图 8-10　艾里斯查默斯 B-110 型拖拉机

凯斯公司　美国凯斯公司以兼并柯尔特公司而涉足园地拖拉机。柯尔特（Colt）公司由沃伦·约翰逊和沃利·约翰逊（Warren Johnson &Wally Johnson）兄弟于 1962 年在美国威斯康星州密尔沃基建立。1963 年，柯尔特公司的第一台静液压传动花园拖拉机下线，它是当时园地拖拉机应用静液压传动系的首次尝试。1963—1964 年，柯尔特公司生产 7 型和 9 型园地拖拉机，装有 7hp 或 9.5hp 单缸空冷汽油机、2 区段 Colt-O-Matic 静液压传动系。凯斯公司注意到柯尔特公司的进展，于 1964 年收购了该公司。收购之初，产品以凯斯和柯尔特两个品牌经柯尔特公司的经销网销售，柯尔特品牌用到 1966 年，之后公司的园地拖拉机以凯斯品牌通过凯斯经销商销售。

从1965年起，凯斯品牌的三位数系列园地拖拉机开始在该公司位于威斯康星州的温纳康尼工厂制造。首先是10hp的130型和12hp的180型，二者均采用静液压传动系。该公司于1968年推出220型（图8-11），于1969年推出222型、442型和444型，分别安装10～14hp的单缸汽油机，采用Hy-Drive传动系，即采用定量液压泵驱动两挡变速驱动桥。

图8-11　凯斯220型拖拉机

凯斯公司在温纳康尼工厂制造草坪装备直到1983年，此时凯斯公司把其户外动力装备分部出售给了美国英格索尔（Ingersoll）装备公司。

福特公司　美国福特公司从1965年起进入园地拖拉机市场。它自己不生产园地拖拉机，而是外委雅各布森（Jacobsen）公司、吉尔森（Gilson）公司和托罗公司制造，贴上福特品牌，通过福特公司的经销网络销售。1965年，福特公司的第一种园地拖拉机是80型，采用8hp单缸空冷汽油机、4进1退变速箱。后续推出10hp的100型、12hp的120型和14hp的140型，均由雅各布森公司制造。其中100型（图8-12）与120型可选装静液压传动系，140型标配静液压传动系。

图8-12　福特100型园地拖拉机

1988 年，福特公司把它的农业机械及草坪与园地拖拉机业务卖给了意大利菲亚特集团。

明尼阿波利斯莫林公司　美国明尼阿波利斯莫林公司的园地拖拉机外委雅各布森公司制造，使用明尼阿波利斯莫林品牌进行销售。该公司于 1962 年推出第一种 MoCraft 100 型拖拉机，采用 7hp 单缸空冷汽油机、3 进 1 退变速箱。该公司于 20 世纪 60 年代陆续推出三位数 Town & Country 系列 107 ～ 114 型拖拉机。其中 110 型（图 8-13）和 112 型可选静液压传动系，114 型标配静液压传动系。

图 8-13　明尼阿波利斯莫林 110 型拖拉机

1963 年，明尼阿波利斯莫林公司被怀特公司收购，其生产的园地拖拉机使用明尼阿波利斯莫林品牌直到 1970 年，此后切换到怀特品牌。

麦赛福格森公司　麦赛福格森公司外委美国杜拉（Dura）公司制造，于 1963 年涉足园地拖拉机，由北美麦赛福格森公司销售。该公司首先推出执行者（Executive）7E 型和 8E 型拖拉机，采用 7hp 和 8hp 单缸空冷汽油机、带式传动驱动 3 进 1 退变速箱。1966 年推出有较大改进的 10 型园地拖拉机，安装 10hp 单缸汽油机，经带轮变速驱动 4 进 1 退变速箱。1967 年推出 12hp 的 12 型拖拉机（图 8-14），采用静液压传动系。10 型和 12 型拖拉机的设计像加拿大麦赛农用拖拉机，均由美国 AMF 公司制造。

此后数十年里，由于全球经济的发展和居民生活品质的提高，园地拖拉机在庭院家用、草坪养护业、专业承包商、市政公共事业、租赁公司、高尔夫球场、业余爱好者和兼营性农户的市场中持续保持增长势头。

图 8-14　麦赛福格森 12 型拖拉机

8.3　独特的自走底盘（上）

自走底盘（图 8-15）是一种自走式通用农具机架，也是一种特殊形态的轮式拖拉机，其特征是拖拉机中部能安装多种机具。在我国 JB/T 9831—1999《农林拖拉机型号编制规则》标准中，拖拉机型号中的末尾数字为型式代号，1 代表手扶拖拉机，0 或 4 代表两轮或四轮驱动轮式拖拉机，2 代表履带拖拉机，5 代表自走底盘，只是该规则至今尚未被厂家使用。

图 8-15　自走底盘

拖拉机中部挂接农具的好处是：既可由驾驶员直接操控农具，又能避免拖拉机在地头转弯时漏耕。这种理念在早期的内燃拖拉机中已经出现，但当时未考虑安装载重平台。如 1911 年美国 40hp 哈克尼（Hackney）自走犁（图 8-16），采用前轮驱动、后单轮转向，犁和其他机具装在底盘下方，驾驶员在座位上用操纵杆控制和提升它们。

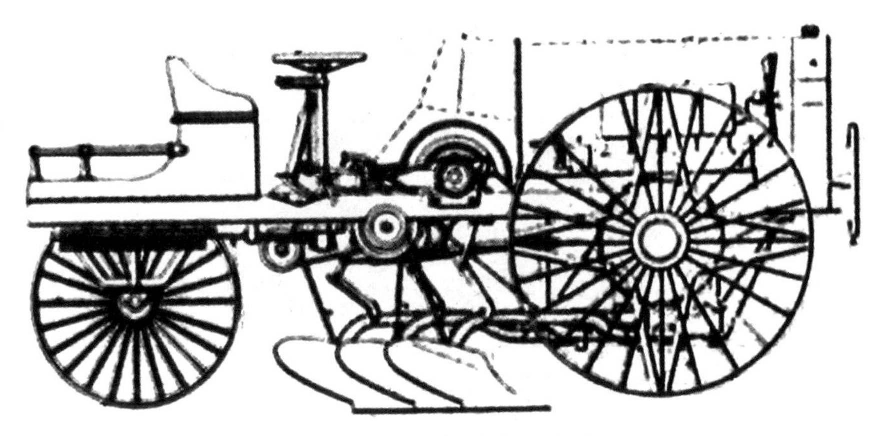

图 8-16　1911 年哈克尼自走犁

按照中部安装的机具是否包含载重平台，自走底盘整机和机架的结构有较大差异，其出现分为前后两个阶段。20 世纪前半叶出现的基本是中部安装机具但不考虑载重平台的特殊轮式拖拉机，有各种称谓，后来被归于早期的自走底盘。20 年代初，拖拉机整机形态正“摸着石头过河”，继哈尼克之后，在美国采用机具中置概念的还有 1911 年的 Opsata 15 摩托犁、1912 年的 Nevada 自走犁、1913 年的 Gramont 拖拉机、1914 年的 Lawter 拖拉机、1917 年的 Square Turn 拖拉机、1918 年的 Boring 拖拉机以及 1919 年的 Parrett 拖拉机等。20 年代中后期，随着美国福特森等拖拉机的推广，人们对拖拉机的整机形态大体上取得共识，这种机具中置的概念渐渐沉寂。直到第二次世界大战后，这种整机形态再次被唤醒。

1948 年，美国艾里斯查默斯公司生产 G 型拖拉机（图 8-17），它是为小型农田或园地设计的，农具可挂接在拖拉机腹部。G 型拖拉机质量为 636kg，共生产了 29 976 台。

图 8-17　艾里斯查默斯 G 型拖拉机

1951年，联邦德国鲁尔钢铁（Ruhrstahl）公司生产的20马力B11型拖拉机（图8-18）在双臂凸起机架下安装机具，安装双缸柴油机、4进4退变速箱，可挂播种机、施肥机和耙。

图 8-18　鲁尔钢铁 B11 型拖拉机

1955年，英国大卫布朗公司生产的2D型拖拉机（图8-19），安装自产的12hp双缸柴油机、4挡变速箱，其管式单梁机架有利于观察农具工作。

图 8-19　大卫布朗 2D 型拖拉机

1958年，艾里斯查默斯公司生产的D272型拖拉机（图8-20），安装31hp柴油机、4挡变速箱，农具中置，但其外观更像普通拖拉机。

图 8-20　艾里斯查默斯 D272 型拖拉机

还有意大利的菲拉波利(Feraboli)自走底盘,其机架前部为管状、后部为槽钢,安装单缸风冷汽(柴)油机、4进1退变速箱,轮距可调,总质量为400kg,也可牵引机具。美国大卫布拉德利(David Bradley)公司也曾生产自走底盘(图8-21),安装单后置驱动轮和6hp风冷单缸发动机,质量为849kg。此外,法国也生产了自走底盘,安装24马力风冷双缸汽油机,前轮为独立悬架,采用链传动、管状机架,方向盘前置,以便观察前方和农具。

图 8-21 大卫布拉德利自走底盘

8.4 独特的自走底盘(中)

第二次世界大战后,另一类型自走底盘在欧洲出现,特点是其中部可以安装机具,不挂接农具时还可安装装卸平台。常采用框架式机架,即使少量采用脊骨式机架的,也能安装载货箱。在某些德文文献中,把此前的自走底盘称为机具载体拖拉机,而把这种自走底盘称为系统机具载体。它们既适用于农村,成为农作和运输的多面手;又适用于市政,从事道路维修等工程。在战后百废待兴的大地上,这类自走底盘首先在德国兴起,后引起苏联等欧洲国家的重视。还在第二次世界大战前,德国图林根州工程师埃贡·舒赫(Egon Scheuch)就开发了这种概念的自走底盘,但战争阻止了实施。

1945年后,埃贡·舒赫自己制造了测试机型:蜘蛛(Spine)和鼹鼠(Maulwurf)。鼹鼠机型于1948年和1949年在展览会上展出并小批生产。1949年,德意志民主共和国(民主东德)成立,图林根州属其辖区。埃贡·舒赫构思的产品在民主德国舍内贝克拖拉机厂以15马力的RS08型自走底盘批量生产(图8-22),它以鼹鼠为基础，但最初发动机安装在前桥上方，后来它与变速器结合后安装在后桥的传动系统上，仍被称为鼹鼠。1955年推出16马力的RS 09型自走底盘，安装的不同柴油机功率可增加到25马力。该厂共生产了12万台自走底盘（详见第6章“民主德国依发拖拉机”一节）。

图8-22　依发RS 08型自走底盘

同时，联邦德国也关注自走底盘。1951年，联邦德国兰兹公司展示了12马力全能犬（Alldog）自走底盘，单缸风冷柴油机和变速箱装在机具架后部（参见图6-14）；前后有液压悬挂和动力输出轴，后端装带轮；前后轮转向，前后轮距可调，最大速度约12km/h；机架上可挂接机具或安装载货车厢，也可装割草机和其他附加装置。但不成熟的发动机导致其失败。1956年，兰兹公司生产了18马力全能犬A1806型自走底盘（图8-23）。

图8-23　全能犬A1806型自走底盘

1953年，联邦德国埃歇尔公司生产了10台16马力的G16 Kombi型自走底盘，但与兰兹公司有专利纠纷，在1955年争议解决后又生产了9台。1955—1959年，该公司陆续推出G19 Kombi型、G22 Kombi型（图8-24）和G13 Muli型自走底盘，数字表示功率。这3种机型共生产了1 148台。它们安装埃歇尔单缸柴油机、胡尔特（Hurth）或采埃孚（ZF）变速箱，受到客户欢迎。后又推出了G25 Kombi型、

G30 Kombi 型和 G40 Kombi 型自走底盘。

图 8-24　埃歇尔 G22 Kombi 型自走底盘

1966—1968 年，埃歇尔公司的 Kombi 系列被其最后的 Unisuper 系列所取代。该系列自走底盘包括 25 马力的 G250 Unisuper 型、30 马力的 G300 Unisuper 型和 40 马力的 G400 Unisuper 型，采用埃歇尔柴油机、采埃孚变速箱和更方便的液压系统。1967—1968 年，道依茨也生产这些机型，改用道依茨柴油机和绿色涂装。

1956 年，联邦德国克拉斯（Claas）公司推出 15 马力的背负型自走底盘（图 8-25），可逆向行驶，转向和驱动轮距均可调。该机为背负式收割机，其驾驶座比一般自走底盘要高，从自走底盘转换为联合收割机约需 1h，共生产了 32 000 台。

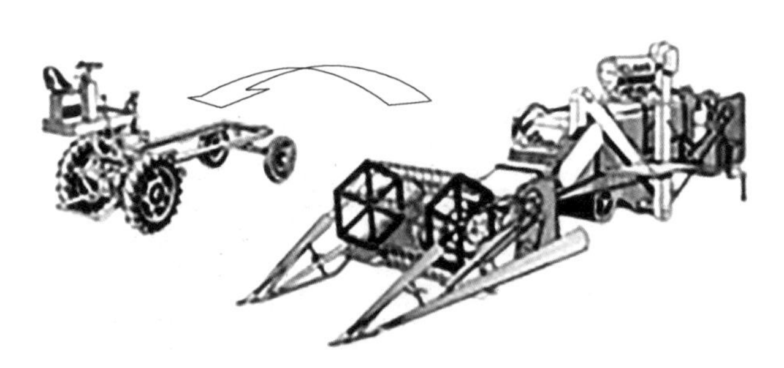

图 8-25　克拉斯背负型自走底盘

这一时期，联邦德国芬特公司的自走底盘最有影响力，它不仅型号较多而且历时较长。1953 年，芬特公司的赫尔曼 · 芬特（Hermann Fendt）和赫尔曼 · 希尔德布兰德（Hermann Hildebrand）一道研发了 12 马力的“芬特一人系统（Fendt EinMann System”（图 8-26），即芬特 F12GT 型自走底盘。该机试验 5 年并连续生产 2 年后，成功建立了市场渠道，奠定了此后数十年成功的基础。

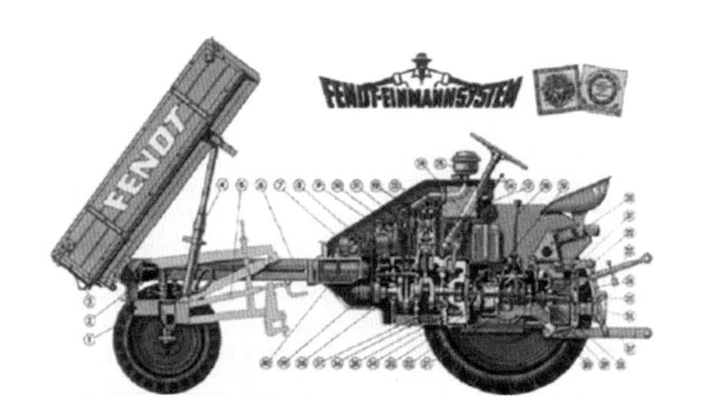

图 8-26　芬特一人系统

1964—1998年，芬特公司按发动机后置的概念，陆续推出了30～115马力的F230GT～F380GTA（图8-27）等13种型号自走底盘。其中70马力的F275GT型自走底盘曾在1978年北京12国农业机械展览会上展出。到后来，该系列自走底盘除发动机后置以及前方能安装各种作业装置外，其余的地方更像传统的拖拉机了。

图 8-27　芬特 F380GTA

其他联邦德国拖拉机制造商及其生产的自走底盘还有：里彻（Ritscher）公司1954年生产的Multitrac型自走底盘，后来它也采用居尔德纳（G ü ldner）和道依茨（Deutz）的产品颜色及其各自的发动机销售；法尔（Fahr）公司1955年生产的自走底盘，发动机超出前轴布置；韦塞勒（Wesseler）公司1956年生产了WLG型自走底盘；施莫茨（Schmotzer）公司1967年生产了Kombi Rekord型自走底盘，类似于普通拖拉机。

20世纪60年代后期，自走底盘在联邦德国市场已经变冷，只有该市场的领导者芬特公司还在继续销售。70 年代中期，除芬特公司外，联邦德国其他自走底盘制造商几乎都停止了自走底盘的生产。

8.5 独特的自走底盘（下）

除德国外，第二次世界大战后自走底盘也在其他欧洲国家受到关注。早在 1945 年，英格兰约克郡的菜农比恩（Bean）为自用研制了类似的自走底盘，引起了其他菜农的兴趣。1946 年，比恩与亨伯赛德（Humberside）农产品公司签订协议，生产 10 年这种自走底盘。该机的特点是在长方形钢架上装 2 个后置驱动轮和前置的 1 个或 2 个小转向轮，手把转向，后置 8hp 发动机和 3 速变速箱，在钢架中部下方可安装轻型耙等耕作机具，质量为 610kg（图 8-28）。其中三轮型自走底盘较流行。比恩自走底盘主要用于甜菜田杂草防治和蔬菜种植，它除了用于行间中耕和锄地外，其使用的机具还包括喷雾机、6 行播种机和施肥机。

图 8-28　亨伯赛德比恩自走底盘

自走底盘在德国的发展引起苏联的注意。1956 年，哈尔科夫拖拉机自走底盘厂（ХЗТСШ）生产了 14 马力的 ДСШ-14 型自走底盘，并将其进一步改进为 16 马力的 ДВСШ-16 型，这两种型号的自走底盘共生产了 23 100 台。1961—1986 年，该厂陆续推出 T-16 型、T-16M 型、T-16MГ 型（图 8-29）、СШ-28 型、СШ-28 A 型和 СШ-28 T 型工业和农业用自走底盘。T-16 型改进为有驾驶室的 СШ-2540 型。为该厂提供发动机的弗拉基米尔发动机拖拉机厂（ВМТЗ）也生产 ВТЗ-30 СШ 型自走底盘。

图 8-29　T-16МГ 型工业自走底盘

在第二次世界大战后的欧洲农村，功率不大、价格不高、操作简单、兼顾农作和运输的自走底盘受到欢迎，尤其是被战争损毁严重的地区。自走底盘的出现及其在 20 世纪 60 年代的迅速发展，再次引起行业对拖拉机整机形态的思考。某些德国、苏联学者认为，自走底盘不仅能安装农具，还能安装收获、喷雾、装载、吊装、造林和道路维修等机具，生产效率高，经济性好，可能是拖拉机未来的发展方向。

但是，自走底盘也存在一些不足之处。由于每种机型需配专用农机具，因此其难以实现标准化；在机架腹部安装农机具，操作不便；尤其不适合带后悬挂农具进行重载犁耕作业。从 60 年代起，拖拉机功率增长已成趋势。自走底盘在 70 年代后逐步式微，只有个别公司生产少数型号，用于特定作业。至今，在乌克兰、德国、俄罗斯的农场或道路上还能看到它们的身影。

自走底盘式微后，它们多用途、多区域安装机具、多种作业一次完成、节省操作人员的设计理念仍深植于一些农机工作者特别是德国同行的心里。德国 70 年代尝试的“系统拖拉机（System schlepper）”概念被认为是自走底盘概念的后继者。如联邦德国梅赛德斯奔驰 MB-Trac1300 双向拖拉机和道依茨法尔 Intrac 2003A 驾驶室前置拖拉机（图 8-30）都以系统拖拉机之名在 1978 年北京 12 国农业机械展览会上展出。

图 8-30　道依茨法尔 2003A 型拖拉机

被称为系统拖拉机的还有：德国芬特公司 1995—2004 年生产的用于农业、景观管理和市政的 Xylon 系列系统拖拉机；德国克拉斯公司 1993 年推出的 Xerion 系统拖拉机（图 8-31），可使用半挂式甜菜收获机、肥料撒布机或特殊半挂车；英国 JCB 公司 1991 年生产的 Fastrac 系列系统拖拉机在驾驶室后面有车身空间；德国霍尔默（Holmer）公司 1999 年生产的 Terra Variant 系统拖拉机可从事复合施肥等系统作业。但它们不再是原来的那种自走底盘了，而是采取“高、大、上”的技术路线，成为一种系统车辆（System fahrzeug）。有人把奔驰公司的乌尼莫格汽车拖拉机也归于这一类。事实上，把它们归为拖拉机的近亲，可能比称它们为拖拉机更合适。

图 8-31　克拉斯 Xerion 3300 拖拉机

8.6　乌尼莫格汽车拖拉机

乌尼莫格是第二次世界大战后德国制造的一种特种车辆，最初是以多用途农业动力装备出现的。1944 年，德国犹太移民的后代、农业专家、美国财政部长亨利•摩根索在美英两国第二次魁北克战略会议中提出处置德国的“摩根索计划”，即战后将德国转变为农业国，使其不能再威胁欧洲安全。该计划因反对声音而放弃，但很快被泄露，引起德国民众的巨大震动。

鉴于此，原戴姆勒奔驰公司飞机发动机研究部门的总工程师阿尔伯特·弗里德里希（Albert Friedrich）在1944年年底开始研发一种多用途高性能的农用车辆。据说，如亨利·摩根索所设想的那样，该车采用车轮等大的四轮驱动，带前置农具安装架和后置液压悬挂，中部有装载空间，农民可在农田和道路上使用它。阿尔伯特·弗里德里希和从事农业的前同事海因里希·罗斯勒（Heinrich Rössler）合作研发。此时盟国仍监视德国的工业活动，1945年，阿尔伯特·弗里德里希从美国占领当局弄到一份难得的生产许可证。

1945年，阿尔伯特·弗里德里希和德国南部的艾哈德（Erhard）父子公司达成合作协议。车辆的研制工作从1946年元旦开始，海因里希·罗斯勒担任项目技术经理，10月制成第一辆样机。样机和传统汽车、拖拉机的不同之处有：四个同样尺寸的车轮全轮驱动，全地形减振车桥保证车辆的速度为3～50km/h；全架式车架，前轮转向，前后桥带差速锁，前后轮全制动；双软座位驾驶室，带可折叠顶棚，采用折叠式风窗玻璃；重量分配合理，空载时2/3的重量在前桥；中部有小型装载平台，具备1t的装载能力；侧面、前面、后面和顶面均可安装机具或装备，前后有动力输出轴，中部有带轮。工程师汉斯·扎贝尔（Hans Zabel）提议，称这种紧凑的多面手为“通用机动装备”，缩写即为“乌尼莫格（Unimog）”。

1946年12月展出了第一辆乌尼莫格。1947年，试验验证了乌尼莫格概念设计的预想，它受到市场欢迎。但艾哈德父子公司没能力批量生产这种车辆，大量零部件外包也使产品价格太贵。1947年，戴姆勒奔驰公司未被允许制造全轮驱动车辆，乌尼莫格团队选中提供传动箱的勃林格（Boehringer）机器工具制造厂生产和销售该车，由艾哈德公司供应零件。1947年年底生产了第一批U 25型乌尼莫格，安装25马力柴油机。起初用采埃孚4速变速箱，其用于农业不理想，海因里希·罗斯勒便开发了新的6速啮合套换挡变速箱。轮距适应两行土豆垄距，门式车桥满足高地隙要求，最低挡的速度（0.5km/h）适应播种等需要，最高挡的速度（52km/h）适应道路行驶。空车质量为1 780 kg，最大质量为3 150kg。

1948年，德国大部分地区仍处于废墟之中，两辆乌尼莫格参加了德国农业展览会，引起人们巨大兴趣（图8-32）。展示结束，阿尔伯特·弗里德里希就获得了150份订单。每辆乌尼莫格的售价为11 230马克，但过高的价格也没能挡住购买者的热情。

图 8-32　乌尼莫格展示现场

1948 年 11 月，乌尼莫格整车作为农用机动车辆的专利被承认，这意味着它享有农业车辆免税优惠和有利的保险类别，可使用价廉的柴油。其底盘设计在 1950 年 2 月获得专利。1948 年秋到 1950 年秋，乌尼莫格售出 600 辆，但产能不能满足需求。1950 年 9 月，戴姆勒奔驰公司接管整个乌尼莫格的生产，阿尔伯特•弗里德里希任总工程师，其生产转移到该公司所属的嘉格纳工厂，计划月产 300 辆。1951 年，乌尼莫格售出约 1 000 台。一年后，其销量达 3 799 台。

1953 年，U 25 型改进为短轴距 401 型（图 8-33）和长轴距 402 型。10 月起，可选用密封全钢驾驶室，戴姆勒奔驰“三芒星”标识出现在车辆前部。25 马力乌尼莫格生产到 1956 年，共生产了 16 250 辆。1956 年，401 型和 402 型改进为 411 型，功率为 30 ～ 34 马力，采用 8 进 2 退变速箱，共生产了 39 000 辆。1956—1960 年，411 型改名乌尼莫格 30 型，称为货车型拖拉机，在北美销售。

图 8-33　乌尼莫格 401 型

设计生产乌尼莫格的初衷是用于各项农林业作业，如可从事耕作、播种、收割、饲料吊装、农村运输、除雪、修路和涉水等。其实从它诞生起，它的军用价值已被察觉，把它归于农业装备实在有点牵强。乌尼莫格的产地属法国占领区。1950—1951 年，法国军队首先订购了 400 辆 U25 型乌尼莫格作为军用装备。在冷战气氛渐浓之时，1953 年，嘉格纳工厂开始研发适于军用的样机，把它转变为全地形汽油轻型货车，即后来的 S 型乌尼莫格。S 型和农业版本相当不同，已经不考虑种土豆的需求了。1954 年，法国军队订了 1 100 辆军用型乌尼莫格。世界多国武装力量对 S 型乌尼莫格显示出极大的兴趣。

这种既像汽车又像拖拉机的设计，早在 1915 年艾里斯查默斯公司研制的可农用也可道路用的半履带拖拉机载货车，以及第二次世界大战前明尼阿波利斯莫林 UDLX 型舒适拖拉机上就出现过，但是它们都不太成功。乌尼莫格也没有逃脱这样的命运。由于其总体布置不如拖拉机适于农作，加上价格不菲，所以它在农业上的应用极少。今天，乌尼莫格车型作为奔驰汽车的一种，主要用于军事领域，也用于条件恶劣的商用领域。目前已有数十万辆乌尼莫格销往世界各地，遍布 160 多个国家，在我国沙漠石油天然气勘探中曾有应用。

8.7 船式拖拉机诞生

在拖拉机发展过程中，曾出现在沼泽或海岸地区使用的特殊拖拉机。20 世纪 60 年代初，英国詹姆士卡思伯森（James A. Cuthbertson）公司生产的沼泽地用水牛（Water Buffalo）履带拖拉机（图 8-34）采用船形机架、分块式橡胶金属履带，主要用于油田和沼泽地中的运输、起重、钻探等作业。

图 8-34 英国水牛履带拖拉机

1963年，英国康梯（County）公司制造了超级-4型海马（Sea Horse）拖拉机（图8-35），用于沼泽或特殊情况。该机采用船形整体机架和特大号漂浮轮胎，车轮中心进入电镀的浮箱，前、后浮箱可选。1963年7月，海马拖拉机以7h50min穿越英吉利海峡，从法国游到英国，成为媒体的宣传噱头。

图8-35　英国康梯海马拖拉机

此外，20世纪60年代在英格兰西南部伯格岛（Burgh Island）出现了以海运拖拉机（Sea Tractor）作为大陆与岛屿之间的运输方式。因其奇特，故在诸如波洛系列《阳光下的罪恶》等电影中也常出风头。

但是，它们都不从事农田耕作！20世纪50年代后期在我国诞生的沤田拖拉机（又称为机耕船、机滚船，后被定名为船式拖拉机）才真正用于深泥脚水田的动力耕作（图8-36）。在我国JB/T 9831—2014《农林拖拉机　型号编制规则》中，拖拉机型号中的末位数字是型式代号，其中9代表船式拖拉机。

图8-36　船式拖拉机在水田作业

1958年，江苏省江都县农民首创沤田拖拉机雏形。它是在木制船身上安装两条木制履带，由人力踏动踏板带动履带转动，推动船身牵引农具耕作。这种机具得到政府重视，洛阳拖拉机研究所和江苏农机研究所都派人协助农民对其进行改进。1961年试制出了第一台沤田拖拉机（图8-37），安装单缸6马力柴油机。

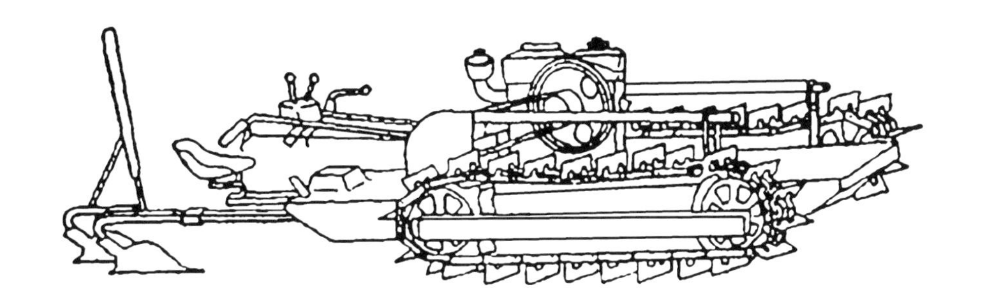

图8-37 船形履带式沤田拖拉机

1963年，湖北省洪湖县农民在县农机厂协助下，研制成功机滚船（图8-38）。它安装单缸柴油机，用链条和齿轮驱动船尾的蒲滚轮旋转，推动船体前进，实现耙田作业；船头安装导向和转向摆盘。但机滚船没有驱动轮，不能犁田和在道路上行驶。

图8-38 船形蒲滚轮机滚船

在船式拖拉机不断完善的过程中，研制湖北12型机耕船是关键一步。1967年，洪湖县农业机械厂试制出第一台机耕船样机，先后经过256次试验、16次改进，在湖北省机械研究所和湖北农机学院的协助下，于1972年研制成功洪湖12型机耕船。随后，改进成湖北12型机耕船（图8-39）。湖北12型机耕船结构简单，制造容易，转向灵活，适应性和可靠性好，可耕地、耙地、旋耕和运输，1979年获得国家发明奖三等奖。

图 8-39 湖北 12 型机耕船

20 世纪 70 年代，我国水田机械化取得较大进展。1972—1977 年，通过省级鉴定的机耕船有湖北 12 型、万县 12 型（图 8-40）等 11 种机型。据 1978 年 3 月的统计数据，当时全国机耕船和机滚船总保有量约 7 万台，年产量超过 1 万台。

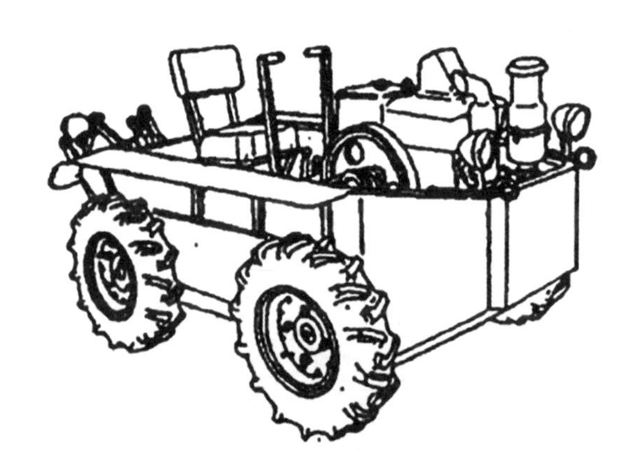

图 8-40 万县 12 型机耕船

研制南方 12 型机耕船是船式拖拉机发展的又一关键步伐。1978 年，国家农业机械部下达研制课题，由洛阳拖拉机研究所和湖北机械研究所负责，洪湖机耕船厂、红安农机厂、嘉善拖拉机厂、湖北农机学院、广西拖拉机所和江西农机所等先后参加试验和研制。南方 12 型机耕船（图 8-41）采用摩擦离合器转向，有简易液压悬挂和驱动轮入土深度调节机构，采用双导向轮改善整机稳定性和旱耕操纵性，有三个倒挡，适于船尾改装船形联合收割机。1980 年，南方 12 型机耕船进行了 1 500h 的可靠性和适应性试验，通过部级鉴定。1981 年后，南方 12 型机耕船在嘉善拖拉机厂和湖北机耕船厂投入小批量生产，在上海、北京和浙江等地得到用户好评，先后出口到东南亚和南美一些国家。

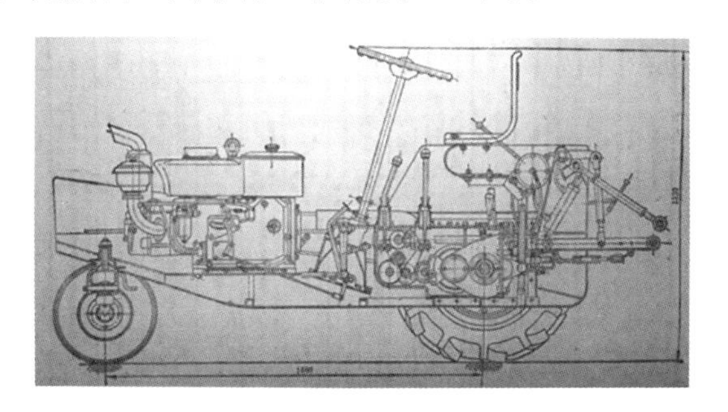

图 8-41　南方 12 型机耕船

船式拖拉机是用船体支承机体、长齿叶轮驱动的拖拉机。在道路行驶时，可将长齿叶轮更换为充气轮胎。船式拖拉机主要有两轮驱动式和四轮驱动式，还有用手扶拖拉机加船体改装而成的机型（图 8-42）。船式拖拉机的应用领域已从水旱作业和短途运输扩展到海涂作业、海滩运载和水渠除草等。

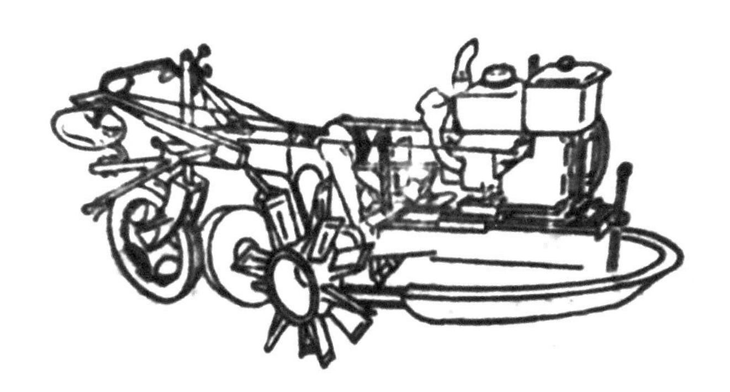

图 8-42　手扶拖拉机加船体改装型船式拖拉机

船式拖拉机是我国独创的用于深泥脚水田作业的动力机械，利用机船结合方式，机组滑浮在有自由水的土壤表层，驱动轮提供驱动力，实现在湖田、冬水田或沼泽地等深泥脚水田作业，解决了轮式、履带式拖拉机在这些条件下难以作业的难题。尽管船式拖拉机在我国经过数十年的发展，但其市场生存能力仍面临考验。这一产品未来的发展也许能从与它同期发明的水田插秧机的发展历程中得到某些启示。

8.8 独立型四轮驱动兴起（上）

四轮驱动拖拉机分为变型四轮驱动和独立型四轮驱动两类。变型四轮驱动是在两轮驱动拖拉机的基础上，将转向前桥换成驱动前桥，通常前轮小、后轮大。独立型四轮驱动一般四个车轮等大，多为折腰转向，也可两轮、四轮或滑移转向。在欧洲和亚洲，上述两类均统计为四轮驱动拖拉机，而在北美仅将独立型统计为四轮驱动拖拉机。

在拖拉机诞生初期就有独立型四轮驱动。20 世纪初，在用蒸汽拖拉机开垦澳大利亚荒原时，就出现了独立型托马斯·昆立万四轮驱动蒸汽拖拉机，以及考德威尔兄弟研制的四轮驱动、四轮动力转向蒸汽拖拉机（参见第 3 章“在那遥远的地方：澳大利亚”一节）。

到内燃拖拉机阶段，美国密歇根州约翰·菲奇（John Fitch）是最早发明独立型四轮驱动农用拖拉机的先驱之一。约翰·菲奇在他从泥泞路面费力解救了一辆陷入泥土中的大客车后，决定制造四轮驱动车辆。1915 年 2 月，他制造出第一台四轮驱动拖拉机，在山丘上轻易驶过农村的路面，引起众人兴趣。3 月，他在底特律展示了一台四轮驱动拖拉机和一辆四轮驱动货车。11 月，他成立四轮驱动拖拉机公司，也称菲奇四轮驱动公司。在他之前已有人发明了四轮驱动拖拉机，如 1912 年的美国奥姆斯特德（Olmstead）公司和纳尔逊（Nelson）公司，但约翰·菲奇的拖拉机是第一个使用齿轮而不是链条将动力从发动机传到车轮的。1916 年，菲奇公司搬到该州大瀑布城生产 12-25 型等机型。同年 11 月，约翰·菲奇因消化道手术引起并发症去世。菲奇公司在埃尔伯特·詹金斯（Elbert Jenkins）带领下继续奋斗，当时正值材料短缺，战后形势有所好转。

约翰·菲奇最初的设计是中置发动机，通过蜗轮驱动前后两个两轮驱动拖拉机的驱动桥，后来发展为桥间差速分动箱。车桥与纵梁之间用 3 连杆装置连接，桥壳绕着中心连杆移动，另外两个位于桥上的连杆使桥壳不会前后移动，这一设计获得 9 个专利。在菲奇四轮驱动拖拉机中最畅销的是 1919 年生产的 20-35 型，其采用四缸直立发动机、Cotta 变速箱，有 3 个前进挡，速度为 2.4 ～ 6.4km/h，前后有密封齿轮最终传动（图 8-43）。1929 年，该公司生产了更短、更强的重载拖拉机，即 E 15-30 型。罗伊·格雷（Roy Gray）所著《The Agricultural Tractor: 1855-1950》一书，是行业第一部系统描述拖拉机发展史的重要著作，其封面上采用三个拖拉机图像，E 15-30 型就是其中之一。

图 8-43　菲奇 D20-35 型拖拉机

在德国，1923 年，兰兹公司推出的 12 马力牛头犬 HP Allrad 型拖拉机（见图 3-19），采用铰接式四轮驱动，大轮在前，小轮在后，到 1926 年共生产了 733 台。

在加拿大，1930 年，麦赛哈里斯公司推出 24hp 的 GP15-22 型四轮驱动拖拉机，到 1936 年共生产了 3 000 台（图 8-44）。

图 8-44　麦赛哈里斯 GP15-22 型拖拉机

1937 年 12 月，美国万国公司试制出麦考密克迪灵六轮驱动拖拉机（图 8-45）。但是这种拖拉机并不成功，不得不终止在试验阶段。

到 20 世纪 50 年代，随着大功率拖拉机市场需求的出现，生产独立型四轮驱动拖拉机的专业制造商逐渐增多。这种拖拉机的技术成熟，功率加大，商业化速度加快，并实现量产，形成拖拉机产业的一个重要分支。一些品牌如瓦格纳（Wagner）、斯泰格尔（Steiger）、沃瑟泰尔（Versatile）等至今依然存在。

图 8-45　万国六轮驱动拖拉机

1949 年，美国人埃尔默 · 瓦格纳（Elmer Wagner）尝试铰接式四轮驱动拖拉机的设计。1954 年，瓦格纳兄弟与人合伙，在美国俄勒冈州组成瓦格纳拖拉机公司，当年以 Tractor mobile 为品牌，推出铰接式四轮驱动拖拉机 TR6 型（114hp）、TR9 型（125hp）和 TR14 型（165hp），较为成功。TR 型拖拉机的柴油机通过有 10 个或 8 个前进挡的 Pow-R-Flex 齿轮箱连接两个独立的车桥总成，实现四轮驱动，并且每个车轮在任何转角或摆动上都能保持恒定的牵引力和动力转向控制（图 8-46）。1961 年，威斯康星州的四轮驱动汽车公司（FWD）收购了瓦格纳拖拉机公司，并在公司内成立了瓦格纳拖拉机分部。

图 8-46　瓦格纳 TR 型拖拉机

与瓦格纳拖拉机公司类似，美国斯泰格尔公司于 1957 年开始尝试铰接式四轮驱动拖拉机，加拿大沃瑟泰尔公司于 1966 年进入铰接式四轮驱动拖拉机市场（详见第 9 章“美国斯泰格尔公司”和“加拿大沃瑟泰尔公司”两节）。

8.9 独立型四轮驱动兴起（下）

如同园地拖拉机一样，独立型四轮驱动拖拉机在中小型专业生产厂获得成功后，引起大型拖拉机制造商的注意，更多独立型四轮驱动拖拉机走向市场。20世纪60年代，麦赛福格森、瓦格纳、斯泰格尔、沃瑟泰尔、万国、迪尔和凯斯是独立型四轮驱动拖拉机的主要品牌。

迪尔公司　1959年秋，美国迪尔公司推出第一种215hp 8100型独立型四轮驱动拖拉机，1960年批量生产，但因质量问题不得不召回（参见第7章“迪尔夺冠并超越万国”一节）。因此，迪尔公司调整做法，暂时“借船出海”，和四轮驱动拖拉机专业生产商瓦格纳拖拉机公司订立协议：从1968年到1970年，迪尔公司买断瓦格纳225hp的WA-14型和280hp的WA-17型铰接式四轮驱动拖拉机，这两种机型均采用气动助力增扭器加5进1退变速箱传动系。WA-14型生产23台，WA-17型生产28台。协议规定它们贴约翰迪尔铭牌，经迪尔公司营销网络销售。同时，不允许瓦格纳拖拉机公司以自己的品牌销售任何拖拉机。

迪尔公司这一策略，既排除了竞争对手，又为自己研发成熟的大型四轮驱动机型赢得了时间。1971年，迪尔公司开发出自己的独立型铰接式四轮驱动拖拉机——162hp的7020型（图8-47）和194hp的7520型。采用部分同步换挡8进2退或16进4退变速箱。

图8-47　约翰迪尔7020型拖拉机

万国公司　1961年，美国万国公司在其霍夫（Hough）工业分部生产4300型独立型四轮驱动拖拉机。弗兰克霍夫（Frank Hough）公司是美国首批轮式装载机制造商之一，1952 年万国公司收购该公司。为了竞争，4300 型设计得比约翰迪尔 8010 型更大，采用 300hp 六缸柴油机、8 进 4 退滑动齿轮变速箱，也可选装液力变矩器加上述变速箱，提供两轮或四轮动力转向，带气制动，后方有液压悬挂和牵引杆，选装驾驶室，质量为 13 524kg。但对当时大多数农民来说它太大了。该拖拉机生产到 1965 年，共生产了 44 台。

1965 年，万国公司在其石岛工厂生产 4100 型四轮驱动拖拉机（图 8-48），安装 144hp 六缸柴油机，采用 8 进 4 退滑动齿轮变速箱、脊骨型刚性机架，提供两轮或四轮动力转向，标配驾驶室，质量为 8 660kg，共生产了 1 217 台。

图 8-48　万国 4100 型拖拉机

凯斯公司　1966 年，美国凯斯公司以牵引王系列进入独立型四轮驱动拖拉机领域，产品特色是采用刚性机架和独特的四轮动力转向技术。在该系列中最先推出的是 1200 型，采用 133hp 六缸柴油机、6 进 6 退 Clark R500 变速箱，共生产了 1 549 台。凯斯牵引王系列继续延伸：1969—1976 年陆续推出 161 ～ 300hp 的 1470 型、2470 型、2670 型和 2870 型。其中，2470 型生产了 7 996 台，2670 型（图 8-49）生产了 5 900 台，2870 型生产了 1 259 台。2670 型和 2870 型采用 3 区段动力换挡加 4 个前进挡变速箱的传动系。

图 8-49　凯斯 2670 型拖拉机

明尼阿波利斯莫林公司　已并入美国怀特汽车公司的明尼阿波利斯莫林公司于1969年推出154hp A4T-1400型独立型铰接式四轮驱动拖拉机（图8-50）。该机型同时标以怀特PlainsmanA4T-1600型或奥利弗2455型销售。1970年，公司又推出169hp的A4T-1600型拖拉机，仍同时以怀特A4T-1600型或奥利弗2655型销售。

图8-50　明尼阿波利斯莫林A4T-1400型拖拉机

到20世纪70年代，在拖拉机向更大功率进军的市场气氛中，全球生产了更多四轮等大的独立型四轮驱动拖拉机。

8.10　串联式拖拉机的尝试

第二次世界大战后，农场开始发展壮大，农民急需更大牵引力的拖拉机。在独立型四轮驱动拖拉机兴起的前期，首先在北美和英国出现了利用两台两轮驱动拖拉机搭接而成的串联式四轮驱动拖拉机。

串联式拖拉机最初可能出现在加拿大。20世纪40年代末或50年代初，人们在加拿大已见到用两台约翰迪尔A型拖拉机组成的串联式拖拉机（图8-51）。两台拖拉机都拆下前轮，用钢制机架将它们铰接连在一起。前、后拖拉机分别是1937年和1938年的型号，两台拖拉机原用钢轮，改装后采用橡胶轮胎。所有操作由后拖拉机通过液压缸控制，由铰接点的液压缸实施转向。此后，在北美仍可见用约翰迪尔R型、820型和830型改装的串联式拖拉机。

50年代后半期，串联式拖拉机作为新的拖拉机形态引起人们关注。1957年，美国密歇根州立大学农业工程系在韦斯利·布赫莱（Wesley Buchele）主持下，与福特公司合作制造了一台MSU 960 Ford串联式四轮驱动拖拉机，并对其进行不同地面、不同机重、前后拖拉机采用不同挡位等情况下的牵引性能试验。早在

1956年，韦斯利·布赫莱对已有串联拖拉机的测试表明，需进一步简化其串联套件和控制。这台串联拖拉机由两台44hp福特960-5型拖拉机拼成，制作了可拆可分、质量为318kg的串联套件，并能实现主销前倾的中心铰链动力转向（图8-52）。串联拖拉机的起动、离合、节气门通过机械或液压机构由后拖拉机上的机手控制，在行进中不能换挡。整机质量为4 780kg，外轮转向半径为4m。

图8-51 约翰迪尔A型串联式拖拉机

图8-52 MSU串联拖拉机拉6铧犁

在20世纪50年代，英国也需要大功率拖拉机，但可供选择的很少。此时，英国欧内斯特多伊(Ernest Doe)父子公司(又称多伊公司)开始生产串联式拖拉机。

多伊公司始于 1898 年的一间铁匠铺。到 1941 年，该公司代理销售 240 台轮式或履带式拖拉机，1956 年成为福特拖拉机在英国的唯一代理商。公司还改装拖拉机的专用变型，并生产农具。

多伊公司生产串联式拖拉机源于当地农民乔治·普赖尔（George Pryor）的巧妙构思，乔治·普赖尔的黏土地需要更大动力的拖拉机，但当地最大的轮式拖拉机是 50hp 的两轮驱动拖拉机，而履带式拖拉机移动缓慢且难以在地块间转移，乔治·普赖尔用转盘将两台福特森 Major 拖拉机串联，前拖拉机仍有前轮，每个拖拉机上有一位机手操纵。这种拖拉机转向相当粗暴，但它能工作并能提供极佳的牵引力。乔治·普赖尔把他的想法告诉了欧内斯特·多伊，欧内斯特·多伊于是设计了改进版本，将两台拖拉机均卸掉前桥后搭接成四轮驱动串联拖拉机，并由后拖拉机的机手操纵，前拖拉机由液压缸控制。

多伊公司从 1957 年开始生产这种串联拖拉机，它由两台 52hp 的福特森 PowerMajor 型拖拉机串联而成。1963 年，多伊公司用两台 54hp 的 Super Major 型拖拉机生产串联拖拉机，加强了后拖拉机液压悬挂下拉杆、提升臂和球形铰链接头，并将其定名为 Triple D 型，它可拉 4 铧犁，而 40 ～ 50hp 的单台拖拉机只能在粘重土地上拉 2 铧犁（图 8-53）。1958—1964 年，Triple D 型串联拖拉机共生产了 289 台，绝大多数在英国销售。

图 8-53　多伊 Triple D 型串联拖拉机

1964 年，多伊公司用两台福特 5000 型拖拉机生产串联拖拉机，整机功率为 130hp，称为多伊 130 型，它有更强的附加机架、转盘和最新的悬挂。后来，该公司又推出了多伊 150 型和 180 型串联拖拉机。但当独立型四轮驱动拖拉机在市场逐渐出现后，多伊串联拖拉机显得相对昂贵，其在生产 300 多台后停产。多伊公司现在由多伊家族的第四代经营，仍是英国东南部主要的拖拉机经销商。

从 50 年代后期到 60 年代，在北美、欧洲和澳洲，各种各样的串联拖拉机纷纷出现。

1967 年，联邦德国道依茨公司开发了由两台 D5505 型拖拉机组成的串联拖拉机，功率为 104 马力（图 8-54），该公司甚至还研制了三联拖拉机组。其他类似企业也对串联拖拉机做出尝试，但对其生产都不积极。被串联改装的拖拉机品牌涉及迪尔、福特、麦赛福格森、道依茨、明尼阿波利斯莫林等。但是，这些尝试基本上由农户或经销商完成，尚未找到主要拖拉机制造商量产串联拖拉机的记录。

图 8-54　道依茨两台 D5505 型拖拉机串联的拖拉机

串联式拖拉机适合用户利用现有资源，迅速且价廉地满足对大功率四轮驱动的需求；同时，其设计概念对万国公司后来推出的所谓“2+2”大型拖拉机是有启发的（详见第 9 章“万国拖拉机的最后挣扎”一节）。但是，串联拖拉机采用两个发动机和变速箱，控制困难，故障率增加。随着独立型四轮驱动拖拉机的强劲发展，串联拖拉机在市场上败下阵来。不过在各种老式拖拉机展览会上，它们以其独特的结构吸引人们的眼球，拍卖价格不低。

串联拖拉机适合用户廉价应急改装的特点到现在也并未过时。2010 年，澳大利亚新南威尔斯的泽尔（Zell）家族农场就串联了一对迪尔 9400T 型履带拖拉机，总功率达到 850hp（图 8-55）。在我国，为了大量小型拖拉机的再利用，也有人进行了串联拖拉机的尝试。

图 8-55　迪尔 9400T 型拖拉机串联

8.11　里程碑：增扭器登上历史舞台

增扭器的采用是拖拉机变速箱发展史上的里程碑。此前的变速箱用滑动齿轮、啮合套或同步器实现挂结式换挡。它们在换挡时需松开主离合器，切断来自发动机的功率流。而增扭器是利用摩擦式离合器或制动器，在发动机功率流不中断的负载状态下换挡，常称为负载换挡或不停车换挡。在由程悦荪、秦维谦和吕栗樵编写、林世裕审阅的高等院校教材《拖拉机设计》一书中，按连接元件的机械学特征，把这种换挡称为摩擦式换挡。从机械学观点看，相对负载换挡或不停车换挡，摩擦式换挡的称谓比较准确，在德国、苏联等国家的文献中也曾出现。摩擦式换挡显著提高了换挡速度和方便性，并改善了拖拉机的生产效率、经济性、耐用性、安全性和噪声。其中，液压操纵的摩擦式换挡常被称为动力换挡。

摩擦式换挡在拖拉机上的应用从两挡增扭器开始，它们常独立成套，放置在传动系前端。

1954 年，美国万国公司在法毛 400 型行列作物拖拉机上推出第一种 Torque Amplifier（简称 TA）增扭器。它由一个摩擦式增扭器离合器、双列外啮合行星轮系和自由轮组成（图 8-56），增扭器离合器结合时是直接挡，离合器分离时，有自由轮的行星传动输出轴减速而增加转矩。增扭器前置，后接 5 进 1 退机械变速箱。采用自由轮的优点是结构简单，换挡不产生寄生功率。缺点是自由轮不宜长时间使用，并且不能利用发动机制动拖拉机。

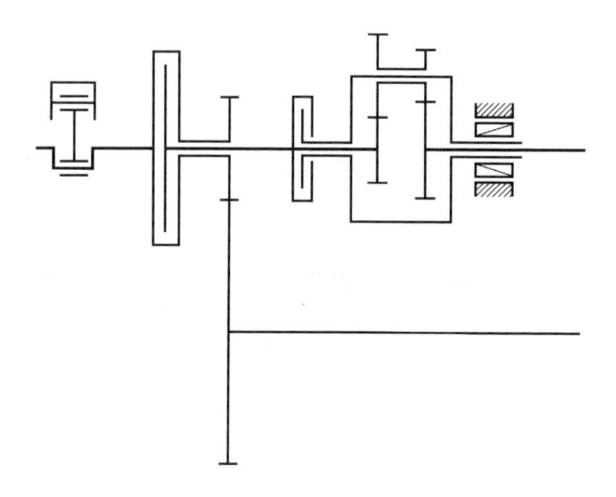

图 8-56 万国 TA 增扭器示意图

为克服上述增扭器的缺点，万国公司在 20 世纪 60 年代初推出新的 TA 动力换挡增扭器。新设计的增扭器由液压操纵多片换挡离合器、双列外啮合齿轮副和自由轮组成。其特点是液压换挡离合器能实现发动机制动（图 8-57）。万国 706 型标准轮式拖拉机和法毛 706 型行列作物轮式拖拉机可选装此增扭器，后方接 8 进 4 退组合式机械变速箱。

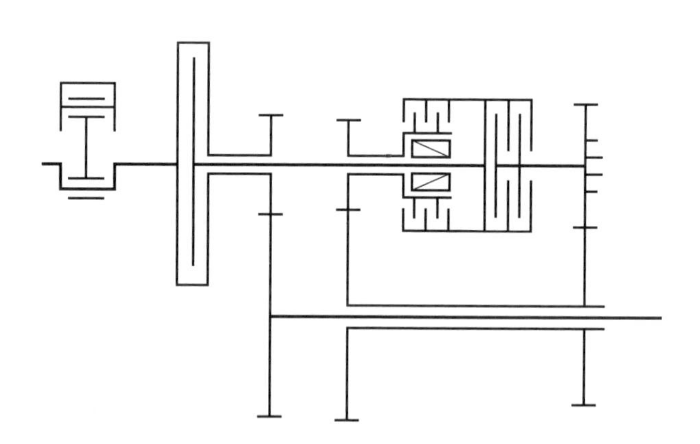

图 8-57 万国新 TA 增扭器示意图

万国增扭器的成功使一些拖拉机制造商纷纷跟进，它们生产的增扭器与万国增扭器概念类似，但结构各异。

1955 年，明尼阿波利斯莫林公司推出“扭矩放大器”。1957 年，艾里斯查默斯公司推出“动力直接挡”。

1960 年，奥利弗公司在双作用主离合器后面采用的液压动力挡增扭器，由定轴式双列外啮合齿轮副、自由轮和液压操纵多片摩擦换挡离合器组成，后方接 6 进 2 退常啮合机械变速箱。特点是用控制旋钮操纵直接挡和增扭器间的转换，选装在奥利弗 1800 型行列作物轮式拖拉机上。

1961 年，麦赛福格森公司推出的多动力挡增扭器，由两对外啮合齿轮副、一个液压操纵多片摩擦换挡离合器和一个与自由轮作用相同的啮合套组成，后方接机械变速箱，选装在 MF 35 型和 MF 35X 型通用轮式拖拉机上。

1965 年，菲亚特公司为钻石系列 415 型和 615 型拖拉机研制了 Amplicuple 增扭器。特点是利用双作用主离合器实现摩擦式换挡（图 8-58），后接 6 进或 7 进 2 退机械式变速箱。缺点是增扭器的功能和独立式 PTO 的功能不能兼得，同时只有直接挡才能充分利用发动机制动。

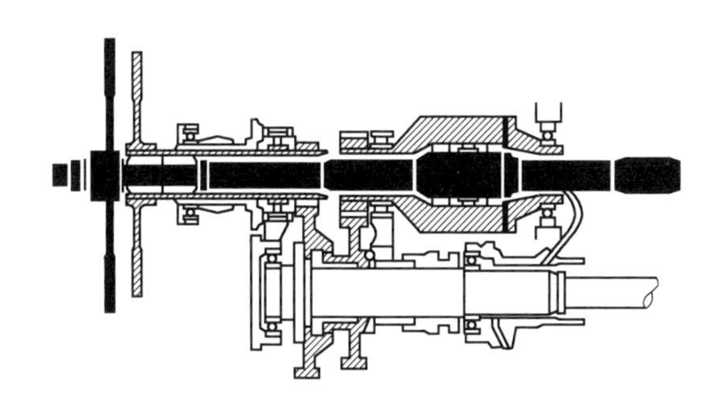

图 8-58　菲亚特 Amplicuple 增扭器示意图

1967 年，起步稍晚的迪尔公司推出高低挡动力换挡机构，将基本作为备用挡的增扭器发展成可长时间使用的两挡摩擦换挡装置。Hi-Lo 动力换挡机构由双列外啮合行星齿轮副、一个多片摩擦换挡离合器和一个多片摩擦换挡制动器组成，换挡离合器和制动器均由液压操纵（图 8-59）。当时迪尔公司的这种设计是重大进展，该装置功能得到扩展，长时间工作可靠性好，能克服一些竞争对手产品的缺点。Hi-Lo 装置首先选装在约翰迪尔 2030 系列农用拖拉机上。Hi-Lo 概念也被设计成动力换挡逆行器，首先用于约翰迪尔 410 系列前装后挖工业拖拉机，也可选装在 2030 系列农用拖拉机上。

1967 年，福特公司研发了双动力挡增扭器，概念类似，由单列内外啮合行星齿轮组、液压操纵多片摩擦换挡离合器和摩擦式制动器构成。它作为部分动力换挡的前置选装部件，用于 1968 年后生产的 5000 型拖拉机。

1967 年，民主德国舍内贝克拖拉机厂生产的 ZT 300 型农用拖拉机，利用双作用主离合器实现了增扭减速功能。

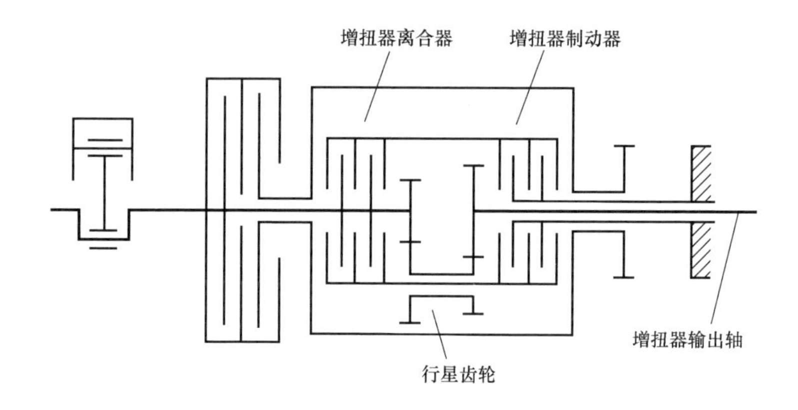

图 8-59　迪尔 Hi-Lo 增扭器示意图

这一时期，其他拖拉机制造企业也推出各自的增扭器，如：联邦德国道依茨公司的增扭器由双多片离合器和两列外啮合齿轮副构成，既可设计成增扭器，也可设计成逆行器。联邦德国克拉梅（Kramer）公司 1967 年生产的增扭器与之大同小异，多片离合器不用液压而用手操纵。在 20 世纪 60 年代，苏联的 MT3-50 型、ДТ-75 型和 T-74 型拖拉机也研制了各自的增扭器，但似乎未实现量产。我国洛阳拖拉机研究所在 60 年代曾为中国第一拖拉机厂东方红 -40 型拖拉机设计增扭器。

独立前置的两挡动力换挡装置首先以增扭器的形式登上历史舞台，它们为多挡动力换挡产品的出现和推广应用奠定了基础。

8.12　早期多挡动力换挡拖拉机

在程悦荪等编写的高等院校教材《拖拉机设计》中，摩擦式换挡按挡数分类，三挡及其以上称为多挡摩擦式换挡，由于它们均用液压操纵，故又称多挡动力换挡。其中，所有挡均为动力换挡的称为全动力换挡。在行业内，不是全动力换挡的，有时也统称为部分动力换挡。

在增扭器首次出现 4 年后，1958 年，美国福特公司推出了 Select-O-Speed 全动力换挡变速箱（图 8-60），用于 63hp 的 971 型和 981 型行列作物轮式拖拉机，在行业内引起轰动。该变速箱由多排单级行星机构、液压换挡离合器、带式制动器组成，可获得动力换挡10进2退速度。但是，各挡速度级次较混乱，加上旋转元件线速度较大，后来停止使用。

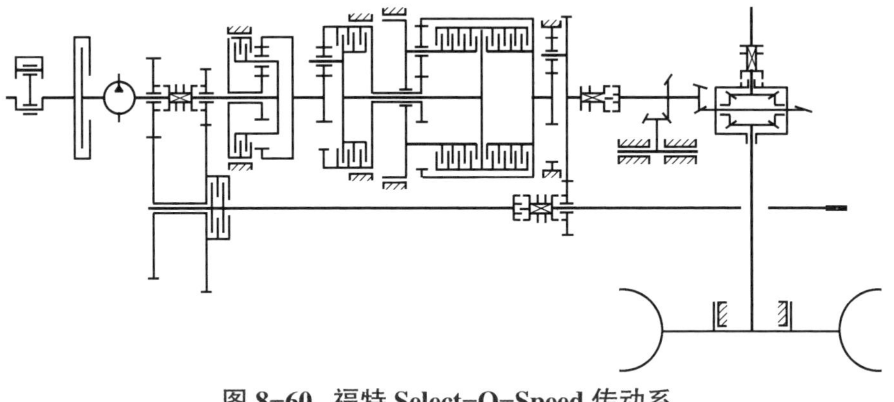

图8-60 福特Select-O-Speed传动系

1963年，美国迪尔公司也推出了Power Shift全动力换挡变速箱（图8-61），用于101hp的4020型行列作物轮式拖拉机。它由离合器组、制动器组和行星机构组构成。4个行星机构具有共同的行星架，其内齿圈由制动器制动，可提供全程动力换挡8进4退速度。该变速箱比较成功，到1982年发展成15挡全动力换挡，累计约有25万台用于迪尔公司75 kW以上包括拖拉机在内的各种大型农业机械和其他机械上。

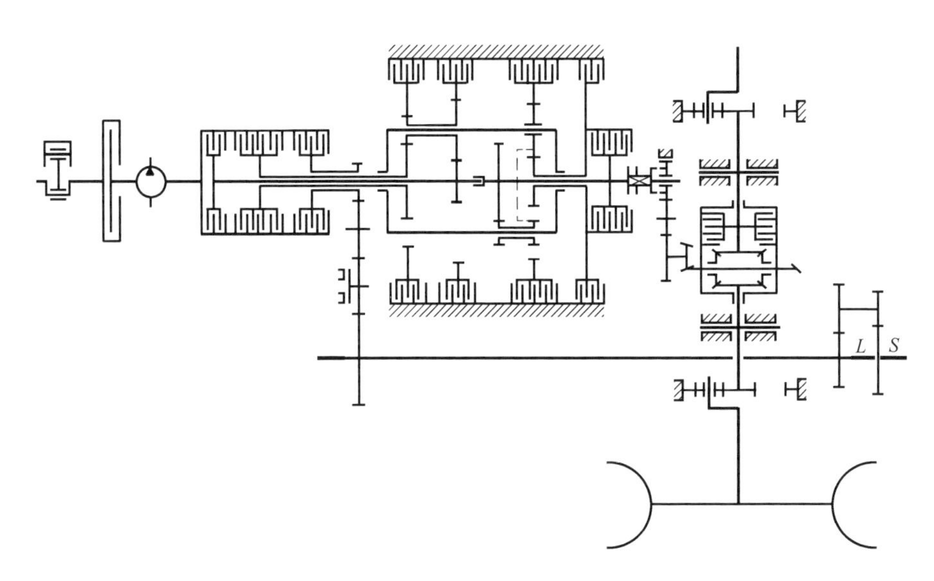

图8-61 迪尔Power Shift传动系

当时，全动力换挡拖拉机的市场需求有限，但同时又存在多于两挡的动力换挡市场需求，所以从 60 年代中后期开始，一些拖拉机制造商相继推出多挡动力换挡变速箱，多用于功率较大的拖拉机。

1965 年，美国万国公司推出动力换挡 12 进 4 退 Agriomatic-S 传动系，选装用于 52hp 万国 523 型通用轮式拖拉机。该系统属双液压操纵多片离合器加自由轮的两挡动力换挡，不过不像增扭器那样独立前置，而是插在前方 4 挡同步换挡装置与后接 2 进 1 退变速箱之间。

1967 年，联邦德国芬特公司推出 TRS 变速箱，试装于 45hp 的 Farmer 3S 型拖拉机上。传动系由 TRS 变速系统、3 挡行星副变速器和同步器操纵 6 进 2 退主变速箱组成，形成 18 进 6 退传动系，还可实现摩擦式逆行换挡。TRS 变速系统由一个液力偶合器、一个单片离合器和一个多片离合器组成，是与液力偶合器串联的两挡动力换挡装置。

1968 年，美国奥利弗公司开发 Hydraul-Shift 三挡动力换挡变速箱，用于 95hp 的 1755 型和 120hp 的 1955 型行列作物轮式拖拉机。它是行星齿轮和定轴外啮合齿轮的混合机构，与一个普通 6 挡变速箱串联，形成 18 进 6 退传动系。

20 世纪 60 年代后期，美国明尼阿波利斯莫林公司开发了三挡动力换挡机构，用于 122hp 的 G1050 型轮式拖拉机。它采用两个湿式换挡离合器与外啮合齿轮组组合，后接 5 挡普通变速箱，串联成 15 进 3 退传动系。

1969 年，美国凯斯公司研制了用于农业王（Agri-King）系列拖拉机的动力换挡变速箱。它们的特点是 3 进 1 退动力换挡机构和 4 挡机械变速箱联合，组成 12 进 4 退传动系（图 8-62）。该系列动力换挡机构用于 62 ～ 142hp 农业王系列 770 ～ 1270 型轮式拖拉机。

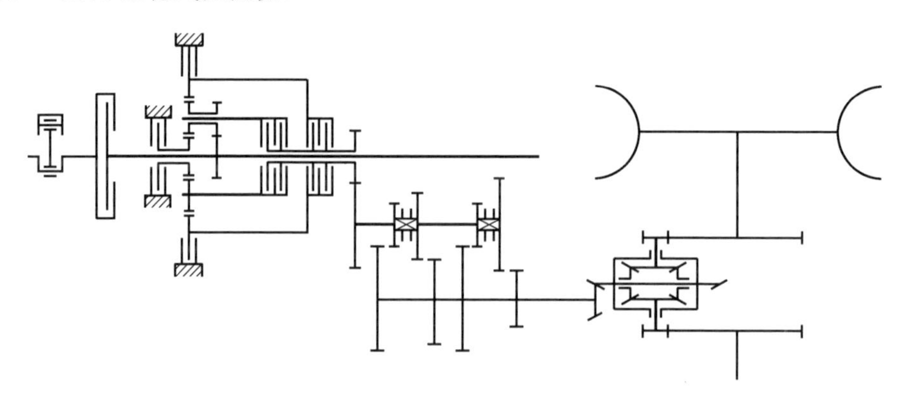

图 8-62　凯斯农业王系列传动系

此后，1971 年，英国大卫布朗公司推出 Hydra Shift 的 4 挡动力换挡变速箱。1974 年，美国艾里斯查默斯公司推出 Power Shift 的 6 进 1 退动力换挡变速箱。1974 年，苏联哈尔科夫拖拉机厂在 T-150 型履带式拖拉机上采用了双流驱动每侧履带的动力换挡传动系。1975 年，苏联基洛夫拖拉机厂在 K-701 型轮式拖拉机上采用了部分动力换挡传动系。1976 年，麦赛福格森公司研制了 Multi-Power 的 3 挡动力换挡变速箱。1978 年，联邦德国采埃孚公司研制了 Tri-Power 的 3 挡动力换挡变速箱。1979 年，迪尔公司推出 Power Synchron 部分动力换挡变速箱。1984 年，菲亚特公司推出 4 挡动力换挡装置。同年，联邦德国采埃孚公司推出 Power Split T6500 八挡动力换挡传动系。80 年代，我国引进部分动力换挡的约翰迪尔 4450 型拖拉机，在沈阳拖拉机厂生产。

动力换挡挡数增加使操纵更方便，但成本急剧增高，可靠性下降。当时，统筹考虑技术与经济因素，特别是对于中功率拖拉机，各厂家多采用在 3 ～ 4 个区段内动力换挡，区段之间同步器换挡。并且，这一时期动力换挡主要在美国拖拉机上量产，欧洲因农场规模比北美小，所以生产量不大。欧洲的菲亚特、麦赛福格森和万国英国公司等在低潮期放弃了动力换挡的批量生产。只有迪尔公司在联邦德国曼海姆的子公司批量生产动力换挡传动系，但多为出口。直到 20 世纪 90 年代，欧洲才扭转这种状况，动力换挡传动系成为发达国家拖拉机企业越来越重要的技术进展。

8.13 机械式无级变速拖拉机

在拖拉机无级传动的百年发展史中，机械式无级传动在生产中采用较早。在内燃拖拉机诞生初期，工程师们就有了利用摩擦式机构实现拖拉机无级变速的想法。在慕尼黑的德国博物馆收藏了一台 1907 年的斯托克摩托犁（见图 3-16），它就采用了摩擦式机械无级变速（图 8-63）。

该传动系是通过发动机旋转一个钢制圆盘，在圆盘后端面上有两个橡胶摩擦轮与之接触滚动。摩托犁的速度用手动曲柄控制，通过链条作用到传动螺杆的左、右两边，来调节摩擦轮与钢盘端面接触的工作半径，通过半径的无级变化实现速比无级调节。如果转动摩托犁的驾驶方向盘，可将整套上述螺杆与摩擦轮组沿轴向在导轨上移动（简图未示出），使这对摩擦轮分别有不同的工作半径，从而造成左右摩擦轮的速度不同，使摩托犁在前进时也能转向。

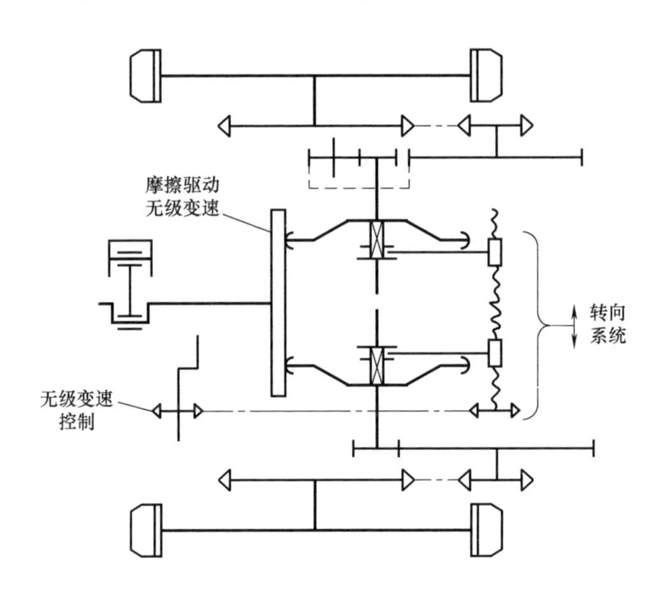

图 8-63　斯托克摩托犁 CVT 传动系

但是，这种摩擦式无级变速机构的先期探索只是昙花一现，并不成功，原因是其传动效率较低，并且摩擦驱动副的耐久性较差，特别是对长时间在重载牵引下作业的拖拉机更显严重。所以，以后生产的斯托克摩托犁又改为常规齿轮传动。

当时，能批量生产盘式摩擦传动无级变速拖拉机的是一家美国公司。20 世纪初，约翰·海德和亨利·海德（John Heider& Henry Heider）兄弟建立海德公司。1911 年，海德公司开始推出海德（Heider）拖拉机，一直生产到 20 年代后期。斯托克摩托犁摩擦传动的主动盘是发动机飞轮的后端面，移动从动盘可改变飞轮工作半径，实现无级变速。而海德拖拉机摩擦传动的主动盘是发动机飞轮的圆周面，左右有两个大从动盘，前后移动发动机，改变从动盘工作半径，实现无级变速，分别接触左右大从动盘，实现前进或后退。

此后，用于拖拉机的机械式无级传动消沉了 20 多年，直到德国莱默斯（Reimers）链式无级变速箱出现，才再次燃烧起德国拖拉机从业者的热情。联邦德国笛特里希（O. Dittrich）、卢茨（O. Lutz）和司鲁姆斯（K. D. Schlums）等人对机械式无级传动做了基础研究。

20 世纪 50 年代，1928 年成立的德国维尔纳莱默斯（Werner Reimers）传动器公司生产拖拉机用摩擦传动链式无级变速装置。它们由一条或两条钢节链与压紧链条的锥形盘组成（图 8-64），借助液压机构沿轴向移动锥形盘来增减锥形盘工作半径，从而实现无级变速。这种变速装置的优点是操纵方便，噪声小，效率较高，速比为 1∶4 ～ 1∶5；缺点是需附加副变速箱和主离合器，换挡需几秒钟时间，造价高，体积大。莱默斯链式变速箱的金属环链设计精致，质量可靠，摩擦损失小，额定负荷时效率达 93% ～ 95%，体现了严谨的德国工匠精神。莱默斯的技术对 50 年代我国传动链产业的发展产生了重要影响。

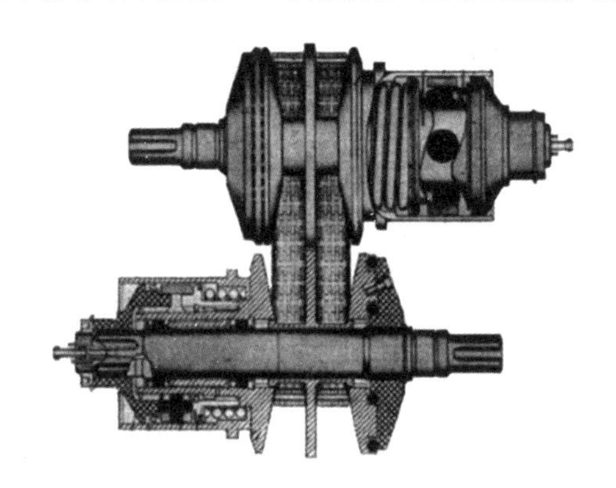

图 8-64　莱默斯双排链式变速箱

著名车辆传动系生产商 —— 在德国南部的腓特烈港齿轮厂（Zahnradfabrik Friedrichshafen），简称 ZF（采埃孚），连续开发了应用莱默斯链式变速箱的用于拖拉机的传动系，可分别适配 35 ～ 90 马力拖拉机。1956 年，莱默斯链式变速箱首次装在拖拉机上，后来陆续用于 9 个公司的 15 种拖拉机。

1957 年，采埃孚公司推出第一种用于 25 马力农用拖拉机的 ASL-8 型传动系。其单排链式变速箱的速比为 4，后接 2 进 1 退变速箱。该拖拉机进行了长期使用试验，其耕地生产率比 6 挡传统拖拉机提高了 21%。但是，虽有主离合器用于起动和换挡，但因从动部分转动惯量太大，实际上换挡时需停车。此后，为 35 马力输出功率和装 11-32 驱动轮胎的拖拉机，又设计了 ASR-210 型传动系，其链式离合器的速比为 4，后接 3 进 1 退机械变速箱。为适应更大功率的拖拉机，研制了双排链式离合器的采埃孚 ASR-216 传动系（图 8-65），功率输出为 55 马力，速比为 4。1964 年，使用 ASR-216 传动系的拖拉机在德国农业展览会上展出并表演。

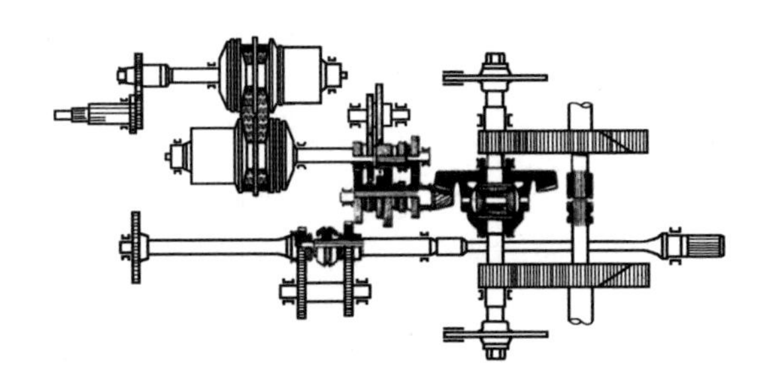

图 8-65　采埃孚 ASR-216 传动系

上述结构由于存在停车换挡等缺点，因此影响了它的推广。在此类经过大量试验的结构中，性能最好的是采埃孚 T-518 型拖拉机传动系（图 8-66），它是 1966 年由奥特玛・施耐德（Ottmar Schneider）提出，由采埃孚公司制造的。该传动系是在发动机后方有一个 PTO 离合器和爬行挡减速装置，然后动力传到单排莱默斯链式变速箱，其后是主离合器和同步器换挡的 2 进 2 退机械变速箱。T-518 型传动系属 60 马力级，速比为 4.5。新传动系的特点是在链式变速箱和 2+2 变速箱之间设置主离合器，换挡时从动部分的转动惯量减小，并且在需要时可以有空挡。

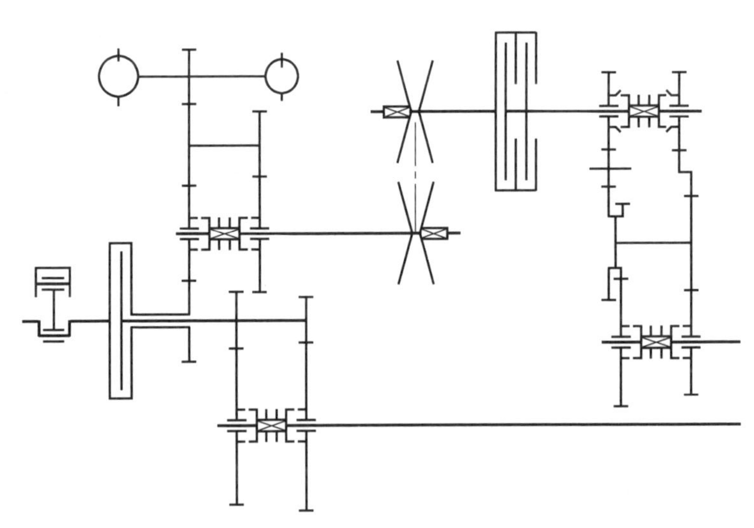

图 8-66　采埃孚 T-518 型传动系

1959 年，联邦德国芬特公司也推出一台 28 马力无级变速拖拉机，它是在芬特 Farmer 1 型上安装莱默斯链式变速箱的试验拖拉机，在 1959—1960 年进行试验。但几年后，芬特公司尝试无级传动的兴趣已转移到静液压传动。

1959 年，美国西尔斯不超过 10hp 的园地拖拉机，曾采用带式传动机械式无级变速。1963 年，美国约翰迪尔 110 型园地拖拉机也曾采用独特的“Peerless”机械式无级变速。

尽管人们对摩擦传动链式无级变速做了大量探讨，但摩擦传动的效率难与齿轮传动的相匹敌，况且摩擦力与保证寿命的润滑相互矛盾，对于重载牵引作业而言，传动效率更为重要。此外，单功率流传动不能从零开始变速。在 20 世纪 60 年代，人们已着手研制功率分流方案。图 8-67 所示方案由链式变速箱、两个多片离合器与一个附加差速机构组成。当两个多片离合器分别处于接合或分离状态，传动系统实现直接传动或功率分流。该分流方案的优点是进退全程均可从零开始无级变速，进退转换无须使用主离合器，主要作业范围效率较高；缺点是有寄生功率，需加大链式变速箱承载能力，倒车灵敏度尚不令人满意，倒车效率不够高。

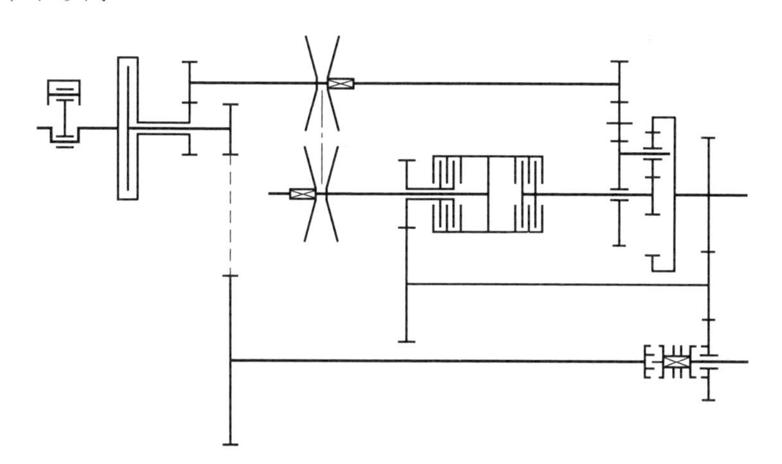

图 8-67　链式变速箱功率分流方案

20 世纪 60 年代后期，这种无级传动渐渐淡出拖拉机行业。直到 80 年代末，对机械式无级变速情有独钟的德国人，再次借低噪声拖拉机项目燃烧起对莱默斯链式变速箱的热情。1988 年，慕尼黑技术大学制造出 30kW 低噪声研究用拖拉机。它采用链式无级变速，后接 2 进 1 退变速箱。1990 年前后，德国的施吕特（Schlüter）、胡尔特（Hurth）和莱默斯公司一道研发的 60 kW 拖拉机样机也是有成功希望的。当时，德国芬特等公司也注意到并很感兴趣。

但是对大型拖拉机来说，摩擦传动链式无级变速传递转矩的能力有限，难以

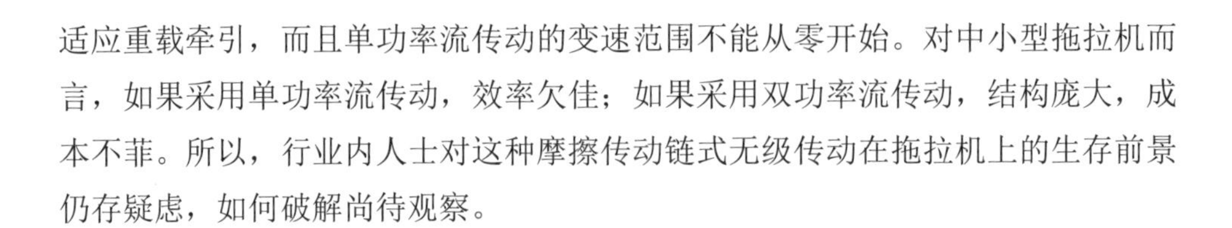

适应重载牵引，而且单功率流传动的变速范围不能从零开始。对中小型拖拉机而言，如果采用单功率流传动，效率欠佳；如果采用双功率流传动，结构庞大，成本不菲。所以，行业内人士对这种摩擦传动链式无级传动在拖拉机上的生存前景仍存疑虑，如何破解尚待观察。

8.14 自备电源电动拖拉机

第二次世界大战后，外接电源式电动拖拉机渐渐被自备电源式电动拖拉机取代。自备电源的一种方式是由自备车载电池（蓄电池、燃料电池或太阳电池等）提供电能，另一种是车载内燃机带动发电机提供电能。前者常用于中小型拖拉机，后者可用于大型拖拉机。

自备电源电动拖拉机最早在 19 世纪末已有尝试，在集材用的小型卡特彼勒履带拖拉机上做过内燃与电力混合动力的探讨。

1959 年，美国艾里斯查默斯公司在 D12 型拖拉机的基础上试制了一台电动拖拉机。拖拉机采用 112 个蓄电池，包含 1 008 块燃料电池，产生 60V 电流，连接 20hp 电动机。通过调整使用电池单元的数量来控制速度。这台试验拖拉机（图 8-68）被美国华盛顿史密森学会收藏。这种电动拖拉机并未流行，倒是某些改装厂在艾里斯查默斯 G 型拖拉机的基础上，零星地改装了一些电动拖拉机。如胡格诺特（Hugenot）农场从 1948 年到 1955 年倡导并生产了原 G 型拖拉机的电动改装。后来就有工厂生产 G 型转换套件，截至 21 世纪初，已有数百台 G 型拖拉机被转换为电动拖拉机型。

图 8-68　艾里斯查默斯电动拖拉机

1961 年，苏联车里雅宾斯克拖拉机厂批量生产 310 马力的 ДЭТ-250 型柴油电动履带拖拉机（图 8-69），用于荒地土壤改良等作业。ДЭТ-250 型拖拉机采用电力机械传动系，直流发电机和电动机取代机械传动系中的离合器和变速箱。为使电力传动能在高效区工作，在行星转向机构中有高低两挡，可实现变速和转向，电动机反转即可倒车。此类型传动系在该厂沿用至今，2002 年推出 350 马力的 ДЭТ-320 型拖拉机，2007 年推出 370 马力的 ДЭТ-400 型拖拉机。

图 8-69　ДЭТ-250 型履带拖拉机

此时电力在拖拉机上的应用，除主要用于行驶驱动外，也首次出现用电力驱动拖拉机与发动机附件以及电力驱动农机具的探索。1954 年，美国万国公司向市场推介它和美国通用电力公司（GE）联合研发的 Electrall 电力装置（图 8-70），该装置选装在法毛 400 型拖拉机上。该系统支持电力操纵农机具和拖拉机附件，由 10 kW、208 V 三相交流发电机构成，以电缆连接被驱动的装置，发电机也能用作独立的发电单元。万国公司的营销资料显示，该电力装置驱动过干草打捆机，也用于在夜间电击地里的昆虫，但当时该系统大概因欠缺配套装置而应用的很少。半个世纪后，2000 年，德国大学等机构支持“移动电能与驱动技术（MELA）”概念研究。2001 年，芬特公司在其 722 Vario 型拖拉机上启动这一概念拖拉机项目。2007 年，迪尔公司推出 7430 和 7530 E Premium 型拖拉机，应用电力驱动附件。2009 年，采埃孚公司也开发出带电动机的传动系。它们都继承并发展了 Electrall 电力装置的设计概念。目前，电力驱动拖拉机附件和农机具已出现增长趋势。

但是，电力在拖拉机上最具吸引力的应用仍然是驱动拖拉机行驶，即电动拖拉机。它们自动无级变速，因电动机可反转而不必设倒挡，操纵轻便，停车时完全断电，比内燃机的怠速运转更经济。同时，电能既可兼顾拖拉机及其发动机附件的驱动控制，还可方便地驱动农机具并使其简化。但是，电力驱动拖拉机在重载牵引作业时，传动效率较机械式低，这是其在大型耕作拖拉机上应用的重要障碍。

图 8-70　带 Electrall 电力装置的法毛拖拉机

20 世纪 70 年代，能源危机和石油短缺使电动拖拉机再次获得生机。当时美国、加拿大、英国、意大利和日本等纷纷开展电动拖拉机研制，如美国通用电气公司 Elec-Trak 系列电动园地拖拉机、美国艾里斯查默斯公司 14.7kW 燃料电池电动拖拉机等。

20 世纪末和 21 世纪初，无级传动在全球拖拉机产业掀起新的浪潮，电力驱动拖拉机再次引起人们关注。美国大猩猩车辆（Gorilla Vehicles）公司、加拿大电动拖拉机（Electric Tractor）公司、意大利纽荷兰公司、白俄罗斯明斯克拖拉机厂、俄罗斯车里雅宾斯克拖拉机厂，以及一些大学和研究所都对无级传动做了许多探索。

8.15　静液压传动的初期尝试

20 世纪五六十年代，兴起对各种无级传动拖拉机的探索浪潮。当时，在机械式、电动式、动液力式和静液压式等各种无级传动中，静液压传动是启动稍晚而持续发展势头较好的一种类型。

1952 年，位于英国西尔索的国立农业工程研究所（NIAE）首次启动了研究拖拉机用静液压无级变速传动的课题。1954 年，在福特森 Major 型拖拉机基础上改装的样机面世（图 8-71）。它用内燃机直接驱动变量轴向柱塞泵，经柱塞泵加压的液压油流经管道直接驱动和驱动轮制成一体的两台大型径向柱塞马达，其最高压力为 21MPa，最高行驶速度为 18km/h。该拖拉机操纵简单，驾驶员可用一个液压泵操纵杆调整拖拉机前进或后退的行驶速度。这种方案早在 20 世纪初就被英国人海勒肖（H.S.Hele-Shaw）用于载货汽车。

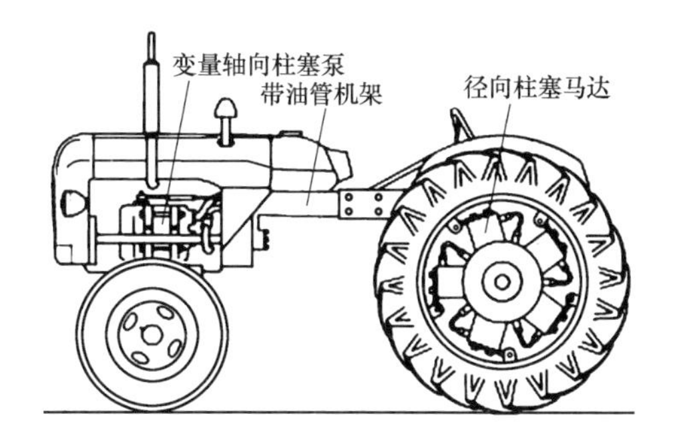

图 8-71　英国 NIAE 静液压拖拉机

英国 NIAE 的工作促使许多拖拉机厂也对静液压传动进行研究。如美国万国公司在 1960 年研制了一台内燃机驱动的静液压拖拉机样机，结构与英国的相似。一年后，该公司又研制了一台燃气轮机驱动的静液压试验拖拉机。英国的液压件制造商卢卡斯（Lucas）公司除为万国公司提供液压件外，对整个静液压传动系统也进行了研究，并在英国卢德莱斯（Roadless）公司的耕地能手（Ploughmaster）6/4 型拖拉机上装试，于 1963 年在英国展出。

同一时期，英国詹姆斯卡思柏森（James A. Cuthbertson）公司生产 80hp 林业湿地用水牛（Water buffalo）牌低比压履带拖拉机，可选装机械传动或静液压传动（图 8-72）。机械传动是发动机动力经变速箱、分动箱，分左右两路传至每侧传动系，分别驱动每侧履带驱动轮。静液压传动是发动机动力经分动箱，分左右两路传给两个液压泵和液压马达，然后经蜗轮减速和行星最终传动分别驱动每侧履带驱动轮。它不仅能实现无级变速，还可用于转向。

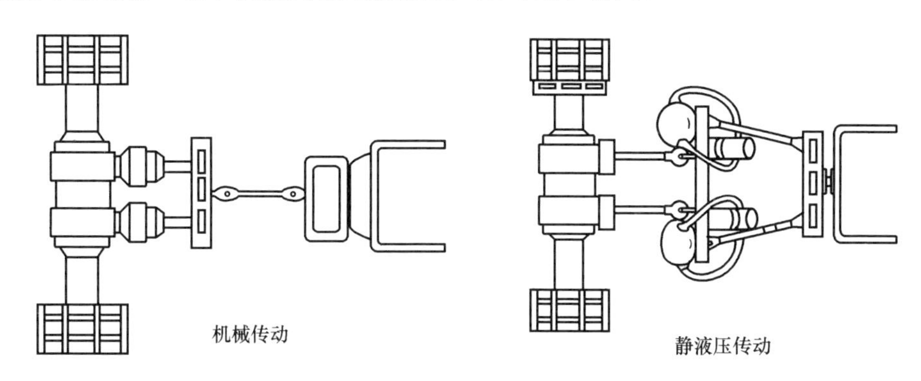

图 8-72　水牛履带拖拉机的两种传动

1960 年前后，苏联国家拖拉机研究所（НАТИ），与农业机械化研究所以及有关拖拉机厂一道进行了拖拉机静液压传动的研究。联邦德国芬特公司于 1964 年展出了静液压拖拉机样机，1970 年研制出“Farmer 3S Hydrostat”静液压试验拖拉机，但仍然只是样机。

静液压无级变速在农用拖拉机上的首次商业应用可能是联邦德国埃歇尔（Eicher）公司。该公司自 1966 年起陆续推出猛犸（Mammut）HR 3001 型到 HR 3020 型拖拉机，均可选装英国道蒂（Dowty）公司的静液压变矩器。该静液压变矩器由变量轴向柱塞泵、变量轴向柱塞马达、补油泵和伺服装置组成，替换传统的机械式传动系。但因其功率损失比机械式大，加上价格较高，仅有少量销售。

1964 年，德国欧文 • 奥尔盖耶（Eewin Allgaier）等人在联邦德国申请了一种静液压变矩器专利，并将它转让给于 1966 年在美国注册的可帕特（Kopat）公司。可帕特公司于 1966 年为拖拉机和建筑机械推介这种带内部功率分配的静液压无级变速系统，但最终也未成功。

当时，在静液压农用拖拉机上取得最重要进展的是美国万国公司。1967 年，万国公司和美国桑斯川特（Sundstrand）公司合作，在其批量生产的法毛 656 型拖拉机上采用静液压无级变速传动系。前部是双斜盘泵与马达组成的静液压变速器（图 8-73），排量可变，压力可控，后面连接两挡滑动齿轮变速箱。这种静液压传动系统用于万国公司多种型号的拖拉机上，但因比机械传动效率低 10% 以上，初置成本又高，在生产了几万台后最终结束。

由于静液压传动系制造成本高，传动效率低，影响了它在以牵引为主的拖拉机上的应用。不过在日本和美国的一些小型和园地拖拉机上，特别是在以旋耕为主的拖拉机上，静液压传动系又渐渐流行。如 1963 年的美国柯尔特公司、1965 年的凯斯公司和美国辕马公司、1966 年的万国公司和迪尔公司、1967 年的麦赛福格森公司、1968 年的艾里斯查默斯公司和 1969 年的美国博伦斯公司等生产的园地拖拉机［参见本章“园地拖拉机的春天（上、下）”两节］，以及后来的日本小型拖拉机，均开始采用静液压传动系。在这些拖拉机上，静液压传动提高了拖拉机的舒适性，其高成本被元件简化、改进生产方式以及大批量生产的成本降低所平衡，能量损耗和燃油经济性的考虑也不再那么重要，静液压传动的应用逐步扩大。

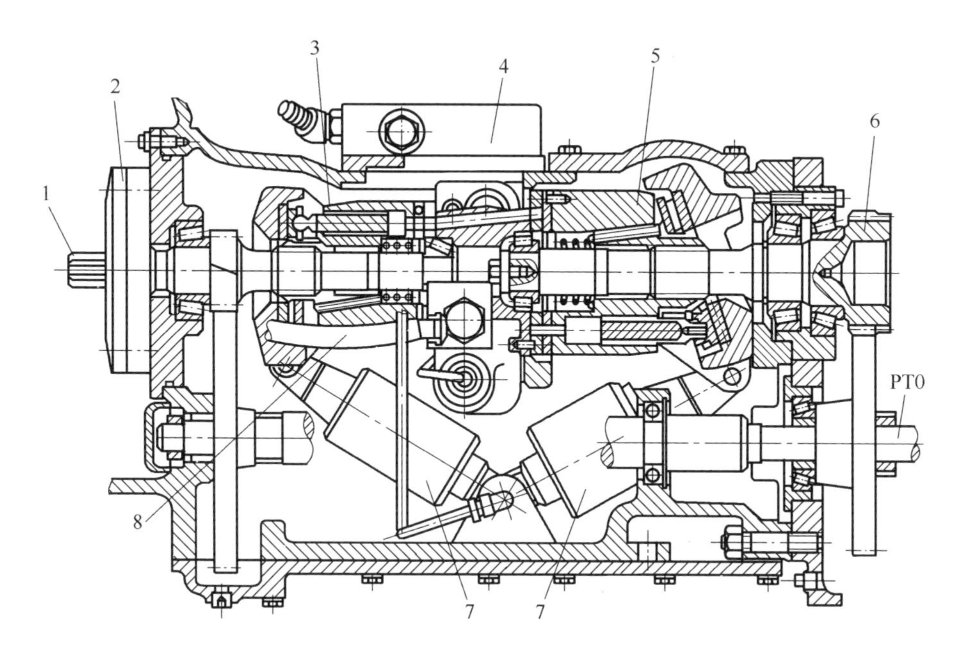

图 8-73　法毛 656 拖拉机静液压变速器

1—输入轴　2—进油泵　3—变量泵　4—阀块
5—变量马达　6—输出轴　7—控制液压缸　8—进油管

我国从 1959 年起开始探讨静液压拖拉机。但由于受当时技术与经济因素限制，所以只进展到样机试制阶段。

静液压传动在拖拉机低速重载作业时的效率是妨碍其发展的关键问题。当时人们已经意识到能量损耗需要用双功率流来降低，并进行了初步探索。直到 20 世纪 90 年代后半期，这些努力才在德国芬特公司的功率分流无级传动拖拉机上结出硕果（参见第 10 章“里程碑：芬特瓦里奥无级变速”一节）。

8.16　分道扬镳的动液力传动

动液力传动是利用流速较高、压力较低的液体以动能形式实现能量的转换与传递，实用的产品有液力偶合器和液力变矩器两种。20 世纪 30 年代末，受轿车成功采用动液力传动的启发，人们开始尝试在农用拖拉机上安装这种传动产品，首先采用的是液力偶合器。

1950 年，联邦德国阿尔盖尔（Allgaier）公司将联邦德国福伊特（Voith）公司生产的液力偶合器安装在 18 马力阿尔盖尔保时捷（Allgaier Porsche）AP17 型拖拉机上。1956 年，联邦德国霍尔德（Holder）公司也生产了类似产品。真正的突破是 1965 年联邦德国芬特公司生产的 48 马力农民 3 型轮式拖拉机，其传动系由液力偶合器、摩擦式换挡逆行器、换挡用摩擦离合器和部分同步换挡变速箱组成（图 8-74）。这类传动系至今还是一个成功的案例。

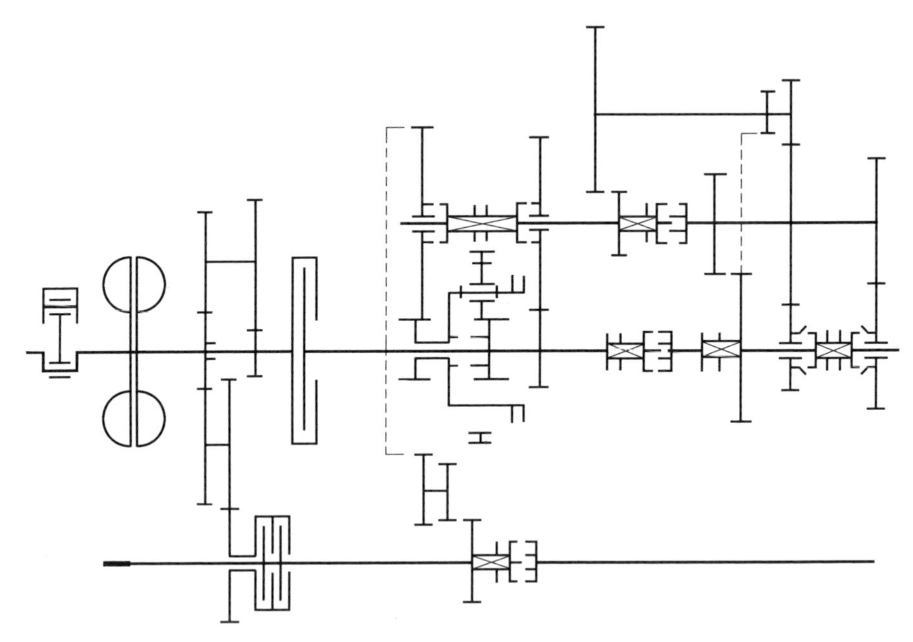

图 8-74　芬特农民 3S 型传动系

20 世纪 60 年代采用液力偶合器传动的农用拖拉机还有：美国迪尔公司 215hp 的 8010 型轮式拖拉机，液力偶合器配 9 进 2 退变速箱；联邦德国道依茨公司 65 马力的 DK-75P 型履带拖拉机，液力偶合器配 5 进 3 退变速箱；道依茨公司 93 马力的 DK-90 型履带拖拉机，液力偶合器配 5 进 4 退变速箱；联邦德国霍尔德公司 20 马力的 A-21S 型轮式拖拉机，液力偶合器配 8 进 4 退变速箱；联邦德国保时捷 40 马力的 Super L 型轮式拖拉机，液力偶合器配 8 进 4 退变速箱；联邦德国保时捷 30 马力的 Star 型轮式拖拉机，液力偶合器配 8 进 2 退变速箱等。从 1966 年起，联邦德国采埃孚公司推出了采用液力偶合器的 T 3000 系列传动系。

尽管采用液力偶合器能使拖拉机平稳起步和加速，能衰减传动系的扭转振动，但不能改变传递的转矩，并且传动效率低。在 20 世纪五六十年代，拖拉机行业对动液力传动的激情主要倾注在液力变矩器上。

1940年，美国艾里斯查默斯公司推出161hp动液力传动HD 14C型履带拖拉机。其发动机曲轴通过主离合器，驱动三级液力变矩器，后接滑动齿轮3进1退变速箱。当时正值第二次世界大战期间，故此拖拉机不用于农业，而是用于工业和军事任务。1947年，该公司生产165hp的HD19型农用履带拖拉机，传动系由主离合器、液力变矩器和2进1退变速箱组成，用于坚实田地的耕作，共生产了2 650台。由于其液力变矩器没有锁止离合器，故动力输出轴的转速会受变矩器速比的影响，这对实用不利。此后，该公司又陆续推出195hp的HD 20型、225hp的HD 21型和148hp的HD 16AC型动液力传动农用履带拖拉机（图8-75）。

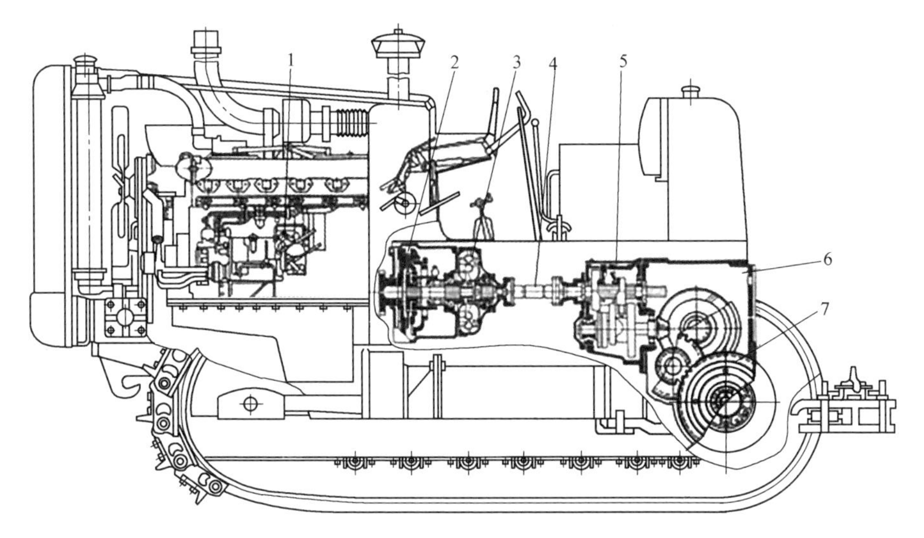

图8-75　艾里斯查默斯HD-21AC型拖拉机结构示意图

1—发动机　2—离合器　3—液力变矩器

4—联轴节　5—变速箱　6—后桥　7—最终传动

1958年，带动液力传动的首个轮式拖拉机面市。凯斯公司推出60hp的800B型两轮驱动拖拉机，由柴油机驱动单级液力变矩器与湿式主离合器，即Case-O-Matic传动（图8-76），后接8进2退机械变速箱。该机和艾里斯查默斯HD19型相比，凯斯800B型采用带锁止离合器的液力变矩器，利于动力输出轴工作；并且主离合器在液力变矩器之后，减小了从动部分的转动惯量，利于换挡。但因800 B型变矩器特性太软、传动比受负荷影响过大、功率损失较大，以及无须8挡，因此不太成功，共生产了255台。此后，凯斯公司陆续推出采用或选装动液力传动的45～113hp 530～1031型轮式拖拉机。

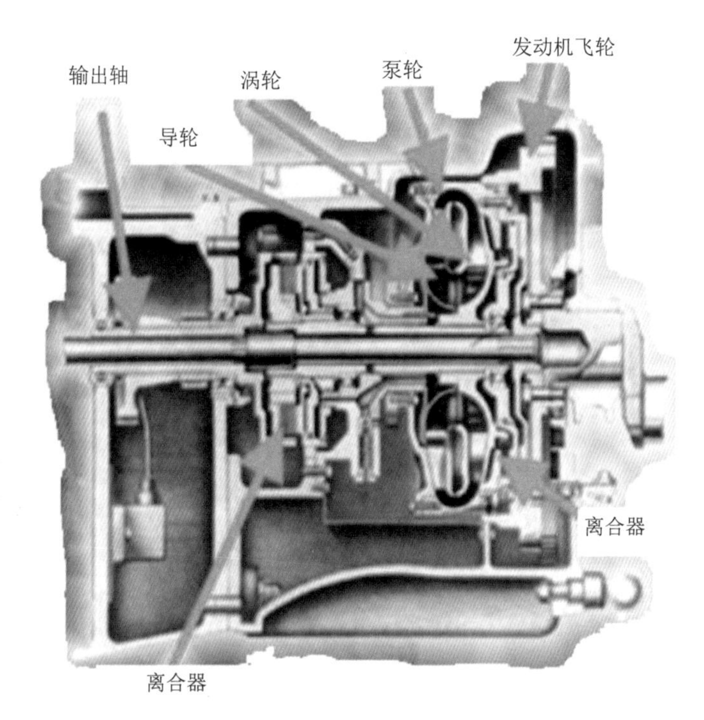

图 8-76　凯斯 Case-O-Matic 传动系统示意图

受艾里斯查默斯公司和凯斯公司带动，到 1965 年，大批拖拉机制造商研制或生产了动液力传动拖拉机。主要有：万国公司、卡特彼勒公司、麦赛福格森公司、维克斯（Vickers）公司、奥利弗公司、施吕特（Schlüter）公司、汉诺玛格公司、尤克里德（Uclid）公司、艾姆科（Eimco）公司和莱图尔诺（LeTourneau）公司等 50 多家西方公司，以及苏联的拖拉机研究部门。其中，艾里斯查默斯公司 HD 20 型、21 型和 16AC 型（履带式），凯斯 530 ～ 1031 型（轮式），万国 TD-24TC 型（履带式），卡特彼勒 D8-G 型（履带式），维克斯 Vigor 型（履带式）等拖拉机，以及采埃孚 T 350 型传动系均采用液力变矩器加主离合器加机械变速箱的传动系模式。麦赛福格森 MF-205X 型（轮式）和奥利弗 OC-9 型（履带式）等拖拉机均采用液力变矩器加部分动力换挡变速箱的传动系模式。凯斯 600 ～ 1000 型（履带式）、卡特彼勒 D8 PST 型（履带式）、莱图尔诺 C 型（轮式）、艾姆科 103/105 型（履带式）、尤克里德 TC-12 型（履带式）、苏联 T-130 试验型（履带式）等拖拉机，以及采埃孚公司生产的拖拉机用动液力传动系，均采用液力变矩器加全动力换挡变速箱的传动系模式。

从 20 世纪 50 年代到 60 年代中期，就有 50 多家制造商研制或生产了 200 多种动液力传动拖拉机机型。但是，液力变矩器在重载下效率降低，并且结构复杂、价格不菲。尽管这种结构在其他车辆上有成功运用的先例，但对重载下稳定连续工作的农用拖拉机来说，无法满足用户对高效率与经济性的要求。这类拖拉机的很多大功率机型，特别是履带式机型，后来转入工业用市场，成为工程建筑机械的一支重要力量；而用于农业的动液力传动拖拉机几乎全军覆没！

在技术创新征途上，那些伴随成功的挫折，同样为探索行业发展道路做出了贡献，只是应尽量降低挫折的代价。当时，迪尔公司仅研制了一种配液力偶合器和一种配液力变矩器的机型，这种稳健的战略应该对农机企业有所启示。

8.17 20世纪五六十年代的拖拉机结构

像“群雄竟起的春秋时代”一样，20世纪五六十年代也是拖拉机技术创新和探索的时代。

整机　在经济形势向好、民众生活改善的背景下，拖拉机类型也从农用拖拉机向园地拖拉机、水田拖拉机和大功率四轮驱动拖拉机延伸。四轮拖拉机的功率从4hp到300hp。独立型四轮驱动的发展既利于增大拖拉机功率，也引出串联式拖拉机这种整机形态。

这一时期，整机也出现了自走底盘、乌尼莫格汽车拖拉机等独特形态，但事实证明，它们只是传统拖拉机形态的补充。

发动机　与欧洲相比，北美基本实现农用拖拉机的柴油机化的时间要晚一些。1955年，美国拖拉机柴油消耗量仅占全部燃料的6.6%。1962年，美国10家公司生产的100种轮式拖拉机中，柴油拖拉机占51%。但是在园地拖拉机上，汽油机仍占压倒性优势。

在此期间，还对替代汽（柴）油发动机的其他动力源做了大胆的探索。例如：1959年，艾里斯查默斯公司推出用燃料电池驱动的Fuel-cell型电动拖拉机；1961年，万国公司推出装40hp燃气涡轮发动机的HT-340型试验拖拉机（图8-77）；同期，福特公司、迪尔公司和博伦斯公司等也在农用或园地拖拉机上装了燃气轮机，它们均安装静液压传动系，比同功率传统拖拉机轻得多。再如60年代初，苏联甚至对把原子能用于拖拉机做了探索。但是，所有上述努力均未证明其经济上的合理性。

图 8-77 万国 HT-340 型燃气轮机拖拉机

传动系 发达国家的大多数变速箱已由滑动齿轮换挡向啮合套换挡过渡，其中部分已采用同步器换挡，而发展中国家基本仍使用滑动齿轮换挡。

有里程碑意义的是，两挡或多挡动力换挡变速箱已开始在部分大公司量产。同时，行业继续对电力或机械式无级传动进行尝试，并且对静液压传动和动液力传动做了初步探索。

转向与行走系 利用静液压的动力转向已开始应用，并且在大型拖拉机上的应用更加普及。

独立型四轮驱动发展了四轮转向技术。除常用于“前加力”式四轮驱动的前轮转向外，还有全轮转向型式。如凯斯 4690 型拖拉机的驾驶员有三种选择：正常两前轮转向；四轮按同一方向转向的蟹式运动；后轮转角和前轮相反的四轮转向。此外，还有铰接式机架转向和刚性机架滑移转向。

工作装置 随着配带农机具种类的增加，采用双速动力输出轴的拖拉机增多，部分拖拉机还安装前动力输出轴和前悬挂机构。

第9章

滞涨阴影下的全球拖拉机行业

引言：月儿弯弯照九州　几家欢乐几家愁

走过激情燃烧的20世纪五六十年代，美国步入经济滞涨时期。经济学上的“滞胀”指生产停滞和通货膨胀并存的经济现象。这次滞涨期不像30年代大萧条那样猛烈，但也不像大萧条那样很快结束，美国拖拉机产业从火热的夏季跨入略有寒意的秋天。形势既受滞涨经济影响，也和政治形势相关，呈现难以把握的起伏不定状态。从1969年起美国农业装备市场走低，到1973年有短暂回升，但中期仍然低迷。1976年到1979年市场大有起色。

20世纪70年代初期和中期，美国主要拖拉机企业处境变差，但仍能艰难前行。

迪尔公司1969年总体销售水平下降，实现海外扩展但不盈利。公司架构按业务和市场重组，改善跨国经营应对市场的能力；把开拓欧洲市场作为主要增长点，开发适应欧洲市场的机型；提升曼海姆与滑铁卢工厂的生产能力。

凯斯公司被田纳科公司控股后，后者给予其资金支持并承诺尊重凯斯经验；按业务和市场建立分部，产品向工业拖拉机转型，主要关注大型农用拖拉机；收购英国大卫布朗拖拉机公司。

麦赛福格森公司实施全球制造、全球营销战略，除北美业务渐趋艰难外，其他地区的情况尚可，其拖拉机产量居西方行业前列；70年代继续向全球扩展，向发展中国家进军的业绩突出；在70年代中的多数年份实现盈利。但20多年的扩张积累了巨额债务。

万国公司为了遏制亏损，出售了亏损业务；在行业首次推介计算机化农场管理程序；公司结构重组为以市场为导向的事业部模式，但未能改善经营效率与产品研发积重难返的弊病；不成功的多元化使公司渐显衰败。

艾里斯查默斯公司在战胜60年代末的恶意收购后，热衷各类行业近20项资本运作。1969—1974年，该公司的利润率仅为0.6%～2.2%。

1976—1979年，因全球粮食短缺，美国农机市场形势转好，主要农机生产企业创历史最好业绩。1979年，迪尔公司、万国公司和凯斯公司的销售额分别达50亿美元、84亿美元和20亿美元，利润达3.1亿美元、3.7亿美元和1.31亿美元。

70年代后期，滞涨期看似结束，岂料更大的灾难又降临到农机企业头上。1980年1月，美国卡特总统宣布对苏联实行粮食禁运。尽管继任总统里根于1981年4月取消禁运，但历时一年多的粮食战使美国农场主粮食囤积，价格下降，众多农户破产。1980年，美国经济进入大萧条以来最严重的衰退期，而粮食制裁的政治因素对本已脆弱的农机行业更是雪上加霜，企业遭遇沉重打击，面临“生存还是死亡”的考验。

最令人扼腕和震惊的是，领航全球拖拉机行业半个世纪、庞大的万国“帝国”在20世纪80年代中期轰然倒塌！一些研究认为，1977年万国公司高薪外聘不具有行业经历的人员只是其破产的导火线，而主因是公司对生产规模的热情胜于清除经营效率低的痼疾，随着卖方市场消退，万国公司在多数多元化领域不能夺得竞争优势，反而弱化了主营业务，致使其在主体市场渐失份额。

行业中唯一参加美国研制原子弹的曼哈顿计划，制造能力雄厚、产品富于创新、经济指标居同行中上水平的艾里斯查默斯公司也在80年代中期解散。对其股权的恶意收购是厄运的开始，而新领导层热衷资本运作胜于关注制造业本身造成了悲剧。

美国经济衰退不仅影响农业机械市场，同样也影响建筑机械市场。倚重建筑机械的凯斯公司在20世纪80年代初产品销量下降，盈利大幅下滑直到亏损。但依靠母公司的财政支持，凯斯公司于1985年兼并了万国公司的农业装备业务。

此时，迪尔公司在跨国经营上，提出以受到发展中国家欢迎的非股权参与方式来获得利益，仍坚定推进技术与能力升级进程。由于熟悉市场、创新产品、低成本运营、善待员工，该公司虽然也遇到了麻烦，但比竞争对手的情况要好。

20世纪70年代，欧洲各国拖拉机企业因国情不同而有所差异。

苏联持续高产拖拉机。斯大林格勒拖拉机厂第200万台拖拉机下线，哈尔科夫拖拉机厂推出独特的T-150履带式拖拉机和T-150K铰接式轮式拖拉机，明斯克拖拉机厂推出销量最多的MT3-80/82系列轮式拖拉机，基洛夫拖拉机厂推出300马力大型轮式拖拉机，车里雅宾斯克拖拉机厂推出820马力巨型履带拖拉机。

西欧的英国、德国和法国等国家的拖拉机保有量大体饱和，发展趋缓，但形势没有北美严峻。因各国的内部洗牌已见分晓，主要企业仍在发展。麦赛福格森公司在英国市场一枝独秀，进入80年代后其母公司遭遇债务危机。大卫·布朗的汽车公司在1972年把拖拉机业务出售给美国凯斯公司。道依茨法尔公司推出系统拖拉机，力图另辟蹊径，依靠其母公司于1985年收购了美国艾里斯查默斯公司的农业装备部门。芬特公司坚持生产有特点的自走底盘和拖拉机，保持区域优势。进入 80 年代，这些西欧的拖拉机骨干企业处境也急剧恶化，面临挑战。

70 年代，南欧的意大利和北欧的芬兰的拖拉机保有量尚未饱和，拖拉机企业处境较好。菲亚特公司推出 80 系列和 90 系列拖拉机，进军欧洲和世界其他市场。1979 年，它与沃瑟泰尔公司合作推出大型四轮驱动拖拉机。赛迈公司发展为赛迈兰博基尼休里曼集团，成为意大利第二大拖拉机制造商。在芬兰和巴西发展的维美德公司，因瑞典沃尔沃公司退出拖拉机行业而称雄北欧。

经济滞涨促使美欧的信贷和技术向海外扩张，促进了发展中国家拖拉机产业的发展。中国在 20 世纪六七十年代自主开发了 10 ～ 120 马力农用轮式或履带拖拉机系列，在与国外交流几近中断 10 年后，从美国迪尔公司和卡特彼勒公司、意大利菲亚特公司和哥尔多尼公司、联邦德国道依茨法尔公司引进拖拉机技术。韩国在 70 年代广泛使用耕耘机，四轮拖拉机增多，到 80 年代末，82% 的农地已实现机械耕耘。印度开始迈出自主设计拖拉机的步伐，于 1974 年批量生产斯瓦拉杰拖拉机。伊朗在 60 年代末生产拖拉机，其最大企业伊朗拖拉机制造公司与麦赛福格森公司合作。

为突破滞涨影响，美欧拖拉机企业迫切需要寻求实现新增长的技术方向。在五六十年代对多种概念进行多次探索、成功与失败交织之后，前期证明成功的有些不得不放弃，前期遭遇挫折的已无财力投入。在市场呼唤更大功率的背景下，被发展方向困扰的拖拉机企业似乎找到了共识，一场加大功率的竞赛开始了。

20 世纪 70 年代是四轮驱动拖拉机的黄金时代。北美骨干拖拉机企业作为主力军，对 250hp 以上重型拖拉机的研发热情在 70 年代中后期再次燃起。1975 年，迪尔公司推出 275hp 铰接式拖拉机。1976 年，凯斯公司推出 300hp 整体机架拖拉机。1978 年，艾里斯查默斯公司推出 300hp 铰接式拖拉机。1978 年，麦赛福格森推出 320hp 铰接式拖拉机。1983 年，怀特公司推出 270hp 铰接式拖拉机。在北美企业的带动下，欧洲企业跟进。1975 年，苏联基洛夫拖拉机厂推出 300 马力铰接式拖拉机。1981 年，联邦德国芬特公司推出 252 马力整体机架拖拉机。1982 年，奥地利斯太尔公司推出 260 马力整体机架双向拖拉机。1983 年，联邦德国道依茨法尔公司推出 220 马力整体机架拖拉机。

在骨干企业向大功率拖拉机进军时，美欧一些中小型公司也热情高涨，如美国斯泰格尔公司、加拿大沃瑟泰尔公司、美国大巴德公司、联邦德国施吕特公司、澳大利亚厄普顿公司和巴西米勒公司等。在这场研制大功率拖拉机的竞赛中，一些灵活机动的中小型企业热情高涨。1974 年，美国伍兹与科普兰公司推出 600hp 拖拉机。1977 年，沃瑟泰尔公司推出 600hp 八轮驱动拖拉机，斯泰格尔公司推出 650hp 串联式拖拉机，大巴德公司推出 760hp 拖拉机。1983 年，苏联车里雅宾斯克拖拉机厂推出 820 马力履带拖拉机。这些巨型拖拉机的功率之高，在直到 20 世纪末的一百多年里是空前绝后的。

这一时期重要的技术进展还有滚翻防护结构和降低噪声。北欧的瑞典是最早系统地研究防翻安全并取得明显成效的国家，全球发达国家特别是欧洲各国迅速跟进。降低噪声取得重大进展，按美国内布拉斯加实验室检测，拖拉机驾驶室内的耳旁噪声从 1970 年的 89.5 ～ 99.5dB（A）降到 1986 年的平均 80.1dB（A）。

1970—1985 年，全球拖拉机行业的发展既受美国经济滞涨的影响，也和各国农业形势相关，北美和西欧的企业发展方向有些迷失，而苏联和亚洲的企业仍能够正常发展。在即将步入 20 世纪最后的十几年里，全球拖拉机行业进入了大动荡、大洗牌、大重组的大浪淘沙之中。

9.1 迪尔迈向社会化跨国公司

1969 年，因农业装备市场走低，迪尔公司销售持平，其海外业务扩展但没有产生利润。1970 年，迪尔公司重组管理结构，成立三个分部：美国与加拿大农业装备与商用产品分部、海外农业装备与商用产品分部及全球工业装备分部。

1971—1978 年，迪尔公司陆续推出 39 ～ 275hp 的 30 系列拖拉机，产品型号为 330 ～ 8630 型。39 ～ 89hp 机型在联邦德国曼海姆工厂生产，89 ～ 275hp 机型在美国滑铁卢工厂生产。迪尔公司的业务已遍及全球，但欧洲是重点。法国和德国的农田地块比美国小，农场主青睐体积小、灵活、省油且有力的拖拉机，迪尔公司便在曼海姆工厂生产自己设计的适应欧洲市场的机型。1971 年，迪尔公司推出 30 系列的第一种拖拉机——68hp 的 2030 型，安装约翰迪尔三缸内燃机、8 进 4 退啮合套换挡变速箱，可加装 Hi-Lo 动力换挡装置、闭心式液压系统，带有驾驶室（图 9-1）。

图 9-1　约翰迪尔 2030 型拖拉机

1972 年，迪尔农业装备的销售额超过 10 亿美元。1973 年，北美以外的农作物减产促进了美国的粮食出口，农业装备需求增加，迪尔公司的总销售额达 20 亿美元。1974 年，市场对迪尔农业装备的需求旺盛，但迪尔公司的生产能力出现短缺，公司开启了其历史上最大的扩能计划。1975—1981 年，迪尔公司投资 15 亿美元扩大和改善生产设施，并推出新的 40 系列拖拉机。

1976 年，迪尔公司在曼海姆工厂推出 40 系列的第一种拖拉机——37.5hp 的 840 型。到 1981 年陆续推出 44 ～ 275hp 整个 40 系列拖拉机，产品型号为 840 ～ 8640 型。37.5 ～ 100hp 机型在联邦德国曼海姆工厂生产，大于 100hp 的机型在美国滑铁卢工厂生产。其中最大的 8640 型铰接式四轮驱动拖拉机安装约翰迪尔六缸 275hp 柴油机、湿式主离合器、部分动力换挡 16 进 6 退传动系、闭心式液压系统，带有驾驶室（图 9-2）。迪尔 40 系列拖拉机在 20 世纪 70 年代的大部分时间里都是主流产品。

图 9-2　约翰迪尔 8640 型拖拉机

1977年，迪尔公司与日本洋马（Yanmar）株式会社签订协议，以约翰迪尔品牌出售其小型拖拉机。1978年，迪尔公司在日本洋马工厂生产50系列的第一种拖拉机——850型，安装洋马三缸25hp柴油机、8进2退变速箱、开心式液压系统，配双柱滚翻防护结构（ROPS）。

1979年，迪尔公司的雇员达65 392人，总销售额高达50亿美元，实现利润3.1亿美元，这3项指标均创公司历史纪录。1955—1982年，在威廉•休伊特领导下，迪尔公司的业务遍及全球，成为世界领先的农业装备生产商，也是建筑和林业装备以及草坪维护产品的主要生产商。

迪尔公司在完善跨国经营战略的同时，也将公司的家族化管理向社会化管理过渡。1975年，威廉•休伊特任命罗伯特•汉森（Robert Hanson）为迪尔公司执行副总裁。1978年，罗伯特•汉森出任迪尔公司第一位非家族总裁。1982年，威廉•休伊特退休，罗伯特•汉森在股东大会上被选举为迪尔公司董事长兼首席执行官。

由于发展中国家保护民族工业，迪尔公司在这些国家的经营受阻。如在阿根廷，迪尔公司的全部股份被迫撤出。1980年，罗伯特•汉森提出迪尔公司在发展中国家跨国经营的新方式：非股权参与（我国称其为合作经营）。即迪尔公司可向阿根廷提供资金、设备及技术，并愿意帮合作企业培养技术与管理人员，以此避免争夺企业控制权的矛盾。这一策略更加灵活，迪尔公司可利用其在资金、技术、供货和销售渠道的优势，通过非股权方式获得利益。新方案不仅被阿根廷接受，其他发展中国家（包括中国）也比较认可，这为迪尔公司跨国经营铺平了道路。

20世纪80年代，迪尔公司面临着来自西欧和日本的挑战。迪尔公司在80年代推介了至少38款新拖拉机。1978—1988年，迪尔公司陆续推出17～370hp整个50系列拖拉机，产品型号为650～8850型。17～36hp机型在日本洋马工厂生产，43～114hp机型在联邦德国曼海姆工厂生产，125hp的3550型在阿根廷的工厂生产，130～370hp机型在美国滑铁卢工厂生产。1981年秋，迪尔公司370hp的8850型铰接式四轮驱动拖拉机（图9-3）上市。它安装迪尔V型八缸增压中冷柴油机、16进6退Quad-Range部分动力换挡变速箱、闭心式液压系统。更大功率的四轮驱动拖拉机做了规划但未生产。

图 9-3　约翰迪尔 8850 型拖拉机

20 世纪 70 年代美国经济因滞涨而衰退，削弱了农民和建筑商的购买力，在大部分时间内，迪尔公司经营艰难，但公司仍坚定推进技术与能力升级进程，以应对更加严峻的形势。1981 年，升级的滑铁卢工厂投入使用，并赢得美国制造业中使用计算机卓越奖。1982 年，计算机辅助设计软件（AutoCAD）刚问世便在滑铁卢工厂应用。在滑铁卢自动化工厂里，生产中采用了计算机辅助制造（CAM）。繁重工作如喷漆、焊接等，均由机器人承担。短短几年，计算机辅助设计和辅助制造改进了迪尔公司的生产和劳动条件，提高了产品质量，降低了劳动成本。但自动化工厂的出现，使得工人和机器争岗位，这是一个现代企业必将面临的两难处境。

这一时期，迪尔公司的跨国经营除在联邦德国、日本、阿根廷等国取得进展外，1972 年，迪尔公司和意大利菲亚特集团就迪尔海外业务进行合资谈判。早在 1970 年被迪尔公司控股的澳大利亚张伯伦工业公司，80 年代成为迪尔公司的全资子公司。

在 20 世纪七八十年代的初期和中期，迪尔公司同样遭遇到市场低迷的困境，但由于它熟悉市场，不断创新产品，保持低成本运营，并且善待员工，因此其运营基本成功。

9.2　凯特森治理下的凯斯十年

1967 年，美国田纳科公司收购克恩县地产公司，从而控股凯斯公司，双方同意公司未来将发展建筑装备。当时正值美国农机市场下行，田纳科公司对凯斯公司的控股进一步推动了凯斯公司向工业拖拉机转型（参见第 7 章“田纳科收购财政困难的凯斯”一节）。到 20 世纪 60 年代末，凯斯公司实质上已不再关注全系列拖拉机，而是主要关注大拖拉机市场。

1967年，原凯斯公司的副总裁詹姆斯·凯特森（James Ketelsen）（图9-4）接替克恩县地产公司派驻的安德森，担任凯斯公司总裁。詹姆斯·凯特森于1952年毕业于美国西北大学商学院，后加入美国海军，并参加了朝鲜战争。战后，他是普华事务所（Price Waterhouse）芝加哥办公室的注册会计师，他在那里开始处理凯斯公司的账簿，并于1959年加入该公司，后成为凯斯财务副总裁和总裁。任凯斯公司总裁10年后，詹姆斯·凯特森成为母公司田纳科公司的总裁，他在凯斯公司和田纳科公司工作的30多年里，对凯斯公司这一段曲折的发展历程产生了关键影响。

图9-4 詹姆斯·凯特森

1968年，詹姆斯·凯特森一上任就重组凯斯公司，建立了农业机械、建筑机械和部件分部。为改善60年代初凯斯公司岌岌可危的财务状况，他带领管理团队实施“通过偿付能力引导凯斯”计划，以免公司陷入债务困境。

1968年，田纳科公司收购了威斯康星州德洛特（Drott）制造公司。德洛特公司生产液压挖掘机和起重机，多年来是凯斯装载机反铲装置的供应商。同年，田纳科公司也买下堪萨斯州戴维斯（Davis）制造公司，戴维斯制造公司生产履带和轮胎挖沟机、铺管设备、钻孔设备和自卸拖车。田纳科公司把两者交给凯斯公司，并允许凯斯公司扩展两个产品系列：集材机和滑移转向装载机。

1969年，凯斯公司推出牵引王系列拖拉机，带全密封驾驶室。首先是161hp的1470型四轮驱动拖拉机，1976年又发展了193hp的2470型、243hp的2670型和300hp的2870型，从而吹响凯斯公司在70年代继续向大功率拖拉机进军的号角。2870型拖拉机（图9-5），安装瑞典六缸柴油机，采用部分动力换挡12进4退传动系、四轮驱动动力转向、干式盘式制动、开式液压系统。

图 9-5　凯斯 2870 型拖拉机

1969 年，凯斯公司的净销售额增长 20%，达到 4.3 亿美元。凯斯的老亚伯鹰商标被新的更接近时代的标识取代，以反映公司的成长。

1970 年，田纳科公司买下凯斯公司的剩余股份，使凯斯公司成为其全资子公司。凯斯公司发展四缸和六缸直喷柴油机系族，用于建筑、林业和农业装备。1971 年，凯斯公司在巴西圣保罗建立了一家建筑装备生产厂。1971 年，凯斯公司替换了全部建筑装备系列产品，推出了比竞争者更多的新机械。1972 年，田纳科公司得到回报，凯斯公司在田纳科公司所有的子公司中收益领先。

除牵引王 70 系列拖拉机外，1970—1976 年，凯斯公司还推出 43 ～ 200hp 的行列作物 70 系列拖拉机。但是，从 60 年代末起，凯斯公司实质上主要关注大拖拉机市场，其中被称为农业王的 135hp 的 1170 型、158hp 的 1370 型和 200hp 的 1570 型是主打机型。1570 型拖拉机（图 9-6）安装凯斯六缸柴油机，采用部分动力换挡 12 进 3 退传动系、动力转向、湿式盘式制动。

图 9-6　凯斯 1570 型拖拉机

在詹姆斯·凯特森领导下，凯斯公司呈现出繁荣的景象，提升了公司在农业机械和建筑装备方面的地位。1970年，凯斯公司收购了联邦德国振动压路机生产商伟博麦士（Vibromax）公司。1972年，凯斯公司收购了英国大卫布朗公司。该公司在英国有众多分销系统，凯斯公司把其小型拖拉机的生产向大卫布朗公司集中。

1972年，詹姆斯·凯特森调往母公司田纳科公司任财务副总裁，保证了母公司对凯斯公司的财政支持，凯斯公司总裁由托马斯·盖德尔（Thomas Guendel）接任。盖德尔也曾在美国海军服役，此前任美国西屋空气制动器公司的国际业务副总裁。

1973年，凯斯公司完成了威奇托、沃索以及拉辛拖拉机和变速箱工厂的扩建计划。1974年，凯斯公司农业装备的颜色从1954年起使用的火把红与沙漠色改为强力红和白色，包括大卫布朗品牌。1974年，凯斯公司的销售额为10.9亿美元，利润为1.027亿美元。1976年，凯斯公司的销售额为13.5亿美元，利润为1.044亿美元，创公司新的纪录。

由于凯斯公司的挖掘机因贸易限制不能在欧洲销售，因此，凯斯公司于1977年购买了世界上最大的液压挖掘机制造商法国波克兰（Poclain）公司。波克兰公司在英国、联邦德国、西班牙和比利时的营销子公司，以及在巴西的制造工厂均被购买。1977年，凯斯公司在巴西索罗卡巴开设新工厂，生产反铲装载机、大型农用拖拉机和其他施工设备。1978年，凯斯公司与美国陆军、空军签订了5 500万美元的合同，重新进入军事装备市场。

凯斯公司在詹姆斯·凯特森的领导下，1967—1978年发展迅速。1979年，凯斯公司的销售额首次突破20亿美元，占田纳科公司总收入的20%和税前利润的10%。1978年，在海外销售方面，凯斯公司成为美国增长最快的主要建筑设备和农业设备制造商。到70年代末，凯斯公司80%的生产在国内，45%的销售在海外。

对于从20世纪50年代起便一路坎坷的凯斯公司，这十年的显著增长是难得的。这可能首先要归功于建筑机械市场未像农机市场那样衰退，特别是凯斯公司独特的前装后挖中小型市政施工机械具有市场优势。其次，凯斯公司在国外市场的销售取得良好进展。此外，田纳科公司的财政支持也是重要因素。它除了出资收购企业并交由凯斯公司管理外，从1969年到1970年中期，还给凯斯公司贷款6 000万美元。

9.3 万国公司并入步履艰难的凯斯

1977 年，46 岁的詹姆斯・凯特森由于对凯斯公司十年的成功治理，成为凯斯公司母公司田纳科公司的总裁。1978 年，他成为田纳科公司的董事长兼首席执行官。1978 年，凯斯公司总裁托马斯・盖德尔转任凯斯公司董事长。1979 年，杰罗姆・格林（Jerome Green）接任凯斯公司总裁。但是，过去十年的美好时光已难以延续，凯斯公司再次陷入步履坎坷的境地。

20 世纪 70 年代末期，北美农机市场好转。1979 年，拖拉机销量大增，凯斯公司的总收入超过 20 亿美元，盈利 1.31 亿美元。

1979 年，凯斯公司首先批量生产 90 系列拖拉机中 120 ～ 300hp 的 2090 ～ 4890 型，在美国威斯康星州的拉辛生产。1980 年，再投放 47 ～ 100hp 的 1190 ～ 1690 型，在英国哈德斯菲尔德的梅尔姆米尔斯生产。其中 1290 型、1390 型、1490 型和 1690 型还以凯斯和大卫布朗双品牌分别在美国和欧洲销售。其中最大的 4890 型拖拉机（图 9-7）有独特的动力转向机构，有 4 种转向方式：前轮转向、后轮转向、四轮协调转向和蟹行转向。

图 9-7　凯斯 4890 型拖拉机

在 20 世纪 80 年代初，凯斯公司拥有 28 000 名员工。经济衰退不仅破坏农机市场，同样打击建筑装备市场，凯斯公司的产品销量下降 20%。1980 年，凯斯公司收入继续增长，但盈利下滑到 6 500 万美元，对田纳科公司利润的贡献从 1979 年的 10% 降为 4%。雪上加霜的是，1980 年年初，美国对苏联粮食禁运，行业情况继续恶化。

凯斯公司采取严厉的措施应对形势。1980 年，凯斯公司为了控制成本，解雇了3 000多名工人，占员工总数的11%。田纳科公司的管理层预计1981年经济将温和复苏，但没有出现。1981年，凯斯公司关闭了6个州的工厂，影响到8 500名工人。1982年，又有4 400名工人被解雇，在巴西、英国和澳大利亚的海外工厂被关闭或合并。随着凯斯公司问题的增多，其行政、营销和制造职能被削减和重组。

1981年，凯斯公司和康明斯公司合资组成柴油机公司，在北卡罗来纳州生产50～250hp节能柴油机。1983—1984年，凯斯公司投放了94系列49～400hp拖拉机，型号为1194～4994型，在英国和美国生产。其中功率最大的4994型拖拉机（图9-8），安装了瑞典涡轮增压V-8柴油机，采用电子操纵全动力换挡12进2退传动系、四轮驱动蟹行动力转向、液压双钳盘式制动、闭式液压系统，共生产了224台。这一重型拖拉机是凯斯公司70多年来在农机产品上使用“J.I. Case”品牌的最后产品，此后其产品开始使用“凯斯万国”品牌。

图9-8 凯斯4994型拖拉机

20世纪80年代，美国进入严重的经济衰退。虽然建筑装备的海外销售依然强劲，但不能平衡衰退的创伤。1981年，凯斯公司的销售额下降20%，1982年下降17%，1983年继续下降。1983年，大卫布朗拖拉机改名为凯斯拖拉机，并被整合到农业装备集团。同年，凯斯公司将其园地拖拉机卖给新成立的联邦德国英格索尔（Ingersoll）装备公司。1983年，凯斯公司亏损6 800万美元。1984年，凯斯公司重组。为了降低运营成本和提高生产率，撤销分部制，恢复功能制组织结构，以便在制造、营销和技术方面进行更统一的全球运营。

1984年，农业装备和建筑装备都面临危机，凯斯公司亏损1.05亿美元。当时，仅仅万国公司的法毛工厂就能满足美国全年100hp以上拖拉机80%的需求。况且，迪尔公司、凯斯公司、麦赛福格森公司、艾里斯查默斯公司、福特公司和纽荷兰公司也生产这一功率段的拖拉机。万国公司董事长唐纳德·伦诺克斯（Donald Lennox）预言："一定会有些企业合并或者死亡。"此时，已任田纳科公司董事长的詹姆斯·凯特森决心拯救凯斯公司。80年代初，田纳科公司的财务状况良好，1983年盈利7.16亿美元，其中70%以上来自石油和天然气，田纳科公司继续依靠能源业务为其多样化发展提供资金。在80年代和90年代初，詹姆斯·凯特森的大部分精力都投入到一系列备受争议的拯救凯斯公司的尝试之中。

比凯斯公司更依赖农业装备销售的万国公司的处境更糟，它深陷亏损，在三次重组债务并勉强避免破产后，该公司被广泛认为是收购、合资或破产的主要候选对象。詹姆斯·凯特森力主收购万国公司，令许多期待田纳科公司退出农业装备的经济分析师和一些股东感到惊讶。詹姆斯·凯特森一方面指出凯斯公司不宜放弃拖拉机业务，因为法律要求停产后也需提供10年零部件和服务，退出将使成本高企；同时，凯斯公司还有数亿美元未售出产品在经销商手中，加上融资销售中还捆绑了10亿多美元贷款，如果退出将损失90%。另一方面，他阐述收购万国公司的理由：万国公司拥有全套农业装备和比凯斯公司大得多的经销商网络，兼并万国公司即可重返联合收割机领域，也能强化拖拉机和农机具业务。詹姆斯·凯特森认为：收购万国公司可实现小增量成本的未来盈利，以便使凯斯公司在农业装备市场复苏时相对迪尔公司处于有利的竞争位置。

最后，田纳科公司于1984年年末收购了万国公司的农业装备业务，为万国公司在北美和英国的农业装备业务提供4.3亿美元。由于没有其他可行选择，万国公司很快便同意了。1985年，田纳科公司将万国公司农业设备部门的主要资产并入凯斯公司，使凯斯公司成为全球第二大农业装备制造商，并从此诞生了农业机械著名的凯斯万国（Case IH）品牌。

9.4 滞涨阴影下的麦赛福格森

在20世纪60年代持续发展和不断扩张的麦赛福格森公司，于1969年农机市场下行时出现亏损，1970年，该公司亏损了1 970万美元，裁员2 450人。这一跨国企业的总部在美国佐治亚州德卢斯，英国总部在考文垂，其主要工厂在英国、加拿大和美国，实施全球制造、全球营销。70年代，麦赛福格森公司由加拿大人、报业大亨康拉德·布莱克（Conrad Black）控股，公司的业绩随美国农机市场的起伏而波动。由于该公司是行业最早在全球布局的先行者，因此相对缓和了美国经济滞涨对企业造成的影响。1971—1977 年，该公司均有盈利。

1970 年，MF135 型拖拉机继续成为麦赛福格森公司最畅销的拖拉机，自 1965 年开始，该机型已生产了 35 万多台（图 9-9）。此后直到 1976 年，公司继续扩大 100 系列。1971 年，公司的收入大幅下滑。1972 年，因农机市场有所好转，该公司把 MF1200 型铰接式四轮驱动拖拉机引进英国，把有空调驾驶室的新系列拖拉机在北美展出，把 MF50B 型前装后挖工业拖拉机向全球推介并很快畅销。

图 9-9　MF135 型拖拉机

70 年代，麦赛福格森公司业务继续向全球扩展。1973 年，公司收购联邦德国埃歇尔公司，授权巴基斯坦的企业生产麦赛福格森拖拉机。1974 年，公司许可波兰乌尔苏斯生产麦赛福格森拖拉机，收购联邦德国汉诺玛格公司的建筑机械部门。1974 年上半年，公司在北美的收入继续下降，但在阿根廷、英国、澳大利亚和南非的收入有所上升。1975 年，公司收购怀特汽车公司俄亥俄州坎顿工厂，生产帕金斯柴油机。1976 年，公司授权伊朗拖拉机制造公司使用麦赛福格森技术生产拖拉机。

1976 年，麦赛福格森公司已有 45 ～ 180hp 的拖拉机供用户选择。这一年，英国考文垂工厂创下年产 9 万台拖拉机的纪录。1977 年，公司的员工数量达 67 151 人，在过去的 10 年里增加了 22 000 多人。这一年，公司远东市场的销售额增长 50%，第 2 万台 MF 拖拉机销往日本。同年，公司在中东销售 2 100 台拖拉机。1974—1977 年，公司推出 47 ～ 89hp 的 500 系列拖拉机（图 9-10）。该系列有标准或安全驾驶室，采用液压助力转向，可选装动力换挡高低挡。

图 9-10　MF595 型拖拉机

1978 年，麦赛福格森公司继续扩展，在利比亚建拖拉机装配厂，与苏丹政府合作建厂，帕金斯发动机开始装配在波兰乌尔苏斯拖拉机厂生产的拖拉机，并且该公司在南非拖拉机市场重获领导地位。

20 世纪六七十年代是麦赛福格森公司最好的发展时期。它拥有最畅销的拖拉机，在西方拖拉机企业向发展中国家进军中，它的业绩最好，其拖拉机产量可能位列行业首位。公司在英国的员工数量最多，在法国、意大利、加拿大、美国、澳大利亚和南非都有分支机构。公司的股票也越来越多地由非加拿大人特别是美国人拥有。农业机械业务的发展为公司带来不断增长的利润，并于 1976 年达到顶峰。

但是，麦赛福格森公司在 20 世纪六七十年代一路扩张积累的巨额债务渐渐呈现危机，到 1978 年爆发。截至 1978 年 10 月底，公司的年度亏损是 2.57 亿美元，与上一财年的净利润为 3 270 万美元对比鲜明。1978 年正值公司董事长和总裁更迭，原公司副总裁维克托·赖斯（Victor Rice）任总裁。维克托·赖斯 1941 年在英国出生，16 岁退学后开始在康明斯英国公司工作，后在帕金斯发动机公司担任主审计、销售总监和副总经理。他于 1975 年搬到多伦多，担任麦赛福格森公司的主审计。

对于麦赛福格森公司来说，20 世纪 80 年代是充满挑战的年代。特别是它在北美的分部，因农业受到经济环境和政治因素双重打击，处境严峻。此时，公司的市场已覆盖 190 个国家。1980 年 7 月底，因市场萧条，该公司在北美的所有工厂停产 3 个月，涉及 5 000 名员工。总裁维克托·赖斯被任命为董事长兼首席执行官，掌管被华尔街日报称为“加拿大最严重的企业金融灾难之一”的麦赛福格森公司。他上任后的第一项工作是寻求来自全球银行家及英国和加拿大政府的金融援助。随后他实施裁员，削减成本。9 月，公司的股票交易暂停，其北美总部移到美国艾奥瓦州得梅因。报业大亨康拉德 • 布莱克将其股份捐给雇员养老金计划，加拿大政府为其提供了 2.5 亿美元的政府救助。至 10 月 31 日，公司的年度亏损额为 2.252 亿美元，总债务为 26.5 亿美元。

1981 年，麦赛福格森公司位于美国得梅因的四轮驱动拖拉机工厂关闭，四轮驱动拖拉机转到底特律拖拉机厂和加拿大布兰特福德工厂生产。11 月底特律拖拉机厂的生产暂停，该厂的 700 名员工空转，1982 年该厂的生产转移到布兰特福德工厂。布兰特福德工厂于 1983 年关闭，麦赛福格森拖拉机在北美的生产结束。英国考文垂拖拉机厂和珀金斯发动机厂也大量裁员。早在 1978 年，加拿大布兰特福德工厂就开始生产花了 7 年时间研制并大力营销的 225 ～ 375hp 的 4000 系列四轮驱动拖拉机（图 9-11）。它们在田间运行 20 多年后，有的仍在耕地。

图 9-11　麦赛福格森 4000 系列拖拉机

1982 年，麦赛福格森公司推出 23 种以上新的或改进的产品，使其在北美、加拿大和英国的市场份额有所上升。英国考文垂工厂生产了第 250 万台拖拉机，创欧洲拖拉机工厂产量的最高纪录，当年该厂的产量几乎占英国拖拉机总产量的一半。同年，公司在沙特阿拉伯成立合资公司，装配 MF 200 系列拖拉机。公司到 1982 年 10 月底的年度亏损为 4.132 亿美元，董事长认为次年公司可能破产。

1983 年，麦赛福格森公司的情况有所好转，它从维克斯公司（Vickers PLC）收购了罗尔罗伊斯（Roll-Royce）柴油机部门，并将其与麦赛福格森珀金斯发动机部门合并。1984 年，公司纪念哈里 • 福格森 100 周年诞辰。经历多年下滑后，整个行业的农机销量有所提高。工业机械的销售情况也有所改善，公司扭亏转盈。12 月，有关公司与艾里斯查默斯公司合并的传言浮出水面。1984 年，公司自 1979 年以来首次实现盈利。

麦赛福格森公司董事长维克托 • 赖斯在 1981—1986 年将公司三次重组，以避免公司倒闭。1986 年，麦赛福格森公司更名为瓦里蒂公司（Varity Corporation），产品品牌仍为麦赛福格森。维克托 • 赖斯启用的这一新名称源自近百年前的英国人威廉 • 瓦里蒂（William Verity），1892 年，他的制犁公司被麦赛福格森公司的前身麦赛哈里斯公司收购。维克托 • 赖斯打算下一步将公司产品向利润率比农机高的柴油机和汽车零部件倾斜。

9.5 持续高产的苏联拖拉机

在美国处于经济滞涨氛围时，在计划经济体制下的苏联的拖拉机年产量仍保持高位。苏联拖拉机的年产量从 1975 年的 55.04 万台增长到 1985 年的 67.15 万台，拖拉机平均功率从 56 马力提高到 80 马力。其中农用拖拉机 1985 年的在用量达 282.90 万台，是苏联历史上的最高峰。至今，原属于苏联的各国拖拉机在用量总和也未超过此数。

苏联在提高拖拉机平均功率的同时，也发展大功率拖拉机。苏联此时的大功率轮式拖拉机均采用铰接式独立型四轮驱动结构，如哈尔科夫拖拉机厂的 T-150К 型及基洛夫拖拉机厂的 К-701 型等少数型号，但每种型号的产量很大，变型较多，供应苏联本国和用于出口。

1972 年，哈尔科夫拖拉机厂推出 150 马力独特的 Т-150 型履带式拖拉机和 165 马力的 Т-150К 型铰接式轮式拖拉机，两者统一设计，高度通用，还有木材运输、工业拖拉机，带农用装载和挖掘装置的专用拖拉机等变型。拖拉机采用增压柴油机，在苏联拖拉机上首次采用部分动力换挡传动系。1973 年，该拖拉机在美国内布拉斯加检测。20 世纪 70 年代，哈尔科夫拖拉机厂在不停产的情况下，完成从 T-74 型换产到 Т-150 系列（图 9-12）的工厂改造。

图 9-12　T-150 型和 T-150K 型拖拉机

列宁格勒基洛夫拖拉机厂早在 1962 年就生产了第一台 220 马力基洛夫 K-700 型轮式拖拉机，到 1975 年 3 月生产了 10 万台。1975 年，该厂生产的 300 马力 K-701 型拖拉机（图 9-13）采用部分动力换挡变速箱、气动蹄式制动、铰接式动力转向和开心式液压系统。到 1985 年，该厂累计生产 30 万台拖拉机，1987 年基洛夫拖拉机厂创纪录地年产拖拉机 23 003 台。

图 9-13　K-701 型拖拉机

车里雅宾斯克拖拉机厂于 1970 年进行了工厂改造，以增强其履带拖拉机的生产能力。1983 年，该厂推出当时世界上第一台 T-800 型巨型履带拖拉机（图 9-14），1988 年 T-800 型拖拉机被列入吉尼斯世界纪录。该机型采用 820 马力的 6ДМ-21T 型柴油机、4 进 2 退液力机械式传动系；弹性悬架行走系，最高前进速度或倒退速度分别为 14km/h 或 17km/h；分置式液压系统，配有密封、隔声、带空调的驾驶室；可装岩石用组合式履带或壤土用宽履带，配备推土装置的拖拉机总质量为 103t。T-800 型拖拉机共生产了 10 台，前后配置推土机与松土机组，用于采矿业覆盖层剥离开采，或在道路与施工中非爆破开采重冰冻岩石。1984 年 11 月，车里雅宾斯克拖拉机厂第 100 万辆拖拉机下线。

图 9-14　T-800 型履带推土机

1974 年，明斯克拖拉机厂推出 MT3-80 型轮式拖拉机，并有四轮驱动 MT3-82、低地隙、水稻种植及棉花种植等变型。这些可能是 MT3 销量最多的机型。1972 年 11 月，第 100 万台 MT3 型拖拉机下线。该厂于 1978 年开始发展小型拖拉机，包括 5 ～ 12 马力的 MT3 05 ～ 12 型手扶拖拉机和 12hp 的 MT3 082 型四轮拖拉机。1984 年，该厂生产 100 马力的 MT3-102 型拖拉机。1985 年，该厂生产 150 马力的 MT3-142 型拖拉机。1984 年 3 月，该厂第 200 万台拖拉机下线。

1970 年 1 月，斯大林格勒拖拉机厂生产了第 100 万台拖拉机，被授予列宁勋章。1978 年，该厂生产 100 马力的 ДT-75C 型拖拉机并重建工厂。1983 年 2 月，该厂第 200 万台拖拉机下线。

1970 年起，阿尔泰拖拉机厂生产更强大的 130 马力的 T-4A 型拖拉机，并在此基础上设计制造了用于建筑和道路工程的工业用 T-4AP2 型拖拉机。1971 年，该厂又推出 TT-4 型集材拖拉机，后发展为 TT-4M 型集材拖拉机。

这一时期，虽然苏联的拖拉机持续高产，苏联在大功率拖拉机和某些先进技术上努力追赶世界潮流，但量大面广的常用拖拉机技术与西方国家的差距在拉大。尽管苏联也做了提高技术水平的样机研制，但很多样机未正式生产。和大萧条后的 20 世纪 30 年代或二战后的五六十年代相比，苏联在这一时期对西方先进产品、制造、管理技术的分析、交流、引进似乎有所削弱。随着 1990 年苏联解体，其拖拉机产量断崖式下跌，苏联拖拉机产业风光不再，进入困难时期。

9.6 道依茨法尔品牌诞生

在德国巴伐利亚多瑙河上游之畔，有座叫劳因根的美丽小镇，这是法尔拖拉机的诞生地和今天道依茨法尔拖拉机的生产基地。

法尔（Fahr）公司由约翰·法尔（Johann Fahr）在19世纪后半叶创立。最初，它主要是制造割稻草机、绞盘和磨谷机。它最重要的产品之一是1911年制造的自走式割捆机。1938年，它制造了第一台拖拉机——法尔F22型，装有22马力道依茨双缸柴油机（图9-15）。随后，公司在1940年生产了第一种自行设计的T22型法尔柴油拖拉机，1942年生产了HG25型法尔木燃气拖拉机。第二次世界大战后，该公司扩展产品范围，其产品包括11～65马力的数十种型号拖拉机，以及干草联合收割机、打捆机、饲料切碎机、自装拖车和施肥与耕作等农业机具。

图9-15 法尔F22型拖拉机

1961年，生产道依茨拖拉机的联邦德国克勒克纳洪堡道依茨公司（KHD）收购了法尔公司25%的股份。1968年，KHD控股法尔公司，在科隆创立道依茨法尔（Deutz-Fahr）公司，开始采用道依茨法尔品牌。1970年，道依茨法尔公司收购同在劳因根的割草机、打捆机和联合收割机制造商柯德与伯姆（Koedel und Boehm）公司。

尽管如此，道依茨法尔公司的核心业务仍是拖拉机。1972年，在德国农业机械展览会上，道依茨法尔展出60～116马力的Intrac 2000系列拖拉机（图9-16），被称为系统拖拉机，它不寻常的复式作业设计概念引起行业关注。该系列拖拉机的驾驶室前置，有3个农具安装区域；有前置悬挂和动力输出轴（PTO），允许前后同时使用机具；能自动一步挂接农具，无须驾驶员离开驾驶室；在驾驶室后面的区域有装载种子、肥料等的空间；2002～2004型安装机械传动系，2005型安装静液压传动系；采用道依茨或道依茨法尔品牌销售。

图 9-16　Intrac 2003 型拖拉机

尽管 Intrac 2000 系列在农业、民用和工业应用中非常有效，但新机械的价格太高，并且当年它进入市场时，市场已开始萧条，特别是静液压驱动最后被弃用。之后，设计师们试图调整视角，把传统机械结构移植到这些机型上。他们着手与戴姆勒奔驰公司合资并准备开发新一代机械，以发展 Intrac 系列的结构，但在 20 世纪 90 年代初不得不放弃这一项目。

1978 年，道依茨法尔公司推出 80 ～ 150 马力的 DX 系列拖拉机，它是公司设计的全新一代产品。该系列拖拉机安装道依茨柴油机、带压力润滑 15 进 5 退全同步换挡传动系，有四轮驱动变型，首次推介弹性悬挂驾驶室和带计算机的仪表台，大大改善了驾驶舒适性。其中，DX140 型（图 9-17）和 160 型采用带两挡动力换挡的 24 进 8 退 Triple Range 传动系。以后几年，DX 系列扩展型号，并延伸到 80 马力以下。

图 9-17　道依茨法尔 DX140 型拖拉机

1980—1982年，道依茨法尔公司还开始生产29～75马力的07系列轻型拖拉机，从2807型到7807型，取代原受欢迎的道依茨06系列。到1981年，上述产品使用道依茨或道依茨法尔品牌销售。从1981年起，公司全部产品均使用道依茨法尔这一联合品牌。

1985年，KHD乘其美国竞争者艾里斯查默斯公司解体之机，收购了它的农业装备部门，并交由道依茨法尔公司管理，在威斯康星州密尔沃基建立道依茨艾里斯（Deutz-Allis）公司，这家企业后来成为道依茨法尔公司的财务灾难。道依茨艾里斯公司在1990年被卖给了新组成的艾里斯格林纳尔（Allis-Gleaner）公司，即后来的爱科（AGCO）公司（详见第10章“从道依茨艾里斯到爱科”一节）。

退到德国故土后，道依茨法尔公司再也未能恢复元气。尽管它在产品创新上仍有亮点，如1990年投放的88～143马力的AgroStar系列拖拉机，配有当时著名的舒适静音驾驶室。1993年，AgroStar系列又扩展到230马力，安装电子动力换挡传动系（图9-18）。1994年，道依茨法尔公司亏损3亿德国马克；1995年，它被卖给意大利赛迈公司，组成了今天的赛迈道依茨法尔集团，道依茨法尔品牌继续使用。

图9-18　道依茨法尔6.81AgroStar拖拉机

9.7　菲亚特拖拉机走向世界

20世纪70年代初，菲亚特公司将瞄准欧洲市场的50系列拖拉机延伸到最大型号150马力的1300S型（图9-19），并且开始推出瞄准世界市场的80系列拖拉机。10年后，菲亚特拖拉机以80系列成为欧洲的领先者。

图 9-19　菲亚特 1300S 型拖拉机

1973—1979 年，菲亚特公司陆续推出 48 ～ 180 马力的 80 系列拖拉机，包括 480 ～ 1880 型，被称为金色丝带系列。对于 58 马力以上的机型，重新设计了造型和标志色，各有两轮驱动机型和加后缀 DT 的四轮驱动机型（图 9-20）；可选装不同挡数的机械变速箱，可附加机械式爬行器或逆行器、啮合套或同步器换挡；采用湿式盘式制动器，前轮动力转向；大地板下有橡胶减振器和机体连接，可选装 4 柱式 ROPS 或带空调驾驶室。80 系列拖拉机（含驾驶室）崭新的漆色和风格造型由意大利宾尼法利纳（Pininfarina）公司设计，该公司因设计法拉利和兰博基尼多款跑车造型而闻名于世。这种风格一直延续到 80 年代更有影响的菲亚特 66 系列和 90 系列拖拉机面世为止。1976 年，菲亚特拖拉机年产量超过 8.6 万台，出口量不少于 5 万台，而 1955 年出口量仅为 15 488 台。1977 年，菲亚特公司累计生产拖拉机 120 多万台。80 系列拖拉机是菲亚特公司参加 1978 年我国举办的十二国农业机械展览会的主打机型。

1971 年，为走向世界，菲亚特公司与迪尔公司商谈合作，迪尔公司也希望借此进入欧洲以及南美的阿根廷市场。谈判初期双方非常积极，甚至进展到商谈合作细节，如包含双方名字的合资公司标识。但是，到了准备发表有关合作的新闻稿时，双方总裁礼貌地以握手结束了合作。实际上，谈判的同时菲亚特公司和迪尔公司都在开拓自己的路。

图 9-20　菲亚特 1880DT 型拖拉机

随着经济的发展，一些农机也开始在建筑行业使用。用于犁耕的 70C ～ 100C 型履带拖拉机，结构作一些变化后成为 AD 系列履带式装载机。1974 年，菲亚特土方机械公司和美国艾里斯查默斯公司的建筑机械业务合资，组成菲亚特艾里斯（Fiat-Allis）公司，在巴西、美国、意大利和英国生产轮式反铲装载机、挖掘机、平地机和推土机。同年，菲亚特公司拖拉机分部组成菲亚特拖拉机（Fiat Trattori）公司。

20 世纪 70 年代后半期，菲亚特公司继续扩张，通过兼并把单纯的拖拉机业务扩展到整个农业机械，把市场覆盖面扩展到全球。

1975 年，菲亚特拖拉机公司收购了由彼得罗 • 拉维达（Pietro Laverda）于 1873 年创立的意大利联合收割机生产商拉维达（Laverda）公司 20% 的股份，跨出迈向联合收割机市场的重要一步。1981 年，菲亚特公司接管拉维达公司，开始生产“Fiat Trattori”品牌联合收割机。

1977 年，为扩大北美市场，菲亚特公司收购了美国干草和牧草机械制造商赫斯顿（Hesston）公司 50.2% 的股份。从此，菲亚特拖拉机在北美冠以赫斯顿品牌分销。作为回报，赫斯顿粉碎、压实和割草机械在欧洲也以菲亚特品牌销售。同年，菲亚特公司买下意大利中小型拖拉机专业制造商阿格利福尔（Agrifull）公司，菲亚特拖拉机也以阿格利福尔品牌销售（图 9-21）。1978 年，菲亚特公司为法国汽车制造商西姆卡（Simca）公司生产拖拉机，并以菲亚特索美卡（Fiat-Someca）品牌主要在法国市场销售。为避免与雷诺拖拉机竞争，菲亚特公司多生产功率较大的机型，还有联合收割机。

图 9-21　Agrifull 品牌的菲亚特拖拉机

为追求更大功率以及希望在北美市场站稳脚跟，菲亚特公司于 1979—1983 年与加拿大大型拖拉机制造商沃瑟泰尔（Versatile）公司合作，共同销售菲亚特生产的 230 ～ 350 马力菲亚特沃瑟泰尔（Fiat-Versatile）44 系列铰接式四轮驱动拖拉机。包括 44-23 型～ 44-35 型（图 9-22），以菲亚特品牌在欧洲销售，以沃瑟泰尔品牌在美国、墨西哥和澳大利亚销售。70 年代末和 80 年代初，菲亚特公司把在阿根廷生产的一些低成本机型（700E ～ 1100E DT 型）进口到意大利，以菲亚特协和（Fiat Concorde）品牌销售。

图 9-22　菲亚特 44-23 型拖拉机

1982 年，菲亚特公司推出 45 ～ 80 马力新款 66 系列拖拉机，它们能在中小农场完成日常作业。该系列也以赫斯顿品牌在美国销售，后来还用福特和纽荷兰品牌进行销售，一直到 2003 年。1984 年，菲亚特公司推出 55 ～ 180 马力的 90 系列拖拉机以取代 80 系列。90 系列拖拉机细分为中低功率的 55-90 型～ 85-90 Turbo 型和高功率类的 115-90 型～ 180-90 型（图 9-23），采用菲亚特依维柯

(Fiat-Iveco）8000 系列柴油机。1985 年，菲亚特公司推出介于中低功率和高功率之间的 90-90 型、100-90 型和 110-90 型。90 系列拖拉机随机型大小可配备各种啮合套及全同步换挡或部分动力换挡变速箱，并可选装机械式爬行器或逆行器，以及动力换挡增扭器；配备湿式盘式制动器，行星最终传动；动力转向，独立式 PTO，开心式液压系统，以及隔音、舒适的驾驶室。90 系列拖拉机后来也以阿格利福尔和福特品牌销售，还以纽荷兰品牌销售到 2003 年。菲亚特 66 系列和 90 系列中的部分机型后来被我国引进。

图 9-23　菲亚特 180-90 型拖拉机

菲亚特拖拉机打入欧洲后，顺势走向世界，产品也由拖拉机扩展到其他农业机械。1984 年，菲亚特拖拉机（Fiat Trattori）分部演变为菲亚特农机（Fiat Agri）公司，它整合了所有农业机械业务，成为菲亚特集团控股的农业机械部门。同年，菲亚特农机公司通过拉维达公司收购了著名的法国葡萄收割机生产商布劳德（Braud）公司 75% 的股份。至此，菲亚特公司已成为拖拉机、联合收割机和多种农业机具的全球供应商。

9.8　赛迈兰博基尼休里曼集团成立

进入 20 世纪 70 年代，一生奔波的意大利赛迈公司奠基人弗朗西斯科 • 卡萨尼因身体虚弱而离开公司总部特莱维奥，到米兰南边利古里亚海岸休养，他开始指导其 28 岁的女婿维托里奥 • 卡罗查（Vittorio Carozza）经营公司。维托里奥 • 卡罗查曾在美国麻省理工学院学习，有在美国五大会计师事务所之一的安达信公司实习的经历，刚刚才加入赛迈公司。他定期与妻子，即卡萨尼唯一的女儿露易塞拉向卡萨尼通报公司事宜。在公司总部特莱维奥，跟随卡萨尼创业的忠诚职工称卡萨尼为“阿爸（ol pupàa）”，按卡萨尼在位时亲力亲为的习惯督察工厂各项活动。

1972 年，由弗朗西斯科 • 卡萨尼最后一次做出的重大决定是收购意大利兰博基尼拖拉机公司。维托里奥 • 卡罗查非常欣赏兰博基尼，他通过卡萨尼取得成功。该集团不仅获得兰博基尼著名商标，还获得新的设计师和补充技术，如履带车辆和兰博基尼率先推出的全同步变速箱。

1973 年，弗朗西斯科 • 卡萨尼去世，享年 67 岁。随着卡萨尼的离去，年轻的维托里奥 • 卡罗查和露易塞拉面临管理公司的艰巨任务。尽管赛迈公司是家族企业，但其权利转移并非一帆风顺。有些农机制造商有意收购赛迈公司，还有意大利国有的工业管理和投资公司（GEPI）想获得赛迈公司和兰博基尼公司的控制权。赛迈公司总经理米歇尔 • 莫塔（Michel Motta）等一群公司高管试图说服卡罗查夫妇将公司交给国家管理，这样更容易保持财务利益。

露易塞拉坚决反对公司高管的提议，维托里奥 • 卡罗查意识到他所面临的棘手局面。最后他们决定坚持自己管理公司，购买了剩余的兰博基尼股票。莫塔和一些管理人员离开公司，维托里奥 • 卡罗查将公司运营委托给总经理彼得罗 • 雷卡纳蒂（Pietro Recanati）。维托里奥 • 卡罗查在美国时知悉所有权和管理权分置的企业管理方式：即公司的日常行政事务由有经验的管理者决定；所有者对公司的运营进行监督，并与管理者保持对话，最重要的是所有者必须在公司生存和控制权受到威胁时行使酌处权。卡罗查夫妇想转变家族企业管理方式，在此后几十年里，聘请职业经理人担任主要管理角色是赛迈集团的重要特点。

20 世纪 70 年代，北美和西欧拖拉机保有量趋于饱和；而在意大利，拖拉机市场仍比较火热，拖拉机销量快速上升。1970 年，意大利拖拉机在用量为 61.5 万台，1980 年增加到 107.2 万台。赛迈公司的拖拉机销售呈现前所未有的兴旺景象，特别是 1975 年推出的赛迈虎（SAME Tiger）100 型（图 9-24）拖拉机，出现供不应求的现象。赛迈虎 100 型拖拉机安装 105 马力六缸柴油机、12 进 3 退同步换挡变速箱、静液压动力转向、湿式盘式制动器、四柱 ROPS，可选装带空调驾驶室。该拖拉机在1970年生产了13 000台，1981年生产了27 000台。为满足市场需求，工厂的现有规模需扩大一倍，新上任的总经理彼得罗·雷卡纳蒂负责这一项目。机型设计的模块化和生产的柔性化相结合使该公司能及时满足市场需求并减少库存。

图9-24　赛迈虎100型拖拉机

赛迈公司的设计团队与国外引入的成员并肩工作，尽管他们之间不可避免地存在摩擦，但企业的创新能力得到加强。在动力输出装置上使用液压离合器，在后轮上引入油浴盘式制动器。进入市场的黑豹（Panther）、花豹（Leopard）和水牛（Buffalo）新系列拖拉机，标配舒适的带暖气和空调的隔音驾驶室。市场需求没有下降的迹象。在农业机械化特殊信贷支持下，金融公司为企业提供慷慨的财政支持。意大利其他公司在扩充能力，赛迈公司的管理层和工会都要求公司扩大生产，建议在南方建设新厂，制造零部件。但维托里奥·卡罗查对此行使了否决权，他要把资金用于收购，迈开跨国经营的第一步。80年代初，意大利拖拉机市场风光不再，呈断崖式下滑，证明维托里奥·卡罗查的决策是对的。

1977年，赛迈公司收购瑞士拖拉机制造商休里曼（Hürlimann）公司。休里曼公司由工程师汉斯·休里曼（Hans Hürlimann）于1929年创立。同年休里曼公司推出第一台1K8型拖拉机，安装8马力单缸汽油机、单片干式离合器、3进1退齿轮变速箱，带割草机，部件基本自制。1930年生产10马力的1K10型拖拉机（图9-25）。

图 9-25　休里曼 1K10 型拖拉机

1937—1939 年，休里曼公司的第一个工厂在威尔建成，并推出首款直喷式四缸柴油机，它是世界上直喷柴油机的先驱之一。20 世纪 50 年代后期，休里曼公司推出 24 ～ 98 马力装直喷柴油机的 D 系列拖拉机（图 9-26）。其中 43.5 马力的 D90 型拖拉机安装 10 进 2 退变速箱，在市场上最受欢迎。其发动机、离合器、变速箱齿轮、车轴和液压系统均由休里曼公司的工厂制造。到 60 年代中期，该拖拉机的销量已超过 10 000 台。休里曼拖拉机在农民中赢得小型“劳斯莱斯”的美誉。1968—1969 年，休里曼公司推出安装 6 挡 3 区段同步换挡变速箱和采埃孚驱动前桥的拖拉机。1976 年，休里曼公司推出 150 马力无级变速 T14000 型拖拉机，但它太超前，要市场接受它还为时尚早。

图 9-26　休里曼 D60SP 型拖拉机

然而，尽管市场对休里曼拖拉机工匠级的制作反映不错，但休里曼公司单独无法完成重大创新。当休里曼公司创始人的儿子向维托里奥·卡罗查表示愿将休里曼公司交给赛迈公司时，意大利人毫不犹豫地接受了。1977年，双方达成交易，休里曼拖拉机在意大利制造，保留休里曼品牌。1979年，赛迈公司发展为赛迈兰博基尼休里曼（SAME-Lamborghini-Hrulimann，SLH）集团，成为意大利第二大拖拉机制造商，总部依然设在意大利特莱维奥。保留赛迈、兰博基尼和休里曼三个拖拉机品牌。

1979年起，SLH集团推出50～95马力休里曼H开头的三位数中功率系列（图9-27）和103～189马力四位数大功率系列拖拉机。到1994年，休里曼拖拉机在瑞士的市场份额达22%。

图 9-27　休里曼 H-480 型拖拉机

9.9　芬兰维美德拖拉机北欧称雄

20世纪50年代，芬兰维美德公司批量生产拖拉机。60年代，公司进军巴西，其拖拉机技术经过一系列创新，到1973年，公司的拖拉机在芬兰市场的占有率居首。70年代，公司开拓北欧及发展中国家市场，扩展拖拉机应用领域。80年代，该公司与瑞典沃尔沃合作，到1983年已在北欧市场称雄。

1960年，维美德公司在巴西建立拖拉机厂。1971年，第20 000台巴西造维美德拖拉机下线，到1978年，其产量达10万台。在芬兰，公司要满足国内需求。这时，拉乌诺·贝吉乌斯（Rauno Bergius）任维美德公司托卢拉厂的产品发展经理。他设计的第一个产品是于1964年推出的同步换挡的维美德565型拖拉机（图9-28）。该机安装52马力自产三缸柴油机、6进2退同步器换挡变速箱，共生产了14 796台，取代361D型。公司的广告语：“现在你开拖拉机就像开你的小汽车一样”。该拖拉机在芬兰市场没有挑战者。同年，公司还推出了 80 马力装有美国传动系的 864 型拖拉机和一款铰接式转向林业拖拉机，后者是维美德林业装备的前身。

图 9-28　维美德 565 型拖拉机

1967 年，维美德公司推出了 89 马力的 900 型拖拉机，它顺应北欧对驾驶员舒适与安全的重视，应用人机工程，标配安全驾驶室。托卢拉厂没有适合装配带驾驶室拖拉机所需的场地，最后它选定在距离韦斯屈莱市 45km 的索拉赫蒂建立新工厂，那里也是该厂至今的厂址（图 9-29）。1969 年 9 月，新厂开始投产。同年，维美德公司推出 105 马力的 1100 型拖拉机，要装自产涡轮增压柴油机，可选两轮或四轮驱动。

图 9-29　森林环抱的索拉赫蒂工厂

从 1967 年起，维美德拖拉机的颜色由红色改为棕黄色。1971 年，维美德公司推出号称拥有当时世界上最安静驾驶室的 502 型拖拉机，正式测量耳旁噪声为 85dB，这在当时是很先进的。1973 年，维美德拖拉机在芬兰市场的占有率已居首位。

1975 年，维美德公司推出独特的 1502 型六轮拖拉机，常规拖拉机的大后轮被装在驱动转向架上的 4 组驱动轮取代。6 组轮子的牵引性能提高，对地面压力减小。该机采用 136 马力六缸增压中冷柴油机、16 进 4 退全同步换挡变速箱、液压转向，上大下小造型的驾驶室。1975—1979 年的机型仅仅是后面四轮驱动，1979—1980 年的机型为六轮全驱动（图 9-30）。该拖拉机的第一个用户不是在大农场，而是在泥炭行业。因为它太重，转向半径大，作为农用拖拉机并不成功。然而，在定制机械方面还有少量对它的需求。该拖拉机共生产了 28 台。

图 9-30　维美德 1502 型六轮拖拉机

1978 年，维美德公司启用其在于韦斯屈莱的新研发实验室，建立用于变速器、远程监控装置、噪声、振动和其他测试的试验台。维美德公司对瑞典的出口早在 20 世纪 60 年代就已经开始，正努力向挪威和丹麦发展。除巴西外，公司在伊朗和坦桑尼亚也积极寻求工厂项目。

1979 年，瑞典沃尔沃（Volvo）汽车公司与维美德公司谈判后，停止生产拖拉机，将其拖拉机子公司 Volvo BM 和维美德公司合资成立了新公司“SCANTRAC”。沃尔沃汽车公司的拖拉机生产转移到维美德公司，沃尔沃汽车公司供应某些部件。1982 年，新公司推出“Volvo BM Valmet” 05 系列拖拉机，它将沃尔沃 BM 拖拉机的高质量、耐用性和维美德拖拉机先进的操作特性相结合，技术档次显著提高。

05 系列拖拉机包括 65 ～ 95 马力的 4 种四轮驱动机型（图 9-31）。它们安装维美德涡轮增压柴油机，置于从动前轴上方，使整车重心前移，适合四轮驱动；采用全同步换挡变速箱，可选按钮操纵动力换挡行星增扭器，最高速度为 40 km/h；有行星最终传动、湿式多盘制动器、液压操纵差速锁和 PTO 多盘离合器；液压悬挂系统采用外置双液压缸，提升能力比竞争对手的高 60%；配有外观现代和宽敞的驾驶室，覆盖件的漆色重回红色，车身为黑色，轮辋为白色；驾驶室有平放大地板，能将座椅旋转 180°，利于使用如木材装载机等后装机具。该拖拉机最具特色的设计是离合器和变速箱间用万向传动连接，在万向传动空间中设置了作为拖拉机机体的钢制大油箱，在维修变速箱和离合器时无须将机体断开。05 系列拖拉机于 80 年代中期在巴西开始生产，直到 21 世纪仍在生产。

图 9-31　Volvo BM Valmet 805 型拖拉机

1983 年，沃尔沃 BM 维美德拖拉机在所有北欧国家已成为行业领先者。1985 年 9 月，第 10 000 台 05 系列拖拉机下线。1985 年，沃尔沃汽车公司将其在 SCANTRAC 的股份卖给维美德公司。沃尔沃汽车公司继续向维美德公司提供齿轮和驾驶室，直到 1990 年。

9.10　向更大功率的拖拉机进军

20 世纪 70 年代，在北美拖拉机统计表上添加了一个大于 240hp 的分级。行业生产这一档拖拉机始于 1960 年左右，到 70 年代中后期和 80 年代前期，全球拖拉机行业出现了一场追逐大功率的竞赛。

1958 年，美国斯泰格尔（Steiger）公司推出 238hp 铰接式四轮驱动拖拉机，拉开这场竞赛的序幕。当时，美国迪尔公司与万国公司争夺全球行业霸主地位，先后于 1960 年和 1961 年分别推出了 215hp 和 300hp 的铰接式四轮驱动拖拉机。但这两种机型均遭挫折，使两公司放缓了进军大功率拖拉机的步伐。

对250hp以上重型拖拉机的热情在70年代中后期再次燃起。行业里众多骨干企业，特别是美国企业是这场竞赛的主力军。北美企业生产大型拖拉机多是自主开发，均采用独立型四轮驱动；也有企业（如万国公司和福特公司等）是贴牌生产，借船出海。

美国迪尔公司于1975年推出275hp的8630型铰接式四轮驱动拖拉机，于1982年推出370hp的8850型。美国凯斯公司于1976年推出300hp的2870型整体机架四轮驱动拖拉机，于1984年推出400hp的4994型（图9-32）。美国艾里斯查默斯公司于1978年推出300hp的8550型铰接式四轮驱动拖拉机。麦赛福格森北美工厂于1978年推出320hp的4880型铰接式四轮驱动拖拉机，于1980年推出375hp的4900型。美国怀特公司于1983年推出270hp的4-270型铰接式四轮驱动拖拉机。

图9-32　凯斯4994型拖拉机

在北美带动下，欧洲主要拖拉机企业也大力提升功率，只是它们生产的拖拉机的功率比美国同行的要小。它们或者是独立开发公司，如芬特公司、斯太尔公司、道依茨法尔公司等，常采用前加力四轮驱动；或者是与专业厂商合作，如菲亚特公司等。

德国芬特公司于1981年推出252hp的Favorit 626LS型整体机架四轮驱动拖拉机。奥地利斯太尔公司于1982年推出260hp的8300型整体机架双向拖拉机。德国道依茨法尔公司于1983年推出220hp的DX 8.30型整体机架四轮驱动拖拉机。苏联基洛夫工厂于1975年推出300马力的K-701型铰接式四轮驱动拖拉机。

在拖拉机骨干企业大规模进军重型拖拉机时，北美和欧洲一些专业生产大型拖拉机的中小型企业也热情高涨，成了一支敢于尝试的补充力量，如美国斯泰格尔公司、加拿大沃瑟泰尔公司、美国北方制造公司（大巴德公司）等。它们多利用市场上其他行走机械的现有发动机、传动系统及车桥等部件，自制机架和驾驶室，模块化组成铰接式重型拖拉机。它们可依用户要求定制产品，其功率比上述企业更大，在激烈竞争的市场上挤出一块地盘。

美国斯泰格尔公司于1977年推出470hp的ST-450型铰接式四轮驱动拖拉机，于1984年推出525hp的KP-525型。加拿大沃瑟泰尔公司于1986年推出470hp的1156型铰接式四轮驱动拖拉机。

除北美之外，也有一些中小企业尝试生产大功率拖拉机。如德国施吕特（Schlüter）公司于1978年推出500马力的Profi-Trac 5000 TVL型整体机架四轮驱动拖拉机（图9-33），澳大利亚厄普顿（Upton）公司于1978年推出350hp的HT-14/350型拖拉机，匈牙利拉巴（Rába）公司于1980年推出310马力的360型拖拉机，巴西米勒（Müller）公司于1980年推出310马力的TM31型拖拉机等。

图9-33　施吕特5000 TVL型拖拉机

早在1974年，美国一家3年前制造重型拖拉机的小企业伍兹与科普兰（Woods & Copeland）公司就推出了600hp的600C型拖拉机。1977年，北美斯泰格尔公司、大巴德公司和沃瑟泰尔公司掀起追逐最大功率拖拉机的竞赛高潮。这一年，沃瑟泰尔公司推出600hp的1080型"大罗伊"铰接式四桥八轮驱动拖拉机，斯泰格尔公司推出650hp的Twin ST650型串联式四轮驱动拖拉机，美国大巴德（Big Bud）公司推出760hp的16V-747型"大巴德"铰接式拖拉机。这些巨型拖拉机并不算成功，都仅仅生产1台。但是它们探索的勇气和创新的精神至今仍受到业界关注，无论是产品展示还是演示，都引起观众巨大的兴趣。

9.11 美国斯泰格尔公司

约翰·斯泰格尔（John Steiger）和他的儿子道格拉斯（Douglas）、莫里斯（Maurice）是美国明尼苏达州的农民。他们的农场越扩大，就越需要功率更大的拖拉机，但在市场上买不到。1957 年冬，他们在农场谷仓制造了第一台 238hp 铰接式四轮驱动斯泰格尔 1 号拖拉机（图 9-34）。该机采用农场和当地采石场的推土机或货车部件，车身颜色采用采石设备的灰绿色，以与其他制造商的产品相区别。该机装有车用底特律柴油机、5 进 1 退变速箱。该机在田间作业超过 1 万 h。

图 9-34 斯泰格尔 1 号拖拉机

农民对斯泰格尔拖拉机简单有力的设计印象深刻，要求斯泰格尔为他们制造。1958 年，斯泰格尔父子制造了比第一台小得多的第二台拖拉机，并把它卖给了邻居。1961 年，斯泰格尔父子生产了和 1 号类似的 118hp1200 型四轮驱动拖拉机，与前两台一起构成谷仓（Barn）系列。1963 年，俩兄弟在农场制造第二代谷仓系列拖拉机，道格拉斯负责设计，莫里斯负责生产，合作者厄尔·克里斯滕森（Earl Christensen）负责推销。谷仓系列包括 118 ～ 318hp 的 1200 ～ 3300 型（图 9-35）。因装 V 型发动机，拖拉机前罩上冲成大 V 字形状。斯泰格尔拖拉机的成功在于采用标准部件，如发动机、变速箱和传动系是从卡特彼勒、康明斯、艾利森（Allison）、克拉克（Clark）和斯派瑟（Spicer）等供应商购买的。农民喜欢这样的拖拉机，因为在国内能找到配件。谷仓系列拖拉机制造了大约 125 台，销到美国北部平原和加拿大的农场。

图 9-35　斯泰格尔 2200 型拖拉机

由于需求增加，俩兄弟和北达科他州与明尼苏达州的商人达成协议，1969 年成立了斯泰格尔（Steiger）拖拉机公司，生产转移到北达科他州法戈。1969—1973 年，该公司推出斯泰格尔 I 系列拖拉机，包括 175hp 野猫（Wildcat）、200hp 超级（Super）野猫、225hp 熊猫（Bearcat）、300hp 美洲狮（Cougar）、310hp 老虎（Tiger）和 320hp 增压老虎型拖拉机（图 9-36）。它们安装卡特彼勒柴油机、10 进 2 退传动系、开心式液压系统和全天候驾驶室。拖拉机颜色继续使用斯泰格尔绿，有的加入卡特黄，并在前格栅和车轮上使用红色。1970 年，斯泰格尔公司在美国建立了从东到西有 66 个经销商的销售网络。公司以大型动物命名拖拉机的特色延续了 20 多年，后来还增加了黑豹（Panther）、美洲豹（Puma）和狮子（Lion）型拖拉机。

图 9-36　斯泰格尔超级野猫拖拉机

1974 年，斯泰格尔公司 12.8 万 m^2 的新工厂建成。新工厂雇用 1 100 人，每 18min 生产一台拖拉机。新工厂开始生产 II 系列拖拉机，它和 I 系列基本相同，型号由前缀字母加功率数组成，如黑豹 ST/RC-310，其中，ST 表示标准型，RC

表示行列作物型。II系列拖拉机包括200hp超级野猫型、225hp熊猫型、300hp美洲狮型、310hp黑豹型和320hp增压老虎型。拖拉机漆色从绿色和红色改为机架与车轮为绿色，而格栅、发动机、发动机罩和驾驶室为黑色。

1976年冬，斯泰格尔公司在其经销会议上采用马戏团驯兽师表演的形式，介绍其新一代III系列拖拉机。驯兽者挥舞鞭子，新的野猫、熊猫、美洲狮和黑豹等机型依次进场。1976—1981年，公司陆续推出210～470hp的III系列拖拉机，包括野猫型、熊猫型、美洲狮型、黑豹型和老虎型（图9-37）。它们采用卡特彼勒或康明斯柴油机、10挡定齿轮传动、铰接式四轮驱动，安装舒适安静带空调的安全驾驶室，改善了视野。III系列拖拉机占据了北美四轮驱动拖拉机1/3以上的市场份额。1976年，公司的澳大利亚子公司成立。1977年，公司在III系列拖拉机上选装电子控制独立式动力输出轴，这在此类拖拉机上是首次，型号中用PT前缀表示。1977年，公司的销售额达1.04亿美元。

图9-37　斯泰格尔III系列美洲狮型拖拉机

1977年，斯泰格尔公司制造了斯泰格尔拖拉机中最大的黑豹Twin ST-650重型拖拉机（图9-38），但是仅生产了1台。该机是串联四轮驱动拖拉机，两台卡特彼勒柴油机的功率合计为650hp，当时是世界上功率排行第二位的拖拉机。

图9-38　斯泰格尔ST-650拖拉机

1978 年，斯泰格尔在美洲狮和黑豹拖拉机上安装电子控制 PTO 和动液力传动系，型号中的前缀为 PTA。装有“Steiger-matic”动力换挡系统的黑豹 PTA-325 型拖拉机能自行评估速度和负载因素，自动维持最佳功率和最大功率。1979 年，公司生产了第 10 000 台拖拉机。

1983—1984 年，公司陆续推出 225 ~ 525hp 的 IV 系列拖拉机，包括熊猫型、美洲狮型、黑豹型和老虎型。该系列前缀的含义有变动：第一个字母表示发动机，C 为卡特彼勒，K 为康明斯，S 为小松；第二个字母表示传动系，M 为手动齿轮换挡，S 为 Steiger-matic 动力换挡，P 为 Allison 动液力传动。除 IV 系列外，1983—1986 年，该公司推出 6 款新风格 1000 系列。包括美洲豹型、野猫型、美洲狮型、熊猫型、黑豹型和狮子型。黑豹 1000 型拖拉机（图 9-39）采用 335hp 卡特彼勒或康明斯六缸柴油机、湿式主离合器、全动力换挡 12 进 2 退变速箱、行星最终传动、负载传感压力补偿闭心式液压系统，装有车载计算机和新的安全舒适的驾驶室，视野开阔。

图 9-39　斯泰格尔黑豹 1000 型拖拉机

20 世纪 80 年代，由于农业不景气，加上斯泰格尔公司采用的动液力传动并不适合农用拖拉机，该公司的销售额下滑。1986 年，公司的生产负荷只有 25%，公司申请破产保护。同年后期，凯斯公司的母公司田纳科公司买下斯泰格尔公司，并将其并入凯斯公司，继续生产绿色斯泰格尔拖拉机。斯泰格尔名字单独标识在拖拉机上，直到 1989 年。今天，斯泰格尔名字仍存在于 CaseIH STX Steiger 系列大型拖拉机的标识中，只是人们熟悉的斯泰格尔拖拉机的灰绿色已消失。

9.12　加拿大沃瑟泰尔公司

沃瑟泰尔（Versatile）制造公司是加拿大农业装备制造业的先驱之一，沃瑟泰尔是音译，意译是多才多艺。其前身是1947年成立的多伦多液压工程公司。它因大量生产利于小农购买、维护和修理的大型拖拉机而赢得声誉。

彼得·帕科什（Peter Pakosh）于1911年出生在加拿大萨斯喀彻温省的一家农场。1935年，他进入温尼伯工程学院学习，后移居多伦多，在麦赛哈里斯公司做工具设计师。他意欲进入公司的产品设计部门但被拒绝，这促使他1945年在自家的地下室里制造了一台谷物螺旋输送器，受到西部农民欢迎，取得小小成功。于是，他和姻亲兄弟、机械师罗伊·罗宾逊（Roy Robinson）合作，在地下室里又制造了一台田间喷雾器。1947年，彼得·帕科什和罗伊·罗宾逊成立多伦多液压工程公司。1953年，他们把公司迁到中部温尼伯，1960年推出牵引式割晒机。1963年，该公司正式注册为沃瑟泰尔制造有限公司并在多伦多证券交易所上市。1964年，该公司在温尼伯的加里堡建立新总部和工厂，其割晒机销量也占北美总销量的60%。

1966年，沃瑟泰尔公司推出其第一种100hp的D100型和G100型铰接式四轮驱动拖拉机。当时迪尔公司、凯斯公司和万国公司已进入四轮驱动拖拉机市场，因其产品价格太高，尚未大量生产，这给沃瑟泰尔公司提供了机会。公司将其拖拉机定位为“以两轮驱动价格出售的四轮驱动拖拉机”，同时对公司的拖拉机提高了速度并增加了牵引力进行宣传。D100型采用六缸柴油机，G100型采用八缸汽油机。它们采用4进1退变速箱，无驾驶室，用成熟部件按模块化设计，易于修理，单台售价不到1万加元。1967年，公司拖拉机销量超过了市场上其他四轮驱动拖拉机制造商的销量。D100型共生产100台，G100型共生产25台。

1967年，沃瑟泰尔公司推出118型、125型和145型铰接式四轮驱动拖拉机（图9-40），采用9进3退变速箱、用双作用离合器操纵的半独立式PTO，可选装驾驶室。沃瑟泰尔公司成为首批大规模生产四轮驱动拖拉机的制造商之一，其运营的几年内在市场上保持稳定。

图9-40　沃瑟泰尔118型拖拉机

1972—1973 年，沃瑟泰尔公司推介下一代产品，即 210hp 的 700 型、235hp 的 800 型、250hp 的 850 型和 300hp 的 900 型拖拉机。该系列拖拉机加大了功率，采用 12 进 4 退变速箱、行星最终传动、液压制动、带加热器和空调的驾驶室。1973 年，公司推出 155hp 的 300 型拖拉机，其特色是利用离合器既能静液压传动也能机械传动，具有独创性。但实际上机械式传动不可用，这种拖拉机只制造了 200 台。

1977 年，丹尼尔 • 帕科什（Daniel Pakosh）开发了沃瑟泰尔公司第一台双向拖拉机，即 71hp 的 150 型，随后是 1982 年开发的 84hp 的 160 型。两者都是采用小型铰接式四轮驱动拖拉机、静液压传动，逆行时驾驶者操作平台转动 180°，可带前置装载机或割晒机（图 9-41）。这种设计延续到公司 1984 年生产的 100hp 的 256 型和 1985 年生产的 116hp 的 276 型。后来公司的产权虽几经变换，这种双向拖拉机却得到继承。1987 年，沃瑟泰尔公司被卖给福特纽荷兰（Ford-New Holland）公司时，福特纽荷兰公司的设计师们帮助丹尼尔 • 帕科什免于退休，以帮助福特纽荷兰公司实现双向拖拉机的现代化。

图 9-41　沃瑟泰尔 150 型双向拖拉机

1977 年，沃瑟泰尔公司推出 600hp 的 1080 型八轮驱动拖拉机，为纪念项目领导人罗伊 • 罗宾逊，将拖拉机昵称为“大罗伊”。这是全球拖拉机行业第一台，也可能是唯一一台尝试八轮驱动的拖拉机。它是继美国大巴德（Big Bud）16V-747 型和美国斯泰格尔 ST650 型之后，当时世界上功率列第三位的拖拉机（详见后述“600马力‘大罗伊’拖拉机”一节）。

20世纪70年代，沃瑟泰尔品牌在北美吸引了一批忠诚客户，尤其在加拿大西部，它拥有四轮驱动拖拉机市场70%的份额。1976年，丹尼尔•帕科什和罗伊•罗宾逊在创立公司30年后，决定出售沃瑟泰尔公司并退休。1977年，在美国赫斯顿公司收购沃瑟泰尔公司失败后，总部位于加拿大温哥华的科尔纳特（Cornat）工业公司收购了沃瑟泰尔公司的多数股权。

1978—1983年，沃瑟泰尔公司推出210～360hp沃瑟泰尔5系列铰接式四轮驱动拖拉机，采用12进4退常啮合机械变速箱。随后，1984—1986年5系列被100～470hp的6系列取代。6系列除256型和276型静液压传动双向拖拉机外，其他大功率机型采用独立式PTO、负载传感闭心式液压系统、可选常啮合机械变速、部分动力换挡或全动力换挡传动系（图9-42）。

图9-42 沃瑟泰尔856型拖拉机

1979年，沃瑟泰尔公司与菲亚特公司达成协议，在欧洲销售菲亚特公司拖拉机，这也为后来福特纽荷兰公司对它的收购埋下伏笔。沃瑟泰尔公司生产的部分5系列拖拉机更换为菲亚特品牌，型号改为44-23型到44-35型，漆色改为菲亚特橙色。1982年，沃瑟泰尔公司收购加拿大生产耕作机具的诺布尔（Noble）公司，其产品一度使用沃瑟泰尔诺布尔品牌。1987年，沃瑟泰尔公司被福特纽荷兰公司以3 450万美元收购，尽管其继续生产沃瑟泰尔拖拉机，并使用该公司的红色和黄色，但福特的名字出现在拖拉机上。到1989年，福特纽荷兰公司放弃沃瑟泰尔的红色和黄色，将拖拉机的颜色改为蓝色，但仍把拖拉机宣传为“多年来一直是四轮驱动的首选车型”。这时，沃瑟泰尔品牌已经是被福特的名字和蓝色油漆掩盖的记忆了（图9-43）。

图 9-43 福特沃瑟泰尔 846 型拖拉机

福特纽荷兰公司后来被菲亚特公司全资收购，1993 年，菲亚特公司组成新的纽荷兰公司。按菲亚特公司与福特公司的协议，到 2000 年，纽荷兰公司生产的大型四轮驱动拖拉机，在福特的名字旁恢复沃瑟泰尔的名字。1999 年，凯斯公司和纽荷兰公司合并，成为凯斯纽荷兰（CNH）公司，美国司法部要求纽荷兰公司剥离沃瑟泰尔公司。加拿大布勒（Buhler）工业公司在加拿大政府支持下，最终收购了沃瑟泰尔公司，使其成为自己的全资子公司。2001 年，布勒工业公司在其新系列拖拉机上复活了沃瑟泰尔的名字及其黄色和红色配色，使用布勒沃瑟泰尔商标。

2007 年，俄罗斯联合收割机制造商——罗斯托夫农业机械公司（RostSelMash）收购了沃瑟泰尔公司 80% 的普通股。罗斯托夫农业机械公司的产品最初仅以沃瑟泰尔为品牌，目前以沃瑟泰尔或 RostSelMash 品牌在全球销售（图 9-44）。

图 9-44 罗斯托夫农业机械公司的 RostSelMash 拖拉机

9.13 600 马力“大罗伊”拖拉机

1977 年，加拿大沃瑟泰尔公司推出 600hp 的 1080 型八轮驱动拖拉机。该公司推出如此大功率的拖拉机有多方面考虑。据说，该设计是针对澳大利亚市场的。因为北美大型农场的地块常常是分散的，重型拖拉机通过公路转移比较麻烦；而在澳大利亚，许多大型农场的土地连成一片，重型拖拉机转移遇到的问题比在北美的少。当时北美制造商正争相生产最大功率的拖拉机。1977 年，美国斯泰格尔公司试验 650hp 的串联四轮驱动拖拉机，而美国大巴德（Big Bud）公司生产 760hp 的铰接式四轮驱动拖拉机。沃瑟泰尔公司要挤进赛场，1080 型就是入场券。总裁罗伊·罗宾逊坚定地认为公司需要一台大功率拖拉机，于是他下令设计制造 1080 型。在罗伊·罗宾逊的亲自参与下，研制出铰接式四轴八轮驱动重型拖拉机（图 9-45）。

图 9-45　沃瑟泰尔八轮驱动拖拉机

在 20 世纪五六十年代，车辆地面力学兴起。学科创始人贝克（M. G. Bekker）认为“列车式”是越野车辆合理的形态。这一理论催生了各种铰接列车式越野车辆。约 40 年后，还健在的原 1080 型参与者们回顾了该拖拉机的研制过程。前生产工程师马克·奥列斯基（Mark Oleski）回忆：“我们寻找把这么大的发动机功率投向地面的最佳方式，当时八轮驱动似乎是好方式。我们考虑它可能有进入另一市场的机遇，他们（公司管理层）认为八轮驱动拖拉机将成为大田里的重要支撑。”液压系统设计和现场测试工程师阿诺德·麦卡琴（Arnold McCutcheon）说：“我们不想模仿大巴德的设计”。当时美国重型拖拉机制造商大巴德公司和瓦格纳公司生产的重型拖拉机的车轮都装有双胎，导致拖拉机太宽，道路运输困难，采用四个车轴可使拖拉机保持瘦长形态，解决了这个问题。麦卡琴说：“你不需要并置双轮胎，路上运输轻而易举，它能很好地装到运输车辆上。”当然，为了使所有部件适应狭窄的底盘，研制者动了不少脑筋。

仅用了几个月的时间，拖拉机就从图样变为样机。该拖拉机装有 600hp 康明斯 KTA-1150 型柴油机，和传统柴油机相反，该柴油机位于拖拉机后方，有两个散热器，吸入式空气冷却；安装 6 挡手动变速器，速度为 5.95 ～ 21.24km/h；4 个车轴安装 8 个轮胎，均有螺旋弹簧悬架，这在铰接式拖拉机上是首次；现代宽敞的驾驶室在发动机前面，通过滑动门和梯子从两侧进入，梯子不用时滑入拖拉机车身；12 盏 60W 的灯为夜间野外作业照明；拖拉机长为 9.14m，高为 3.35m，在野外作业时质量为 30t；名义转向圆直径为 8.1m，可与有三重轮胎的现代四轮驱动拖拉机相媲美。

拖拉机在第二车轴和第三车轴之间铰接。此铰接关节，既允许拖拉机从一边到另一边转动 40° 左右，也允许其垂直移动 10° 左右，轮胎在不平地面保持与地面接触，改善附着性，以充分发挥发动机的功率。因为发动机罩很高，从驾驶室观察拖拉机后方时视野受限，为此设计一套闭路电视系统，包括后方安装 120° 防尘摄像机，仪表板上安装 9in（1in=25.4mm）电视监视器供驾驶员观看，这在 1977 年的拖拉机上是高新技术。

这台拖拉机后来被称为“大罗伊（Big Roy）”（图 9-46），以怀念主持这台拖拉机研制的罗伊·鲁滨逊，他是一位有英雄情结的领军人物。

图 9-46　沃瑟泰尔“大罗伊”拖拉机

但是，这台四轴八轮驱动的巨型拖拉机无论有多少创新，都不能算成功。原因如下：其一，尽管列车式越野车辆不乏成功案例，但对农用拖拉机来说，车轮轨迹下的土壤被四次压实，不适合农作；其二，没有可与其拉力相匹配的农具；其三，售价是 300hp 沃瑟泰尔 900 型的 2.6 倍，性价比不具优势；其四，驾驶员前方视野不好，无法看到拖拉机前端 6m 内的地面。因此，尽管它在每次巡展中赚足了眼球，但未再生产另一台。正因为如此，在 1080 型之后出现的 475hp 沃瑟泰尔 1150 型，回到标准四轮驱动拖拉机设计原点，或者使用超宽轮胎或者使用三重轮胎安装在所有车轴上。

20 世纪 80 年代，“大罗伊”拖拉机被捐赠给加拿大马尼托巴省奥斯汀的马尼托巴（Manitoba）农业博物馆。作为2016年沃瑟泰尔公司50周年庆的一部分，沃瑟泰尔公司与博物馆接洽，提议修复该拖拉机。2015年秋，沃瑟泰尔公司将知名的“大罗伊”接回它的诞生地——温尼伯工厂（图9-47）。

图9-47 “大罗伊”运往温尼伯工厂修复

2015年冬季，“大罗伊”拖拉机被拆卸，各种部件被修理后重新组装，并被重新涂装成它原来的颜色。恢复1080型拖拉机不是件小事，员工花费几千个工时，在2016年春季完工。最终，“大罗伊”拖拉机被运回马尼托巴农业博物馆，成了真正的珍藏品。

9.14 900马力“大巴德”拖拉机

在20世纪70年代向更大、更强的拖拉机进军的热潮中，拖拉机的功率越来越大。美国大巴德拖拉机公司1977年制造的760hp16V-747型拖拉机（1998年增至900hp），到20世纪末仍是世界上功率最大的农用拖拉机。

大巴德（Big Bud）拖拉机公司于1961年诞生于美国西北部蒙大拿州的哈弗尔市，最初是美国瓦格纳公司的经销商。60年代末，瓦格纳公司按照与迪尔公司的约定，不再供应大型拖拉机（参见第8章“独立型四轮驱动兴起（下）”一节），大巴德拖拉机公司转为定制重型特大功率拖拉机的供应商，以大巴德为品牌。品牌中的“Bud”在美军口语中含伙计、兄弟之意。出自哈弗尔工厂的头两辆大巴德拖拉机是250hp的250型，1968年被蒙大拿州一家占地14 155hm^{2}的农场购买。

大巴德拖拉机的制造者是罗恩·哈蒙（Ron Harmon）所拥有的北方制造公司。70 年代，铰接式四轮驱动拖拉机成为北美农机市场增长最快的部分，但尚有少数农民需定制比现有功率更大的拖拉机，这就构成大巴德拖拉机公司的市场空间。这些拖拉机采用工业用发动机，装在定制机架上。公司对重型拖拉机也有创新，包括倾斜驾驶室和方便发动机拆卸的滑移系统。公司先后生产了 30 多种型号拖拉机，均按客户定制要求，每种数量极少。

大巴德拖拉机公司在 1985 年被梅斯纳（Messner）兄弟公司收购，继续生产大巴德拖拉机。80 年代后期公司的生产放缓，1992 年最后一台大巴德拖拉机下线。公司最引人注目的产品是其 1977 年生产的大巴德 16V-747 型拖拉机（图 9-48），成本为 30 万美元。

图 9-48　大巴德 16V-747 型拖拉机

定制这台拖拉机的是加利福尼亚州拥有大型棉花农场的罗西（Rossi）兄弟公司。他们每年要及时深松农场 1/3 的田地。此前，农场已有了采用多台卡特彼勒 D9 型推土机完成这项作业的想法，这就要求罗恩·哈蒙和他的首席设计师基思·理查森（Keith Richardson）制造比此前的 525hp 机型更强的拖拉机。他们研究了几种可选的发动机，最后选定底特律柴油机公司。底特律柴油机公司为他们制造了一台 V 型十六缸发动机，基本是将两台 8V92T 柴油机连在一起。据罗恩·哈蒙说，最初在转速为 1 900r/min 时该发动机的功率为 760hp。不过它的功率有储备，随着时间推移，它的功率能达到 860hp 和 960hp。有传言说，如果需要，它的功率可达 1 100hp。

16V-747 型拖拉机采用 51mm 厚的钢制成的机架，主要部件采用螺栓联接，其中很多部件来自大型采矿设备：带防滑差速器和行星末端传动的克拉克（Clark）D-85840 车桥，外径为 457mm 带锁止离合器的 Twin Disc 8FLW-1801 液力变矩器和动力换挡 6 进 1 退变速箱，允许转向和执行阀最大流量供应的负载传感液压系统，由一对内径为 11.43cm 的转向液压缸操纵的奥尔比特（Orbital）转向器。唯一不易得到的部件是直径为 2.44m、宽为 1.01m 的轮胎，它们由加拿大联合轮胎公司特制，“Big Bud”刻进模具中。拖拉机用 8 个同样轮胎，采用双桥四轮驱动，所有车轮采用空气制动。采用带空调、暖气、刮水器及 8 声道立体声收音机的驾驶室，主座可旋转，附加副座。拖拉机长为 8.69m，宽为 6.35m，高为 4.3m，轴距为 4.95m，柴油箱容量为 3 785L，带全部配重后质量为 61.235t。

这台大巴德拖拉机没有让客户失望。它牵引一台专为它制造的质量为 15.9t、幅宽为 24.4m 的 15 柱深松犁，深松深度为 76cm，以 9.66 ～ 10.46km/h 的速度作业，每小时耕作 6.1 ～ 8.1hm^2。据说当一天的深松作业结束后提起深松犁时，它的铲尖都发红了。它可取代 3 台卡特彼勒 D-9 型履带拖拉机。该拖拉机在加利福尼亚州为棉农们进行了 11 年的深松作业。此后，这台拖拉机被其第二个所有者佛罗里达州的威洛布鲁克（Willow Brook）农场收购，也用于深松作业。在它的发动机和后轮差速器大修后，农场让它闲置了一段时间。

1997 年，距这台大巴德拖拉机的诞生地不到 100 km 的蒙大拿州的罗伯特 • 威廉姆斯和兰迪 • 威廉姆斯（Robert Williams and Randy Williams）兄弟对它感兴趣。罗恩 • 哈蒙替他们做了评估，评估的结论是这台拖拉机已使用约 8 000h，原始轮胎上还剩下 50% 的胎面。威廉姆斯兄弟买下这台大巴德 16V-747 型拖拉机，冬天修复拖拉机，拆下原来的金属板，重新涂上原来的白色和铬合金装饰，更换一些车轴零件，功率调到 900hp，看起来就像 1977 年制造时的那样（图 9-49）。

图 9-49　修复后的大巴德拖拉机

威廉姆斯兄弟用大巴德拖拉机来拉幅宽为 24.4m 的凿式犁，以 10.5 ～ 12.1 km/h 的速度每小时可耕作 60 ～ 70 英亩（1 英亩 =4 064.856m^2）。在最佳条件下，只需两个星期就能耕作 8 000 ～ 9 000 英亩。2000 年前后，威廉姆斯兄弟不再使用该拖拉机作业，这也部分导致大巴德轮胎生产者加拿大联合轮胎公司破产。后来，威廉姆斯兄弟带它在全国巡回表演（图 9-50）。罗伯特 • 威廉姆斯说：“2008 年夏天我们把它带到中西部。然后一桩事接另一桩事，现在他们不想把它还给我！”2009 年，这台大巴德拖拉机穿过美国中西部，来到伊利诺伊州的半个世纪进程展。2014 年，威廉姆斯兄弟出资把它移到爱荷华州克拉里恩（Clarion）中心博物馆展出。

图 9-50　大巴德拖拉机巡展

9.15　万国“帝国”的崩溃（上）

在拖拉机百年发展史中，有数以千计的大大小小的企业兴起和陨落。其中最令人扼腕令人震惊的是在 20 世纪领航行业半个世纪、规模庞大的美国万国公司在 80 年代中期宣告破产！这个事件至今仍是诸多经济论文关注的案例。

万国收割机公司（International Harvester Company），在我国常译为“万国公司”，在第一次世界大战之初，它是美国第四大公司。即使到 20 世纪 30 年代初，万国公司的销售额仍然是与其最接近的竞争对手迪尔公司的 8 倍。从 20 世纪初起，除 20 年代福特森拖拉机曾领先外，在长达半个世纪的时间里，万国公司始终是全球拖拉机市场的领导者。

早在 1907 年，万国公司已涉足载货汽车，发展势头良好。特别是在二战中，它生产的 2.5t 军用汽车（图 9-51）受到美国、苏联、中国等同盟国军队的欢迎。这一车型是后来苏联吉斯（ЗИС）150 型和中国解放 10A 型汽车的前身。

图 9-51 万国 M-5-6-318 军用车

由于二战和朝鲜战争造成的设备短缺，形成了拖拉机卖方市场，也促进了汽车的生产，因此二战以来万国公司的财务状况良好。此时，成功驱使志得意满的万国公司向多元化进一步扩展。1947年，万国公司像众多汽车公司一样涉足冰箱、空调和冰柜等制冷设备业务，满足战后美国人对舒适生活的需求。1952年，以收购霍夫公司挖掘机开始，万国公司逐步进入装载机、推土机、挖掘机、平地机等建筑机械行业。1953—1956年，万国公司为美国陆军生产了30多万支M1加兰德步枪。1960年，万国公司自行研制出小幼兽拖拉机，在大企业中率先进入草坪与花园机械领域。1962年起，万国公司将其汽车业务向中重型载货汽车延伸。1960年，万国公司为研制燃气涡轮拖拉机而收购的生产燃气涡轮发动机的太阳（Solar）飞机公司，3年后成为万国公司的燃气轮机分部。至此，万国公司已成为涉足众多不同市场、不同行业的庞大的制造业“帝国”。

然而，万国公司步入危机的征兆已经出现。随着20世纪50年代后期卖方市场消退，万国公司和对手的竞争加剧，其很多业务并不具有很强的竞争优势。万国公司在农业装备、载货汽车和建筑机械这三个主要市场开始失去份额。万国公司的一位前高管描绘了这一处境：“你把所有的植物都浇灌，但是水有限，所以没有一个植物真的开花，并能开出你想要的那些花。”在扩展领域不能夺得竞争优势，反而弱化了主营业务，平庸的多元化成了企业的陷阱！

按照《选择卓越》一书对企业衰落模型的分析，此时万国公司在经历“狂妄自大”和“盲目扩张”两个阶段后，已进入“漠视危机”的第三阶段。

1951年，优秀的工程师约翰·麦卡弗里（John McCaffrey）任万国公司首席执行官。他更关注建筑机械，削减了拖拉机试验经费。这导致50年代末期万国公司在全球12 000名代理商参加的大会上炫耀的新60系列拖拉机在出厂几个月后被迫召回。从此，万国公司失去在拖拉机市场的领先地位。万国公司1902年成立时就拥有威斯康星钢铁厂，它仅为万国公司生产钢材，持续多年亏损。1962年，钢铁分部原执行长哈利·贝克尔（Harry Bercher）转任万国公司总裁，他继续投资钢铁业务，并没有理解万国公司的主体业务是什么。到 1971 年，万国公司税后收益下降到销售额的 1.5%。

万国公司的收入是在各种各样的市场销售各式各样产品累积而成的，虽然规模庞大，但它在大多数市场上都有强大对手，只有少数产品在市场上领先。公司在大型载货汽车方面享有稳固地位，但落后于本国福特和通用的中型载货汽车以及几乎所有厂家的小型载货汽车。至于农业装备，迪尔公司终于超越万国公司，同时凯斯公司、福特公司和其他生产商都在侵蚀万国公司的市场份额。

冰冻三尺，非一日之寒。几十年来，万国公司尽管声名赫赫，但在基础管理特别是运营效率和产品差异化方面，已可看出公司因“漠视危机”而潜伏的不祥之兆。

20 世纪 30 年代中期，万国公司的毛利率为 19% ～ 28%。1966—1985 年，万国公司的平均毛利率已降到 14.37%。70 年代，万国公司的库存周转率为 3，而迪尔公司的是 6。通常认为扩大产量可摊销固定成本，提高单台利润。然而经济学家对规模经济收益递减规律感到困惑，如 20 年代的福特森拖拉机、70 年代的万国拖拉机，产量都很高，但随着时间推移，竞争力下降。运营效率是市场领先的必要条件，成功的企业首先是效率高，其次才是做大！

在产品设计方面，60 年代以前，万国公司多次引领拖拉机行业的技术创新。但从 1960 年起，在静液压拖拉机、燃气涡轮拖拉机（图 9-52）和后来的“2+2”四轮驱动拖拉机上，万国公司的市场预测失误，投资不菲，但均没有产生持续的市场吸引力。同时，万国公司在产品的标准化、通用化上不如迪尔公司，致使其产品的成本在设计方面就高于迪尔公司的。

图 9-52　万国燃气涡轮拖拉机

1971 年，万国公司奠基人小赛勒斯·麦考密克的侄曾孙布鲁克斯·麦考密克（Brooks McCormick）接手并复兴了公司。1940 年，他从耶鲁大学毕业后进入万国公司，1951—1954 年任万国英国公司总经理，1968 成为万国公司总裁兼首席运营官。1971—1978 年，布鲁克斯·麦考密克任首席执行官。他是管理公司的最后一位麦考密克家族成员。万国公司在布鲁克斯·麦考密克的领导下好转，他在 1977 年通过出售钢铁子公司和退出轻型货车业务遏制了亏损。1971—1976 年，万国公司的投资额从 6 270 万美元增加到 1.68 亿美元，总收入从 29 亿美元增长到 55 亿美元（农业装备收入从 8.57 亿美元增长到 22.62 亿美元），利润从 4 520 万美元增长到 1.741 亿美元，销售回报率由 1.5% 上升至 3.2%。

尽管万国公司在 20 世纪 70 年代取得不俗业绩，但积重难返，公司的利润率仍低于竞争对手迪尔公司和卡特彼勒公司，人均工业增加值是迪尔公司和卡特彼勒公司的 2/3。布鲁克斯·麦考密克寻求新的提升动力，不幸的是，此时公司步入了企业衰落模型的第四阶段“寻找救命稻草”。

9.16 万国“帝国”的崩溃（下）

外界认为，万国公司这一百年家族企业“古板、过时、保守、近亲繁殖和方向感差”。清醒的布鲁克斯·麦考密克承认：“我们已是沉睡的巨人，需要摇醒并搞好它！”万国公司向两家咨询公司咨询其组织结构和人员使用，将公司按职能划分的组织结构重组成以市场为导向的事业部模式。这种模式是万国公司为解决海外市场而采用的，利于加强市场营销活力。新组织中大多数领导人也是老组织的高层管理人员，但许多人换了职位。不幸的是，新组织模式在解决公司运营效率不高和产品竞争力不足方面未下大力气，而这正是万国公司几十年来的弱项。相反，市场营销原来就是公司的强项。

为了冲破习惯势力和改善经济指标，万国公司高薪外聘不具有行业经历而有金融背景的来自美国施乐（Xerox）公司的阿奇·麦卡德尔（Archie McCardell）任总裁。他的年薪高达 46 万美元，是 1977 年美国收入最高的首席执行官之一。他还有 150 万美元的签约红利和用于购买 180 万美元万国股票利息为 6% 的贷款。万国公司承诺，如果阿奇·麦卡德尔将公司的业绩提升至六大主要竞争对手的平均水平，该贷款转为礼金。阿奇·麦卡德尔于 1977 年任公司总裁兼首席运营官，1978 年任首席执行官，1979 年任董事长。他有密歇根大学 MBA 学位，应聘前曾在美国运通、通用食品和蓝十字等公司董事会任职，并曾在福特公司担任过几年财务人员。这个选择反映出万国公司仍忽视那些最困扰公司的领域，而对别的方面感兴趣。阿奇·麦卡德尔外聘来自大陆（Continental）集团的沃伦·海福德

（Warren Hayford）任公司总裁。不久，万国公司越来越多的关键负责人被行业经验较少的人所取代。后来情况表明，这也许是公司重组中的又一失策。

阿奇·麦卡德尔就是布鲁克斯·麦考密克期待能撼动百年家族企业的人。51岁的阿奇·麦卡德尔制定了降低成本计划，立即削减了6.4亿美元的开支；同时启动了一项8.79亿美元的3年计划，使几个过时的工厂变得现代化，并建立了新工厂。1979年，万国公司的销售额达到创纪录的84亿美元，利润为3.7亿美元。在20世纪70年代，尽管迪尔公司在农业机械业务上已超越万国公司，但万国公司仍是同行业中最大的公司。阿奇·麦卡德尔恰巧赶上了好形势，1976—1979年市场进入高峰期，众多竞争对手的公司也获得创纪录的业绩。

阿奇·麦卡德尔采用强势手段取得的效果立竿见影，但难以持续。当时，万国公司利润率仍然只是迪尔公司和卡特彼勒公司的一半，特别是存货周转率并未提升，现金储备依然太低，实际上公司现金流紧张的痼疾并未缓解。在阿奇·麦卡德尔领导下，公司不是从下滑的竞争地位入手，而是倾向于通过全球贸易来纾解；针对成本高的情况，不是解决产品设计、生产和管理过程对盈利的影响，而是说服工会接受较低工资。到1980年，万国公司原来的资深高管提前退休，公司从而失去了熟悉市场的智囊。在阿奇·麦卡德尔时代，其他公司和其他行业的高管涌入万国公司高层，他们往往不能及时解读市场不祥信号并做出反应。随着市场衰退加剧，万国公司更显被动。

美国汽车工人联合会自20世纪50年代就代表万国公司工会。当时，工会与公司商定不强制加班，工人有岗位转移权。阿奇·麦卡德尔认为，实现节省成本的最快方法是说服员工增加班次、强制加班和冻结岗位转移。这些措施将给员工造成1亿美元损失，工会成员对公司采取的削减生产和砍成本措施日益愤怒，劳资关系出现危机。阿奇·麦卡德尔直接控制劳资关系，他新任命的人力资源副总裁格兰特·钱德勒（Grant Chandler）协助他与工会谈判，解雇15 000名公司中高层管理人员中与工会代表太接近的11 000人。阿奇·麦卡德尔和格兰特·钱德勒在劳工关系方面经验很少，他们都没有在重型制造业的工作经历，也从未与美国汽车工人联合会谈判过。谈判于1979年8月开始，工会提出要求清单，管理方也提出7项要求，主要是冻结工作调动、每周增加班次并实施强制性加班。双方针锋相对，管理方的傲慢态度淡化了双方妥协的前景，包括公司将谈判地点从中立的酒店转移到公司会议室，公司方代表穿着丝质西装参加谈判等细节也对谈判产生不利影响。几天后，公司宣告从1978年11月到1979年7月公司的销售收入创历史新高。11月，信息显示阿奇·麦卡德尔收到180万美元奖金，这使说服工人让步的理由变得苍白无力，谈判破裂。当月，万国公司在8个州的21个工厂中有35 000名工会会员（占公司员工的36%）罢工。

为应对罢工问题，公司宣布前25名高管减薪20%，减少差旅、会议和广告等费用，减少1亿～4亿美元的投资，以及提供应急基金信贷额度。不过，阿奇·麦卡德尔坚持他的7项要求。从1979年11月到1980年1月，万国公司亏损额为2.222亿美元，未完成订单的金额为42亿美元，公司将亏损和积压归因于罢工。阿奇·麦卡德尔的工资确实降低了20%，但在要求工会让步的罢工期间，万国董事会不合时宜地将270万美元贷款给了阿奇·麦卡德尔和沃伦·海福德，这无疑恶化了公司与工人的关系。经过反反复复的谈判，万国公司和工会达成协议，持续172天的罢工于1980年4月结束。这次罢工是对万国公司最后致命的一击，万国公司再没有从罢工的后遗症中恢复过来。

1980年，美国进入30年代大萧条后最严重的经济衰退期，阿奇·麦卡德尔也赶上了坏形势，万国公司的处境急转而下。1980年，万国公司亏损额为3.97亿美元。万国公司出售了它的多用途车辆分部来弥补亏损。到1980年4月底，万国公司被迫贷款，其短期债务从44 200万美元增到10亿美元。同年10月，布鲁克斯·麦考密克辞去万国公司执行委员会主席一职，他无意依裙带关系交班，从而结束了麦考密克家族近150年来对公司的管理。退休时，他感慨良多，在接受《芝加哥论坛报》记者采访时说："这个世界上没有多愁善感的空间。"

1981年11月，因利率上升，美元强势，需求衰退，成本升高，万国公司的债务高达45亿美元。12月，公司与200个贷款人达成协议，再融资415 000万美元，以避免破产。如同当年大力扩张的镜头回放，万国公司在1955年将其制冷设备售给白色家电生产商惠而浦（Whirlpool）公司。1977年，万国公司将其钢铁部门出售给恩维洛迪纳（Envirodyne）公司。1980年，出售其多用途车辆分部，此时的万国公司不得不剥离主营业务以求生存。1981年，将园地拖拉机出售给专业生产商MTD产品公司；同年，以5.05亿美元将太阳涡轮机公司出售给卡特彼勒公司；1982年，将亏损严重的建筑机械分部以净值8 200万美元出售给美国专业生产商德莱赛（Dresser）公司，而该分部的有形和无形资产价值实际高达33亿美元。

1982年年初，阿奇·麦卡德尔给工薪职员发了600万美元奖金，从而引起劳资纠纷。3月，双方重新谈判。5月，在工会批准劳资协议的第二天，阿奇·麦卡德尔被公司董事会解雇，虽然他声称自己已经辞职。据《时代周刊》报道，公司的 16 名董事开会 2h，在作为债权人的银行推动下，董事会解雇了阿奇 • 麦卡德尔。阿奇 • 麦卡德尔被路易斯 • 门克（Louis Menk）取代。

万国公司的经济继续下滑。1980 年、1981 年和 1982 年，万国公司 3 年合计亏损额为 24 亿美元，1983 年亏损额为 4.85 亿美元。1980—1985 年，万国公司的成本一直高于收入，双双呈波动下降趋势，多次面临破产的窘境。

路易斯 • 门克不久又被唐纳德 • 伦诺克斯（Donald Lennox）取代。唐纳德 • 伦诺克斯开始专注降低成本，并将公司重点放在选定的市场上，关闭了许多业务，出售了 8 辆公司的豪华轿车，并提高零件通用性和库存利用率。但此时任何人已难以回天，万国公司进入企业衰退模型的第五阶段“濒临灭亡”。

经过长时间谈判，1984 年 11 月，万国公司同意将其历经 150 多年的主营业务农业装备出售给美国田纳科公司。1985 年年初，美国司法部批准此项收购，万国农业装备业务交由田纳科公司的子公司凯斯公司管理。万国公司的货车和发动机部门仍然存在，1986 年改名为纳维斯达万国（Navistar International）公司。因万国公司已将万国（International Harvester）品牌和 IH 符号出售给田纳科公司。纳维斯达万国公司继续以万国（International）品牌生产中重型货车、校车和发动机。

世界农业装备行业的一代巨人 —— 万国“帝国”令人惋惜地消失了，但它对农业装备发展 100 多年的贡献将永留在历史的长河里。

9.17 万国拖拉机的最后挣扎

在万国公司为生存而战的最后 10 余年里，其产品开发也做了顽强拼搏。20 世纪 70 年代，万国公司频繁推出 66 系列、68 系列、86 系列和 88 系列大中型拖拉机，以及 33 系列小功率拖拉机。在 88 系列中，万国公司推出了独特的、意图挽救危局的“2+2”型四轮驱动拖拉机。

1971—1974 年，万国公司推出 88 ～ 225hp 的 66 系列拖拉机（图 9-53），以万国或法毛两个品牌销售，这是公司第一个在全球生产并在全球销售的拖拉机系列，在美国、英国、联邦德国、法国、日本、印度、澳大利亚和墨西哥 8 个国家制造，在 125 个国家销售。66 系列可用静液压或 8 进 4 退齿轮换挡变速箱，可选装增扭器，并可选装两柱式 ROPS 或常规或豪华的驾驶室。

图 9-53 万国 1066 型拖拉机

1974 年 2 月，万国公司第 500 万台拖拉机在伊利诺伊州的法毛工厂下线。1975—1981 年，公司推出 35 ～ 67hp 的 33 系列拖拉机，在联邦德国诺伊斯工厂生产。1976—1980 年，公司推出 73 ～ 179hp“Pro Ag”86 系列拖拉机，包括 686 ～ 1586 型（图 9-54），静液压传动 77hp 的 Hydro86 型和 116hp 的 Hydro 186 型。配装名为“控制中心”的新驾驶室，选装空调、加热和无线电装置。1976 年，推出 167 ～ 350hp 的 86 系列铰接式四轮驱动拖拉机，包括 4186 型、4586 型和 4786 型，由斯泰格尔公司生产，贴万国公司的商标销售。86 系列的“控制中心”采用先进的计算机农场管理程序“Pro Ag”，可用来与经销商链接，进行备件和业务管理，还可以与农民沟通链接，这在拖拉机行业是首次。

图 9-54 万国 886 型拖拉机

尽管万国公司不断推出新产品，尽管公司在 1979 年的收入和利润均创历史新高，但仍不能重返拖拉机市场的领先位置。1978 年，万国公司推出独特的“2+2”

型 88 系列铰接式四轮驱动拖拉机，力图再次成为拖拉机市场的领导者。万国“2+2”拖拉机设计的灵感可能来自串联拖拉机，用两台两轮驱动部件铰接成四轮驱动拖拉机，同时对串联拖拉机的缺点做了分析和改进。1978 年，公司推出最初的 145hp 的 3388 型和 167hp 的 3588 型。这些拖拉机由两个 1086 型拖拉机部件组成，前伸的发动机通过中置分动箱驱动前后桥和前置 PTO，前后机架铰接并采用动力转向，驾驶室在后半部。前后桥静态重量分配接近 1 比 1，前桥比后桥小，并可摆动。一年后，又推出 189hp 的 3788 型。

万国公司“2+2”机型的基本特色：一是利用现有大量生产的两轮驱动部件，按模块化设计组成铰接式四轮驱动拖拉机，缩短生产准备周期，降低成本，改善经济效益；二是和铰接式拖拉机竞争对手不同，操作者坐在拖拉机后部，带小差速器的前桥允许发动机的位置尽可能低，从而保证前方视野，同时利于照看后方农具；三是与两轮驱动相比，四轮驱动的行驶稳定性好，改进了带宽幅播种机和中耕机作业的性能；四是能用两轮驱动拖拉机的农具。

万国公司在 88 系簇拖拉机开发上花了 2 900 万美元，这是万国拖拉机研发的最后大手笔。公司展现了它认真研发的传统，该系列产品确实有很多创新之处。新时尚造型风格由工业设计师格雷格 • 蒙哥马利（Gregg Montgomery）设计。其他创新还包括：Sentry 计算机监控系统；Z 字形换挡模式，18 挡同步传动系；为避开发动机谐振频率，在飞轮上设计了弹性联轴器；从发动机罩上方吸入空气并将其从前格栅排出；Power Priority 三泵液压系统，将颜色编码用于液压管路和控制装置，以及新的后悬挂装置；液压系统为压力流量补偿系统，兼有开心式液压系统和恒压闭心式液压系统的优点；用有限元法对 86 系列的前机架进行分析。在研制和试验中对许多其他部件进行了调查、研制和耐久试验；在试验样机上安装六通道直方图记录仪，收集作业时的各种数据；安装多点温度指示器以收集各测点的温度，以与环境和高温实验室的结果进行比较。

对于当时财政困难的万国公司来说，“2+2”概念可能是最经济地创新产品的独特思路，但是这种生产的经济性并没有反映到产品价格上，这种拖拉机的价格和竞争对手同类机型的价格差别不大。尽管 3088 系列拖拉机在现场演示表现良好，宣传力度很大，引起行业人士的关注，但它从未卖得很好。3388 型、3588 型和 3788 型拖拉机在 1978—1981 年分别仅生产了 2 146 台、5 643 台和 2 496 台。万国公司发现上述“2+2”机型尚有强度富余，于 1981 年又推出了加大功率的“2+2”6088 系列，包括 157hp 的 6388 型、177hp 的 6588 型和 200hp

的 6788 型（图 9-55）。

图 9-55　万国 6388 型拖拉机

面对市场对非铰接式四轮驱动拖拉机的需求，1981 年，万国公司在 88 系簇中又增加了采用整体机架的 3088 型和 5088 型两轮或四轮驱动拖拉机，作为 86 系列的替代型，有 90 ～ 205hp 的 3088 ～ 5488 型（图 9-56）。

图 9-56　万国 5088 型两轮驱动拖拉机

在万国拖拉机最后的挣扎中，由于公司财政恶化，产品更新捉襟见肘之处并不鲜见。如无实质性升级的频繁系列更替，350hp 拖拉机采用滑动齿轮换挡，借助美国斯泰格尔公司与日本三菱公司贴牌生产来延伸功率覆盖面等，即使是“2+2”机型，也隐含节省投资的考量。但是市场效果表明，投资不菲的 88 系列，特别是万国公司在全球大力推荐的“2+2”机型，其价格和性能上与约翰迪尔拖拉机相比没有优势，其销售业绩远未达到预期。最后的 6088 系列 3 种机型共生产了 1 261 台，成为万国拖拉机悲壮的谢幕乐章。

在拖拉机百年发展史上，万国公司的产品创新多次引领行业。如 1924 年率先制造了著名的“法毛”行列作物拖拉机，1954年率先量产动力换挡增扭器，1954年选装208V Electrall电力装置，1976年首先使用计算机农场管理程序等。在庞大的“万国”帝国崩溃之时，1985年5月，最后一辆5488 FWA型万国拖拉机下线。88系列的设计风格仍能在1987年凯斯公司推出的7000 Magnum系列拖拉机中找到。万国拖拉机技术和“IH”符号依然用在凯斯万国（Case IH）拖拉机产品中，直到今天。

9.18　艾里斯查默斯解体

1901年成立的美国艾里斯查默斯公司于1914年进入拖拉机领域，到20世纪30年代，艾里斯查默斯拖拉机的销量在美国轮式拖拉机市场上名列第三，公司以亮橙色机械而闻名。1966年，该公司的销售额达8.57亿美元，在财富500强中排名第130位。

艾里斯查默斯公司有雄厚的制造能力和丰富的技术资源，二战后期，它是行业中唯一参加美国研制原子弹的“曼哈顿计划”的企业。艾里斯查默斯公司有产品创新传统，它于1932年在美国率先把充气轮胎安装在拖拉机上，1939年率先在HD-14履带拖拉机上使用支重轮端面密封，1940年率先在HD-7履带拖拉机上使用摆块式履带张紧缓冲装置，1947年率先推出动液力传动农用履带拖拉机，1959年制造了行业内第一台燃料电池驱动的轮式拖拉机。同时，也是在动力换挡增扭器、静液压拖拉机、园地拖拉机等技术方面都有过创新尝试的第一批企业。艾里斯查默斯公司的运营效率、经济指标在同行中居中上水平。因此，当它在80年代面临破产厄运时，业界许多人认为这本不该发生，悲剧的起因可能是对其股权的恶意收购，而悲剧的形成可能归咎于其领导层热衷资本运作胜于关注制造业本身。

20世纪60年代，艾里斯查默斯公司作为一个广谱多元化制造商的问题开始显现。其业务范围包括农业装备、建筑机械、发电和输变电（甚至核电站）设备三大板块，以及其他各种工厂和矿山使用的工业设施。但随着竞争加剧，艾里斯查默斯公司如行业众多企业一样处境困难，利润率不高，1963—1966年，其平均税后净利率为2.6%。1967年，其产品销量下降4.3%，但税后利润下降81%。正在此时，这个上市公司被卷入了一系列恶意收购。

第一家有兴趣收购艾里斯查默斯公司股票的是凌坦科沃特（Ling-Temco-Vought，LTV）公司。该公司是美国一家擅长资本运作的大型集团，在60年代积极收购了很多公司，其中大部分被转手出售。1967 年，LTV 公司宣布意欲收购所有艾里斯查默斯公司股票。最初，艾里斯查默斯公司为了摆脱 LTV 公司，与和它业务相近的并购候选人美国通用动力（General Dynamics）公司商谈。后来，艾里斯查默斯公司管理层决定抵制任何收购。公司依靠威斯康星州政府的帮助，呈交了对 LTV 公司的诉状，使 LTV 公司在 1967 年撤回收购艾里斯查默斯公司的要约。

1968 年，艾里斯查默斯公司董事会选举戴维·斯科特（David. Scott）任总裁。戴维·斯科特在收购问题上经验丰富，他担任过柯尔特（Colt）工业公司和通用电气（GE）公司的高管，从此艾里斯查默斯公司开始了备受争议的斯科特时代。LTV 公司的收购插曲使艾里斯查默斯公司被低估的财务状况惊动了投资界，其他公司开始购买有潜力的艾里斯查默斯公司股票，收购战继续。在戴维·斯科特的领导下，艾里斯查默斯公司打赢了这场其他企业企图控制它的战争。但是，可能是因为管理层全力关注收购战而忽视了主营业务，艾里斯查默斯公司存在的问题更趋严重。1968 年，艾里斯查默斯公司的收入降至 7.67 亿美元，毛利润下降到 6.4%，但销售和管理费用反而增加。艾里斯查默斯公司公示的该年税后亏损额为 5 500 万美元，但实际亏损额为 1.22 亿美元。

戴维·斯科特采取措施，减少员工 8 000 人，其中 6 000 人为白领，包括减少总部 1 000 余人。每年投入约 4 000 万美元用于更新生产设施，有些工厂因过高的一次性费用而退役。1970 年，公司略有盈利。同年，公司名称从艾里斯查默斯制造公司改名为艾里斯查默斯公司，象征新方向和新形象。

1971 年，美国农业装备市场不景气，艾里斯查默斯公司试图以建筑机械业务维持生存，但其建筑机械的销量稳步下滑。竞争对手凯斯公司和迪尔公司的建筑机械扩展到中小型领域，新的对手如日本小松株式会社也占领了大块市场。

戴维·斯科特上任后，艾里斯查默斯公司管理层更多地关注收购、重组、合资、剥离、会计操纵和各种其他活动，而不是关注以低成本生产差异化产品，忽视了公司确保农业装备和建筑装备两大主业的使命。从 1969 年到 1981 年，这些资本运作多达 20 项，包括 1969 年与联邦德国电站（Kraftwerk）联合公司建立合资企业，1974 年与联邦德国福伊特（J. M. Voith）公司建立合资企业，以及 15 项对各种各样企业的收购。激进的多元化计划继续进行，艾里斯查默斯公司的表现乏善可陈。1969—1974 年，公司获利微薄，利润率为 0.6% ～ 2.2%。而同期迪尔公司利润率为 4.0% ～ 8.4%。

艾里斯查默斯公司与主业相关的资本运作是它与意大利菲亚特公司的合资。1969 年，艾里斯查默斯公司把优先股卖给菲亚特公司，1974 年与菲亚特公司合资成立菲亚特艾里斯（Fiat-Allis）建筑装备公司，菲亚特公司持股 65%。1977 年，艾里斯查默斯公司又将其在合资公司的股份收缩到 12%。最后，被迫申请清算。关于菲亚特公司只促进自己利益而不顾艾里斯查默斯公司利益的诉讼延续了 3 年，到 1985 年，菲亚特公司买下艾里斯查默斯公司的剩余股份，并将公司改名为菲亚塔里斯（Fiatallis）公司。艾里斯查默斯公司在市场上富有声誉的铲土运输装备在经历 57 年后在市场上完全消失。

1976—1979 年，美国市场形势转好，艾里斯查默斯公司的收益创纪录。1977 年，公司的利润升到 5 870 万美元，税后利润率为 4.36%，1979 年，公司的盈利为 8 100 万美元。不过，这一年也是其他公司利润创纪录的高峰年。然而到了 1980 年，强劲的销售有所减弱，艾里斯查默斯公司经历了 43% 的盈利跌幅。

20 世纪 70 年代，艾里斯查默斯公司陆续推出 117 ～ 210hp 的 7000 系列和低于 50hp 的 5000 系列轮式拖拉机。80 年代上半期，陆续推出 8000 系列和 6000 系列轮式拖拉机。7000 系列拖拉机（图 9-57）均采用公司自产的六缸柴油机、部分动力换挡变速箱，有 12 个或 20 个前进挡，均用两轮驱动，多为闭心式液压系统，采用液压转向、独立式 PTO，标配或选装舒适型驾驶室。8000 系列是对 7000 系列的改进完善，如增加四轮驱动变型、增加多挡动力换挡变速箱选项，采用负载传感闭心式液压系统等，其中包含 300hp 的 8550 型铰接式四轮驱动拖拉机。

图 9-57　艾里斯查默斯 7080 型拖拉机

1980 年，农业装备市场的繁荣戛然而止。艾里斯查默斯公司将拖拉机生产和铸造厂关闭两个月，裁员近 900 名。此前，艾里斯查默斯公司在经历了企业衰退模型中“盲目扩张”与“漠视危机”阶段后，已进入第四阶段“寻找救命稻草”。

在这一阶段，公司病急乱投医，先后热衷于空气过滤产品、配电产品及煤炭转化气体技术等。

1978 年，艾里斯查默斯公司决定进入预计前景光明、与环保相关的空气过滤产业，收购了大型美国空气滤清器公司，制造的产品从家用空气过滤器到发电站的飞灰除尘器。但 10 年后，艾里斯查默斯公司不得不将在全球有 27 家生产厂、产品在 100 多个国家销售的美国空气滤清器公司售出。1978 年，艾里斯查默斯公司与联邦德国西门子公司建立合资企业，供应电控装备。到 1985 年，艾里斯查默斯公司分两次把全部股份卖给西门子。1980 年，艾里斯查默斯公司对下属子公司“将煤炭转化为气体，并将其输送到锅炉中燃烧发电”的新技术感兴趣，计划投资 40 亿～ 60 亿美元，力争在 1983 年底或 1984 年初全面进入商业生产。这些投资不仅没有扭转困局，反而加速了公司的解体。

1981 年，艾里斯查默斯公司与工人关于减薪进行谈判，但工会拒绝减薪，公司亏损额为 2 880 万美元。1982 年，银行提高贷款利率，公司亏损额为 2.07 亿美元。1983 年，戴维•科斯特辞去董事会主席职务，被有技术背景的温德尔•布切（Wendell Bueche）取代。这一年，公司亏损额为 1.42 亿美元。

1983 年，艾里斯查默斯公司采用管理层控股模式，把从事草坪与园地业务的子公司辛普里斯蒂公司卖给其管理层和一家投资集团，1985 年，辛普里斯蒂公司属辛普里斯蒂员工所有。1984 年，艾里斯查默斯公司的情况再度恶化，亏损额高达 2.61 亿美元，公司净值变为负数。为应对巨额亏损，公司不得不出售较好的业务，有 29 个制造厂被出售或关闭，许多工人流离失所，劳资关系恶化。1985 年，艾里斯查默斯公司将其农业设备业务出售给联邦德国道依茨（KHD）公司，价格为 1.07 亿美元。KHD 将新公司命名为道依茨艾里斯公司，并把它交给道依茨法尔公司管理（参见第 10 章“从道依茨艾里斯到爱科”一节）。1985 年 12 月，艾里斯查默斯公司生产了最后一台拖拉机，即 78hp 的 6070 型。不过，这些四位数系列拖拉机在公司的所有权转移后，由道依茨艾里斯公司生产。

艾里斯查默斯公司完全退出农业装备和建筑机械后，被迫于 1987 年申请破产。到 1999 年，艾里斯查默斯公司关闭了密尔沃基办公室，其 150 多年的故事大体结束，它其余的业务组成了艾里斯查默斯能源公司。

2004 年收购上述辛普里斯蒂公司的布里格斯与斯特拉顿（Briggs & Stratton）公司于 2008 年在草坪和园地产品上恢复艾利斯查默斯品牌，其新型园地拖拉机依赖熟悉的橙色和艾利斯查默斯标志，让人们再次忆起艾利斯查默斯农用拖拉机的荣耀时光。

9.19 中国引进西方拖拉机技术

我国在 20 世纪六七十年代自主设计拖拉机，各拖拉机制造厂和洛阳拖拉机研究所先后设计研制了 10 ～ 120 马力的农用轮式或履带拖拉机系列。70 年代后期，我国启动改革开放。在此前的 10 年间，尽管我国拖拉机保有量大约翻了两番，但国内外同行的交流几近中断，技术差距显著拉大。为学习国外先进技术、合理规划我国拖拉机产业发展，1978 年 10 月举办了北京外国农业机械展览会，参加展出的企业来自 12 个国家，又称 12 国农业机械展览会。在展览会上展示农用拖拉机的有澳大利亚、英国、加拿大、法国、联邦德国、意大利、日本和罗马尼亚 8 个国家。当时，西方国家正处在 70 年代经济滞涨时期，欧美拖拉机企业对打开我国市场满怀期待，展出的拖拉机代表了当时拖拉机产品的先进水平，展品有轮式、履带、集材和手扶拖拉机，以及自走底盘等共 102 台。展会激起观众浓厚的兴趣，加上预展和延展，从 10 月 20 日持续到 12 月 2 日。

在参展的展品中，轮式拖拉机主要有迪尔公司 30 系列中功率机型，菲亚特公司 80 系列中功率机型，以及麦赛福格森、芬特、道依茨法尔、大卫布朗、赛迈、罗马尼亚 UTB 和澳大利亚张伯伦等机型，功率最高的是 280hp 的加拿大沃瑟泰尔 M-875 型铰接式拖拉机。常规小型四轮拖拉机主要来自日本的企业，如久保田（图 9-58）、井关、洋马和石川岛芝浦等公司的产品。小型铰接式四轮驱动拖拉机主要来自意大利，有帕斯夸利（Pasquali）、波吉斯（P.G.S）和瓦尔帕达纳（Valpadana）等品牌。还有来自意大利和日本的履带拖拉机和手扶拖拉机，以及来自法国和加拿大的集材拖拉机。

图 9-58 久保田 B6000R 型拖拉机

展会还展出了一些特殊形态的拖拉机，如适应复式作业、多方位悬挂农具的联邦德国梅赛德斯奔驰 Trac1300 型双向拖拉机、驾驶室前置的道依茨法尔 Intrac

2003A 型系统拖拉机和芬特 F275GT 型自走底盘，以及罗马尼亚的 445HCP 型高架拖拉机（图 9-59）。

图 9-59 罗马尼亚 445HCP 型拖拉机

在展览会上展出 725 台（套）农机产品，我国留购 500 多台（套）。1979 年，我国对留购和各地引进的农业机械组织适应性试验。中功率拖拉机的试验地点在北京十八里店，试验的机型有 70 ～ 92 马力的菲亚特 880DT 型、万国 8445 型、约翰迪尔 3130 型、道依茨法尔 D 6806 型和麦赛福格森 595 型；大功率拖拉机的试验地点在新疆石河子，试验的机型有 70 ～ 230 马力的罗马尼亚 A-1800A 型、麦赛福格森 2805 型、芬特 611LS 与 612 型、约翰迪尔 2130 型及南斯拉夫 IMT578/579/5200 型；水田拖拉机的试验地点在江苏丹阳，有 34 ～ 83 马力的日本三菱 B 3200FD 型、久保田 L 3001/M 4000DT/M7000DT 型、井关 76500 型和芝浦 SE340 型；北方山区拖拉机的试验地点在山西昔阳，有 18 ～ 33 马力的帕斯夸利 946/993/988 型、瓦尔帕达纳 4RM330 型及 NIBBI G219S 型；南方山区拖拉机的试验地点在四川广汉。

这一时期，国家农垦总局引进了成套农业机械。例如：1978 年，黑龙江友谊农场引进 7 台（套）约翰迪尔大功率轮式拖拉机及配套农具进行生产试验，对菲亚特 1300DTS 型和约翰迪尔 4440 型拖拉机做了对比试验；1980 年，黑龙江洪河农场引进美国万国公司 30 台 3588 型拖拉机及配套农具并投入生产使用。

从 1982 年起，我国拖拉机行业派出十几个代表团赴美国、欧洲、日本等国家和地区进行考察，邀请 20 多家外国公司来我国进行技术交流和合作谈判。在这个基础上，我国积极开展了拖拉机技术引进。

1983 年，机械部组织沈阳拖拉机厂、天津拖拉机厂和长春拖拉机厂引进美国迪尔公司农用拖拉机专有技术，包括约翰迪尔 4450 型、3140 型、2140 型、2040 型和 1140 型轮式拖拉机的底盘生产技术。1984 年年底，机械部组织第一拖拉机厂和上海拖拉机厂与意大利菲亚特公司达成轻型中等功率拖拉机技术转让协议，包括菲亚特 90 系列和 66 系列中 45 ～ 100 马力轮式拖拉机底盘生产技术。第一拖拉机厂引进 90 系列 60-90 型、80-90 型和 100-90 型，上海拖拉机厂引进 66 系列 45-66 型、55-66 型和 70-66 型。此外，机械部组织河北邢台拖拉机厂和河南郑州拖拉机厂引进意大利哥尔多尼（Goldoni）小型拖拉机生产许可证及专有技术；山东拖拉机厂引进联邦德国道依茨法尔拖拉机技术；黑龙江哈尔滨拖拉机厂引进美国卡特彼勒 5H 型集材拖拉机专有技术。这些引进项目采取不同的组织方式：有的是国家级项目，有的是地方级项目；有的由政府主管部门为主组织实施，有的以引进企业为主组织实施。

在 12 国农业机械展览会上展示的技术属于 20 世纪 70 年代先进水平，到技术引进时，多数更新到 80 年代先进水平。如迪尔公司在展会上展出的是 30 系列，我国引进的是 40 系列以及可部分动力换挡、实现电子监控的 50 系列；菲亚特公司展出的是 80 系列，我国引进的是 90 系列。但由于当时我国正处于社会主义市场经济初级阶段，农村对大中型拖拉机需求减少，各厂在引进拖拉机技术以后对硬件投入较少，生产能力难以形成。加之这些先进产品所使用的某些钢材、润滑油、摩擦材料等在国内尚未生产，许多重要零部件的工艺难以达到设计要求，造成实际上引进技术的大多数产品没有投产。尽管如此，技术引进对我国拖拉机行业的技术进步与创新起到一定的作用，为此后产品自行改进与设计奠定了基础。

20 世纪 80 年代，我国引进的西方拖拉机技术按德国雷钮斯（K. T. Renius）教授的分类，大约比当时我国的机型超前一到两代，市场需求有待培育和国家工业基础支撑的欠缺，导致我国对引进技术的消化吸收难度很大。但正因为如此，外国企业才愿意或敢于向我国转移技术；反之，外企会虑及向我国出口技术可能扶持竞争对手。后来历史证明了这一点。

9.20 韩国拖拉机产业兴起

继日本之后，韩国也实现了农业精细化种植和农业机械化。在 20 世纪 60 年代后期，韩国开始以机械取代畜力耕作。70 年代，耕耘机被广泛使用。韩国在 1978 年制定了农业机械化推展法，80 年代制定了农业机械化长期发展计划，四轮拖拉机日渐被推广。到 80 年代末，韩国 82% 的农地已实现机械耕耘。当时韩国有 4 家厂商生产 19 ～ 53 马力的 10 种型式拖拉机。

韩国最早生产拖拉机的企业是大同（Daedong）公司。1947 年，大同公司在韩国庆山南多的金菊成立。1949 年，大同公司开始生产发动机，1962 年开始生产耕耘机（图 9-60），公司引进日本三菱公司手扶拖拉机技术，进行合作生产。此后，大同公司生产 FRT、DT 和 MT 等系列耕耘机。

图 9-60　韩国大同耕耘机

1966 年，大同公司改名为大同工业股份公司。1968 年，公司开始生产农用拖拉机，这是韩国拖拉机产业最初的一步。1969 年，公司和美国福特公司开始技术合作。大同公司生产的拖拉机出口时使用京都（Kioti）品牌，1985 年其生产的紧凑型拖拉机向美国出口（图 9-61）。1993 年，大同美国公司成立，生产母公司的拖拉机。

图 9-61　京都 LB1714 型拖拉机

在韩国拖拉机企业中，资金和技术实力最强的是 LG 和 LS 拖拉机公司，它们的源头是韩国金星（GoldStar）公司。金星公司的历史可追溯到 1975 年，它作为韩国现代汽车公司的一个分部，与日本洋马株式会社合作。1977 年，现代汽车分部开始与意大利菲亚特公司合作。1983 年，现代汽车分部被金星公司收购成为它的一个分部。同年，金星公司分部开始与三菱合作，生产 GT 系列拖拉机。1984 年，金星公司的分部与菲亚特合作生产 66 和 90 系列拖拉机，以金星或菲亚特金星品牌销售。

1983 年，金星公司与属同一财团的乐喜（Lucky）公司合并，成立乐喜金星（Lucky GoldStar）集团。乐喜公司的源头是 1947 年成立的立辉（Lak-Hui）化工实业公司，1974 年改名为乐喜公司。1995 年，乐喜金星集团改名为缩写的 LG 公司，其拖拉机业务相应更名为 LG 拖拉机分部。2005 年，LG 将其电缆与机械业务剥离，成立 LS 公司，LS 的含义是领先解决方案（Leading Solution）。LG 拖拉机变成 LS 拖拉机，其母公司是 LS 电缆公司。LS 拖拉机（图 9-62）与日本三菱拖拉机技术相关。LS 公司也进口纽荷兰拖拉机，以 LS-New Holland 品牌在韩国转售。在北美和欧洲市场，LS 公司既以 LS 品牌销售，也以蒙大拿（Montana）、麦考密克、克拉斯、兰迪尼和塔菲等品牌销售。同时，LS 公司还为纽荷兰、凯斯和克拉斯三家公司代工生产。2012 年，LS 公司为三家公司生产 23 ～ 90 马力拖拉机 18 000 台，另外在韩国贴牌销售纽荷兰 100 马力以上拖拉机。

图 9-62　韩国 LS138 型拖拉机

韩国东洋摩山公司（Tong Yang Moolsan Corp）于 1951 年在首尔成立，从事电影和贸易商务。1962 年，它与 1960 年成立的博坤（Bokun）企业公司合并成东洋摩山有限公司（TYM）。1968 年，TYM 与韩国轻金属公司合并，开始农机生产。1973 年，TYM 在韩国安阳建立农业机械工厂。1978 年，农业机械工厂从安阳移到昌原。1998 年 TYM 开始生产拖拉机，初期的拖拉机是基于日本井关拖拉机的设计，使用东洋和 TYM 品牌。如 T280 型（图 9-63），安装 28 马力久保田三缸柴油机，配有16进12退同步换挡变速箱，四轮驱动。后来TYM与美国凯斯公司、万国公司及意大利赛迈公司合作，在韩国制造、组装或分销它们的拖拉机。TYM也为其他国外公司制造拖拉机，并以各种品牌销售，其中包括：意大利的赛迈、Nibbi和印度的马恒达。它们以蝎子（Scorpion）和千禧年（Millennium）品牌出口美国。

图9-63　韩国东洋T280型拖拉机

韩国拖拉机制造企业有如下特点：一是以引进技术、合作生产为主要方式；二是以生产适应水稻田的中小型功率机型为主；三是国内供大于求，重视向国外扩张；四是除拖拉机外，还生产耕耘机、水稻插秧机、水稻联合收割机，甚至小型工程机械等。

9.21　印度自主设计斯瓦拉杰拖拉机

20世纪60年代，印度拖拉机产业兴起，技术主要来自国外企业，如联邦德国艾歇尔公司、英国麦赛福格森公司、捷克斯洛伐克热托厂、波兰乌尔苏斯厂及美国万国公司。印度拖拉机企业与这些企业的合作都是以CKD进口组装为主，产品价格较高，销量受限。1965年，印度开始迈出自主设计拖拉机的步伐，一路坎坷，于1974年在旁遮普邦批量生产其自主设计的斯瓦拉杰拖拉机。

印度独立后，政府推动自主设计机械产品，印度中央机械工程研究所（CMERI）承担这一重任。1964年，印度总理尼赫鲁邀请曼·苏里（Man Suri）作为主管加入CMERI，曼·苏里以发明用于内燃机车的液压机械传动装置而闻名。1965年，应曼·苏里邀请，钱德拉·莫汉（Chandra Mohan）加入CMERI并担任生产工程部门负责人。钱德拉·莫汉之前曾在铁道部工作11年，从事列车安全和制动系统的研究与设计。

1965 年，曼 • 苏里陪同印度总理前往莫斯科，商谈引进苏联技术的年产 12 000 台小型拖拉机项目。曼 • 苏里认为：印度可以生产自己设计的拖拉机。这一思路得到印度计划委员会肯定。此时，印度投入 25 亿卢比巨额资金建立的重型工程公司（HEC）闲置，它和另外一家投资 4 亿卢比的采矿和联合机械公司（MAMC）都可用来生产自主设计的拖拉机。9 月，CMERI 提交提案，经政府审查定案。项目开始时的核心团队只有 6 名年轻工程师，除了钱德拉 • 莫汉，其他人或没看见过或没驾驶过拖拉机。他们购买了两台拖拉机进行研究，从印度专利局、加尔各答和当时唯一开设农业工程专业的克勒格布尔（Kharagpur）学院获取有关资料。

对产品性能的要求来自旁遮普农业大学、潘特纳加（Pantnagar）农业大学和个体农民。产品的基本性能应包括自动农具控制系统、防止在炎热的夏天发生故障和低成本服务能力。设计团队研究密封盘式制动器、行星 Hi-Lo 装置、液压减振座椅和人机工程，以及无须加工的彩色钢板等；自行设计了自动深度机具控制液压系统，符合麦赛福格森标准而不侵犯其专利；采用模块化设计和通用化概念，保持底盘部件基本不变，只改变发动机缸数即可形成 20 ～ 30hp 系列。设计团队把自动深度控制液压系统和其他设计在英国、美国、联邦德国和日本申请了专利。1967 年，第一台样机完成，样机上唯一的进口零件是差速器总成的 4 个轴承。测试时样机损坏，设计团队在 1968 年开发了第二台样机并进行测试。1969—1970 年，3 台样机田间使用试验超过 1 500h。随后，由拖拉机培训和测试中心对样机进行评估并申请专利。这是第一种印度自行设计的拖拉机。设计团队给拖拉机起了个印地文名字斯瓦拉杰（Swaraj），这出自当年圣雄甘地的“印度自治（Hind Swaraj）”口号，总理英迪拉 • 甘地夫人立即批准了这一名称。

但是，设计团队研发的本土技术没有企业接收，政府对此也不热情，很多人只对 CKD 进口组装产品感兴趣。1969 年年初，印度机床制造有限公司（HMT）走多元化道路，决定向拖拉机发展，希望引进捷克斯洛伐克热托拖拉机技术。政府对此也支持，并指定国家工业发展公司（NIDC）对斯瓦拉杰和热托的拖拉机技术进行比较，以便选择。结果不难预料，斯瓦拉杰样机无法对抗久经考验、正规生产的 CKD 热托拖拉机。1970 年，在内阁秘书主持、HMT 和 NIDC 出席的会议上，斯瓦拉杰的设计被拒绝。会上只有一人支持斯瓦拉杰，那就是设计团队的钱德拉 • 莫汉。

1969 年，在旁遮普邦工业发展公司（PSIDC）总裁特詹德拉 • 卡纳（Tejendra Khanna）访问 CMERI 期间，表示粮食生产大邦旁遮普邦政府欣赏设计团队的技术，愿意提供部分资金支持他们。条件是钱德拉 • 莫汉和他的核心团队需从 CMERI 辞职，到旁遮普邦实施项目。1970 年，双方签署技术许可协议，旁遮普拖拉机公司于 1970 年成立，钱德拉·莫汉成为首席执行官。

鉴于当初该项目未经国家批准，项目审批面临挑战，制造许可证须通过国家拖拉机认证中心的临时认证。还有就是赶上旁遮普邦政府换届，现任内阁反对这一项目，他们喜欢福特或约翰迪尔那样的外国品牌，而不是被首都拒绝的自行设计的产品。此外，筹资也是个问题。为了让政府同意这个 3 700 万卢比的拖拉机项目，旁遮普邦工业发展公司作为发起人，最多投资 450 万卢比，余额需项目团队自筹。幸运的是，在印度工业发展银行（IDBI）的帮助下，钱德拉·莫汉团队编制了项目报告，于 1970 年提交后，印度工业金融公司、印度联合银行和印度人寿保险公司花了一年时间批准这个项目。

1972 年，旁遮普拖拉机有限公司（Punjab Tractors Limited，PTL）在旁遮普邦莫哈利成立。1974 年，首批 14 台 20hp 斯瓦拉杰 20 型拖拉机（图 9-64）交付使用。产品性价比的竞争使 PTL 必须采用通用化概念加大产品功率，以提高售价。PTL 的成就之一是创建了国内发动机和液压系统等配套网络。

图 9-64　斯瓦拉杰 724 FE 型拖拉机

1975 年，PTL 又推出 39hp 的 735 型拖拉机。此后多年，735 型是印度拖拉机销量最大的机型。1979 年，PTL 推出 720 型拖拉机。1983 年，PTL 推出 55hp 的 855 型拖拉机（图 9-65）。

到 20 世纪 80 年代，PTL 产品实现多元化。公司于 1981 年成立斯瓦拉杰联合收割机分部，于 1984 年成立斯瓦拉杰马自达（Mazda）公司，于 1986 年成立斯瓦拉杰发动机公司，同年推出斯瓦拉杰叉车，但是该公司的主要产品仍是拖拉机，1993 年，PTL 莫哈里工厂年产拖拉机的能力扩建到 2.4 万台，1996 年扩建到 3 万台。属联合收割机分部的另一拖拉机厂年产拖拉机的能力由 1994 年的 1.2 万台扩建到 1997 年的 3 万台。在 1995 年、1996 年和 1997 年 3 个财政年度，旁遮普拖拉机公司分别生产了 26 315 台、33 034 台和 40 245 台斯瓦拉杰拖拉机，在印度市场排名第四位。2000 年，斯瓦拉杰拖拉机年产量已超过 4.5 万台。

图 9-65　斯瓦拉杰 855 型拖拉机

斯瓦拉杰品牌在印度北部享有盛名，PTL 的实力在于其具有独立的研发能力、设计能力和先进的制造技术，它曾是盈利能力最强的印度拖拉机公司之一。进入 21 世纪，PTL 因管理不善而亏损，排名跌落为行业第五位，股价陡降。这时其大股东旁遮普邦政府试图撤离，积极工作的莫汉团队要和有 33 年联盟的所有者分手是一件感伤的事。PTL 在 2003 年之后进入艰难发展时期。2007 年，马恒达公司以 148.9 亿卢比收购了旁遮普拖拉机公司。2009 年，PTL 成为马恒达公司的斯瓦拉杰分部。

有研究报告认为，马恒达公司对旁遮普拖拉机公司的收购是个双赢。斯瓦拉杰分部 2011—2012 财年和 2007—2008 财年相比，产量由 28 500 台增至 69 292 台（图 9-66），市场占有率从 9% 提高到 13.1%，行业排名从第五位升为第三位，销售收入和利润均成倍提高（详见第 10 章“印度马恒达拖拉机”一节）。

图 9-66　马恒达斯瓦拉杰分部装配线

9.22 伊朗拖拉机产业

20 世纪 60 年代末，伊朗拖拉机制造业起步，其规模比中国、印度、巴西要小。伊朗最重要、最早的拖拉机企业是国营伊朗拖拉机制造公司。

1966 年，伊朗与罗马尼亚合作，达成引进罗马尼亚 UTB 拖拉机技术、建立拖拉机制造公司的协议，并按 UTB 许可证生产 50 型两轮驱动拖拉机（图 9-67）。1968 年，伊朗拖拉机制造公司（ITMCo）成立。公司位于伊朗西北部大不里士的郊区，是中东地区最大的拖拉机制造商之一。公司最初的目标是每年制造 10 000 台 45 ～ 65 马力拖拉机。从 1969 年起，公司组装 65 马力的 U651 四轮驱动型和 U650 两轮驱动型罗马尼亚拖拉机，以 ITMCo 商标销售。

图 9-67　伊朗生产的 50 型拖拉机

1976 年，ITMCo 与英国麦赛福格森公司签署协议，获得使用麦赛福格森技术生产拖拉机的授权。如源自 MF135 型的 ITMCo 240 型拖拉机（图 9-68），装有 47 马力自产发动机，可两轮或四轮驱动。生产发动机的伊朗公司是 ITMCo 的一部分，位于伊朗大不里士，其生产的发动机基于英国帕金斯许可证设计。

ITMCo 年生产纲领为 13 000 台，大量零件在伊朗生产。公司组建车间，实现 36 000 台柴油机、3.5 万 t 铸铁件和 3.2 万 t 锻件的年生产能力，并出口部件总成，在世界各地工厂装配拖拉机。第一批 MF 拖拉机有四个型号：MF135 型、MF165 型、MF185 型和 MF295 型。1977 年，MF285 型拖拉机取代 MF185 型拖拉机。1987 年，公司将发动机、锻造和铸造公司与母公司分离。1992 年，公司生产 110 马力 MF399 型两轮或四轮驱动大型拖拉机。1981 年，ITMCo 与麦赛福格森公司一起在利比亚阿尔雅达生产拖拉机。

图 9-68　ITMCo 240 型拖拉机

进入 21 世纪，伊朗拖拉机制造公司在国内外扩张。2003 年，它收购了伊朗的乌尔米耶（Orumieh）拖拉机制造公司（OTMCo）。OTMCo 成立于 1985 年，位于伊朗西阿塞拜疆省乌鲁米亚县乌尔米耶。OTMCo 按意大利哥尔多尼公司许可证生产小型铰接式四轮驱动拖拉机，如 30 ～ 42 马力的 930 型（图 9-69）、938 型、940 型和 942 型拖拉机。

图 9-69　OTMCo 930 型拖拉机

2003 年，ITMCo 在伊朗库尔德斯坦成立子公司库尔德斯坦（Kordestan）拖拉机制造公司（KTMCo），其产品使用 KTMCo 品牌，但与 ITMCo 公司的 MF285 型和 MF399 型相同。2004 年，为发展国外市场，ITMCo 与委内瑞拉卡拉波波集团（CVG）合资，成立委内瑞拉伊朗（VenIran）公司，并于 2005 年建立了年产 5 000 台拖拉机能力的工厂。2006 年，ITMCo 与乌干达国家企业公司（NEC）合作，成立乌干达伊朗（UgIran）公司，ITMCo 占 60% 的股份。同年，ITMCo 与塔吉克斯坦合作建立塔吉克斯坦伊朗（TajIran）公司，装配和生产拖拉机。公司的国外业务还包括：2007 年与 LSG 在巴西、2009 年与巴斯基（Baskent）在土耳其、2010 年与莫提拉（Motira）在津巴布韦继续扩展。2010 年，ITMCo 宣布将协助玻利维亚建立拖拉机生产厂。

除上述企业外，伊朗的拖拉机企业还有吉罗夫特（Jiroft）公司和奥姆兰锡尔詹（Omran Sirjan）公司等。

1990 年，位于伊朗克尔曼省吉罗夫特市的吉罗夫特拖拉机制造公司也是按哥尔多尼许可证制造拖拉机。1999 年后，该公司由伊朗农业投资公司控股，其股票属于全国 20 万农民。2005 年，该公司生产吉罗夫特 238 型拖拉机（图 9-70），装 38 马力双缸风冷发动机，四轮驱动，每天生产 3 ～ 5 台。同年，该公司又推出 341 型拖拉机，装 41 马力三缸水冷发动机，每天最多生产 3 台。

图 9-70　吉罗夫特 238 型拖拉机

2001 年，在伊朗锡尔詹成立奥姆兰锡尔詹（Omran Sirjan）拖拉机制造公司（简称 OSTMCo），获授权制造用于伊朗的哥尔多尼拖拉机。该公司自成立以来，生产 25 ～ 165 马力，用于花园、农场和稻田的拖拉机。如 46 马力的 Euro 50B 型、82 马力的 Europars 824 型（图 9-71）和 165 马力的 Europars 1454 型拖拉机等。

图 9-71　OSTMCo 824 型拖拉机

特什（Toos）拖拉机制造公司的总部位于马萨德州霍拉桑特什工业城。它和俄罗斯利佩茨克拖拉机厂（ЛТЗ）、白俄罗斯明斯克拖拉机厂（МТЗ）和塞尔维亚 IMR 公司等合作，制造与组装基于它们产品的特什拖拉机。

德哈芬瓦尔齐（Dehghan Varz）农业机械公司生产瓦尔齐（Varzan）95 型小型拖拉机和 Vizhak 手扶拖拉机（图 9-72）。其总部位于德黑兰，按法拉利（Ferrari）拖拉机许可证设计。该公司有年产 3 300 台拖拉机和 5 300 台手扶拖拉机的能力。

图 9-72　伊朗 Vizhak 拖拉机

克尔曼（Kerman）拖拉机制造公司的总部设在克尔曼省的巴格林。他们按许可证生产哥尔多尼 U453 型拖拉机。

位于伊朗大不里士的开伯尔（Khyber）拖拉机有限公司按许可证生产罗马尼亚 UTB 拖拉机。

在伊斯兰革命以前，伊朗主要是与国外公司签订技术引进协议，采取合资或合作经营或许可证贸易形式。自 20 世纪 80 年代后期，伊朗不再允许合资经营，但允许开展许可证贸易。由于多种原因，引进产品的国产化率不高，一般为 30% ～ 50%，大部分关键部件需进口。

9.23　滚翻防护结构的推广

随着拖拉机保有量的明显增长，拖拉机伤害事故增多。减少伤害和翻车防护问题早在 20 世纪 30 年代就已引起人们的注意，但是，第二次世界大战延迟了这一进程，直到 20 世纪 50 年代，这个问题才再次被社会重视，拖拉机滚翻防护结构（ROPS）逐步得到鼓励性或强制性推广。

滚翻防护结构用来在拖拉机滚翻时对拖拉机驾驶员进行防护。ROPS 通常在大多数滚翻不超过 90° 时起作用。在完全滚翻的情况下，ROPS 也可使驾驶员免被拖拉机压伤。在我国，ROPS 常被称为安全架，具有 ROPS 功能的驾驶室常被称为安全驾驶室。

安全架多采用两柱式和四柱式（图 9-73）。单柱式或折叠两柱式很少采用，单柱式仅用于个别小功率拖拉机，折叠两柱式（图 9-74a）有时用于净空受限的场合。有的安全架有顶棚，可用于避雨遮阳（图 9-74b）；强度达到防护落物标准者称为落物防护结构（FOPS），常用于装载或吊装机具的拖拉机。

a）两柱式安全架　　b）四柱式安全架

图 9-73　安全架

a）折叠两柱式安全架　　b）带顶棚两柱式安全架

图 9-74　两柱式安全架

瑞典是最早系统研究防翻安全并取得明显成效的国家。1954 年，瑞典已有人研究滚翻问题。20 世纪 50 年代中期，瑞典成功对 ROPS 进行了摆锤冲击试验。1958 年，瑞典颁布法令，强制要求所有 1959 年新生产的拖拉机必须符合摆锤冲击试验标准。从 1965 年起，雇员使用的所有拖拉机都必须有 ROPS。拖拉机中安装 ROPS 的拖拉机占比从 1959 年的约 3% 上升到 1990 年的约 98%。其间，每 10 万辆拖拉机每年致命翻车的次数已从 17 次降到 0.3 次。

在新西兰，20 世纪 50 年代也制定了拖拉机用 ROPS 必须得到批准和认证的规定。随后，全球发达国家特别是欧洲国家迅速跟进。丹麦于 1967 年，芬兰于 1969 年，联邦德国、英国和新西兰于 1970 年，美国于 1972 年，西班牙于 1975 年，挪威于 1977 年，瑞士于 1978 年陆续推出对新拖拉机的强制性规定，采用类似瑞典的安全规则。几年后，大多数国家把安全规则延伸到旧拖拉机，但不总是强制性的。当时，加拿大和澳大利亚政府没有关于拖拉机 ROPS 的规定。70 年代，一些发达国家已将 ROPS 作为拖拉机的标准设备进行生产和销售。

1981 年，国际标准化组织（ISO）制定农业和林业中使用的拖拉机和机械的标准，描述了 ROPS 验收的静态测试方法。该标准已被 22 个国家的成员机构批准。1985 年，ROPS 在美国成为标准设备。

拖拉机在低净空作业环境（如果园和建筑物）下，不能使用标准的 ROPS。尽管有的滚翻防护结构是可调节的，如可以手动升降调节，但是驾驶员常会忘记调整，或根本不愿花时间去调整。美国国家职业安全与健康协会（NIOSH）开发了一种自动调节的滚翻防护结构（Auto-ROPS）。该结构平时处于降低位置，系统具有检测拖拉机何时倾斜的传感器，当出现滚翻条件时，它将滚翻杆部署到高于操作人员头部的水平位置并锁定。

研究表明，农业机械事故是农场事故的主要原因，拖拉机滚翻是机械事故的主要原因。ROPS 和安全带可以防止 99% 以上的滚翻事故造成的死亡。

9.24 降低环境和耳旁噪声

随着经济发展，到 20 世纪 70 年代，降低拖拉机作业噪声受到人们重视。拖拉机噪声包括动态环境噪声和驾驶员耳旁噪声。

研究表明，噪声 30 ～ 40dB 是理想的安静环境；超过 50dB 会影响休息和睡眠，但 60dB 以下对人类基本无害；超过 70dB 会影响学习和工作；若在 80dB 以上环境生活，造成后遗耳聋者可达 50%；噪声超过 85dB，会使人感到心烦意乱，无法专心工作；超过 90dB 会影响视力，识别弱光反应时间延长；达到 95dB 时，有 40% 的人瞳孔放大，视觉模糊；在超过 115dB 的噪声环境中生活，会造成耳聋。在百年拖拉机发展史中，拖拉机噪声从 100dB 上下逐步设限为 95dB、90dB、85dB 和 80dB。

1965年，美国内布拉斯加拖拉机检测实验室开始测定拖拉机噪声水平，从1970年起把噪声作为拖拉机试验数据公示。1970—1977年，所示各国无驾驶室柴油拖拉机的耳旁噪声处于较高的93～100 dB，逐年几乎无变化。1970年，有驾驶室拖拉机的耳旁噪声为89.5～99.5 dB。由于市场对低噪声拖拉机需求的增长，促进了噪声控制技术和驾驶室声学设计的发展，70年代后半期有初步进展。内布拉斯加拖拉机检测实验室的检测数据显示，1978年所试各国拖拉机驾驶室内的耳旁噪声降至75.5～89.5dB，比1970年的拖拉机耳旁噪声平均降低13.5dB。

功率增大导致噪声明显增加，这迫使拖拉机厂商重视对无驾驶室拖拉机的降噪。拖拉机噪声主要来自三方面：一是发动机，二是传动系和液压系，三是拖拉机工作时机罩、挡泥板、地板和驾驶室等薄壁件的振动。在20世纪70年代后半期，美国凯斯公司把无驾驶室拖拉机的噪声目标值定为不超过1970年有驾驶室拖拉机的噪声下限值，即低于90dB。经过几年努力，凯斯公司在1978—1983年生产的143hp的2290型无驾驶室拖拉机（图9-75），耳旁噪声降到88dB，并且设计了静音驾驶室。凯斯公司进而把噪声控制的成功技术运用到整个90系列拖拉机。

图9-75 凯斯2290型拖拉机

为了保证驾驶员的健康，减少对环境的噪声污染，到20世纪80年代，各国对拖拉机噪声都规定了限值。在指定发动机工况与拖拉机速度的前提下，对带驾驶室或不带驾驶室的拖拉机的驾驶员耳旁噪声的规定：美国、英国、联邦德国、法国、意大利、奥地利、日本、荷兰、比利时规定不得超过90dB；北欧的丹麦、挪威和瑞典规定不超过86dB。对拖拉机环境噪声的规定：法国规定依功率大小，不超过91dB；意大利规定不超过94dB；奥地利规定总质量不超过3 500kg的拖拉机为 84dB，总质量为 3 500kg 以上、发动机功率为 147kW 以上的拖拉机，速度在 25 km/h 以下的为 89dB，速度在 25km/h 以上的为 91dB；比利时规定质量在 3 500kg 以下的拖拉机为 85dB，质量为 3 500 ~ 12 000kg、发动机功率为 147kW 以下的拖拉机为 88dB。

根据美国内布拉斯加拖拉机检测实验室数据，无驾驶室拖拉机耳旁噪声：1986 年平均为 92.9dB（平均最大功率为 27.5kW），1987 年平均为 95.5dB（平均最大功率为 53.4kW）。有驾驶室拖拉机的耳旁噪声：1986 年平均为 80.1dB（平均最大功率为 11.4kW），1987 年平均为 78.6dB（平均最大功率为 90.2kW）。

1982 年，美国迪尔公司对 4040 型、4240 型、4440 型和 4640 型大功率拖拉机做过带驾驶室和不带驾驶室的噪声试验，结果表明：40 系列拖拉机带驾驶室的环境噪声比无驾驶室时并未降低，为 87.5 ~ 91dB；而带隔音驾驶室的耳旁噪声比无驾驶室时平均降低 17.25dB，为 77.5 ~ 79dB。在 1987 年的试验中，迪尔公司在 1983—1988 年生产的 130hp 的 4050 型拖拉机（图 9-76），标配隔音驾驶室，驾驶室内耳旁噪声已降到 72.5 ~ 74.5dB，环境噪声也降到 86.5 ~ 88dB。迪尔公司在拖拉机噪声控制方面已达到很高水平。

图 9-76　约翰迪尔 4050 型拖拉机

1986 年，麦赛福格森 3000 系列装有豪华驾驶室的拖拉机耳旁噪声为 74dB。

我国在 1983—1984 年曾测定国外进口拖拉机 15 台。它们无驾驶室的耳旁噪声为 92.5 ~ 96.1dB，有驾驶室的平均耳旁噪声为 81.1dB。

进入 21 世纪，部分拖拉机的安静驾驶室已将耳旁噪声降至 70dB。

9.25　1970—1985 年的拖拉机结构

1970—1985 年，拖拉机平均功率和最大功率不断增长，大功率拖拉机显著增多。美国、苏联和加拿大等国家拖拉机平均功率的增长较为明显，西欧各国及日本等国家较缓。20世纪六七十年代，各大公司都致力于提高农用拖拉机最大功率。万国公司从300hp提高到350hp，迪尔公司从215hp提高到275hp，凯斯公司从161hp提高到300hp，艾里斯查默斯公司从172hp提高到300hp，福特公司从117hp提高到175hp，麦赛福格森公司从134hp提高到320hp，菲亚特公司从90马力提高到350马力，芬特公司从90马力提高到211马力，苏联从203马力提高到300马力。70年代，全球农用拖拉机的最高功率已达760马力。所有这一切显著影响着这一时期拖拉机的结构特征。

整机　轮式拖拉机仍然是主要结构形式，其中四轮驱动机型明显增加，在发达国家已发展到与后轮驱动并重的程度。在北美，四轮驱动多为四轮等大的独立型；在欧洲和日本，则以前轮小后轮大前加力变型为主。后者在四轮驱动的竞争中延伸功率已超过200马力。独立型四轮驱动拖拉机以铰接式居多，整体机架式在这一时期偏少。

履带拖拉机的使用在减少，仅在苏联、意大利和中国等国家应用较多。手扶拖拉机在意大利、日本、法国和中国等使用较多，在西方大量用于园艺。日本10马力以上手扶拖拉机基本上被小四轮拖拉机所取代。

除传统拖拉机形态外，崇尚创新的德国同行，为适应中功率复式作业，除芬特公司的自走底盘外，还有道依茨法尔公司的Intrac 2000系列“系统拖拉机”，以及梅赛德斯奔驰MB Trac型“万能拖拉机”。意大利拖拉机行业有的推崇以中小功率独立型四轮驱动拖拉机取代用于果园、葡萄园的履带拖拉机，但似乎并未达到预期效果。

发动机　柴油机仍然是主要动力。除日本以外，发达国家基本采用直喷燃烧室；有自然吸气、增压及增压中冷系列机型；多数公司采用水冷柴油机，少数公司如联邦德国道依茨公司和意大利赛迈公司采用风冷柴油机。部分园地拖拉机和日本5马力以下的机型装有汽油机。

传动系　在发达国家中，主离合器已采用耐磨耐温金属陶瓷摩擦片。北美大功率拖拉机采用多片湿式离合器，有些迪尔拖拉机离合器采用纸质摩擦片。

在西欧，较多采用同步变速箱，可选装爬行挡、逆行器或动力换挡增扭器，受经济形势影响，动力换挡热消退。北美较多采用部分动力换挡变速箱，少量采用全动力换挡变速箱。生产大型铰接式拖拉机的中小企业，常借用其他机械成熟的动液力传动系。个别机型的最高运输速度已达36km/h。

中央传动基本上都是弧齿锥齿轮传动，在西欧，差速锁常采用机械操纵，而美国常采用液压操纵。制动器普遍采用湿式盘式制动器，用液压操纵。行星最终传动的应用增多，特别是在大功率拖拉机上。

园地拖拉机常采用机械传动或机械静液压传动。至于手扶拖拉机，日本多为V带传动，意大利、法国等为直接传动。

转向与行走系　轮式拖拉机的转向方式仍如20世纪60年代时一样，有多种方式。凯斯公司继续采用独特的四轮转向方式，根据作业需要，用电子控制开关实现前轮转向（行间作业）、后轮转向（挂接农具）、四轮协调转向（地头转弯）及斜行转向（坡地作业），但因其结构复杂并未推广。

液压助力转向已推广。大功率轮式拖拉机采用全液压转向装置，常采用专业公司生产的奥尔比特（Orbit）转向器。迪尔公司采用专门设计的液压外反馈式转向装置。

高花纹轮胎已在日本、中国水田轮式与手扶拖拉机上装用。

大多数轮式拖拉机的前桥仍是刚性的。少数如联邦德国 MB trac1300 型拖拉机已采用弹性前桥。

液压系统与工作装置　由于液压系统已应用到悬挂、操纵、润滑等诸多方面，在开心式液压系统仍广泛应用的同时，闭心式液压系统的应用增多，部分是负载传感闭心式液压系统。

中小型拖拉机都采用全悬挂，大功率拖拉机则多用半悬挂。三点悬挂机构已全部实现标准化。为方便挂结农具，普遍采用了快速挂结装置。

完全独立式和半独立式动力输出轴已获得普遍使用。非独立式动力输出轴几乎被淘汰。同步式动力输出轴也很少见。

随着前置或复式作业的增加，除标准的后置悬挂和动力输出轴外，不少拖拉机有前置动力输出轴和前置液压悬挂机构。联邦德国所谓的系统拖拉机前置动力输出轴和前置液压悬挂机构已成标准装备。

驾驶室　发达国家普遍采用安全静音驾驶室。据 OECD 及美国内布拉斯加拖拉机试验报告，西欧拖拉机驾驶室耳旁噪声一般在85dB以下，美国一般在80dB以下。小型轮式拖拉机采用安全架或选装驾驶室。采用电子监控、警示的仪表系统增多。

电子技术　发达国家开始探索电子技术在拖拉机上的应用。1976年，万国公司在86系列拖拉机上采用 Pro Ag 计算机化农场管理程序，制造商亦可和客户交流信息。1977年，沃瑟泰尔公司首次在重型拖拉机上应用视频监控系统。1978年，斯泰格尔公司首次在重型拖拉机上应用电子控制独立式动力输出轴和动液力传动系。1983年，凯斯公司在重型拖拉机上首次采用电子操纵动力换挡传动系。

第 10 章

排山倒海的全球兼并浪潮

引言：大动荡、大洗牌、大重组

进入 20 世纪 80 年代，北美和欧洲的拖拉机市场形势更趋严峻，70 年代已处于动荡和洗牌的拖拉机行业，面临 20 世纪百年中最激烈的洗牌和重组。市场持续低迷不仅考验大大小小拖拉机企业的生存能力，也是雄心勃勃正欲扩张的“大鳄”吞噬“休克鱼”的时机，一场排山倒海的兼并浪潮席卷全球！

美国凯斯公司在其母公司田纳科公司董事长詹姆斯·凯特森力挺下，于 1985 年兼并美国万国公司农业装备部门，于 1986 年兼并美国斯泰格尔公司。进入 90 年代凯斯公司经营情况恶化引起股东愤怒，1992 年詹姆斯·凯特森退休。1996 年田纳科公司退出拖拉机业务，凯斯公司重新成为独立上市公司，同年，它收购了奥地利斯太尔农业机械公司。

在 80 年代中期，美国纽荷兰公司是年销售额达 20 亿美元的农业装备公司。1986 年，美国福特公司购买纽荷兰公司并组成福特纽荷兰公司。1987 年，福特纽荷兰公司收购美国沃瑟泰尔公司，成为北美第三大农业装备制造商。1991 年，意大利菲亚特公司收购福特农业和建筑装备，1993 年在荷兰注册成立新的纽荷兰公司。

在 90 年代末全球农业装备市场衰退的冲击下，1999 年，菲亚特公司又收购了美国凯斯公司，并在荷兰注册成立凯斯纽荷兰公司，成为全球第二大农业装备制造商。

美国迪尔公司在 20 世纪八九十年代也出现经营困难，但仍能保持行业领先地位。它以纵向一体化模式扩张：进军园地拖拉机、甘蔗收获机械和普及型中小轮式拖拉机行业，吸纳自己不打算制造的外协零件供应商，建立合资或独资企业开拓中国和印度等国外市场。总裁贝克领导迪尔公司成功度过艰难的 20 世纪最后的 10 余年。

1985 年，联邦德国道依茨法尔公司兼并美国艾里斯查默斯公司的农业装备业务，在美国成立了道依茨艾里斯公司，由于两者存在文化与管理理念的冲突，公司产品的销量显著下跌。1990 年，总裁拉特利夫以管理层收购方式买下该公司，将其改名为爱科公司。

爱科公司于 1991 年收购美国怀特新思路公司，于 1993 年和 1994 年收购麦赛福格森的全球控股资产，于 1997 年收购德国芬特公司。7 年时间爱科公司从一家小型北美公司壮大成为世界上第三大农业装备制造商。此后，爱科公司于 2002 年收购卡特彼勒公司高速橡胶履带拖拉机资产，于 2004 年收购芬兰维创公司。爱科公司的销售额从 1990 年的 2 亿美元增长到 2005 年的 54 亿美元。

回到德国故土的道依茨法尔公司再未能恢复元气。意大利赛迈集团收购了道依茨法尔公司，1995 年组成赛迈道依茨法尔集团，其拖拉机业务在欧洲居第二位。通过合并后的不断整合，集团在两企业文化与管理的冲突中探索前行。

意大利莫拉家族的阿尔戈公司于 1994 年控股意大利兰迪尼公司，于 2000 年收购原万国公司英国资产成立麦考密克公司，成为有全球影响力的拖拉机生产商。

苏联于 1991 年解体，分裂成 15 个国家。由于采用休克疗法，急剧转向市场经济，其庞大的拖拉机产业在去斯大林化、所有权变更、股份制和私有化的反复折腾中遭到沉重打击。后来解体的南斯拉夫和捷克斯洛伐克也有着类似的命运。

20 世纪最后的 20 年中，我国拖拉机产业向社会主义市场经济过渡，以“摸着石头过河”的方式探索发展。行业见证了异军突起的小四轮拖拉机，老骥伏枥的履带拖拉机，奋力攀登的大中型轮式拖拉机，以及一路坎坷的技术引进征途。中国一拖公司因提升小四轮拖拉机档次、延长履带拖拉机生命、坚持对引进技术消化吸收，巩固了在我国拖拉机行业的地位。

印度马恒达公司于 1999 年控股古吉拉特拖拉机公司，于 2007 年收购旁遮普拖拉机公司，巩固了其在印度拖拉机行业的地位。

这一时期引人注目的技术进步是：1986 年，美国卡特彼勒公司推出独特的挑战者 65 型农用高速橡胶履带拖拉机，迪尔公司和凯斯公司随后跟进；1996 年，德国芬特公司投放双功率流无级变速轮式拖拉机，在 21 世纪初有 10 余家制造商跟进；20 世纪 90 年代，电子技术不仅用于拖拉机性能监测及数据处理，而且在发动机控制和液压传动系统上的应用增多，进而发展成网络化总线控制系统。

1999 年秋，由美国工程院等机构评选出 20 项 20 世纪最具代表性的工程技术成就。其中，农业机械化名列第七，拖拉机是农业机械化的主要动力源。20 世纪，全球拖拉机产业经历了汽油拖拉机的星星之火，群雄竞起的“春秋”时代、大萧条及其后的技术进步、激烈第二次世界大战及战后复兴、激情燃烧的五六十年代、滞涨经济下的优胜劣汰、席卷全球的兼并浪潮。在 20 世纪最后的岁月里，骨干企业历经考验，重组队伍并站稳脚跟，将踏上 21 世纪再次激情澎湃的新征程。

10.1 凯斯的凯特森时代结束

在田纳科公司董事长詹姆斯·凯特森力挺下，1984 年，田纳科公司收购美国万国公司农业装备部门，1985 年将万国公司农业装备的庞大资产并入凯斯公司。这些资产包括万国公司在美国生产法毛拖拉机的工厂以及万国传动系工厂和装配厂，在美国莫林生产联合收割机、摘棉机和种植机械的工厂，在美国汉密尔顿生产耕作播种机械的工厂，在法国克鲁瓦生产驾驶室的工厂，在联邦德国诺伊斯和英国唐卡斯特生产拖拉机的工厂，还有万国公司的全球营销网络。

公司合并后，凯斯公司与万国公司的约 1 800 家经销商为市场提供完整的农业装备谱系，控制了美国 100hp 以上拖拉机 35% 的销量。詹姆斯·凯特森承诺，新公司将在质量和成本价值上位居第一。1985 年下半年，田纳科公司收购了万国公司其余的欧洲业务。

对于以“凯斯万国”为品牌的新凯斯公司来说，整合两大企业并非易事。必须对本已过剩的产能进行大规模压缩：关闭万国石岛拖拉机工厂，撤销 1 600 个岗位；关闭凯斯孟菲斯工厂，将它的生产合并到拉辛工厂；取消 500 多家经销商，其中大多数是在较小市场销售凯斯产品的公司。由于削减了数以千计的就业机会，从而给凯斯公司带来数百起代价高昂的诉讼。此外，凯斯公司还关闭了英国大卫布朗等几家工厂。

尽管削减成本、关闭工厂和推出新产品，凯斯公司的市场份额仍被侵蚀，亏损增加。迪尔公司在 100hp 以上拖拉机市场所占的份额从 1987 年的 45% 升至 1988 年的 49%，而凯斯公司所占的份额下降到 32%。凯斯公司将旧车型大幅折现转移了新拖拉机销量，1987 年亏损 2.59 亿美元，导致其总裁杰罗姆·格林辞职。1985—1988 年，凯斯公司至少亏损 5.7 亿美元。此时，詹姆斯·凯特森继续向凯斯公司注入大量现金，并且为保持其高股价坚持兑现 1984 年以来一直未兑现的股息。到 1988 年，这些支出占田纳科公司现金流的 1/3。为偿还田纳科公司高达 66 亿美元的债务，詹姆斯·凯特森出售了田纳科公司的房地产和金矿资产，得到 1.2 亿美元；出售了田纳科公司销售额达 14 亿美元并盈利的保险公司。一位田纳科公司的前高管预言：“他宁愿牺牲美国最大的公司之一（田纳科公司曾被列入美国财富 500 强），也要成为拖拉机行业的第一大公司。”詹姆斯·凯特森在 1985—1988 年为凯斯公司投入 20 亿美元，这在当时和后来都是有争议的热点话题。

公司合并后，所有原凯斯公司和万国公司的农机产品最初采用“Case International”品牌，后来定为采用“Case IH（凯斯万国）”品牌。凯斯公司和万国公司真正联合设计的第一批拖拉机是其1985年推出、1987年批量生产的马格南（Magnum）系列，包括7110型～7140型（图10-1）。马格南系列是万国50系列和凯斯94系列的组合。该拖拉机安装144～216hp涡轮增压六缸柴油机、湿式主离合器、18进2退全动力换挡变速箱、闭心式液压系统，湿式盘式制动器和带空调静音安全驾驶室。该拖拉机的造型和工业设计来自双方，由原为万国咨询的蒙哥马利公司做概念设计，凯斯公司设计总监拉尔夫·兰菲儿（Ralph Lanphere）的团队做细节设计。新设计保留了两者的传统，即有特色的万国红色带传统的凯斯黑色条纹，再加上新的亮银色。

图10-1 凯斯万国7140型拖拉机

1987年凯斯公司总裁杰罗姆·格林辞职后，詹姆斯·凯特森请来詹姆斯·阿什福德（James Ashford）接任。詹姆斯·阿什福德于1958年加入田纳科公司，曾担任田纳科汽车子公司总裁。新总裁实施严格的削减和改造，包括削减拉辛工厂300个岗位，全球裁员3 000人，关闭了4家工厂，精简供应链。1987年，凯斯公司推出35种新农机产品，并推出电子控制的大型和重型拖拉机以吸引顾客。1988年，凯斯公司亏损额比1987年缩小，为1.42亿美元，但远未达到扭亏增盈预期。1988年年底，詹姆斯·凯特森终于承认，如果凯斯公司未能实现盈利就有可能被出售，不过他预计合并的好处需五年才能显现。股东要求放弃凯斯公司的压力越来越大，田纳科公司高管和华尔街人士都认为，詹姆斯·凯特森对凯斯公司的痴迷源于他从50年代起心系凯斯公司的人生经历。

正当凯斯公司危急之时，幸运的是长时间的农业衰退似乎结束了。政府帮助减少粮食积存，粮价上涨；20世纪70年代购买的大部分农机在80年代后期已经用旧，这意味着农民终于要购买新装备了。凯斯公司利用其巨大的经销商网络和更有效的机型，从较小的竞争对手那里争得市场份额。1989 年，凯斯万国品牌占据北美拖拉机市场 37% 的份额，仅次于迪尔公司的 42%。1989 年年底凯斯公司的销售额为 51 亿美元，利润则由亏损转为创纪录的 2.28 亿美元，正在改善的建筑装备销售也是成功的原因之一。这是凯斯公司并购万国公司后的首次盈利，与詹姆斯·凯特森的预测一致。看到詹姆斯·凯特森在拖拉机上的巨额投资终于得到回报，凯斯公司信心大增。

但是这只是短期利好，对手迪尔公司正削减生产，而詹姆斯·阿什福德认为衰退已经结束，凯斯公司将从存货中获益，这个判断是个致命的错误。尽管行业惯例是把经销商的预订销售作为已交付计算，但大多数公司都将这些“销售”打折计价，然而凯斯公司计价时打折幅度较小。加上美元走弱，零部件成本上涨，和整个行业一样，凯斯公司的销售放缓。1990 年，凯斯公司的销售额为 54 亿美元，利润为 1.86 亿美元，比上年下降 4 000 多万美元。到 1991 年年初，凯斯公司已有 11 个月以上的库存产品积压在经销商处，这种情况易受市场衰退的伤害，而迪尔公司只有 3 ～ 4 个月库存，凯斯公司表面看起来成功，实际上已出了问题。尽管总裁詹姆斯·阿什福德认为 1989 年是凯斯公司的转机之年，为振兴管理，他更换了 80% 的部门经理，但 1991 年 4 月他突然因“个人原因”辞职。

寻找接班人并不容易，詹姆斯·凯特森不得不来收拾烂摊子。他采取了如下措施：将产量减少 1/4，裁减 4 000 名工人，一些型号机型降价 1/3 以上以清算库存，这虽然使销售量上扬，但价格折扣却削减了利润。1991 年，詹姆斯·凯特森引进罗伯特·卡尔森（Robert Carlson）为新总裁，罗伯特·卡尔森曾在迪尔公司工作近 30 年，具有行业经验，这提升了人们的信心。但此时凯斯公司问题已很严重，罗伯特·卡尔森宣布将凯斯公司的十个国内工厂全部停产并关闭一些欧洲设施，裁员 5 000 人，生产计划削减 23%。1991 年上半年，凯斯公司仍出现 3.03 亿美元亏损，这最终促使田纳科公司董事会采取行动。8 月，他们任命迈克尔·沃尔什（Michael Walsh）接替詹姆斯·凯特森担任田纳科公司总裁，詹姆斯·凯特森留任董事长。凯斯公司在 1991 年的重组成本为 4.61 亿美元，年底其亏损达 6.18 亿美元。这使田纳科公司管理层非常愤怒，他们提出以 1 美元价格向任何愿意承担其高达 10 亿美元债务的人出售凯斯公司，但没人接单。1992 年詹姆斯·凯特森退休，迈克尔·沃尔什接任田纳科董事长。尽管田纳科公司否认，但人们普遍认为詹姆斯·凯特森是由于凯斯公司的问题而被迫下台，凯斯公司长达 20 余年的凯特森时代结束。

詹姆斯·凯特森从20世纪50年代在普华事务所处理凯斯公司的业务开始，1959年加入凯斯公司，1967年，在他37岁时成为凯斯公司总裁，1992年，在他62岁时从田纳科公司董事长位置退休。他曾给凯斯公司带来繁荣，他的职业生涯和凯斯公司的命运紧紧联系在一起。由于经济衰退和对苏联粮食禁运，凯斯公司在70年代末、80年代初的销售面临灾难性下降，詹姆斯·凯特森没有出售凯斯公司，而是给它投入数十亿美元。正是詹姆斯·凯特森对拖拉机和凯斯公司深深的依恋，使他做出从投资者角度来看不理智的一系列资本运作，尤其是1984年收购庞大的万国公司，要和迪尔公司一争高低。詹姆斯·凯特森最终不仅没能挽救凯斯公司，也拖垮了母公司田纳科公司。

2017年，詹姆斯·凯特森辞世。他的女儿告诉媒体，父亲常在饭桌上谈论凯斯公司。“制造拖拉机似乎是他的信仰。”她说，即使在临终时，父亲还把几个凯斯拖拉机模型放在他的视线内。也许正是他的执着，为行业保留了凯斯和万国这两个百年卓越农机企业的火种——高品质的“凯斯万国”品牌。

10.2 凯斯兼并斯泰格尔和斯太尔

在母公司田纳科公司的财政支持下，兼并万国公司后的凯斯公司继续扩张。1986年，田纳科公司收购美国四轮驱动拖拉机制造商——诉诸破产保护的斯泰格尔公司，并把它交给凯斯公司管理，从而使凯斯公司成为北美超过200hp四轮驱动拖拉机两大主要生产商之一。1986—1989年，凯斯公司将斯泰格尔整合到凯斯万国品牌中，生产出第一种红色凯斯万国9100系列铰接式四轮驱动大型拖拉机。原斯泰格尔以动物命名的型号改成9100系列：200hp的9110型即“美洲豹”，220hp的9130型即“野猫”，280hp的9150型即“美洲狮”，335hp的9170型即“黑豹”，375hp的9180型即“狮子”，525hp的9190型即“老虎”（图10-2）。

图10-2 凯斯万国9190型拖拉机

1990 年，凯斯万国推介的 9200 系列淘汰了斯泰格尔的名字。但因客户喜欢斯泰格尔品牌，1995 年推出的 9300 系列，把斯泰格尔铭牌放在前脸，凯斯万国名字在发动机罩侧面。1996 年，凯斯万国推出独特的 360hp 的 9370Quadtrac 和 400hp 的 9380Quadtrac 型铰接式履带拖拉机（图 10-3），采用 12 进 3 退全动力换挡传动系、闭心式液压系统和带空调驾驶室。Quadtrac 型有 4 个独立的三角形履带装置，能提供四轮驱动或双履带无法比拟的地面接触，使地面压实降低，打滑更少，牵引力更大。Quadtrac 型也有常规四轮驱动变型。1997 年 11 月，第 40 000 台斯泰格尔拖拉机下线。包括为其他制造商制造的拖拉机，斯泰格尔已生产超过 50 000 台拖拉机。

图 10-3　凯斯万国 9370Quadtrac 拖拉机

1987 年，凯斯公司和 1947 年建立的美国赫斯顿（Hesston）公司成立合资企业。该合资公司为凯斯公司制造干草和饲料装备，以各自品牌销售。该合资公司的产权几经变化，2000 年归爱科公司所有。1995 年，凯斯公司收购美国主要气力播种机生产商康科德（Concord）公司。该公司在播种系统方面提供先进技术，包括精准农业的电子技术。1996 年，凯斯公司收购世界上最大的甘蔗收获设备制造商澳大利亚奥斯托夫（Austoft）公司，加强其在澳大利亚的业务以及在甘蔗收获设备市场的地位。

1996 年，凯斯公司收购奥地利拖拉机制造商斯太尔农业机械公司，并将其改名为凯斯斯太尔农业机械公司，仍用斯太尔品牌，补充凯斯公司当时的欧洲产品。在兼并前，1974 年斯太尔拖拉机扩展到 140hp 的 1400 型，安装排气增压柴油机、12 进 4 退同步变速箱和隔音驾驶室。1982 年，斯太尔农业机械公司推出 260hp 独特的 8300 型拖拉机，采用 3 区段静液压传动系，可选两轮或四轮驱动，前置大驱动轮和视野良好的驾驶室。它为欧洲大农场服务，能通过多个 PTO 驱动多种农具。1993 年，8300 型发展为 320hp 四轮驱动 9320 型 Powertrac 双向拖拉机（图 10-4）。1986—1994 年，斯太尔拖拉机陆续开始采用电子监控液压悬挂系统、油耗低的柴油机、电子操纵动力换挡传动系、大幅降噪的“斯太尔耳语（Steyr whisper）”舒适系统以及 4 速（转速为 390r/min、540r/min、750r/min 和 1 000r/min）动力输出轴等。

图 10-4　斯太尔 9320 型拖拉机

1997 年，凯斯公司推介新的 100 ～ 135hp 凯斯万国 MX 系列拖拉机，后来在 1998—1999 年将功率扩展到 261hp。凯斯公司将 MX 系列拖拉机的生产从德国的诺伊斯转移到美国威斯康星州的拉辛和英国的唐卡斯特工厂，关闭诺伊斯工厂是凯斯公司重组的重要步骤。

1997 年，凯斯公司收购美国农业产量应用软件的领先开发商农业逻辑（Agri-Logic）公司，英国领先的喷雾器制造商杰姆（Gem）喷雾器公司，原民主德国最大农业机械制造厂弗驰瑞特（Fortschritt）公司。同年，凯斯公司在巴西成立拉丁美洲农业装备部门，投资 1 亿美元制造用于大规模生产的农业装备。

10.3　菲亚特收购前的凯斯公司

1992 年，爱德华·坎贝尔（Edward Campbell）接替就任一年的罗伯特·卡尔森，担任凯斯公司总裁。坎贝尔早在 1968 年就在凯斯公司工作，负责监督农业装备部门和北美业务，1976 年成为凯斯公司执行副总裁。但他在 1978—1992 年离开凯斯公司，前往田纳科公司所属的一家造船公司任高管，当时他以解决罢工和改善与美国海军的关系而闻名。1992 年，他被召回凯斯总部所在地拉辛，担任凯斯公司的总裁兼首席执行官。

爱德华·坎贝尔再裁减 4 000 名员工，从顶层进行重组，将公司 43 名高管削减为 21 名，并将各欧洲工厂关闭或出售，其中包括著名的法国波克兰工厂。这些措施减少亏损约 75%，而农业装备销售下降约 30%。1992 年凯斯公司的营业收入为 38 亿美元，不包括重组费用，亏损额为 2.6 亿美元。员工从 1990 年的 30 000 人减少到 1992 年的 18 600 人。农业经济似乎在 1992 年年底稳定下来，但建筑装备销售却低迷。虽然凯斯公司的表现有所改善，但进展不稳定。凯斯公司在 1991 年和 1992 年共亏损 8 亿多美元后，在 1993 年再次重组，回到按职能划分的营销、制造和技术部门。

1994 年，爱德华 • 坎贝尔退休。同年，让 - 皮埃尔 • 罗素（Jean-Pierre Rosso）成为凯斯公司的总裁兼首席执行官。从 1972 到 1994 年，凯斯公司已更换 6 届总裁。这位法国人此前是一家著名高科技公司的一个分部的总裁，他引领凯斯公司走过最后的岁月。3 月，凯斯公司再次启动 9.2 亿美元的 3 年重组计划，涉及再关闭和整合工厂、重振新产品开发、重视客户投入、放弃亏损产品（如小型拖拉机和重型建筑装备），以及公司拥有的 250 家经销商逐渐私有化。夏季，凯斯公司农用装备的销售量特别是大型拖拉机的销售量上扬，联合收割机到 6 月已卖完。由于库存大幅减少，零售价格上涨以及晚些时候对新产品需求增加，1993 年凯斯公司的营业收入为 37 亿美元，利润为 8 200 万美元，实现扭亏为盈。

1994 年，凯斯公司董事长达纳 • 米德（Dana Mead）接替迈克尔 • 沃尔什，担任田纳科公司的总裁兼首席执行官。他毫不含糊地让人知道，一旦有可能，凯斯公司将被出售或剥离。由于找不到买家，达纳 • 米德宣布超过 1/3 的凯斯公司股票将在几周内以首发股（IPO）被出售。1994 年，凯斯公司的营业额增长到 43 亿美元，净利润增加 1 倍，达 1.65 亿美元。田纳科公司乘势向公众出售凯斯公司股票，这标志着凯斯公司近 30 年来首次回到公共交易领域。接下来的两年，田纳科公司悄悄地逐步减少其拥有的凯斯公司的股份，到 1996 年，它完全抛出剩余股份。经过多年争斗和数十亿美元的消耗，田纳科公司终于退出拖拉机业务。凯斯公司成了独立的、与田纳科无关的上市公司，这为后来意大利菲亚特公司对它的控股提供了条件。

独立的凯斯公司在让 - 皮埃尔 • 罗素的领导下，积极开发新产品。1996—1998 年，凯斯公司为开发新产品投入 8.35 亿美元，是 20 世纪 90 年代初期的两倍多。开发的新产品如 205 ～ 425hp 凯斯万国 9300 系列铰接式大型轮式拖拉机，其中 360hp 和 400hp 机型有四履带变型（见图 10-3），它们是后来 21 世纪凯斯纽荷兰公司 CaseIH STX 系列的前身。

同时，凯斯公司通过收购和合资追求增长，特别是在国外。1995 年，凯斯公司与中国柳工机械公司建立合资企业，制造和销售凯斯装载挖掘机。1996—1997 年，凯斯公司完成 11 次收购，其中，9 次收购农业装备公司、2 次收购建筑装备制造商。新收购的产品帮助凯斯公司在 1997 年将营业收入增加到创纪录的 60 亿美元，成本意识的加强使当年的利润达到创纪录的 4.03 亿美元。

不过，到了 1998 年，由于亚洲金融风暴和美国粮食出口下降，加上连续三年丰收，农作物价格大幅下降到20年来的最低点，导致农业装备的销量急剧下滑。1998 年，凯斯公司裁员 2 100 人。1999 年，凯斯公司同意被菲亚特收购。

10.4 福特兼并纽荷兰

美国纽荷兰（New Holland）机械公司的历史可追溯到 1895 年，当时艾布拉姆·齐默尔曼（Abram Zimmerman）在美国宾夕法尼亚州的纽荷兰买下一座马厩，并把它建成铁匠铺，修理和制造农机具，销售德国奥托四冲程单缸固定式发动机。不久，他转而销售哥伦布（Columbus）单缸固定式发动机。

然而，艾布拉姆·齐默尔曼认为自己可以建造更好的水冷固定式发动机。1900 年，他设计制造了防冻的发动机样机。当时的水冷固定式发动机在冬天停放时须排水以防冻裂。艾布拉姆·齐默尔曼的创新点是水套像碗的形状，顶部比底部大。如果冬夜里水套有水，结的冰可以向上膨胀，而不会冻裂发动机铸件。为制造和销售新发动机，1903 年艾布拉姆·齐默尔曼在纽荷兰市成立纽荷兰机械公司。1904 年 3 月的第一次年报，该公司就有 1 859 美元的利润，成功促使该公司的产品扩大到其他农机产品，如饲料粉碎机和木锯等。1911 年该公司有 150 名雇员，1927 年增至 225 人。1947 年该公司被斯佩里（Sperry）公司收购，创建斯佩里纽荷兰子公司。在随后的几十年中，斯佩里纽荷兰公司开发并生产了大量农业机械，特别是高品质收割装备。

1986 年，美国福特公司从斯佩里纽荷兰公司购买了纽荷兰公司，将其与福特拖拉机公司合并，组成福特纽荷兰（Ford New Holland）公司。此时，纽荷兰公司的年销售额已达 20 亿美元，拥有 2 500 家经销商和 9 000 多名员工，在上百个国家进行经营。福特拖拉机公司拥有 9 000 名员工，在全球有 5 000 家经销商。这次合并将福特公司的拖拉机与农具、建筑装备和纽荷兰公司的联合收割机、滑移装载机与干草设备结合在一起，从而使福特纽荷兰公司成为北美第三大农业装备制造商。福特拖拉机公司的大部分高管和管理人员都搬到纽荷兰公司的宾夕法尼亚办事处，这里便成为福特纽荷兰公司总部。这次合并发生在凯斯公司接管万国农业装备一年后，是当时行业整合的重要动作。

在合并的几个月内，福特纽荷兰公司加上1987年福特公司收购的美国沃瑟泰尔公司，集合福特拖拉机、纽荷兰收割机和沃瑟泰尔大型四轮驱动机械，使福特公司成为一家生产广谱农业装备的公司。重要的是，三个实体的产品几乎没有重叠，只需少量调整即可整合。纽荷兰公司的主要变化是逐渐撤销其分支系统。1987—1989年，纽荷兰公司的53家网点被卖掉或关闭，以利于整合经销商网络。到1990年，福特纽荷兰公司有17 000名员工，营业额为28亿美元，在美国、加拿大、比利时、英国和巴西建有工厂。同时在印度、巴基斯坦、日本、墨西哥和委内瑞拉拥有合资企业。

福特纽荷兰公司成立后，原福特拖拉机公司生产的13～110hp四位数10系列拖拉机以福特或福特纽荷兰品牌销售。福特纽荷兰公司于1987年推出14～42hp四位数20系列拖拉机，在日本芝浦生产，以福特品牌销售；于1990年推出的37～188hp四位数30系列拖拉机，分别在加拿大、巴西、比利时等地生产，以福特或福特纽荷兰品牌销售。30系列拖拉机（图10-5）比10系列功率增加，功率范围扩大；依机型大小，变速箱在同步换挡基础上增加了同步换挡逆行器、动力换挡增扭器、全动力换挡变速箱的选项；可选装开心式双泵或闭心式液压系统。

图10-5　福特8830型拖拉机

1991年，福特公司将其农业和建筑设备业务出售给意大利菲亚特公司。尽管其北美业务暂时保留福特纽荷兰的名称，但规定福特名字必须在2000年年底前逐步弃用。

10.5 菲亚特成立新的纽荷兰公司

1986 年，菲亚特农机公司将其部分拖拉机生产从摩德纳转移到耶西。1988 年，菲亚特公司将菲亚特农机（FiatAgri）与其工程机械业务（含菲亚特艾里斯和菲亚特日立）合并组成菲亚特地面机械（FiatGeotech）公司，使其成为菲亚特集团控股的公司。该公司在农业机械市场继续使用菲亚特农机品牌，其工程机械在欧洲使用菲亚特日立品牌，在世界其他地区使用菲亚特艾里斯品牌。

1990 年，菲亚特农机公司在 90 系列之后推出 100 ～ 140PS 胜利者（Winner）系列首批机型，包括 F100 型、F110 型、F120 型和 F130 型（图 10-6）。该系列采用依维柯（Iveco）六缸自吸或增压柴油机、液压助力半金属干式摩擦片主离合器、带同步逆行器进退各 16 挡变速箱，选装动力换挡增扭器、爬行挡或加装 40 km/h 高速挡，可选装 3 速动力输出轴，两轮或四轮驱动。1993 年，推出第二批机型，包括 F115 型和 F140 型。

图 10-6　菲亚特 F130 型拖拉机

1991 年，菲亚特公司购买美国福特纽荷兰公司 80% 的股权，将其与菲亚特地面机械公司合并，组成纽荷兰地面机械（N.H.Geotech）公司，1993 年又将其改名为纽荷兰公司（New Holland N.V.），总部设在荷兰阿姆斯特丹。菲亚特工厂仍使用菲亚特农机品牌，福特纽荷兰工厂仍使用福特纽荷兰品牌，在各自传统市场销售。

由于福特纽荷兰的资产分散在世界各地，因此新的纽荷兰公司是一家全球全谱系生产商，直到在美国召开它的 1994 年世界大会上才完成整合。为整合产品，各品牌机型已有交换，如 1996 年推出的菲亚特 M100 系列与福特纽荷兰 8060 系列基本相同，在英国生产，只是各自使用自己的漆色和品牌。菲亚特推出的大型 G 系列四轮驱动拖拉机，属于原福特纽荷兰的子公司沃瑟泰尔公司的产品，菲亚特仅以橙色代替蓝色，其中 G210 型（图 10-7）是菲亚特品牌告别拖拉机行业的最后一种机型。

图 10-7　菲亚特 G210 型拖拉机

菲亚特公司继续扩展纽荷兰公司。1998 年，它收购波兰一家谷物、油菜、玉米、向日葵和其他作物收割机制造商野牛（Bizon）公司。野牛公司 1997 年实现约 4 000 万美元的销售额和 400 万美元的利润，拥有波兰联合收割机市场约 60% 的份额。同年，纽荷兰公司与土耳其廓齐（Koç）集团旗下的土耳其拖拉机公司成立合资企业，后者安卡拉工厂早已获得许可生产菲亚特拖拉机。

10.6　凯斯纽荷兰成立

新的纽荷兰公司发展势头良好，1995 年，其销售额超过 50 亿美元。在西方统计的全球市场中，该公司农用拖拉机的市场占比为 21%，联合收割机的市场占比为 17%，饲料收割机的市场占比为 42%，其他类型农业机械或建筑装备也占有重要份额。到 1996 年，纽荷兰公司在全球 130 个国家销售约 280 种产品。全球有 5 600 家经销商销售该公司的农业装备，有 250 家经销商销售其建筑机械。1996 年的第四季度，菲亚特公司以每股 21.50 美元的价格向公众出售 31% 的纽荷兰公司普通股 4 650 万股，筹集资金以巩固其下滑的核心汽车业务。11 月，纽荷兰公司在纽约证券交易所上市，其股票是交易量最大的股票。

1996 年，纽荷兰公司还推出四位数系列拖拉机主要包括：60 ～ 95hp 的 35 系列（图 10-8），源自菲亚特，在意大利生产；73 ～ 117hp 的 40 系列，源自福特，在英国生产；260～425hp的82系列，源自沃瑟泰尔，在加拿大生产。它们都漆成纽荷兰蓝色。

图 10-8 纽荷兰 7635 型拖拉机

此外，纽荷兰公司还推出新的E系列反铲装载机、4种卷筒式打捆机和2种大型自走式饲料收割机。纽荷兰公司也与美国航空航天局（NASA）和卡内基梅隆（Carnegie Mellon）大学合作，参与无人机研究。作为美国宇航局机器人工程联合会成员，纽荷兰公司创建了一种自行收割苜蓿的样机，它无须人手即可切割、规整和将苜蓿放置在货盘中。

1996年，纽荷兰公司任命前美国财政部长和副总统候选人劳埃德·本森（Lloyd Bentsen）为董事会主席。

1997年，纽荷兰公司推出25～34hp新型Boomer系列轻型柴油拖拉机（图10-9），包括4款机型，反映出纽荷兰公司致力于生产农用紧凑型拖拉机。凭借制造地靠近销售地的理念，该公司将日本轻型拖拉机生产转移到美国佐治亚州都柏林的新工厂。

图 10-9 纽荷兰 1925 型拖拉机

同凯斯公司一样，纽荷兰公司也受到20世纪90年代末全球农业装备市场衰退的冲击，1998年下半年，该公司裁员1 300人，1999年它进一步裁员。1999年5月，菲亚特公司通过其子公司纽荷兰公司以每股55美元收购凯斯公司的所有股票，46亿美元的收购于11月完成。纽荷兰公司获得凯斯公司后，在荷兰注册组成凯斯纽荷兰全球公司（CNH Global N.V.），菲亚特公司持有约71%的股份，总部设在凯斯总部所在地美国威斯康星州拉辛。原凯斯总裁法国人让-皮埃尔•罗素任CNH公司副董事长兼首席执行官，而原纽荷兰公司负责人担任新公司的另一位副董事长。

由于反垄断政策，美国司法部要求CNH公司剥离加拿大沃瑟泰尔公司。CNH公司将沃瑟泰尔出售给加拿大布勒公司，同时达成协议，布勒公司生产纽荷兰公司的TV140双向拖拉机，由CNH公司独家在全球销售。欧盟委员会要求CNH公司剥离拉维达公司和福尔迈克公司等4项资产。2000年，CNH公司将拉维达公司卖给意大利阿尔戈（ARGO）公司。福尔迈克公司源自麦赛福格森公司的工业拖拉机分部，1996年被凯斯公司兼并，2000年CNH公司将它卖给美国特雷克斯（Terex）公司。

2000年，CNH公司是世界第二大农业装备制造商，仅次于迪尔公司；同时在建筑装备领域CNH公司排名世界第三，仅次于卡特彼勒公司和日本小松株式会社。CNH公司开始艰难地整合其前身公司相互重叠的各种各样的业务，旨在三四年内每年节约成本5亿美元。2000年年初，CNH公司关闭或出售其拥有的全球46个制造工厂中的10个。计划在几年内将各种产品的底盘平台从50个减少到35个左右。但随着农产品价格下滑，美国大型拖拉机销售下降，纽荷兰和凯斯整合的痛苦越来越明显，在21世纪的头十年，CNH公司不可能成为迪尔公司和卡特彼勒公司的强大竞争者。

品牌和产品的整合同时展开，庞大的CNH公司产品技术的源头多元而久远，涵盖世界众多知名品牌。农业机械品牌包括菲亚特农机、福特、纽荷兰、凯斯、万国、斯太尔、法毛、沃瑟泰尔和石川岛等。工程机械品牌包括凯斯、菲亚特艾里斯、菲亚特日立、纽荷兰、O&K、斯太尔和神钢等。CNH公司将农业机械品牌整合为纽荷兰（New Holland）、凯斯万国（CaseIH）两个全球品牌及斯太尔（Steyr）区域品牌。蓝色用于纽荷兰品牌，红棕色和黑色用于凯斯万国品牌，浅灰色用于斯太尔品牌（黑红色仅限奥地利市场预定）。CNH公司将原7个工程机械品牌整合为凯斯建机（CaseConstruction）、纽荷兰建机（New Holland

Construction）和神钢（Kobelco）三个品牌。

纽荷兰品牌内部也需要整合，整合方法是在型号数字前加注字母以区分。如：TL表示源自意大利耶西厂的菲亚特农机设计，TS表示源自英国巴塞尔顿厂的福特设计，TM表示源自英国巴塞尔顿厂的福特纽荷兰设计，TB是美国纽荷兰的设计，TC是原纽荷兰Boomer系列，TG是源自美国拉辛厂的凯斯设计，TJ是等同凯斯万国机型的贴牌，TK是农用履带拖拉机，TV是源自沃瑟泰尔的贴牌，TD出自土耳其拖拉机公司，TZ和日本石川岛相似，TT产自印度新德里的子公司。整合后的纽荷兰品牌标识（图10-10）保留它主要来源的遗传基因：菲亚特农机的记忆保留在叶子形象上，福特的记忆保留在皇家蓝的颜色里，而纽荷兰保留在名字中。

图10-10　纽荷兰新标识

凯斯公司和纽荷兰公司两大跨国公司合并，其资源整合十分费力。合并后的2000—2003年连年亏损，亏损额分别为3.81亿、3.32亿、4.26亿和1.57亿美元，其2003年的营业收入仅仅接近1999年的数额。经过5年努力，其2004年的营业收入为121.79亿美元，比2003年增长14%，净利润为1.25亿美元，终于摆脱连续4年的亏损。

10.7　迪尔公司的20世纪八九十年代

1980年，美国为制裁苏联入侵阿富汗，发动粮食禁运。由于世界经济的多元性，最后苏联躲过粮食禁运打击，但是美国农业却从1979年的鼎盛时期跌入萧条。20世纪80年代，迪尔公司经营状况欠佳，其他公司更糟，处境艰难的迪尔公司因此进行了很多对日后发展有价值的改革。相对来说，随着其他主要竞争对手的合并或倒闭，迪尔公司仍然保持在拖拉机行业的领先地位。

1979年，迪尔公司有65 392名员工，而到了1986年年末其员工数量仅为

37 481 人。此后十年，迪尔公司不再逐年减员，员工数量为 3 万多人，基本上都是最富有经验、最崇尚迪尔价值的员工。1987 年，农业持续低迷，迪尔公司的销售额下降，导致亏损 9 900 万美元，但是公司的企业文化依然保存完好。

1987 年，汉斯·贝克（Hans Becherer）（图 10-11）任迪尔公司总裁兼首席运营官。汉斯·贝克是在底特律长大的德国移民后裔，他于 1957 年毕业于康涅狄格州一所学院，当年早些时候在哈佛大学获得 MBA 学位。因为迪尔公司的价值标准与汉斯·贝克的价值观相契合，并且迪尔公司正向全球化扩展，因此汉斯·贝克在 1962 年加入迪尔公司。当他将自己毕业后移居中西部、为一家拖拉机制造商工作的事告诉哈佛的同学时，很多人都嘲笑这个城市男孩的选择。在所有愿意聘请他的公司中，迪尔公司是薪水最低的一家。80 年代初，他在迪尔公司担任欧洲分部的各种职务，1983 年任迪尔海外农业装备和园地产品分部高级副总裁，1986 年任全球农业装备和园地产品执行副总裁，1987 年任迪尔公司总裁兼首席运营官，1989 年任总裁兼首席执行官。汉斯·贝克强调建立在持续改善和全球增长战略基础上的迪尔公司的真正价值，是 20 世纪最后 10 余年处境艰难的迪尔公司的掌门人。

图 10-11　汉斯·贝克

1988 年，迪尔公司的业绩出现反弹，销售额比 1987 年增长 30%，在前两年亏损 2.29 亿和 0.99 亿美元后，利润超过 3.15 亿美元，创历史新高。但实质上美国农业萧条的形势并未根本好转，汉斯·贝克以“迪尔价值观重塑计划”为平台，领导公司重整旗鼓：削减董事会成本，减少库存，强化运营管理；各部门分散经营，增强内部独立决策能力，促使每项业务成长和获利；扩展产品领域，改进升级产品系列。

汉斯·贝克将迪尔公司重新分为6个战略业务单元，各单元对迪尔公司负责。从90年代开始，迪尔公司使用资产收益率作为计算管理层绩效奖金的主要方法。由于分权，每个部门考核方法并不相同。在建筑与林业装备部门引入当时开始流行的经济增加值（EVA）指标，即税后净利润减去资本成本，计算出真正的经济利润。迪尔公司的改革取得成效：1990—2000年，除1991年亏损2 000万美元和1993年亏损9.21亿美元外，其余年份均盈利；在盈利年份，除1992年仅盈利3 700万美元外，其余年份的利润在2.39亿～10.21亿美元之间。通过打造更精简和多样的企业，汉斯·贝克领导迪尔公司渡过困难时期。

同时，迪尔公司进行拖拉机系列的改进和升级。在20世纪70年代末80年代初的40/50系列的基础上，迪尔公司于1984—1992年陆续投放了16～222hp的55系列，于1989—1992年又陆续投放了172～370hp的60系列，于1989年和1993年投放了70系列，包括18～38hp和250～400hp两个区段。1992—2000年，迪尔公司陆续投放受市场欢迎的新一代5000、6000、7000、8000和9000系列拖拉机。它们型号中四位数字的第一个数字表示该谱系从小到大的功率段，第二个数字表示该功率段中从小到大的机型，后两位数字表示该系列的版本号（如这一批称为00版，在90年代后期又发展为10版）。1992—1996年推出5000系列，包括5200～5500型；1992—1994年投放6000系列，包括6100～6900型；1992—1993年投放7000系列，包括7200～7800型。

45～83hp的5000系列采用三缸或四缸约翰迪尔柴油机、啮合套换挡变速箱两轮或四轮驱动、动力转向、湿式液压制动器、两柱式ROPS，可选装部分同步换挡变速箱和动力换挡逆行器，亦可选装驾驶室，在美国佐治亚州奥古斯塔厂生产。75～130hp的6000系列（图10-12）采用四缸或六缸约翰迪尔柴油机、全同步换挡或部分动力换挡变速箱、两轮或四轮驱动、动力转向、湿式液压制动器、闭心式液压系统，标配带空调驾驶室，在德国曼海姆厂生产。102～161hp的7000系列采用六缸约翰迪尔柴油机、部分动力换挡或全动力换挡变速箱、两轮或四轮驱动、动力转向、湿式液压制动器、闭心式液压系统，标配驾驶室，在美国爱荷华州滑铁卢厂生产。新型5000、6000和7000系列拖拉机在北美和欧洲获得大量市场份额。在德国20个竞争对手中，迪尔公司拖拉机销售额从第3位升到第1位。

图 10-12　约翰迪尔 6800 型拖拉机

随后，迪尔公司又推出 8000 和 9000 系列大型行列作物轮式拖拉机及其橡胶履带变型。1995 年投放 8000 系列，包括 8100 ～ 8400 型；1997 年投放 8100T ～ 8400T 橡胶履带变型。177 ～ 250hp 的 8000 系列采用约翰迪尔高转矩储备六缸柴油机、全动力换挡变速箱、湿式液压制动器、电液控制差速锁、行星最终传动、两轮或四轮驱动、动力转向、闭心式压力流量补偿液压系统和带指令视屏 CommandView 的标准驾驶室。其橡胶履带变型采用静液压差速转向机构，可调 4 种轨距，前进速度为 2.0 ～ 30.2km/h（图 10-13）。1997 年投放 9000 系列，包括 9100 ～ 9400 型；2000 年投放 9300T 和 9400T 橡胶履带变型。260 ～ 425hp 的 9000 系列为铰接式轮式拖拉机，采用约翰迪尔涡轮增压后冷六缸柴油机、部分同步换挡变速箱、可选部分动力换挡或全动力换挡变速箱、湿式液压制动器、四轮驱动、动力转向、闭心式压力流量补偿液压系统和标准驾驶室。上述机型均在美国滑铁卢厂生产。

图 10-13　约翰迪尔 8400T 型拖拉机

这一时期，迪尔公司扩张步履稳健：一是扩展新的领域，如园地拖拉机和甘蔗收获机械以及信贷业务；二是吸纳有短板的上游部件供应商，如传动部件和电子技术；三是开拓中国、印度市场，在当地建立合资或独资企业，通常不购买当地直接竞争对手的公司。

1989年，迪尔公司收购1941年成立的美国传动部件制造商芬克（Funk）制造公司。1991年，迪尔公司在北美的草坪和园地装备成为单独分部。同年，迪尔公司收购1954年成立的联邦德国割草机械制造商萨博（SABO）公司。两年后，迪尔公司草坪和花园设备的销售额首次突破10亿美元。1993年，迪尔公司与捷克热托公司合作，为新市场提供普及型中小型轮式拖拉机。1993—1998年，热托布尔诺工厂为迪尔公司生产45～103hp约翰迪尔2000系列拖拉机，包括2000～2900型。1995年，迪尔公司取得美国电子技术供应商英特农业（InterAg）技术公司50%的股权，1999年收购了剩余的股权。1998年，迪尔公司收购美国甘蔗收获装备生产商卡米柯（Cameco）工业公司。同年，迪尔在印度浦那（Pune）的拖拉机制造厂开始生产。2000年，迪尔公司与中国天津拖拉机厂合资成立约翰迪尔天拖有限公司。

这一时期，迪尔公司以农业机械为主的多元化取得进展。在迪尔公司1998年的总销售收入中，农业装备占53%，建筑装备占19%，商用和园地装备占15%，信贷、保险和医疗占13%。迪尔公司全球化扩展的目的，是为了减少周期性经济波动对其造成的影响。1997年，迪尔公司的海外销售额高达30亿美元，接近其当年总销售额的1/4。

1998年，美国股市处于高峰，这一年也是迪尔公司90年代最辉煌的一年。迪尔公司的总销售收入达138.22亿美元，盈利为10.21亿美元，突破历史纪录。但是，当迪尔公司处于周期性高峰的黄金时期时，其资产收益率仍未能达到应有水平。迪尔公司仍然主要关注利润额，而不是关注应当用多少资本来获取这些利润。当1999年美国农业再度陷入低潮时，迪尔公司和其他农业装备制造商一样，股票出现下跌。而此时的建筑装备行业保持上涨势头。1999年，迪尔公司的总销售收入降到117.51亿美元，盈利降到2.39亿美元。2000年，其总销售收入为131.37亿美元，盈利为4.86亿美元。2000年，当经济泡沫濒临破裂时，建筑装备市场也开始恶化。

1998年，汉斯·贝克临近退休。鉴于农业再次进入萧条期，情况变化莫测，由什么样的人接班至关重要。汉斯·贝克和董事会希望选择一个既能延续公司的价值与文化，又能寻找新机遇来扩展公司的领导者。汉斯·贝克为每个候选人安排了一个领导职位，在不同环境中对他们的能力进行评估，他从未与任何一位候选者有过密接触，友谊不会影响他的决定。汉斯·贝克与董事会密切协商后，最终选择罗伯特·莱恩（Robert Lane）接替他的工作。罗伯特·莱恩在1997年被提升为迪尔公司的首席财务官，1998年任欧洲、中东和非洲地区的高级副总裁，2000年5月任迪尔公司的首席执行官，8月任董事会主席兼首席执行官。2000年8月，引领迪尔公司成功度过20世纪最后十余年艰难时期的汉斯·贝克退休。

10.8 从道依茨艾里斯到爱科

1985年，联邦德国道依茨法尔公司的所有者道依茨（KHD）公司以1.07亿美元买下美国艾里斯查默斯公司农业装备业务，并将新公司命名为道依茨艾里斯公司。

道依茨法尔公司首先做的是将大多数拖拉机、农具和联合收割机的颜色改为道依茨春天绿（图10-14），只有更大的8000和9000系列拖拉机保留艾里斯波斯橙。以道依茨空冷柴油机为动力的拖拉机很快成为主导产品，并且有几种完全是道依茨法尔拖拉机，只是改称道依茨艾里斯拖拉机。道依茨法尔公司还把它的营销模式也延伸到道依茨艾里斯身上，如该公司设计的拖拉机轮距对于标准行列作物来说太宽，会伤害作物，但当市场反馈这一疏忽时，道依茨法尔公司的高层管理人员却建议农民改变耕作模式，而不是改变拖拉机。道依茨法尔公司对美国农机市场的疏忽，使得对艾里斯查尔默斯忠诚的美国农民感到失望，结果道依茨艾里斯拖拉机的销量显著下跌。

图10-14 道依茨艾里斯拖拉机

1988年，道依茨公司聘用50多岁的罗伯特·拉特利夫（Robert Ratliff）担任正在下滑的道依茨艾里斯公司的总裁兼首席执行官。罗伯特·拉特利夫生于堪萨斯州，年轻时移居马里兰州，上大学时加入美国空军，结束军旅生涯后，返回学院学习并获得机械工程学位。1957年，他加入美国万国公司，开始农业设备领域的职业生涯，他在万国工作 26 年，离开前是万国公司出口公司的总裁。罗伯特 • 拉特利夫掌管道依茨艾里斯公司后，立即扭转了形势，他关闭工厂一年以削减开支，理顺经销商系统，降低拖拉机零售价，使公司扭亏为盈。

1990 年，苏联放弃社会主义体制，道依茨公司认为出现东进新机遇，这也给它提供了摆脱道依茨艾里斯公司的借口。在没有人愿意接手的情况下，罗伯特 • 拉特利夫和他的投资团队以管理层收购（MBO）方式，在 1990 年用 8 940 万美元买下道依茨艾里斯公司。他的投资团队包括 4 位本公司高管，即罗伯特 • 拉特利夫和约翰 • 舒梅达（John Shumejda）、吉姆 • 西弗（Jim Seaver）、埃德 • 斯文格尔（Ed Swingle），以及合伙人汉密尔顿 • 罗宾逊（Hamilton Robinson）公司。

在原公司产品中，还有在美国中西部有一定市场的格林纳尔（Gleaner）品牌联合收割机。该品牌是 1923 年取自法国画家让 - 弗朗索瓦 • 米莱的一幅名画“拾穗者（The Gleaners）”。

罗伯特 • 拉特利夫打算把公司改名为艾里斯格林纳尔（Allis-Gleaner）公司，这样两个值得信赖的农业装备品牌将联合出现在农民面前，但存在法律问题。为绕过法律，艾里斯格林纳尔公司的变形 —— 爱科（AGCO）公司的名称被选用。爱科公司的拖拉机使用爱科艾里斯（AGCO-Allis）品牌，并回归橙色；联合收割机使用格林纳尔品牌。

从此罗伯特 • 拉特利夫（图 10-15）执掌爱科公司直到 2006 年，他带领公司在一路收购中壮大。罗伯特 • 拉特利夫和爱科公司之所以如此成功，研究者认为是他们在正确的时间选择了正确的做事方式，收购道依茨艾里斯就是第一个精明的案例。

图 10-15　罗伯特 · 拉特利夫

罗伯特·拉特利夫在得知道依茨公司打算卖掉道依茨艾里斯时，就组团竞标。然而，他的难题是，因为农业不景气，没人愿意冒风险。由于传统方法行不通，拉特利夫想到以折扣卖掉应收款（因大多数信贷限定多年或季节性付款，经销商处常有大量应收未付账款）的方式。罗伯特·拉特利夫说服道依茨艾里斯的债主打折卖掉应收款，这是他们会得到偿还的唯一途径。1990 年，惠而浦（Whirlpool）金融公司以 40% 的折扣买下道依茨艾里斯经销商欠公司的应收款，并提供给罗伯特·拉特利夫全部买下公司所需的 8 940 万美元。换句话说，惠而浦仅仅用 8 940 万美元就得到了大约 1.49 亿美元的应收款，并承担了违约风险。这一过程花费不菲，但证明是值得的，8 940 万美元的购买价不高于公司账面价值的 58%。和贷款收购的流行方式不同，拥有爱科公司 3% 股份的罗伯特·拉特利夫夸口说："我们从一开始就没有债务。"

10.9 爱科在一路收购中壮大（上）

1990 年，罗伯特·拉特利夫建立爱科公司，将总部迁到佐治亚州德卢斯。1990—2006 年，他带领爱科公司一路前进，完成 20 多次收购，使一个小型北美公司发展成为世界上第三大农业装备制造商。

1991 年，爱科公司推出爱科艾里斯 4600 ~ 9100 系列拖拉机。50 ~ 57hp 的 4600 系列是意大利赛迈 Solar 系列的贴牌销售产品；48 ~ 80hp 的 5600 系列和 69 ~ 86hp 的 6600 系列是赛迈 Explorer 系列的贴牌销售产品；95 ~ 146hp 的 7600 系列也由赛迈兰博基尼休里曼集团制造；114 ~ 132hp 的 8600 系列是赛迈 Antares 系列的贴牌销售产品；150 ~ 214hp 的 9100 系列源自道依茨艾里斯机型，由美国怀特工厂制造。上述机型的颜色均改用艾里斯的亮橙色（图 10-16）。

图 10-16　爱科艾里斯 6670 型拖拉机

接手道依茨艾里斯公司只是罗伯特·拉特利夫计划的开始，他选择继续兼并收购，以扩展产品谱系，农业板块萧条形势使爱科公司能以最低价购买品牌知名的公司。行业的排头兵迪尔公司和卡特彼勒公司采取纵向一体化模式发展，而罗伯特·拉特利夫在扩张过程中采取横向一体化模式，即一旦收购一家公司，就会保留它的名字和品牌，从而确保一个忠诚的客户群和销售网络，然后再理顺营销和信贷运作。罗伯特·拉特利夫的这种收购方法能很快将每次收购对象转化为其盈利的子公司。

1991 年，爱科公司以 1 010 万美元（低于账面价值 24%）收购美国怀特新思路公司的拖拉机部分，采用爱科怀特（AGCO-White）品牌销售。1993 年，爱科公司收购怀特新思路余下的种植机、撒肥机和其他农具部分，使用怀特品牌销售。2001 年，拖拉机用爱科品牌取代爱科怀特和爱科艾利斯品牌。

1992 年，因爱科公司的收益增长，美国 ITT 商业金融公司给予爱科公司足够的信贷支持。4 月，爱科公司首次公开发行一半股票，募集资金 6 200 万美元，并在纳斯达克上市。1993 年，它的股票上涨 220%。1994 年，爱科公司在纽约证券交易所（NYSE）上市。尽管农机市场前景并不看好，但罗伯特·拉特利夫判断："农场规模比 15 年前大了 50%，它们需要更快地种植庄稼，所以需要更高速度和更高质量的拖拉机和联合收割机。"为此，他决心继续收购。

1993 年，爱科公司分别以 9 480 万美元、1 990 万美元从加拿大瓦莱梯（Varity）公司收购了麦赛福格森农业装备在北美的分销权和农业信贷承兑公司 50% 的股份。这使爱科公司在美国与加拿大的经销商增加了近 1 100 家，并使公司的营业收入提高 65% 以上。这是爱科公司对麦赛福格森公司全面收购的第一战役。

自 1991 年以来，罗伯特·拉特利夫以 1.86 亿美元收购了 4 家拖拉机和农机具的竞争对手。罗伯特·拉特利夫说："我们不是在创造新的业务，而是从竞争对手手中夺走它。"这使得爱科公司能以不同价格提供更多种类的产品，从拖拉机到收割机，从单价 1.6 万美元的麦赛福格森拖拉机到单价 9.9 万美元的最大的怀特拖拉机。更重要的是，每笔收购都能得到被收购方的经销商，这使爱科公司能够建立起美国最大的独立的农业装备经销商网络。在美国，迪尔公司有 1 500 家经销商，而爱科公司拥有 3 500 家经销商。不像迪尔公司和凯斯公司，爱科公司的大多数经销商经营爱科公司属下的多个品牌。罗伯特·拉特利夫重视经销商的关键作用，他花很多时间在田间而不是在公司总部。"经销商已成为他所在市场区域的超市。"罗伯特·拉特利夫说："我们提供的交叉合同为经销商提供了机会，来销售他以前没有销过的产品，给他带来更多利润。"1993 年，爱科公司的销售额增长 89.4%，达到 5.957 亿美元；净利润增长逾 1 倍，为 1.253 亿美元。为了从经销商网络获得更多利益，罗伯特·拉特利夫必须说服经销商销售更多的爱科属下品牌，但棘手的是必须确保他的经销商不会互相竞争。罗伯特·拉特利夫说：“如果在同一地点有一个怀特经销商和一个麦赛经销商，他们中只有一个可以销售赫斯顿。”

任何收购都会带来高昂成本，爱科公司用 1992 年募股筹集的 6 200 万美元偿还债务。但随着收购，爱科公司的资产负债率从 40% 跃升至 70%，爱科公司不得不动用 1994 年的收益，使资产负债率恢复到更合适的 50%。当时农业装备市场处于周期性波动，并由迪尔公司和凯斯公司主导，罗伯特·拉特利夫避免购买太多的固定资产，仅拥有两家工厂，并与凯斯公司在另一家工厂合资。

在收购麦赛福格森公司的北美分销权后，1994 年，爱科公司以 5 亿美元收购麦赛福格森的全球控股资产，同时还收购了农业信贷承兑公司余下的部分，这是一个使公司规模扩大一倍多的勇敢行动。罗伯特·拉特利夫及其团队必须消化一家比爱科公司更大的公司，收入增长 128%，达到 14 亿美元，并且在全球增加了 4 000 多家经销商。通过这次收购，爱科公司成为世界级农业装备制造商。佐治亚州的荷兰合作银行（Rabobank）信托公司和 ITT 商业金融发行了 5 亿美元循环信贷额度。从 1992 年 4 月爱科公司公开募股以来，爱科的股票已度过一年的股民观望期，由于公司发展势头良好，爱科公司的股值已呈明显上扬态势。

10.10 爱科在一路收购中壮大（下）

1994 年，爱科公司收购美国麦康奈尔（McConnell）公司后，将其 320hp 的 McConnell-Marc 900 型和 425hp 的 1000 型铰接式四轮驱动拖拉机改名为爱科之星（AGCOSTAR）8360 型（图 10-17）和 8425 型。根据客户愿望，将原来的黄色改为可选 3 种漆色：麦赛红色、艾里斯橙色或怀特银色。

图 10-17 爱科之星 8360 型拖拉机

1995年，爱科公司购买了意大利兰迪尼拖拉机的北美分销权。1996年，爱科公司收购了巴西伊奥切普马克西恩（Iochpe-Maxion）农业装备公司，它销售的麦赛福格森拖拉机在巴西拖拉机市场居首位。同年，爱科公司还收购了在阿根廷拖拉机市场所占份额最大的道依茨阿根廷公司。

1996年，爱科公司与荷兰合作银行成立合资公司，扩大了爱科公司的全球财务能力。荷兰合作银行以4 400万美元收购爱科公司北美零售金融子公司Agricredit 51%的股份。合资的其他好处包括将爱科公司的合并资产负债表去杠杆化约5.5亿美元，爱科公司获得可调配的4 430万美元资金，以及与荷兰合作银行一起参与附加业务的机会，该合资企业也获得AAA级农业贷款资质。这些都使爱科公司获得融资的巨大资源，爱科公司与荷兰合作银行的合资也带动其股票价格上涨，这是罗伯特·拉特利夫及爱科管理团队又一个精明决策。

麦赛福格森公司进入爱科公司后，除继续完善原有拖拉机系列外，1997年开始推出52～110hp新的4200中型系列，包括4215～4270型。该系列拖拉机采用英国珀金斯柴油机；按机型大小，分别采用干式半金属或湿式主离合器，采用同步换挡变速箱和机械式逆行器，可选装动力换挡增扭器或逆行器；采用力位调节三点液压悬挂，液压离合器操纵独立式PTO；两轮或四轮驱动，动力转向，均标配驾驶室，可选装空调（图10-18）。

图10-18　麦赛福格森4235型拖拉机

1997年，爱科公司完成对德国芬特公司的收购。有创新者声誉的芬特公司以其先进技术和国际市场地位而闻名，可提供世界上最先进的无级变速拖拉机技术（参见后述“里程碑：芬特瓦利奥无级变速”一节）。芬特收割机的先进技术帮助爱科公司创造了田野之星（Fieldstar）设计，并将其用于福格森拖拉机和格林纳尔联合收割机等精准农业装备，利用产量监测和全球定位系统，帮助农民提高产量。同年，爱科公司还收购了欧洲精准农业技术的领导者德龙宁博格（Dronningborg）工业公司。

1991—1997 年，仅用了短短 7 年时间，爱科公司已成为全球第三大农业装备制造商。

作为罗伯特·拉特利夫低成本计划的一部分，主要部件外包似乎非常合适。爱科公司 1997 年的研发费用仅占其净销售额的 1.7%。爱科产品的部件如发动机、变速箱、车桥等有很大一部分外包，它们的制造商被迫支付研发费用。尽管外包降低了成本，但它确有缺点，如果供应商产能收缩，产品的可用性、质量和价格可能会削弱通过外包获得的优势。爱科公司通过 1994 年及其后收购麦赛福格森公司等，提高了制造能力，从而有助于对冲这种风险。

1998 年，爱科公司与道依茨公司在阿根廷成立生产发动机的合资企业。爱科公司调整其发行的股票为 5 900 万股，以应对周期性衰退。1999 年，爱科公司与荷兰合作银行属下的德拉格兰登（De Lage Landen，DLL）融资公司联合成立爱科金融公司，主要是加强爱科公司在北美的批发和零售等金融活动。

1991—2000 年，爱科公司还收购了一些农机具企业。1991 年，部分收购了在北美领先的干草农机具制造商赫斯顿（Hesston）公司，2000 年完成全资收购；1991 年，收购菲亚特 GeoTech 公司属下的干草和牧草装备制造商；1994 年，收购提供种植机技术的黑色机械（Black Machine）公司；1995 年，收购农机具和耕作设备的制造商泰伊（Tye）公司；1996 年，收购加拿大西部联合收割机（Western Combine）公司和波蒂奇（Portage）制造公司；1998 年，收购两家农业喷雾器市场领先企业 Spra-Coupe® 和 Willmar® 产品。

21 世纪初，爱科公司又完成两项重要收购：2002 年，收购卡特彼勒公司挑战者（Challenger）履带拖拉机的设计、装配和销售资产（参见后述“卡特彼勒高速橡胶履带拖拉机”一节）；2004 年，收购在北欧和南美洲拥有市场领先地位的芬兰维创（Valtra）公司（参见后述“从维美德到维创”一节）。

罗伯特·拉特利夫带领爱科公司在 15 年里进行了 21 次收购，销售额从 1990 年的 2 亿美元增长到 2005 年的 54 亿美元。2006 年，罗伯特·拉特利夫在他 74 岁时辞去董事长职务，于 2017 年去世。他对拖拉机产业发展的贡献如同迪尔公司创始人约翰·迪尔、凯斯公司创始人杰罗姆·凯斯、卡特彼勒公司创始人本杰明·霍尔特和丹尼尔·贝斯特一样，他的名字永存在美国装备制造商协会（AEM）名人堂的成员名单里。

在 20 世纪最后的 10 年里，发达国家农业装备市场处于不太景气的滞涨期。爱科公司快速发展，表现尤为突出，引起人们极大的兴趣。一些研究认为，爱科公司的成功，除罗伯特·拉特利夫目标坚定、勇于创新、亲力亲为、深入市场的个人作风外，主要归功于：罗伯特·拉特利夫及其团队对行业和原公司的熟悉，管理层收购保证了收购之初所有权过渡的平顺；他们在收购中善用各种筹资手段，而不是靠负债扩张；他们充分协调和发挥庞大分销网络的作用，经销商与公司高管经常沟通，信息可直接反馈；多数零部件外包，以追求低成本制造；对每次收购不是仅仅关注规模扩大，而是以经济效益作为收购的出发点和归宿等。

在拖拉机产业发展史中，像爱科公司这样采用横向一体化模式介入行业和扩张的先例比比皆是，但是它们大多并不成功，很多企业成了行业的过客，因此爱科公司成功的经验值得行业认真研究。

10.11 从维美德到维创

1986 年，维美德公司和奥地利斯太尔戴姆勒普赫（Steyr-Daimler-Puch）公司签署意向书，合作设计制造 90～140 马力发动机和拖拉机。项目取得积极进展，但 1989 年因拥有道依茨公司和斯太尔公司的银行要求两家合作，导致维美德公司退出。

拖拉机漆色是品牌认知的重要因素，维美德拖拉机改变过两次颜色。1988 年，因其拖拉机外形轮廓易于识别，维美德公司决定以 5 种颜色推出 05 系列拖拉机。标准型仍是红色，同时根据客户订单提供白色、黄色、蓝色和绿色的发动机罩，配以黑色驾驶室，及各自颜色的贴花（图 10-19）。同年，在 05 系列改进型上，可选装液压悬挂电子自动控制系统。该公司与芬兰工作效率协会合作，使用不同旋钮，以 5 个程序处理各种机具作业情况。

图 10-19　维美德 5 色 05 系列拖拉机

1990 年，沃尔沃公司给维美德公司供应传动系的协议结束。维美德公司此前在 20 世纪 80 年代与斯太尔公司的 3 年合作中设计了全新一代拖拉机，用于角逐欧洲和世界市场。1989—2002 年，维美德公司陆续推出 75 ～ 120 马力美佐（Mezzo）6000 中型系列和 110 ～ 200 马力美伽（Mega）8000 大型系列拖拉机。1989 年，维美德公司首先推出 140 马力和 160 马力的美伽 8300 型和 8600 型，与麦赛福格森法国博韦工厂合作制造。1990 年秋季，维美德索拉赫蒂工厂生产的第一种机型是美伽 8100 型（图 10-20）。

图 10-20　维美德 8100 型拖拉机

1991 年，维美德公司在挪威向世界推介其在索拉赫蒂工厂制造的 79 ～ 120 马力的 6000 系列拖拉机（图 10-21）。它的发动机是新一代“斯太尔维美德”柴油机，由维美德诺基亚发动机工厂生产；变速器的设计满足中欧需求，并采用逆行器；最初两挡动力换挡可选装，1993 年被三挡动力换挡取代；维美德公司在人体工程学方面的知识在全新驾驶室得到体现，驾驶室均采用弧形玻璃，除了可提高能见度外，还可降低噪声。随后，维美德公司又推出安装六缸柴油机的美伽系列拖拉机，使其在欧洲的销售实现增长。

图 10-21　维美德 6400 型拖拉机

1991 年和 1992 年是西方拖拉机行业的低迷期，销售大幅下滑，各地拖拉机制造商陷入困境。维美德公司将其巴西拖拉机业务、芬兰诺基亚柴油机工厂和索拉赫蒂总部的欧洲拖拉机业务合并重组，大幅削减雇员，员工的牺牲和对发展的奉献拯救了公司。因维美德公司出现过库存积压的糟糕情况，导致它在 1992 年开发了独特的客户订单系统。订单直接发到工厂，仅 4 ～ 7 周即可交货，因此可以说维美德公司是提供定制拖拉机的先驱。1993 年，维美德公司成为世界上第一家获得 ISO9001 质量管理体系认证的拖拉机制造商。

20 世纪 90 年代是维美德公司拖拉机产权剧烈变动的十年，芬兰政府推动国有企业向上市和私有化发展。维美德公司拖拉机的所有权两次变更，为 21 世纪初进一步私有化铺平了道路。

1994 年，政府对国企西速（Sisu）集团和维美德公司进行重组。维美德公司专注造纸机械和工厂自动化装置，将其拖拉机分部划给西速集团，维美德品牌由维美德造纸机械继承。转移到西速集团的拖拉机被允许使用维美德品牌到 2001 年 4 月底。拖拉机刚归西速集团所有时曾使用过西速维美德商标，后来决定使用与维美德接近的维创（Valtra）。维创早已于 1963 年由维美德公司注册，1970 年曾用于配套装置与机具，未用于拖拉机。1996 年，维创名称首先用于城市和林业用 X 系列铰接式拖拉机。

1997 年，西速集团并入芬兰帕特克（Partek）集团，帕特克集团以白垩矿业为基础扩展到工程技术运营。因此，维美德拖拉机公司成为帕特克集团的一员，更名为维创公司，在维美德品牌 2001 年禁用前的过渡期使用维创维美德（Valtra Valmet）品牌。从 2001 年年初开始，所有拖拉机使用维创品牌。

21 世纪初，维创公司的所有权再次发生两次转移：2002 年，世界上最大的电梯公司之一 —— 芬兰通力（Kone）公司收购了帕特克集团，维创公司成为新通力公司的一部分。在归通力公司所有期间，维创公司提高了生产能力。2003 年，通力公司宣布剥离拖拉机和森林机械业务。9 月，第 50 万台维美德和维创拖拉机下线。在通力公司出售维创公司的竞标中，出价最高的是美国的爱科公司。2004 年，维创公司成为爱科公司的一部分。

1994—2004 年，维创公司的所有权发生过 4 次变动。虽然它的前 3 位所有者并不属于拖拉机行业，所幸每个所有者均照顾该公司，未对企业的经营、传统和组织架构进行过多干预。2004 年至今，维创公司最终归到与它属于同一行业的爱科公司。

10.12　赛迈道依茨法尔集团成立

1979 年，意大利赛迈公司发展为赛迈兰博基尼休里曼（SLH）集团后，立即面临触手可及的危机，意大利拖拉机市场像过山车一样 —— 从 20 世纪 70 年代的火热到 80 年代初的断崖式下滑。一些人建议，发起一场商业折扣活动以获得订单。在繁荣时期，赛迈公司的经销商曾成功使用这种方案，打破了菲亚特寡头的垄断，但是赛迈公司董事长维托里奥 • 卡罗查认为当前利润和需求下降，此法不可行，它只会形成恶性循环，从而对公司的财政造成更大的负面影响。

通过分析，赛迈公司的高层实施与打折相反的方针。他们认为，销量锐减，需减少产量，从而降低盈亏平衡点。维托里奥 • 卡罗查委托一家外国咨询公司制定重组计划，咨询方建议削减管理费用、简化公司结构和减轻财务压力。维托里奥 • 卡罗查向总经理彼得罗 • 雷卡纳蒂（Pietro Recanati）说明了他要采取的行动。尽管彼得罗•雷卡纳蒂意识到老板是正确的，但他预测会有很多问题，特别是工会，他不知能否做到。几周后，原任意大利汽车零部件生产商玛涅蒂马瑞利（Magneti Marelli）公司经理的马里奥 • 维斯基（Mario Vischi）接替彼得罗 • 雷卡纳蒂。

新管理层大力削减成本，特别是合并了赛迈和兰博基尼的机构，解雇了约 600 人。撤销了经营欠佳的南非、澳大利亚和美国的分支机构。正如彼得罗 • 雷卡纳蒂预测的那样，与工会谈判很难，最终通过工业部调解才得以完成。然后，赛迈集团关注债务问题，减少对流动资金的需求，合理处理股票，与信贷银行签订各种协议。从 1987 年起，该公司的利润恢复到合理水平。保持低流动资金和注重盈利是赛迈集团文化的一部分。1987—1994 年，赛迈集团的年销售额从

4 470 亿里拉增至 6 300 亿里拉，拖拉机销售额占 87% ～ 90%；每年的盈利在 130 亿～ 378 亿里拉之间。

一旦财务平衡，他们就需要调整长期发展战略，总经理马里奥 · 维斯基承认他不是这项工作的合适人选。因此，维托里奥 · 卡罗查决定由来自美国格雷斯（Grace）公司的杰拉尔德 · 汉普尔（GeraldHampel）接任总经理。赛迈集团采用新的管理方式和标准，分析每项投资的回报，明确重点项目，有具体且可量化的目标，建立跨职能管理小组。随着引入计算机和 IT 系统，赛迈集团在工厂和设计、销售、采购、管理等部门以及重要供应商之间建立链接，完成订单、付款和交付计划。

1983—1986 年，赛迈集团推出 55 ～ 90 马力探险家（Explorer）系列拖拉机（图 10-22），安装赛迈柴油机、12 挡 /15 挡 /20 挡可逆行变速箱、液压湿式盘式制动器、动力转向机构、四柱 ROPS 或带加热器驾驶室。1983—1985 年，赛迈集团推出 93 ～ 125 马力激光（Laser）系列拖拉机。上述系列拖拉机的外形由朱吉亚罗（Giugiaro）设计。20 世纪 80 年代后期，其生产的拖拉机带有屏显后视系统。1991 年，该公司推出 160 ～ 190 马力土卫六（Titan）系列拖拉机，用新的电控 27 进 27 退全动力换挡传动系。1993 年，该公司推出 Argon 小型拖拉机系列。

图 10-22　赛迈探险家 70 型拖拉机

1994 年，赛迈集团的销售额为 6 300 亿里拉，比上年增长 22%；利润为 251 亿里拉，比上年增长 93%。在此形势下，集团加快收购德国道依茨法尔公司。90 年代初，道依茨法尔公司的母公司道依茨公司财务状况不佳，其股东希望摆脱重大亏损业务。1994 年，道依茨法尔公司亏损 3 亿马克，成为其母公司要卸载的包袱。

道依茨公司已开始与菲亚特公司控股的纽荷兰公司谈判，由道依茨公司的大股东德意志银行进行协调，该银行也是菲亚特公司的主要股东之一。和道依茨法尔公司有过关联的美国爱科公司也提出要约，它们主要对联合收割机感兴趣。传言对此感兴趣的还有美国迪尔公司。但它们对道依茨公司都没有吸引力，因为道依茨公司认为，在庞大的纽荷兰公司中，道依茨法尔公司的自治及管理必将消失。

赛迈集团总经理杰拉尔德·汉普尔向董事长维托里奥·卡罗查建议收购道依茨法尔公司，因为如果赛迈集团想进入行业领先梯队，必须扩大地理范围。与之前收购兰博基尼和休里曼不同，这次收购能使赛迈集团营业额翻番，是机遇也是挑战。在产品上，道依茨法尔品牌在中大功率机型上有竞争力，可以和赛迈集团的低功率机型互补；在市场上，赛迈集团在中欧和南欧有一定地位，而道依茨法尔在中欧和北欧较有影响。此外，赛迈集团将获得收获机械业务。权衡利弊，收购的主要问题是资金和时机。

1993 年 12 月，赛迈集团向道依茨公司表示愿意购买道依茨法尔公司。维托里奥·卡罗查、杰拉尔德·汉普尔和顾问马尔科·维塔勒（Marco Vitale）主导谈判。道依茨公司向他们展示道依茨法尔公司沉重的财务数据，拖拉机部门的流动资金占营业额的 66%，收回信贷的平均时间为 180 天，而在两周后就需向供应商付款。在赛迈集团，流动资金不超过营业额的 15%，有时降至 6%。

赛迈集团负责人多次访问德国，道依茨法尔公司向他们展示用来更新拖拉机系列的 Agrotron 新机型（图 10-23）。其驾驶室采用顶棚前置双大灯的蜜蜂形状，发动机罩倾斜以提供良好视野，驾驶员座椅和仪表如太空船般布置，这些创新令赛迈人钦佩。直到 21 世纪，道依茨法尔拖拉机的驾驶室都很有特色，在全球市场有竞争力。

图 10-23　Agrotron 105 型拖拉机

谈判时，赛迈集团再次分析道依茨法尔公司的账户，量化赛迈集团必须承担的实际财务承诺以及投资回报时间。1993 年的平安夜，双方基本确定协议条款，比道依茨与纽荷兰公司和爱科公司的谈判进展快。1994 年 2 月，道依茨公司公布买家是赛迈集团，道依茨法尔公司在科隆和劳因根的员工没有负面反应。他们知道，无论是谁收购公司，都必然裁员，如果被产品和市场与公司相近的纽荷兰公司或迪尔公司兼并，裁员可能更多，人们只是担心一个意大利家族企业能否吞下这个德国企业。杰拉尔德·汉普尔在 1993 年 10 月向道依茨法尔零售商说："与道依茨公司不同，我们不靠银行生存，我们是靠自己的力量运作。"

1994 年 4 月，双方草签协议，赛迈集团买进道依茨公司拖拉机和联合收割机的生产和销售权。赛迈集团承诺将采用国际但非德国的评估标准对其进行评估，尽职调查委托给维托里奥·卡罗查实习过的美国安达信会计师事务所。安达信会计师事务所的操作使被收购方的净资产从 1.5 亿德国马克减少到 7 000 万德国马克，仅库存就减少了 4 000 万德国马克，实际无法收回的信贷也减少相同数量级。最终，购买价格降至 1 亿德国马克。与裁员 650 ～ 1100 人相关，赛迈集团尚需付出重组成本为 1.2 亿德国马克。

1995 年，赛迈道依茨法尔（Same Deutz-Fahr，SDF）集团正式挂牌，它取代赛迈兰博基尼休里曼集团，成为农业机械大型跨国集团。从拖拉机领域来讲，该集团在欧洲居第二位，在世界居第五位，拥有赛迈、道依茨法尔、兰博基尼和休里曼品牌。协议规定，道依茨法尔公司的产品型号、生产管理和销售机构仍暂时保持独立。和 1994 年相比，1995 年，SDF 集团的总销售额从 6 300 亿里拉增加到 12 337 亿里拉，利润从 251 亿里拉增加到 640 亿里拉。其中，拖拉机的销售额从 5 670 亿里拉增加到 11 778 亿里拉，销量从 18 600 台增加到 26 200 台；员工总数从 1 366 人增加到 2 200 人。赛迈集团花巨资买进道依茨法尔公司，一是获得了收获机械的生产能力，二是形成 25 ～ 265 马力拖拉机的完整系列，提高了市场占有率和综合竞争力。

SDF 集团成立后，采取产品技术互补、市场网络共用策略。但是尽管收购方事先做过充分的预案和分析，通常整合两个规模相当的大企业不是轻松的事。这次兼并由于两家企业文化的冲突，给整合生产和销售带来麻烦，比预期的要复杂。

最先遇到的是道依茨法尔公司老管理层仓促安排投放的 Agrotron 拖拉机。因所有权转换时期的混乱，拖拉机未经充分测试，故障率高，有数百台被召回，不得不与愤怒的客户处理大量法律案件，从而使集团的利润从 1996 年的 1 740 亿里拉下降到 1997 年的 900 亿里拉。新管理层花了两年时间，对拖拉机认真改进，确保可靠性仍然是道依茨法尔品牌的优势。从 1998 年开始，道依茨法尔公司的拖拉机部门开始盈利，但受此次召回事件的影响，用了很长时间才重新回到 90 年代初的市场份额。

其次，德国和北欧营销网络的整合比预期困难。按集团想法，道依茨法尔的代理商也销售赛迈较低功率的拖拉机。但德国和北欧的农民，甚至是经销商对意大利部件不太信任，他们希望使用德国博世液压件和采埃孚变速箱。赛迈集团赞同道依茨法尔公司不应该被殖民化，仍须被市场认可为德国公司。在过渡阶段，杰拉尔德·汉普尔选择合议式管理，经常在赛迈集团和道依茨法尔公司之间调换经理，然而这不是理想的方案。

道依茨法尔公司的拖拉机工厂在莱茵河畔的科隆，联合收割机工厂在多瑙河畔的劳因根，现在需要把两个工厂集中到一地。如选科隆，原拖拉机工厂位于庞大的道依茨公司复合体中，并且科隆的工会环境激进；如选劳因根，该工厂相对独立，利于建立合作气氛，加上巴伐利亚是农业地区，劳因根市长热情地承诺免征地方税。赛迈集团很快产生了对劳因根的偏爱，在这里生产将更加灵活，自动化程度较低，管理费用较少，从而可降低盈亏平衡点。科隆工厂约 80 名员工同意迁到 500km 外的新工厂，一个小而珍贵的“道依茨人”核心定居在劳因根。整个行动的成本是 2 000 万德国马克。

1996—2000 年，赛迈道依茨法尔集团的总销售额变动不大。其拖拉机在欧洲市场的份额也变动不大，约占 1/7 左右。但是新集团已和德意志银行“再见”，用自己的双腿站在大地上，始终保持盈利，体现了赛迈集团一贯的财政风格。

10.13 莫拉家族的 ARGO 成立

意大利阿尔戈（ARGO）公司是意大利古老的莫拉（Morra）家族拥有的控股公司。20 世纪 80 年代末与 90 年代初，该公司的核心业务是钢铁制件。莫拉家族来自意大利西北部的皮埃蒙特农业地区，历史上一直对农业机械有兴趣。1980—1988 年，瓦莱里奥·莫拉和皮兰杰罗·莫拉兄弟（Valerio Morra &Pierangelo Morra）与几家公司一起收购了制造农机传动部件的 MBS 公司、农机具制造商佩戈拉罗（Pegoraro）公司和农业机械制造商弗特与卢扎拉（Fort & Luzzara）公司。1988 年，莫拉兄弟在意大利里约的圣马丁诺（San Martino in

Rio）成立阿尔戈（ARGO）公司，初衷是控股家族工业公司和提供服务。1994年，阿尔戈公司控股附近的拖拉机制造商兰迪尼公司，瓦莱里奥·莫拉和皮兰杰罗·莫拉分别担任兰迪尼公司的总裁和副总裁，这标志着阿尔戈公司迈出进军拖拉机的步伐。

兰迪尼公司位于雷焦艾米利亚省的法布里科，其历史可追溯到1884年，是第二次世界大战前意大利主要的拖拉机制造商。在被阿尔戈公司收购前，兰迪尼公司的所有权有过两次转移。1959年，麦赛福格森公司接管兰迪尼公司，第一台兰迪尼C35型履带拖拉机问世。1982年生产了第一台果园专用拖拉机，此后开始生产系列葡萄园、果园、标准和宽型机型，即V型、F型和L型。兰迪尼公司很快占据全球此类市场25%的份额，并成为这些产品的领先制造商。1988年，新的中功率60/70/80系列拖拉机问世，安装12进4退同步换挡变速箱，可选装24进12退带爬行挡变速箱。当年，法布里科厂销售13 000台拖拉机。1989年，麦赛福格森公司将兰迪尼公司66%的股份出售给了意大利欧洲贝尔盖(Eurobelge)联合制造控股公司。兰迪尼公司重新设计其新谱系拖拉机尽力（Trekker）、暴雪（Blizzard）（图10-24）和优势（Advantage）系列。兰迪尼公司拖拉机出口首次超过3 000台。

图10-24　兰迪尼暴雪95型拖拉机

1994年被阿尔戈公司控股后，兰迪尼公司和日本井关（Iseki）株式会社建立合作关系。同年12月，兰迪尼公司宣布其利润为70亿里拉，拖拉机销售额比上一年增长30%以上。1995年，兰迪尼公司收购意大利小型农用拖拉机和果园拖拉机生产商瓦尔帕达纳（Valpadana）公司。该公司成立于1935年，1954年制造第一台割草机，1960年生产第一台拖拉机（图10-25）。1988年，生产第一台双向驱动拖拉机，驾驶位置在平台上可旋转180°。

图 10-25　瓦尔帕达纳 7070 型拖拉机

阿尔戈公司继续扩大兰迪尼公司产品在世界市场的销售。1995 年，兰迪尼公司与爱科公司达成协议，通过爱科销售网络在北美销售兰迪尼产品，并延长向爱科公司独家供应专用轮式和履带拖拉机的协议。1995 年，兰迪尼南美公司在委内瑞拉开业，在拉丁美洲推广兰迪尼品牌。1995 年，包括兰迪尼和瓦尔帕达纳拖拉机以及进口麦赛福格森拖拉机，共销售 14 057 台，其中 9 415 台以兰迪尼品牌销售。

1993—2001 年，兰迪尼公司推出 103 ～ 176 马力传奇（Legend）系列拖拉机（图 10-26）。兰迪尼公司进入阿尔戈公司后得到投资，1996 年工厂生产能力翻了一番。1996 年，其在圣马丁诺的一家新工厂开业，从事机械加工、齿轮制造和组件装配。兰迪尼公司和井关株式会社的两位总裁出席新工厂开幕仪式，就两公司合作达成协议。

图 10-26　兰迪尼传奇 115 型拖拉机

1997 年，兰迪尼伊比利亚（Landini Iberica）公司在西班牙成立，兰迪尼德国分支机构成立，兰迪尼公司的出口额超过总营业额的 70%。1999 年，兰迪尼南部非洲分支机构成立。2000 年，兰迪尼公司在加拿大、美国和澳大利亚开设新的分支机构。2000 年，阿尔戈公司收购了爱科公司拥有的兰迪尼公司剩余的 9% 的股份。

在凯斯万国公司和纽荷兰公司合并为 CNH 公司后，审查合并的监管机构要求其出售一些工厂，其中包括凯斯万国公司在英国的唐卡斯特工厂。2000 年，阿尔戈公司收购该厂，并宣布该厂是麦考密克（McCormick）国际拖拉机公司的全球总部，产品以麦考密克品牌在全球销售（图 10-27）。2001 年，欧盟批准了这笔交易（参见后述“万国欧洲余脉：麦考密克公司”一节），这是阿尔戈公司迈出进军拖拉机产业的又一重大步伐。

图 10-27　阿尔戈麦考密克拖拉机

2007 年，阿尔戈集团将兰迪尼公司和麦考密克公司合并，组成阿尔戈拖拉机公司。

10.14　万国欧洲余脉：麦考密克公司

20 世纪初，美国万国公司向欧洲扩张。1906 年，万国公司在英国伦敦成立英国子公司。1906—1939 年，该公司在英国没有制造工厂，业务是销售从美国母公司及其子公司进口的产品。1936 年，万国公司决定在德国北莱茵威斯特法伦州诺伊斯工厂生产拖拉机。1937 年，第一台万国 F12 型拖拉机下线（图 10-28）。1937—1940 年，12 ～ 15hp 的 F12 系列拖拉机在诺伊斯工厂制造了 3 973 台。该厂在第二次世界大战期间遭到严重破坏，战后工厂被重建，生产了 50 台拖拉机。

图 10-28　德国产万国 F12 型拖拉机

1938 年，万国英国公司从约克郡唐卡斯特市购买了惠特利大厅遗址并在此建仓库。1940 年，第二次世界大战爆发，该处被征用。第二次世界大战结束后，遗址被归还给万国英国公司并得到扩建，开始生产拖拉机配套机具，产品以麦考密克（McCormick）子品牌销售。万国英国公司在唐卡斯特卡尔山地区有另一家生产农具的工厂，1949 年生产了第一台法毛 M 型拖拉机，用美国运来的部件制造。1951 年夏季，英国唐卡斯特工厂开始生产法毛 BM 型拖拉机，100% 由英国生产的部件制造（图 10-29）。8 月，布鲁克斯·麦考密克（Brooks McCormick）任万国英国公司总经理。布鲁克斯·麦考密克于 1954 年回到美国，后来成了麦考密克家族中最后一个在万国公司担任高级职务的人。

图 10-29　英国产法毛 BM 型拖拉机

1950 年，万国法国公司在上马恩省圣迪济耶购买制造拖拉机的场地。圣迪济耶在巴黎以东 250km，主要产业是铸造，曾铸造著名的自由女神像。1951 年，圣迪济耶开始组装法毛超级 C 型拖拉机的法国柴油变型。从 1955 年起，在圣迪济耶为欧洲制造万国公司最小的幼兽（Cub）系列拖拉机，又称法国幼兽。

1958—1964 年，生产功率增大的超级幼兽法国变型（图 10-30）。后来，该厂主要生产传动系等部件。

图 10-30 法国产超级幼兽拖拉机

1952 年，万国英国公司进入建筑设备市场，开始制造 39hp 的 BTD-6 型履带拖拉机，它们是万国 TD-6 型的英国变型，到 1975 年停产时共生产了 22 300 台。1954—1968 年，万国英国公司推出 30 ～ 66hp 麦考密克 B-250 型～ B-634 型。1970 年，万国英国公司开始在卡尔山工厂制造新的使用万国品牌的 475 等三位数系列农用拖拉机（图 10-31）和 2400 型与 2500 型工业拖拉机，有些拖拉机提供静液压传动选项。1978 年推出 84 系列拖拉机，1982 年推出 85 系列拖拉机。万国公司在英国和法国的设施是后来形成麦考密克公司的基础。

图 10-31 万国 475 型拖拉机

1985 年，万国公司的农机部门与凯斯公司合并。新凯斯公司继续在唐卡斯特设计和制造其欧洲拖拉机系列，使用凯斯万国品牌，并且关闭了凯斯公司在英国的大卫布朗拖拉机厂。唐卡斯特工厂先后生产凯斯万国 85 系列、95 系列、

3200 系列和 4200 系列拖拉机（图 10-32），以及 C 系列、CX 系列、MX-C 系列和 MX Maxxum 系列拖拉机。

图 10-32　凯斯万国 4240 型拖拉机

1999 年，凯斯纽荷兰（CNH）公司成立，按欧盟监管机构的反垄断法规，CNH 必须剥离唐卡斯特工厂，以及 C 系列、CX 系列、MXC 系列和 MX Maxxum 系列拖拉机的生产和技术。2000 年，该厂被意大利阿尔戈公司收购，并成立麦考密克国际拖拉机公司。2000 年，麦考密克公司推出 53 ～ 102hp 的 CX 系列、84 ～ 102hp 的 MC 系列和 116 ～ 173hp 的 MTX 系列拖拉机。2002 年，阿尔戈公司和纽荷兰公司继续就购买其法国圣迪济耶传动系生产设施进行谈判。4 月，纽荷兰公司宣布将圣迪济耶公司出售给阿尔戈公司。阿尔戈公司对圣迪济耶的收购使麦考密克国际拖拉机公司在法国有了一个运营基地，也控制了传动系制造。

2006 年，阿尔戈公司宣布其英国唐卡斯特工厂将于 2007 年关闭，裁员 325 人，结束唐卡斯特 61 年的拖拉机生产。2007 年，阿尔戈集团将唐卡斯特工厂的麦考密克拖拉机生产转移到意大利原兰迪尼公司的法布里科工厂。2007 年年底，唐卡斯特工厂生产了最后一台拖拉机，即麦考密克 MTX215 型拖拉机（图 10-33）。其装配线转让给俄罗斯重型货车制造商卡马汽车厂（КАМАЗ），以便在俄罗斯组装 XTX 系列拖拉机的俄国变型。

2007 年，阿尔戈集团将兰迪尼公司和麦考密克公司合并组成阿尔戈拖拉机公司。随着全球经济持续疲软，总部设在法国圣迪济耶的麦考密克法国公司面临被清算。这座位于马恩河畔的工厂拥有箱体、齿轮、轴等柔性加工线，离合器壳体冲制线和离合器壳体与齿轮、轴的焊接线。经过多方竞争，2011 年，中国一拖集团公司以 800 万欧元收购麦考密克法国公司，将其作为中国一拖股份的全资子公司，更名为一拖（法国）农业装备有限公司（YTO France SAS），这是我国农机工业收购发达国家农机企业的首个案例。

图 10-33　麦考密克 MTX 125 型拖拉机

10.15　苏联解体重创其拖拉机产业

1991 年，苏联解体，分裂成 15 个独立国家。由于原计划经济采用休克疗法而急转为市场经济，加上非斯大林化、所有权变更、股份制、私有化的反复折腾，还有就是需重新安排断裂的生产、供应和销售链，原来庞大的拖拉机产业遭到沉重打击。苏联原来 15 个加盟共和国农业拖拉机总的在用量逐年减少，从 1992 年的 275.61 万台降到 2000 年的 179.86 万台。

俄罗斯首当其冲，拖拉机产量从 1990 年的 21.4 万台降为 1992 年的 13.7 万台，1994 年产量不到 3 万台，2000 年产量为 18 329 台。

1992 年，俄罗斯的斯大林格勒拖拉机厂（CT3）改名为伏尔加格勒拖拉机厂（$B_{Г}$T3）。伏尔加格勒拖拉机厂的拖拉机产量从 1991 年的 7.8 万台降到 2000 年的 5 216 台。这期间，履带拖拉机的主要进展是 1994 年批量生产了 BT-100 型履带拖拉机（图 10-34）。该厂经营一直处于困难境地，2003 年它成为俄罗斯农业机械公司（Гомсельмаш）的一部分。

俄罗斯彼得堡的基洛夫工厂于 1992 年转变为股份公司，产品覆盖工程机械、拖拉机、汽车及其他装备。1995 年，该公司的拖拉机业务重组为彼得堡拖拉机厂公司。这期间，其主要生产的拖拉机是 1995 年与德国 Laund und KFC Technician 公司联合推出的为德国市场生产的 350 马力基洛夫 K744 型拖拉机（图 10-35），以及为国内市场生产的 K744 变型和 K700 改进型拖拉机。1996 年，该公司的拖拉机产量不再下降，1997 年之后呈增长趋势。

图 10-34　B$_{Г}$T3 BT-100 拖拉机

图 10-35　基洛夫 K744 型拖拉机

俄罗斯的阿尔泰拖拉机厂（AT3）也在艰难度日，在 90 年代初市场对其主打的 T-4A 型农用履带拖拉机的需求急剧下降。该厂推出 250 马力的 T-250 型履带拖拉机，实施从 T-4A 型到 T-250 型分阶段过渡计划。1999 年，T-404 型履带拖拉机小批量生产。同时，应消费者要求生产小型拖拉机。2000 年，该厂生产阿尔泰牌拖拉机 2 045 台，生产小型拖拉机 1 735 台，濒临破产边缘。

俄罗斯生产斯大林系列履带拖拉机的车里雅宾斯克拖拉机厂（ЧТЗ）命运坎坷。1992 年 4 月，俄罗斯政府发布关于该厂私有化的指令，当年该厂转变为乌拉尔拖拉机（Уралтрак）公司。1996 年，又更名为车里雅宾斯克拖拉机厂公司。1998 年，该公司破产、重组，建立了包含此前两个厂名的齐特日乌拉尔（ЧТЗ-Уралтрак）拖拉机公司。在这些“翻烧饼”过程中，该厂 1990 年就已经面市的第一台带液压机械传动的 T10 型拖拉机直到 2002 年才批量生产。

实际上，俄罗斯拖拉机市场的最大供应商是白俄罗斯的明斯克拖拉机厂（MT3）。2001 年，该厂向俄罗斯提供约 9 000 台拖拉机，而同期俄罗斯本国的拖拉机产量是 15 000 台。苏联解体后，明斯克拖拉机厂相对稳定，但也受到整个独联体衰退的影响。1989 年其拖拉机产量曾达 10 万台，2000 年其产量为 23 048 台，仍占独联体总产量的一半左右。1994 年，该厂开始生产新的 130 马力的 MT3-1221 型拖拉机。1995 年，该厂生产了它的第 300 万台拖拉机。1999 年，该厂生产 250 马力的 MT3-2522 型拖拉机（图 10-36）。为了扩展国外市场，该厂的拖拉机及质量体系在英国、德国做了认证。

图 10-36　白俄罗斯 2522 型拖拉机

乌克兰在 1991 年曾生产过 9 万台拖拉机，独立后年产量下跌，2000 年产量为 3 395 台。哈尔科夫拖拉机厂（XT3）2000 年仅生产 3 005 台拖拉机。1994 年，哈尔科夫拖拉机厂重组为哈尔科夫拖拉机厂公司。1996 年，该厂已累计生产拖拉机 300 多万台。到 20 世纪末，该厂也由七八十年代只生产 T-150 履带拖拉机和 T-150K 轮式拖拉机的单一产品结构，形成中耕、林业、微型、中功率、大功率轮式和履带拖拉机，以及装载机和履带越野装甲车等九大系列产品。由于乌克兰及独联体的市场持续低迷，该厂生产经营困难。1996 年该厂的销售额约为 3 400 万美元，1997 年其拖拉机产量为 2 190 台，1998 年产量为 1 945 台，只能达到年生产能力的 20%，所售产品主要是售价较高的大功率产品。

此外，哈萨克斯坦拖拉机公司（Казахстантрактор）的前身是巴甫洛达尔拖拉机厂（ПТ3），该公司生产的拖拉机的主要部件（如发动机和传动系）由俄罗斯进口。1991 年之前，该公司每年生产 4 万台拖拉机，2000 年仅生产约

1 000 台。乌兹别克斯坦的塔什干拖拉机厂（TT3）有 1.8 万台的生产能力，2000 年仅生产 954 台。

国家解体可能比战争或大萧条更深、更久地影响其拖拉机产业，这不仅在苏联解体中呈现，而且在南斯拉夫和捷克斯洛伐克的解体中也得到证实。当年，残酷的第二次世界大战摧毁了苏联拖拉机产业，但战后迅速复兴；苏联和平解体对其拖拉机产业的打击甚于第二次世界大战，恢复元气缓慢。令人叹息的是，无论是产销量还是技术水平，俄罗斯、乌克兰等国和全球行业的差距进一步拉大。

10.16 中国拖拉机产业摸着石头过河（上）

20 世纪最后的 20 年，是我国拖拉机产业从计划经济向社会主义市场经济转变的时期，市场作用渐渐增强，国家直接投入逐步减少，对行业计划管制日益放宽。因无先例可循，如何恰当把握政策平衡，常常是摸着石头过河。1981 年年初，原中国第一拖拉机制造厂厂长、时任农业机械部部长的杨立功认为："要通过实践，努力探索中国式农业机械化的道路。"他还指出，一定要使农民真正从农业机械化中得到好处，增加收入，不然，机械化等于建立在沙滩上。这句话道出转制前后拖拉机经济特征的本质区别：在计划经济时拖拉机是产品，由国家分配；而市场经济下拖拉机是商品，要由用户购买。

20 世纪 80 年代初，因农业体制改革，大中型拖拉机行业陷入低潮，但使全国甚至全球感到意外的是，一种简小轻廉的带式传动小型轮式拖拉机（俗称"小四轮"），因适应一家一户经营，兼顾耕作和运输，呈现井喷式产销两旺态势。

早在 60 年代，国内第一台带式传动小四轮在山东省已经问世，到 70 年代后期小四轮批量生产。1979 年，我国小型拖拉机（绝大多数是带式传动）年产量已达 32.6 万台，山东潍坊拖拉机厂的泰山 12 型小四轮是主力军。这一现象引起国内陷入困境的大中型拖拉机厂注意，它们也加入这一制造大军，中国第一拖拉机厂于 1982 年推出东方红 150 型（最初名为 15 型）小四轮是其中标志性的事件。东方红 150 型的研发基本按常规拖拉机研发流程推进，不仅和配套厂联合研制了加大功率并降低燃油耗的单缸柴油机，还加大了轴距和重量，以改善牵引性和稳定性，并且增加变速箱挡数为 8 进 2 退，新增后置标准动力输出轴、常规锥齿轮差速器、增强的转向前桥和齿轮泵驱动的三点液压悬挂，设计了时尚的标识和外观（图 10-37）。东方红 150 型小四轮得到行业认可，增强了小四轮在行业中的地位。

图 10-37　东方红 150 型拖拉机

80 年代，我国拖拉机市场的前景并不乐观，而小四轮拖拉机却产销两旺，不同规模、不同性质的企业上马小四轮。1985 年，生产小四轮拖拉机的企业已超过 50 家。其中有 15 家大中型拖拉机企业转产或兼产小型拖拉机。到 1988 年，小四轮的生产能力已达 120 万台，产值占拖拉机行业的 25%。小四轮遍地开花的弊端已被行业和主管部委意识到，并多次呼吁行业和企业要警觉，但宏观调控手段见效不大。

80 年代，本应成为行业主力的大中型轮式拖拉机，因需求侧和供给侧双重原因，并未呈现增长势头。1979—1984 年，大中型拖拉机生产企业由 65 家减少到 21 家。1980—1990 年，我国大中型轮式拖拉机产量从 61 467 台降到 28 900 台，呈低位波动下降趋势。

这一形势恰恰给用户熟悉、结构成熟、性价比较好的东方红履带拖拉机留下生存空间，中国第一拖拉机厂在主管部委支持下，抓住了这一机遇。1989 年推出了东方红 802 型履带拖拉机，1997 年推出了全新设计的 1002 型和 1202 型（图 10-38）履带拖拉机，延长了履带拖拉机的生命周期。中国第一拖拉机厂履带拖拉机的平均年产量在 80 年代为 12 433 台，到 90 年代升到 15 434 台，几乎和计划经济时的 70 年代持平。在全球履带拖拉机渐被轮式拖拉机取代的大趋势下，在继承基础上创新，东方红履带拖拉机产量竟逆势而上，直到 20 世纪末才初显颓势。销售利润率较好的东方红履带拖拉机不仅维持了该厂的正常运行，也为其引进菲亚特拖拉机技术提供了资金支持。

图 10-38　东方红 1202 型拖拉机

在上述情况下，1986—1993 年，履带拖拉机对轮式拖拉机年产量的比例为 1∶2.8～1∶1.8。行业和主管部委清醒地认识到这种状态不能持久，须高度重视发展大中型轮式拖拉机。在当时所有制结构下，振兴大中型轮式拖拉机的责任落到共和国早期建立的国有拖拉机厂身上，把引进、消化、吸收国外先进技术作为突破口。

在主管部委的领导下，开展了引进迪尔拖拉机技术项目，由洛阳拖拉机研究所、中国农业机械化研究院工艺所负责，沈阳、天津、长春三家拖拉机厂承担，中国第一拖拉机厂、华丰机器厂、天津机械厂和南昌齿轮厂等配合，推进引进资料的标准转化及计算机管理，以及配附件国产化，试制许可证产品 940CN 型、1140CN 型、2040CN 型、2140CP 型、3140CP 型和 4450CL 型拖拉机（装有部分迪尔公司零部件）。上述产品的试制样机均按欧洲经济合作与发展组织（OECD）试验规则通过型式试验。经迪尔公司认定，4450CL 型拖拉机试验验证合格证书于 1989 年 11 月签署，940CN 型、1140CN 型、2040CN 型、2140CP 型和 3140CP 型拖拉机试验验证合格证书于 1990 年 12 月签署。至此，迪尔拖拉机技术引进项目完成了技术资料消化吸收和样机试验验证两个阶段。

有关工厂积极投入小批量试制生产。沈阳拖拉机厂生产 4450 CL 型，设计年生产能力为 500 台，1991 年生产了 15 台；天津拖拉机厂生产 3140 CP 型，设计年生产能力为 3 000 台，1991 年生产了 30 台；长春拖拉机厂生产 2040 型和 2140CP 型，设计年生产能力为 3 000 台，1991 年生产了 50 台。

由于当时对引进技术拖拉机需求不旺，国内材料及工艺配套条件尚不成熟，

1989 年起西方的经济制裁及终止援助，上下各方对此次难得的技术升级战略机遇认识不足、投入太少等多方面原因，迪尔拖拉机技术引进工作基本停滞。除沈阳拖拉机厂进口发动机、变速箱等关键零部件，艰难地继续小批量生产 4450CL 型外，其余产品没有后续生产。同时，地方级的哥尔多尼、道依茨法尔等拖拉机技术引进几乎没有实质性进展。尽管如此，技术引进还是为我国拖拉机自行改进与设计做了技术储备。

10.17 中国拖拉机产业摸着石头过河（下）

在这轮拖拉机技术引进过程中，坚持对引进技术消化吸收、实现国产化并批量生产的是中国第一拖拉机制造厂。中国一拖领导层坚持认为“履拖不能丢，小拖要生产，菲亚特拖拉机要抓紧消化吸收”。从 20 世纪 80 年代到 90 年代，在主管部委的鼓励和支持下，在吴敬业和商镇两届总工程师的领导下，中国一拖对菲亚特拖拉机的引进技术持续进行了长达十余年的消化吸收。

70 年代末，中国一拖进口菲亚特 780 型、880 型和 1300 型轮式拖拉机和菲亚特艾里斯 FL8B 和 FL10B 型履带推土机，在黑龙江农垦进行试验。从 1984 年开始，在机械工业部领导下，中国一拖引进菲亚特 90 系列轮式拖拉机底盘生产技术。90 系列采用陶瓷离合器片、液压转向、全独立和同步动力输出轴，有四轮驱动变型。60-90 型和 80-90 型采用 12 进 4 退变速箱，100-90 型采用 15 进 3 退变速箱。可选装爬行器、逆行器或动力换挡增扭器；选装安全架或舒适型驾驶室。设计采用公制，利于用户使用维修。

中国一拖规划在菲亚特拖拉机底盘上安装此前由中国一拖、山东潍坊发动机厂和上海内燃机研究所共同引进的英国里卡多（Ricardo）4100 柴油机。装里卡多柴油机的拖拉机采用东方红品牌，型号前缀为 LF，含义是洛阳菲亚特。消化吸收样机于 1990 年通过 OECD 试验，并得到菲亚特公司认可，首批样机在北京南郊农场做生产试验。

为满足引进技术工艺的要求，中国一拖进口了大量国外铸造、锻造、冲压和机械加工先进设备，开发新工艺，贯彻菲亚特技术标准，与武汉钢铁厂联合研制 19CN5 新齿轮钢种，与兰州炼油厂研制液压传动两用润滑油等。其间，因 80 年代末西方国家对我国的制裁，大批量生产进程被迫延缓。1992 年，中国一拖开始小批量生产 LF 80-90 型（图 10-39）。1999 年起，该厂同时推出有自主知识产权的 70 ～ 120 马力东方红品牌轮式拖拉机。到 2000 年，LF 80-90 型共生产 1 149 台，自主设计机型 116 台，此后自主设计机型逐步增多。2005 年，该厂 70 ～ 120 马力轮式拖拉机年产量已达 17 066 台，十余年坚守终成正果！

图 10-39　东方红 LF 80-90 拖拉机

中国一拖消化的菲亚特拖拉机技术对提升我国轮式拖拉机水平起到良好的作用。1995 年，中国一拖与菲亚特拖拉机继承者纽荷兰公司进行合资生产大型轮式拖拉机的谈判。因上级主管部门有不同意见，终未签约。1997 年，中国一拖集团下属第一拖拉机股份有限公司在香港联交所上市，这是我国农业机械企业首次在境外股票市场挂牌交易。

90 年代，我国大中型轮式拖拉机年产量比 80 年代有所提高，但并不理想。1991—2000 年，年产量在 3 万台到接近 7 万台之间波动，似乎与五年计划周期相关，两起两落。在对外开放背景下，国外拖拉机生产商开始进军我国大功率拖拉机市场。1983—2000 年，我国进口 150 ～ 300 马力拖拉机 2 013 台，主要来自迪尔、纽荷兰、维美德等公司以及独联体国家。

2000 年，我国拖拉机行业发生了两件对 21 世纪行业发展有重要影响的事件：

一是美国迪尔公司与天津拖拉机厂合资建立约翰迪尔天拖有限公司，注册资本 2 998 万美元，迪尔公司拥有 51% 的股权，生产 55 ～ 80 马力 4 个基本型号拖拉机，预计年产量每年 9 000 台。

二是北汽福田下属的潍坊农业装备分公司进军大中型拖拉机。1996 年，国内 100 家法人共同投资成立跨地区、跨行业、跨所有制的股份制企业 —— 北汽福田汽车公司。该公司作为中国农用运输车排头兵，在“跟随、超越、领先”战略引领下，又夺得轻型货车产销量冠军。1998 年，该公司成立的潍坊农业装备分公司夺得联合收割机国内市场领先地位。北汽福田汽车公司于 2000 年进军大中型拖拉机，意欲挑战中国一拖在行业的地位。次年年中，其福田欧豹品牌拖拉机引起行业关注。

1996—2000年，我国拖拉机行业再遇低迷期，大中型拖拉机年产量逐年下降，从8万多台跌至3万多台。按我国上报联合国粮农组织（FAO）的数据，1985—1996年，我国农用拖拉机在用量从852 357台逐年连续下降至670 848台，直到1999年才恢复到1991年的水平。按FAO农业机械化评价指标，即每100hm^{2}大中型农用拖拉机在用量，我国此时才达到发展中国家平均值的2/3，是发达国家平均值的1/5。对比世界各国拖拉机饱和前的增长期，我国拖拉机在用量连续较大幅度下降对农业机械化的发展是不利的。

20世纪八九十年代，我国拖拉机行业经历了小四轮异军突起，履带拖拉机和大中型轮式拖拉机艰难发展的过程，引进了某些拖拉机技术，坚守了我国拖拉机产业的市场阵地。此外，政府和行业对国有、外资、私营、股份等所有制形式做了最初尝试，对“政府 + 市场”的宏观调控做了最初探索。在“摸着石头过河”中，行业和政府都为我国拖拉机行业步入快速发展期积累了一定的经验和教训。

10.18 印度马恒达拖拉机

杰格迪什·马恒达和凯拉什·马恒达兄弟（Jagdish Mahindra & Kailash Mahindra）（图10-40）出生在旁遮普邦的卢迪亚纳，其父亲早年去世，作为9个兄弟姐妹中的老大和老二，养家的责任落到这两位年轻人的肩上。杰格迪什·马恒达毕业于孟买韦埃尔马塔吉贾巴伊技术学院（VJTI），在塔塔（Tata）钢铁公司开始他的职业生涯。凯拉什·马恒达就读于拉合尔政府学院与英国剑桥大学，毕业后加入马丁（Martin）公司。

a）J. 马恒达

b）K. 马恒达

图10-40　J. 马恒达和K. 马恒达

1942 年，凯拉什 • 马恒达担任印度供应代表团主席，访美时会见吉普（Jeep）的发明人巴尼 • 鲁斯。马恒达兄弟和古拉姆 • 穆罕默德（Ghulam Mohammed）联手于 1945 年成立马恒达与穆罕默德（Mahindra&Mohammed）公司，获特许装配美国吉普车。1947 年，印度和巴基斯坦分别独立。古拉姆 • 穆罕默德移居巴基斯坦并担任财政部长，公司改名为马恒达与马恒达（Mahindra & Mahindra，M&M）公司，又称马恒达公司。1949 年，马恒达公司制造了印度第一辆本土吉普车。此后，经过 50 多年的发展，马恒达公司的业务包括汽车、农业装备、贸易金融服务、金属制品、建筑结构、信息技术等各个领域，主要厂区在孟买。

马恒达公司的拖拉机业务始于 20 世纪 60 年代初。1963 年，马恒达公司和美国万国公司、印度沃尔塔斯（Voltas）公司在孟买合资成立了印度万国拖拉机公司。1971 年，印度万国拖拉机公司结束与万国公司的合作，并于 1977 年并入马恒达公司，成为它的拖拉机分部。1994 年，拖拉机分部称为农业装备分部。今天，汽车仍是马恒达公司的主要业务，主要有轻型多用途车、轻型商用车和少量轿车，同时也生产 25 ～ 75hp 轮式拖拉机以及农机具。

1982 年，马恒达（Mahindra）商标开始用于该公司生产的拖拉机。马恒达公司最初推出的是 39 ～ 60hp 三位数系列拖拉机，从 275 型到 605 型。1987 年，该公司推出马恒达 485 DI 轮式拖拉机，安装 45hp 马恒达四缸柴油机、8 进 2 退变速箱，采用两轮驱动，质量为 1 856kg（图 10-41），生产到 1997 年。1995 年，该公司推出马恒达 475 轮式拖拉机，安装 40hp 马恒达四缸柴油机、8 进 2 退变速箱，采用两轮驱动，质量为 1 766kg，生产到 2005 年。

图 10-41　马恒达 485 DI 型拖拉机

自 1983 年以来，马恒达公司一直是印度拖拉机市场的领导者。其产品销售区域主要集中在古吉拉特邦、哈里亚纳邦、旁遮普邦、马哈拉施特拉邦和南方各邦。

1994年，马恒达美国公司建立，销售马恒达拖拉机，21世纪发展到组装拖拉机。1999年，马恒达公司从古吉拉特邦政府手里购买了古吉拉特拖拉机公司60%的股份，并改名为马恒达古吉拉特拖拉机公司，产品以马恒达古吉拉特品牌销售。2001年，买下古吉拉特公司的剩余股权。2007年，马恒达公司收购旁遮普拖拉机公司。

10.19 卡特彼勒高速橡胶履带拖拉机

1925年成立的美国卡特彼勒拖拉机公司，1986年改名为卡特彼勒公司。改名反映出这家以农用履带拖拉机起家的公司，在数十年里逐步转向侧重于建筑和施工机械。但是，对农用履带拖拉机的情结仍留在该公司的基因里。1986年，该公司推出独特的挑战者（Challenger）65型高速橡胶履带拖拉机，使人感受到卡特彼勒浓浓的“乡愁”。

在农用拖拉机发展历程中，钢履带拖拉机由于道路转移不便、行走装置维修成本高、工作速度低等因素，其市场空间逐渐被四轮驱动拖拉机所挤压。卡特彼勒公司此时推出高速橡胶履带拖拉机，意在挑战这一趋势，这是农用履带拖拉机发展史上的一个里程碑。

挑战者65型拖拉机（图10-42）采用270hp卡特彼勒六缸柴油机，转矩储备为30%，功率储备为6%；10进2退全动力换挡变速箱，闭心式液压系统，双功率流差速转向；弹性悬架，摩擦式橡胶履带装置，橡胶履带由卡特彼勒公司设计制造；采用带空调的豪华驾驶室，耳旁噪声可达72dB；最高行驶速度达29.1km/h，质量为15 059kg，主要用于重型耕作。该机的最大特色是MTS（Mobil-trac System）履带行走装置和双功率流驱动差速转向机构。

图10-42 卡特彼勒挑战者65型拖拉机

MTS 履带行走装置由整体橡胶履带环和悬架系统组成（图 10-43）。MTS 将钢履带的牵引性和橡胶轮胎的多功能性结合起来。支重轮和履带张紧轮均为橡胶轮缘（最初的 65 型履带张紧轮为充气轮胎），带有八字形凸起花纹的橡胶轮缘驱动轮靠摩擦力驱动橡胶履带，履带自行液压张紧，采用复合式弹性平衡台车和非线性空气弹簧悬架。

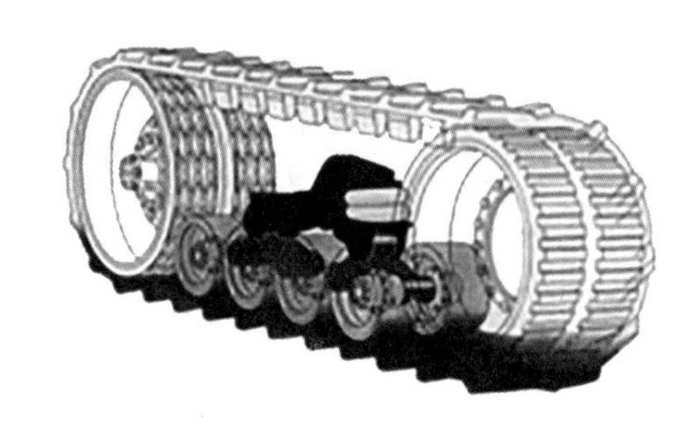

图 10-43　挑战者 MTS 履带行走装置

双功率流驱动差速转向机构（图 10-44）由静液压驱动转向。液压驱动泵为 Sundstrand 变量柱塞泵，差速转向液压马达为林德（Linde）或力士乐（Rexroth）液压马达，多片盘式制动。

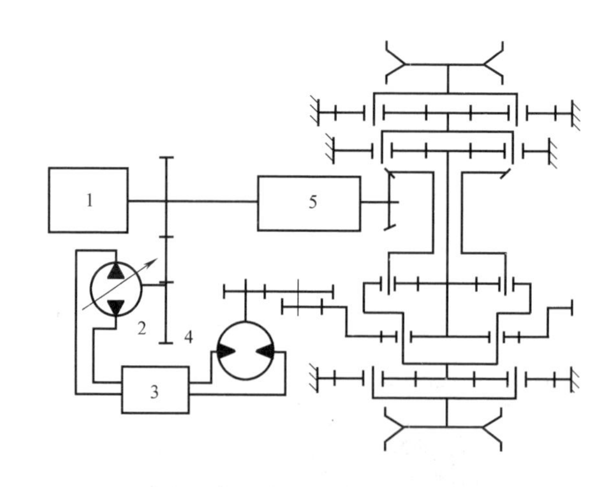

图 10-44　挑战者双功率流差速转向机构

1—柴油机　2—变量柱塞泵　3—转向阀　4—液压马达　5—变速箱

挑战者 65 型拖拉机项目始于 70 年代，它集多项重大创新于一身，是公司多个长期发展项目集成的结果，如 D6 型推土机的动力传递系统等。卡特彼勒公司在研发橡胶履带拖拉机的同时，也并行开发大功率轮式拖拉机，以便进行对比试验。实验结果显示：在硬地面和已耕地上，橡胶履带拖拉机的最大牵引效率是85%～90%，四轮驱动拖拉机的是70%～85%。于是，卡特彼勒公司推出高速橡胶履带拖拉机，其并行研制的轮式拖拉机转为工程用途。

挑战者65型于1987年推向市场，生产到1990年。1991—1998年，挑战者拖拉机发展为210～410hp的35～95型橡胶履带拖拉机。其中35型、45型和55型为行列作物拖拉机，轨矩可调，采用16进9退全动力换挡传动系，并可选装爬行器；65型、75型、85型和95型后来发展到65E型、75E型、85E型和95E型（图10-45）。

图10-45　挑战者95E型拖拉机

1994年后，挑战者拖拉机的生产从伊利诺斯州的奥鲁阿迁到迪卡尔布。1997年，卡特彼勒公司与德国克拉斯（Claas）公司合作，克拉斯公司把挑战者履带拖拉机漆成克拉斯绿后在欧洲销售，而卡特彼勒公司也把克拉斯联合收割机漆成卡特黄后在北美销售。

履带拖拉机与轮式拖拉机孰优孰劣的争论，一直是两者各自技术进步的动力之一。卡特彼勒高速橡胶履带拖拉机的问世，吸引了全球的目光。美国迪尔公司在和卡特彼勒公司争论履带拖拉机与四轮驱动拖拉机孰优孰劣十余年后，1997年，迪尔公司也推出了约翰迪尔8000T系列高速橡胶履带拖拉机（见图10-13），从而引起与卡特彼勒公司长达数年涉及知识产权的诉讼。

1996年，美国凯斯公司推出凯斯万国9370 QT型橡胶履带拖拉机（见图10-3），这是9370型铰接式四轮驱动拖拉机的履带变型，驱动轮上有齿与履带上的凸块啮合。

卡特彼勒挑战者拖拉机对农用履带拖拉机的发展是一场革命。尽管高速橡胶履带拖拉机相对四轮驱动拖拉机的确有一些优点，但是从市场效果看，它并未撼动大型农用四轮驱动拖拉机的统治地位。2002 年，卡特彼勒公司将挑战者履带拖拉机业务出售给美国爱科公司，并为过渡期的产品发放了使用卡特（CAT）和挑战者名字的许可证。作为农用履带拖拉机开拓者和奠基者的卡特彼勒公司，和农用拖拉机市场渐行渐远了。

10.20 里程碑：芬特瓦利奥无级变速

1980 年，联邦德国拖拉机市场经历了 18.2% 的下滑。克萨韦尔·芬特公司寄希望于 1980 年投产的同步换挡农民（Farmer）300 LS 系列中功率拖拉机和改进的 211 马力最爱（Favorit）622 LSA 型。开始并未见效，一年后情况略有缓和，共售出 12 419 台，出口额占总销售额的 44%。可是到 1984 年，联邦德国拖拉机市场再次急剧下滑，芬特销售额损失 31.8%。

作为联邦德国较小的区域性公司，用创新应对困难是芬特公司的传统。如果没有赫尔曼·芬特及其研发团队的创新，该公司可能无法掌控反复出现的危机。20 世纪 50 年代末，芬特推介“芬特一人系统”耕作机械，后在 60 年代成为引人注目的所谓自走底盘。60 年代中期，芬特推出采用液力偶合器的拖拉机，这是全球首次批量生产的对此尝试的拖拉机。1984 年，芬特推出发动机后置、前方安装作业装置的独特的 F345 系列、F360 系列和 F380 GT 系列拖拉机（见图 8-27），并以“全方位视野”拖拉机概念进行营销，而且在世界上首次使用四轮驱动电子车轮滑转控制。通过创新，该公司的销量有些恢复，维持了几年，但是有波动。

20 世纪 90 年代初，市场尤为艰难。1992 年，欧盟对共同农业政策做出最激进的改革，从价格干预转为直接收入补贴，这使欧洲农民不安。1993 年，芬特推出 75 ～ 125 马力农民 300 系列和 105 ～ 230 马力最爱 500 系列与 800 系列拖拉机（图 10-46）。500 系列和 800 系列配备新的 4 挡动力换挡变速箱，采用弹性悬架前桥，使通用拖拉机的速度在世界上首次达到 50km/h。一年后，该公司在其所在的地区恢复了市场领导地位。

图 10-46　芬特 514C 型拖拉机

1995 年，芬特公司展出并注册一项创新：瓦里奥（Vario）无级变速传动系。这是拖拉机传动技术的飞跃，从此开启了芬特瓦里奥时代。这也得益于在 50 年代，芬特公司为保持及时更新和控制成本，决定自己制造变速箱。1996 年，芬特公司向市场投放了采用这一技术的 260 马力最爱 926 瓦里奥型拖拉机（图 10-47），成为世界上首批生产的功率分流式液压机械无级变速拖拉机。

图 10-47　芬特 926 瓦里奥型拖拉机

如同福格森三点液压悬挂一样，所有里程碑式的创新都不是一蹴而就的。芬特瓦里奥无级变速技术从申请专利到投产，历经 20 多年激动、挫折、争论、再启的一路坎坷！

20 世纪 50 年代兴起的静液压传动拖拉机，在低速重载工况下，犁耕效率显著低于机械传动，限制了它们在大中型拖拉机上的应用。为解决这一问题，液压机械双功率流设想出现了。1966 年，德国人莫利（H. Molly）构思了双功率流液压机械无级传动的结构原理。到 70 年代，芬特公司的工程师汉斯・马歇尔（Hans Marschall）已基本完成功率分流式无级传动的研发。

汉斯・马歇尔于 1936 年出生在芬特公司所在地马克特奥伯多夫。60 年代，他在业余时间开始研究这种无级传动，后来专业从事芬特公司液压机械无级变速箱的概念设计。鉴于在车辆上用的众多无级传动不适合拖拉机，马歇尔的研究一开始就面临内部和专业界的担忧、抵触和保留。为此，他制定了新变速箱必须达到的 4 项关键指标：速度为 5 ～ 30km/h 时，全功率范围内效率不低于 90%；最大输出转矩出现在 5km/h 附近，确保犁耕牵引力；速度从 0 升到前进 30km/h、倒退 15km/h 时，全程无级变速；适应拖拉机 T 型机身布置。马歇尔漂亮地完成了这项艰巨的任务。1973 年，他提出了技术相当复杂的无级静液压机械功率分流驱动概念。7 月，芬特公司申请了题为“农业和建筑车辆的静液压机械驱动”的专利（DE 2335629），汉斯 • 马歇尔是指定的单一发明人。

随后是对实验变速箱进行各种试验和改进，实验变速箱取名三体驱动器（Tristat-Antriebs），是指驱动器由行星分流机械传动机构、变量静液压系统和两挡机械变速机构三位一体构成。在 1981 年和 1982 年间，汉斯 • 马歇尔最终推出一款最初的机型，发动机经行星传动机构实现液压和机械双功率分流（见图 10-48），液压流主体是一个变量泵和两个变量马达，机械流有高低挡换挡，允许 0 ～ 40km/h 的无级变速。两液压马达的巧妙安排使它们内部轴承摩擦相互反向，中立状态几乎没有摩擦损失，装置在峰值时的效率达 95% 以上。安装这种变速箱的拖拉机与 Favorit 615 LS 型拖拉机相比，牵引力给人印象深刻，高低挡效率稳定在 86% ～ 87%。

与汉斯 • 马歇尔的期待相反，令人鼓舞的测试结果不能推动该项目进入公司计划。变速箱开发部门的负责人不相信他的理念，优先安排了其他选择，如 P7 和 3500 ZF 变速箱。当时，支持该项目的开发部门的技术总监将汉斯 • 马歇尔的图样发给采埃孚和相关大学评估，然而他因违反保密规定被撤职。汉斯 • 马歇尔的这一成果最后用木箱包装，弃置于开发部门的地下室。

幸运的是，芬特公司家族的第二代，如赫尔曼博士的长子彼得 • 芬特（Peter Fendt）和侄儿海因里希 • 芬特（Heinrich Fendt），以及曾在芬特研发部门工作的工程师克里斯汀 • 鲁梅尔（Christian Rummel），对汉斯 • 马歇尔的创新很感兴趣，不过他们不在芬特公司，无缘参与决策。1986 年，彼得 • 芬特作为电缆绞车制造商的总经理与克里斯汀 • 鲁梅尔计划生产汉斯 • 马歇尔的成果，但因财政不足和单独营销的风险而放弃。海因里希 • 芬特是联邦德国战略专利分析专家，曾在巴特尔（Battelle）研究所担任高级顾问。1986 年，汉斯 • 马歇尔向海因里希 • 芬特热情描述了新传动的优点、测试结果、市场潜力、相对采埃孚变速箱的优势，以及仍待解决的核心问题。汉斯 • 马歇尔还详述了芬特公司内部的对抗系统及既得利益者网络，以及新的传动技术被困的非技术因素。

1987年底，克里斯汀·鲁梅尔和深陷绝望的汉斯·马歇尔向海因里希·芬特和赫尔曼·芬特求助，他们相信只是内部权力争斗才阻碍芬特公司向传动装置延伸的多元化。海因里希·芬特以战略专利分析专家身份对汉斯·马歇尔的传动技术进行趋势分析，认为这一创新技术有开发潜力，特别是该技术和正兴起的传感与电控技术相结合，将更有发展潜力。海因里希·芬特说服了赫尔曼·芬特博士，后者虽然于1981年已退出芬特公司的管理层，但他对芬特公司的技术决策仍具有决定性的推动力。由于他的介入，这一技术的研发在其后几年得到加速。此时的研发总经理斯特罗佩尔（Stroppel）博士启动了马歇尔专利，天时、地利、人和都已具备，但是，在创造及与挫折的搏斗中健康受到严重伤害的汉斯·马歇尔不幸在曙光初现的1989年去世，享年53岁。此前，芬特公司研发的重点是多级动力换挡变速箱，但这几乎无法控制Favorit系列44个前进挡和倒挡的实施，因此，在90年代初将重心转向功率分流无级变速箱。芬特公司的赖施（Reisch）、海德尔（Heindl）和梅耶尔（Meyerle）等人基于汉斯·马歇尔传动技术的概念，完成了4个适合功率为70～250马力、命名为瓦里奥的变速箱。为纪念无级传动的殉道者汉斯·马歇尔，这些变速箱的型号冠以马歇尔的缩写ML。

1995年，芬特公司展出无级变速瓦里奥传动系。1996年，瓦里奥ML200型变速箱开始应用在芬特Favorit 926 Vario型拖拉机上（图10-48）。发动机通过扭矩阻尼器和传动轴带动传动系输入端行星架，将功率分流到差动轮系的齿圈和太阳轮上。齿圈通过一级齿轮传动，将功率传到轴向柱塞变量泵，变量泵驱动两个面对面安装的变量液压马达，然后由液压马达通过一级齿轮传动输出液压功率流。太阳轮则通过一对齿轮将机械功率流传递给一个两挡变速箱。当拖拉机起步时，功率全部通过液压系统传递，液压泵排量最小而液压马达排量最大，起步性能良好。在车速最大时，功率全部由机械系统传递，液压马达排量为零。该装置结构简单，换挡元件少，但对液压元件要求高。大型液压单元噪声高，可通过前桥弹性悬架实现降噪。

尽管市场低迷，芬特公司依托创新战略，稳居德国拖拉机市场的第二名。但就全球市场而言，其影响力仍不理想。1997年，美国爱科公司收购了芬特公司。这是双赢的决策：爱科公司认为芬特是成功的优质品牌，拥有很高的投资价值；芬特公司认为，在爱科公司的支持下，能获得财政与营销网络支持，大幅增加出口，并能扩展产品范围。

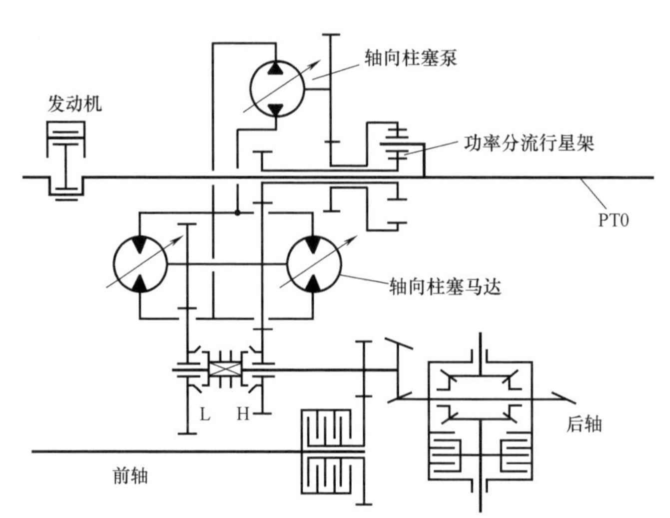

图 10-48　芬特 Favorit 926 Vario 拖拉机传动系

1997 年，瓦里奥无级传动技术扩展到 170 ～ 230 马力的 Favorit 916 ～ 924 瓦里奥系列拖拉机。1998 年，扩展到 140 和 160 马力的 Favorit 700 瓦里奥系列拖拉机。1999 年，芬特公司以“瓦里奥 2000”为口号，推出 22 款从 86 马力到 270 马力完整的瓦里奥谱系，包括 86 ～ 110 马力的 400 瓦里奥系列、115 ～ 160 马力的 700 瓦里奥系列和 180 ～ 270 马力的 900 瓦里奥系列。

和同期先后出现的克拉斯、斯太尔、采埃孚无级变速相比，尽管瓦里奥无级变速拖拉机的技术成熟并首先批量生产，但在 20 世纪末它仍处于市场孕育阶段。进入 21 世纪，维创公司、麦赛福格森公司、JCB 公司、凯斯公司、纽荷兰公司、迪尔公司、赛迈道依茨法尔公司和克拉斯等拖拉机制造商，以及采埃孚公司和齐柏林（Zeppelin）公司等传动系部件制造商，纷纷进军液压机械功率分流无级变速拖拉机或传动系。但是，芬特公司无级变速拖拉机的产销量在全球仍稳居第一，其无级变速拖拉机的系列最多，产品功率范围最广。

10.21　电子技术系统应用的兴起

电子技术在农业机械上的应用始于 20 世纪 60 年代，从迪基约翰（DICK-EY-john）的电子监控装置（Electronic Monitoring Dvice， EMD）起步。

20 世纪 50 年代中期，美国伊利诺伊州农民鲍勃·迪基（Bob Dickey）意识到，他很难保证拖拉机后面的播种正确，需不时转身观察或定期下车抽查。于是鲍勃·迪基开始构思监测播种的方法，但后来因事搁置了。60 年代中期，一次事故使他的右眼失明，他必须重拾以前的想法才能继续务农。他决定和密友杰克·小约翰（Jack Littlejohn）一起制造播种机监测器。1966 年，他们组建迪基约翰（DICKEY-john）公司，推出电子监控播种机监视器。

电子技术在拖拉机上的应用是一个从易到难、从部件到系统的过程。

70 年代，电子技术首先用于仪表参数显示与电子监控、三点悬挂电传感耕深自动调节、屏幕显示视野摄像系统和独立式动力输出轴电子控制等方面。

70 年代上半期，美国迪尔公司在 95 ～ 125hp 约翰迪尔 7020 中系列拖拉机上采用电子监控系统，监测拖拉机 22 项参数，对液压悬挂高度、下降速度以及 PTO 转速等进行调整设定。采用电控液压悬挂系统可以实现预置悬挂参数的精确控制，并可进行远端控制，以方便挂接各种农机具。

1977 年，为瞭望方便，加拿大沃瑟泰尔公司在大罗伊巨型八轮驱动拖拉机上设计了一套闭路电视系统。同年，美国斯泰格尔公司在 III 系列拖拉机上选装电子控制独立式动力输出轴。1978 年，日本石川岛芝浦公司推介装有电传感耕深自动调节装置的 IC 拖拉机。同年，联邦德国奔驰公司在农用拖拉机上使用电液控制的三点悬挂装置。

1983 年，美国迪尔公司 4450 型拖拉机装有多普勒（Doppler）车速雷达监视仪（我国引进的 4450 型没有安装监视仪）和有指示灯的空调电子保护装置。同年，美国凯斯公司在 4994 型拖拉机上首次采用电子操纵动力换挡传动系。

1984 年，联邦德国芬特公司在 GT 系列拖拉机上首次使用电子车轮滑转控制。同年，凯斯公司的 4994 型拖拉机采用电子操纵全动力换挡 12 进 2 退传动系，并且电子自锁差速器可根据车轮间的转速差来接合。

1986 年投放市场的福格森 3000 系列拖拉机是当时机电一体化程度较高的新产品。通过驾驶室内的显示屏，可以对油压、水温、起动、空挡，以及液压悬挂、动力换挡、四轮驱动和动力输出轴等的工作状态，实施电子监控。

1988 年，芬特公司的 Favorit 615LSA 型拖拉机已标配电控操纵传动系。

从 1990 年起，电子技术在拖拉机性能监测、显示及数据处理上的应用增多，如菲亚特 Winner 系列拖拉机的 Check-Panel 电子系统、纽荷兰 70 Genesis 系列电子信息系统、迪尔 Intellitrak 电子仪表系统、道依茨法尔 Agrotron 系列 Agrotronic-I 电子驾驶操纵系统以及麦赛福格森 Autotronic 系统和 Datatronic 系统等。这些装置主要用于控制拖拉机常规参数，如发动机转速、机油压力和温度、燃油量、电压等的电子传感、液晶图形显示及超声光警示；也控制随机工作性能参数，如实际行驶速度、发动机转速、滑转率、动力输出轴转速、作业面积、作业效率及工作时间；还可优化驾驶操纵方案，进行故障诊断报警及前驱动、差速锁和动力输出轴自动控制。纽荷兰 Agrtronic 机载计算机系统通过采集和处理拖拉机作业过程中的各项性能参数，随时调整各项参数（如发动机转速、PTO 转速、作业行驶速度、打滑率、作业面积和油耗），以使拖拉机和机具的综合效率最佳化。

此时，电子技术在拖拉机传动系和液压悬挂控制系统上的应用也在增多。1995 年，道依茨法尔公司的 Agrotron 系列拖拉机安装了 Agrotronic-h 电子液压调节系统和 ZF 公司的电子控制动力换挡变速箱。同年，兰博基尼公司的 Premium 系列拖拉机安装了发动机调节系统与自动换挡系统联合电子控制系统。还有迪尔公司拖拉机采用的 Prohytronic 电液式悬挂控制系统及纽荷兰拖拉机采用的电液提升器等，主要用于控制灵敏度与升降速率，实现力、位、混合或浮动调节的自动精确控制。

更重要的进展是，电子控制技术由开始时的各部件独立控制发展成以信息通信为核心的网络化分布式控制，使控制器局域网络（Control Area Network，CAN）及其标准应运而生。CAN 总线协议是一种支持分布式连续实时控制和通信的网络协议。早在 1986 年，德国农机协会首先提出基于 CAN 2.0A 版的农业机械总线标准（DIN 9684），从 1993 年起被欧洲农机制造厂商普遍采用。1991 年，由德国农机协会提出，国际标准化组织在 DIN9684 和 SAE J1939 基础上，提出农业机械总线协议标准 IS011783。1992 年，迪尔公司在其 7000 系列拖拉机上采用克莱斯勒公司的 CCD 总线技术。1993 年，卡特匹勒公司在其挑战者 75 系列和 85 系列拖拉机上采用 SAE J1587 总线控制系统。1993 年，纽荷兰公司在其 Genesis 系列拖拉机上采用博世（Bosch）公司的 CAN 总线技术。目前，IS011783 已被众多生产厂商接受，成为农业机械自动化的通用协议标准。

20 世纪后期电子控制技术在拖拉机上的应用尝试，为 21 世纪这一技术在拖拉机上的成熟应用和快速发展打下了基础。

10.22 20 世纪 90 年代拖拉机结构

经过 20 世纪七八十年代经济滞涨期的迷茫与探索，90 年代，拖拉机技术回归稳定发展的理性。追逐超大功率的狂热有所消退，欧洲对动力换挡等技术不再徘徊，无级变速、电子技术取得突破，人机工程与环境保护更加受到重视，许多先进技术在 20 世纪 90 年代正渐臻成熟。

整机　发展中国家以两轮驱动拖拉机为主。发达国家四轮驱动机型增多，欧洲 25 ～ 160 马力拖拉机四轮驱动机型占总产销量的 90% 以上，仍以前加力式变型为主。适应大功率复式作业的所谓系统拖拉机仍在发展，使用它可避免反复耕作对土壤的挤压，保护环境，但应用仍然不多。

1986 年出现的卡特彼勒挑战者 65 型高速橡胶履带拖拉机是农用履带拖拉机发展史的里程碑。90 年代，它乘势发展，波及卡特彼勒公司、迪尔公司、凯斯公司及俄罗斯和中国等国家的拖拉机制造商。

拖拉机最高速度提高，发达国家轮式拖拉机的最高速度多为 30 ～ 40km/h，芬特 Vario 系列达 50km/h，英国 JCB 公司 Fastrac 系列达 68km/h。橡胶履带拖拉机的最高速度为 30km/h。速度的提高促进了前桥悬架、四轮制动和驾驶舒适性的进步。

影响拖拉机总体布置的机架基本上沿用传统类型。轮式拖拉机多用无架、小半架机架。1992 年推出的约翰迪尔 6000 系列和 7000 系列轮式拖拉机，参照德国研究成果，尝试采用了大半架机架（图 10-49），传动系部件可分别安装，但这种机架似乎并未在其他公司得到推广。

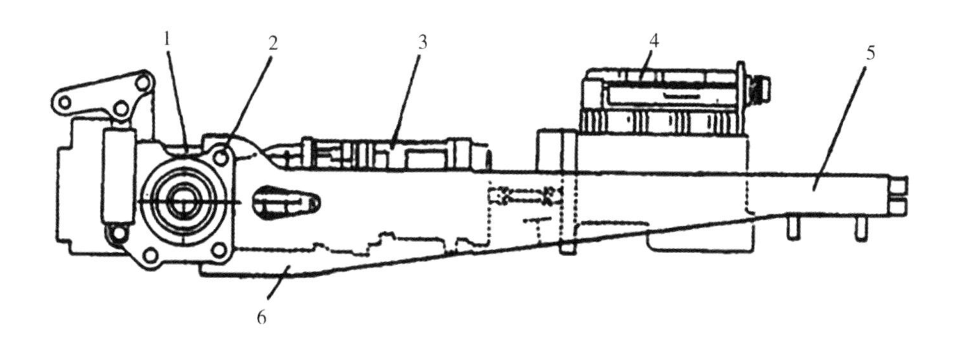

图 10-49　约翰迪尔 6000 系列拖拉机机架

1—传统后桥　2—车架紧固点　3—轻型变速箱　4—悬置的轻型发动机　5—横梁　6—钢制车架

发动机　发达国家采用直喷式柴油机已成主流。20 ～ 50kW 机型部分为增压机型；50 ～ 95kW 机型多用涡轮增压机型，也有的用增压中冷机型；95 ～ 170kW 及以上机型应用增压中冷机型的比较普遍。发展中国家多采用自然吸气或直喷机型，较少采用增压中冷机型。

改进燃烧室和全面采用电子控制喷油系统及调速器是拖拉机用柴油机的另一

个重要技术发展。20 世纪 90 年代末，美欧多数柴油机转矩储备达 30% ～ 40%，功率储备达 6% ～ 7%，排放达欧 II 标准。采用单泵单嘴、高压共轨燃油系的增多，开始出现四气门柴油机。机身宽度尽量紧凑，外露管路少。

替代性燃料如植物油可替代柴油。Elsbett 发动机是已知使用非精馏植物油的直喷式柴油机，但未形成商品。

传动系　发达国家 30 ～ 60 kW 拖拉机的主变速箱多为同步器换挡，副变速箱用啮合套、滑动齿轮、同步器或动力换挡；50 ～ 80kW 拖拉机多为部分动力换挡的同步式变速箱，采用机械操纵或电液操纵；75 ～ 120kW 拖拉机是欧美主力产品，传动系从两挡 Hi-Lo 到全动力换挡，挡数最多达 48 个，可实现自动换挡或程序换挡，速度为 0.25 ～ 50km/h；115 ～ 210kW 拖拉机基本采用挡数不超过 18 挡的全动力换挡传动系，由电液操纵，部分实现程序化控制。发展中国家的传动系仍处于滑动齿轮、啮合套换挡阶段，同步器换挡有少量应用。

20 世纪最后几年出现的芬特瓦里奥功率分流液压机械无级变速是传动系发展的里程碑，拉开 21 世纪无级传动热潮的序幕。

主离合器由单片干式和双作用向湿式发展，牙嵌式或多片离合器式差速锁向湿式多片离合器发展，圆柱齿轮式最终传动向行星式传动发展。同时在发达国家，配备前后动力输出轴已很普遍。在大功率机型上，动力输出轴是全独立式，用液压离合器操纵。

转向与行走系　随着拖拉机速度的提高，弹性悬架前桥的应用日益广泛。芬特公司于 1993 年、道依茨公司于 1996 年在其主要拖拉机系列上采用液压气动弹簧的前驱动桥。JCB 公司的 Fastrac 系列全面采用前、后桥悬架系统，但后桥悬架设计跟进者极少。

随着四轮驱动机型对提高前桥转向能力的需要，如菲亚特 G 系列和福特 70 系列拖拉机，除前轮可以偏转 50° 外，前托架还可以相对机体偏转 15° ，使前轮转角达到 65° 。

土壤压实研究表明，轮胎气压对轮胎下深层土壤的影响比轮胎接地压力对土壤的影响要大，接地压力主要影响地表层。采用宽面大直径轮胎，可以将对土壤的压实程度减少 65%。

液压系统与工作装置　主要技术进展是负荷传感技术。通过同时使用多个负荷传感器和控制阀，在负荷传感闭心式液压系统中，变量柱塞泵压力和流量可按需要自动调节，并可通过电子控制方式实现对液压执行机构速度的调整。

电液控制的液压悬挂系统在发达国家已很普遍，包括升降位置及速度，力、位置及综合调节，灵敏度控制等均采用旋钮式操作（图 10-50）。同时，配备前、后液压悬挂装置的拖拉机越来越多，普遍采用快速挂接装置。

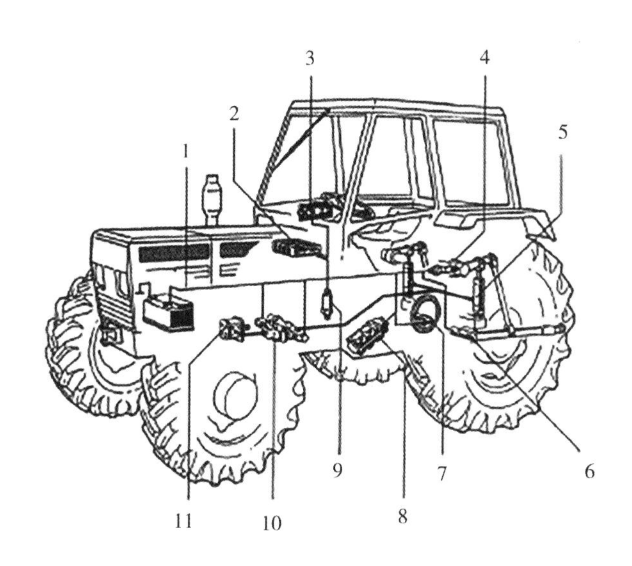

图 10-50　电子液压悬挂控制系统

1—电源　2—电子控制单元　3—控制面板　4—位置传感器　5—液压缸　6—力传感器　7—速度传感器　8—雷达传感器　9—压力传感器　10—悬挂控制阀　11—液压泵

驾驶室　发达国家标准型拖拉机普遍装安全驾驶室，具有密封、隔音、空调和室内空气滤清，以及宽通道平地板和宽阔的前后视野等性能；驾驶室座椅一般为减振、角度和高度可调，有的采用现代主动悬架座椅，以保证振动较小；方向盘倾角和高低可调，耳旁噪声已降至 71 ～ 78dB。大功率机型多配装豪华驾驶室，借助电液控制动力换挡和静液压转向技术，操纵极为轻便，采用一个多功能操纵杆可实现区段、进倒换挡和区段内换挡。采用电子传感、计算机信息处理和液晶显示技术，已普遍实现了对发动机转速、动力输出轴转速、行驶速度、滑转率、小时耗油量、作业面积和工作时间等工作状况的实时监测和显示。芬特公司自 1993 年率先采用弹性悬架驾驶室以来，有越来越多的公司采用这一技术。

新的驾驶室通过沿驾驶室支架布置排气管和空气滤清器，提供良好的全方位视野。许多最新的拖拉机都有所谓“陡峭的鼻子”，发动机罩向前轴倾斜，从而使操作者能更好地看到前置三点悬挂上的农具。

电子技术　20 世纪 90 年代发达国家，电子技术用于拖拉机的性能监测和显示及数据处理，涉及菲亚特农机、纽荷兰、约翰迪尔、道依茨法尔、麦赛福格森等拖拉机品牌。电子技术在拖拉机上的应用从监控功能向智能控制过渡，电子控制技术也由各部件单独电子控制发展成网络化分布式控制技术。

总线控制系统（图 10-51）也为驾驶室中的仪表板控制单元、农具的电子控制单元、农民家庭计算机和办公室中央计算机网络提供了完整控制方案和工作编程以及数据交换，其标准化保证了拖拉机或农具制造商的一致性应用。计算机选择最优发动机转速和拖拉机行驶速度，可显著节约燃料，并通过减少车轮滑转来保护土壤结构。每个农机具的工作设置，在运行时可根据土壤和天气选择最佳位置和功率输出轴转速。电子计算机系统使操作者摆脱单调的日常工作，大大减少了操作者的错误和拖拉机故障。

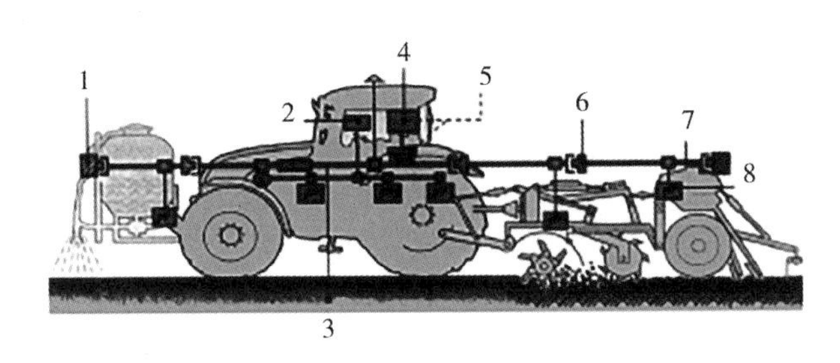

图 10-51　拖拉机与执行器之间的总线

1—总线终端　2—拖拉机内监视器　3—拖拉机内总线　4—总线总站
5—管理计算机　6—总线连接器　7—农机具总线　8—电子控制单元

20 世纪末期，拖拉机行业对新技术的探索，为 21 世纪初期来临的更高、更新、更波澜壮阔的技术创新吹响了号角。

附　录

附录 A　主要企业名称或品牌名称

AGCO（爱科）
Alldog（全能犬）
Allis（艾里斯）
Allis-Chalmers（艾里斯查默斯）
鞍山红旗拖拉机厂
ARGO（阿尔戈）
Austin（奥斯汀）
Avery（艾弗里）

Belarus（白俄罗斯）
Benz（奔驰）
Best（贝斯特）
Big Bud（大巴德）
Big Roy（大罗伊）
BM（Bolinder-Munktell）（博林德尔蒙克特尔）
BNT（Bratstvo Novi Travnik）（新特拉夫尼克布拉茨特沃）
Bolens（博伦斯）
Bosch（博世）
Buhler（布勒）
Bull（公牛）
Bulldog（牛头犬）
Bungartz（博卡兹）

Carraro（卡拉罗）
Case（凯斯）
Case IH（凯斯万国）
Caterpillar（卡特彼勒）
CBT（Companhia Brasileira de Tratores）（巴西拖拉机公司）

Challenger（挑战者）
长春拖拉机厂
常州拖拉机厂
Claas（克拉斯）
Clayton & Shuttleworth（克莱顿与沙特尔沃斯）
Cletrac（克利特拉克）
Cleveland（克利夫兰）
CNH（凯斯纽荷兰）
Cockshutt（科克沙特）
Colt（柯尔特）
Cooper（库珀）
County（康梯）
Craftsman（工匠）
Cub（幼兽）
Cub Cadet（幼兽次子）
Cummins（康明斯）

Daedong（大同）
Daimler（戴姆勒）
David Brown（大卫布朗）
Deere（迪尔）
Deering（迪灵）
Deutz（道依茨）
Deutz-Allis（道依茨艾里斯）
Deutz-Fahr（道依茨法尔）
Dieselroβ（柴油马）
Doe（多伊）
东方红
Dowty（道蒂）

Eicher（埃歇尔）

Escorts（伊思考特）

Fahr（法尔）
Farmall（法毛）
Fendt（芬特）
Ferguson（福格森）
FIAT（Fabbrica Italiana Automibili Torino）（菲亚特）
FiatAgri（菲亚特农机）
FiatGeotech（菲亚特地面机械）
Fiat Trattori（菲亚特拖拉机）
Fitch（菲奇）
Ford（福特）
Fordson（福特森）
Fortschritt（弗驰瑞特）
Fowler（福勒）
福田

Garrett（加勒特）
Gleaner（格林纳尔）
GMC（通用汽车公司）
Goldoni（哥尔多尼）
Gujarat（古吉拉特）

Hannomag（Hannoversche Maschinenbau AG）（汉诺玛格）
Hart-Parr（哈特帕尔）
Hesston（赫斯顿）
Hiller（希勒）
Hindustan（印度斯坦）
Holt（霍尔特）
Hornsby（霍恩斯比）
Hürlimann（休里曼）

IFA（Industrieverband Fahrzeugbau）（依发）
IMR（Industrika Motora Rakovica）（拉科维察汽车工业）
IMT（Industrija Mašina i Traktora）（机械和拖拉机工业）
Ingersoll（英格索尔）
International Harvester（万国）
Iron Horse（铁马）
Iseki（井关）
ITMCo（Iran Tractor Manufacturing Company）（伊朗拖拉机制造公司）
Ivel（艾威）

JCB
江西拖拉机厂

KHD（Klöckner-Humboldt-Deutz）（克勒克纳洪堡道依茨）
Komatsu（小松）
Kubota（久保田）

Lamborghini（兰博基尼）
Landini（兰迪尼）
Lanz（兰兹）
LG（Lucky GoldStar）（乐喜金星）
LS（Leading Solution）
Lucas（卢卡斯）

Mahindra & Mahindra（马恒达）
Marshall（马歇尔）
Massey（麦赛）
Massey Ferguson（麦赛福格森）
Massey-Harris（麦赛哈里斯）
McCormick（麦考密克）

Sendling（森德林）
山东潍坊拖拉机厂
上海丰收拖拉机厂
上海拖拉机厂
沈阳拖拉机厂
Shibaura（芝浦）
Siemens（西门子）
SIMAR（Société Industrielle de Machines Agricoles Rotatives）（西玛）
Simplicity（辛普里斯蒂）
Sisu（西速）
松江拖拉机厂
Standard（斯坦达德）
Steiger（斯泰格尔）
Steyr（斯太尔）
Stock（斯托克）
Suburban（郊区人）
Sunstrand（桑斯川特）
Swaraj（斯瓦拉杰）

TAFE（Tractors and Farm Equipment）（塔菲）
Tenneco（田纳科）
Textron（德事隆）
天津拖拉机厂
Titan（泰坦）
Tong Yang Moolsan（东洋摩山）
Toro（托罗）
Traktorenwerk Schönebeck（舍内贝克拖拉机厂）
Türk Traktör（土耳其拖拉机）

Unimog（Universal Motor Gerät）（乌尼莫格）
Upton（厄普顿）

Ursus（乌尔苏斯）
UTB（Universal Tractor Brasov）（布拉索夫通用拖拉机）
Uzel（乌泽尔）

Valmet（Valtion Metallitehtaat）（维美德）
Valpadana（瓦尔帕达纳）
Valtra（维创）
Vario（瓦里奥）
Varity（瓦里蒂）
Versatile（沃瑟泰尔）
Vickers（维克斯）
Volvo（沃尔沃）
Vörös Csillag（红星）

Wagner（瓦格纳）
Wallis（沃利斯）
Wallis Bear（沃利斯熊）
Water Buffalo（水牛）
Waterloo（滑铁卢）
Waterloo Boy（滑铁卢男孩）
Wheel Horse（辕马）
White（怀特）

Yanmar（洋马）
Yard Hand（庭院能手）

Zetor（热托）
ZF（Zahnradfabrik Friedrichshafen）（采埃孚）
中国一拖（YTO）

АТЗ（Алтайский Тракторный Завод）（阿尔泰拖拉机厂）

ВгТЗ（Волгоградский тракторный завод）（伏尔加格勒拖拉机厂）
ВТЗ（Владимирский Тракторный Завод）（弗拉基米尔拖拉机厂）

Кировский Тракторный Завод（基洛夫拖拉机厂）

МТЗ（Минский Тракторный Завод）（明斯克拖拉机厂）

НАТИ（Научный Автотракторный Институт）（纳齐）

Путиловец（普梯洛夫）

СТЗ（Сталинградский Тракторный Завод）（斯大林格勒拖拉机厂）
СТЗ-НАТИ（斯特日－纳齐）

ХТЗ（Харьковский Тракторный Завод）（哈尔科夫拖拉机厂）

ЧТЗ（Челябинский Тракторный Завод）（车里雅宾斯克拖拉机厂）

附录 B　主要人名

Gianni Agnelli（吉安尼・阿涅利）
Giovanni Agnelli（乔瓦尼・阿涅利）
Daniel Albone（丹尼尔・奥本）
András Mechwart（安德拉什・梅西沃特）

Hans Becherer（汉斯・贝克）
Bert Benjamin（伯特・本杰明）
Rauno Bergius（拉乌诺・贝吉乌斯）
Clarence Best（克拉伦斯・贝斯特）
Daniel Best（丹尼尔・贝斯特）
Conrad Black（康拉德・布莱克）
David Brown（大卫・布朗）
William Butterworth（威廉・巴特沃斯）

Vittorio Carozza（维托里奥・卡罗查）
Antonio Carraro（安东尼奥・卡拉罗）
Giovanni Carraro（乔瓦尼・卡拉罗）
Oscar Carraro（奥斯卡・卡拉罗）
Jerome Increase Case（杰罗姆・凯斯）
Eugenio Cassani（欧金尼奥・卡萨尼）
Francesco Cassani（弗朗西斯科・卡萨尼）
John Chambers（约翰・钱伯斯）
Leon Chase（利昂・蔡斯）
程德全（Cheng Dequan）
Wilmot Crozier（威尔莫特・克洛泽）

Charles Deere（查尔斯・迪尔）
John Deere（约翰・迪尔）

Bob Dickey（鲍勃·迪基）
Rudolf Diesel（鲁道夫·狄赛尔）
Henry Dregfuss（亨利·德莱弗斯）
William Durant（威廉·杜兰特）

Max Eyth（马克斯·埃特）

Eugene Farkas（尤金·法卡斯）
Joseph Fawkes（约瑟夫·福克斯）
Hermann Fendt（赫尔曼·芬特）
Paul Fendt（保罗·芬特）
Xaver Fendt（克萨韦尔·芬特）
Harry Ferguson（哈里·福格森）
John Fitch（约翰·菲奇）
Raymond Force（雷蒙德·福尔斯）
Edsel Bryant Ford（艾德赛·福特）
Henry Ford（亨利·福特）
Henry II Ford（亨利·福特二世）
John Fowler（约翰·福勒）
Albert Friedrich（阿尔伯特·弗里德里希）
John Froelich（约翰·弗洛里奇）

Joseph Galamb（约瑟夫·盖拉姆）
Karl Gleiche（卡尔·格莱切）
Benjamin Gravely（本杰明·格雷夫利）

Gerald Hampel（杰拉尔德·汉普尔）
韩丁（威廉·辛顿，Willam Hinton）
Robert Hanson（罗伯特·汉森）
Ron Harmon（罗恩·哈蒙）
Charles Hart（查尔斯·哈特）

William Hewitt（威廉·休伊特）
Hermann Hildebrand（赫尔曼·希尔德布兰德）
Benjamin Holt（本杰明·霍尔特）
Richard Hornsby（理查德·霍恩斯比）
Fritz Huber（弗利兹·胡伯）

Karol Köszegi（卡罗尔·科斯择吉）
James Ketelsen（詹姆斯·凯特森）

Ferruccio Lamborghini（费鲁乔·兰博基尼）
Giovanni Landini（乔瓦尼·兰迪尼）
Heinrich Lanz（亨利希·兰兹）
Karl Lanz（卡尔·兰兹）
Jack Littlejohn（杰克·小约翰）
Raymond Loewy（雷蒙德·罗维）
Alvin Lombard（阿尔文·伦巴德）
Prosper L'Orange（普罗斯珀·劳伦奇）
罗士瑜（Luo Shiyu）

马捷（Ma Jie）
Kailash Mahindra（凯拉什·马恒达）
Jagdish Mahindra（杰格迪什·马恒达）
Hans Marschall（汉斯·马歇尔）
Hart Massey（哈特·麦赛）
Archie McCardell（阿奇·麦卡德尔）
Brooks McCormick（布鲁克斯·麦考密克）
Cyrus McCormick（赛勒斯·麦考密克）
Alfred McDonald（阿尔弗雷德·麦克唐纳）
Chandra Mohan（钱德拉·莫汉）
Gregg Montgomery（格雷格·蒙哥马利）
Pierangelo Morra（皮兰杰罗·莫拉）

Valerio Morra（瓦莱里奥·莫拉）

Louis Neumiller（路易斯·纽米勒）

Nicolaus Otto（尼科劳斯·奥托）

Daniel Pakosh（丹尼尔·帕科什）
Peter Pakosh（彼得·帕科什）
Charles Parr（查尔斯·帕尔）
Eric Phillips（埃里克·菲利普斯）

Robert Ratliff（罗伯特·拉特利夫）
Louis Renault（路易斯·雷诺）
Victor Rice（维克托·赖斯）
Keith Richardson（基思·理查森）
David Roberts（大卫·罗伯兹）
Roy Robinson（罗伊·罗宾逊）
Marc Rojtman（马克·罗吉特曼）
Jean-Pierre Rosso（让-皮埃尔·罗素）

Willie Sands（威利·散兹）
Egon Scheuch（埃贡·舒赫）
Ottmar Schneider（奥特玛·施耐德）
Harold Schramm（哈罗德·施拉姆）
David Scott（戴维·斯科特）
商镇（Shang Zhen）
Claude Shedd（克劳德·谢德）
Eber Sherman（爱伯·谢尔曼）
Frank Silloway（弗兰克·西洛韦）
William Smith（威廉·史密斯）
Philander Standish（费兰德尔·斯坦迪什）

Herbert Stuart（赫伯特·斯图亚特）

Edmondo Tascheri（埃德蒙多·塔施里）
Robert Thomson（罗伯特·汤姆森）

James Usher（詹姆士·阿舍尔）

Elmer Wagner（埃尔默·瓦格纳）
王金玉（Wang Jinyu）
Clarence White（克拉伦斯·怀特）
Rollin White（罗林·怀特）
John Willys（约翰·威利斯）
Charles Deere Wiman（查尔斯·迪尔·威曼）
Louis Witry（路易斯·维特里）
吴敬业（Wu Jingye）

杨立功（Yang Ligong）

Львов Е. Д.（李沃夫）

Мамин Я.（马敏）

Слонимский， В. Л.（斯洛尼姆斯基）
Станкевич， В. Г.（斯坦科维奇）

参考文献

[1] JOHNSTON I M. Classic Tractor Tales - The remarkable Ransomes[J]. The Australian Cottongrower, 2002, 23 (1): 82-85.

[2] LENOX B. Joseph Fawkes: steam plow pioneer[J/OL]. FARM COLLECTOR,1977(1)[2010-10-08]. http://www.farmcollector.com/steam-traction/joseph-fawkes-steam-plow-pioneer.

[3] MOORE S. When John Deere Set His Sights on Steam Power[J/OL]. FARM COLLECTOR,2018(3)[2019-01-12]. http://www.farmcollector.com/steam-engines/john-deere-steam-zmlz18marzhur.

[4] NORBECK J C. Encyclopedia of American Steam Traction Engines[M]. 3rd ed. Vestavia, AL. USA: Crestline Pub, 1984.

[5] ROLT L T C. Great Engineers[M]. Downpatrick, County Down, UK: G. Bell and Sons, 1966.

[6] GRAY R B. The Agricultural Tractor: 1855-1950[M]. Saint Joseph, MI. USA: American Society of Agricultural Engineers, 1975.

[7] 雷钮斯.拖拉机——技术与应用[M].王意,译.北京:中国科学技术出版社,1994.

[8] JOHN DEERE Werke Mannheim. Geschichte der John Deere Werke Mannheim (brochure)[M]. [S.l.]:John Deere Werke Mannheim-Zweigniederlassung der Deere & Company, 1996.

[9] OLSHEFSKI, K. When Steam was King - 1902 Case 9 HP Traction Engine Set to Cross the Auction Block at Gone Farmin' s Iowa Premier[EB/OL]. (2018-11-09) [2019-01-13]. http://cdn1.mecum.com/assets/images/media_group/lots/gn1118-345070/gn18tractionfeature_901109.pdf.

[10] HEDTKE G W. The Legendary 150 HP Case Steam Engine[J/OL]. FARM COLLECTOR,1987(2)[2019-01-13]. http://www.farmcollector.com/steam-traction/the-legendary-150-hp-case-steam-traction-engine.

[11] SORENSEN L. Replica Case Road Locomotive Comes to Life[J/OL]. FARM COLLECTOR,2018(12)[2019-01-12]. http://www.farmcollector.com/steam-engines/1904-case-road-locomotive-zm0z18deczhur.

[12] JOHNSTON I M. The first tractor engines[J]. The Australian Cottongrower, 2003(12)/2004(1): 68-71.

[13] WILLIAMS M. Traktoren - Modelle aus der Ganzen Welt[M]. Bath, UK: Parragon Books, 2005.

[14] EASTERLUND P. TractorData[DB/OL]. [2010—2019] http://www.tractordata.com/.

[15] COLE D. The Waterloo Boy Tractor: Beginning of the John Deere Two Cylinder Tradition[EB/OL].(2005-08-19)[2010-12-26]. http://www.articlealley.com/article_5671_32.html.

[16] 戴维·马吉.绩效之鹿：约翰·迪尔如何保持基业长青[M].宋苗，苏丹，等译.上海：上海远东出版社，2007.

[17] CULBERTSON J D. The Tractor Builders: The People Behind the Production of Hart-Parr/Oliver/White[M]. [S.l.]Sunrise Hill Associates, 2001.

[18] WILLIAMS M. Classic Farm Tractors[M]. Vacaville, CA. USA: Bounty Books, 2007.

[19] THOMAS L D. B F Avery - B F Avery & Sons Pioneer Plowmakers[M]. Yellow Springs, OH. USA: Antique Power Publishing, 2003.

[20] LINDSEY J. Hart Almerrin Massey[EB/OL].(2008-06-03)[2019-01-26]. http://www.thecanadianencyclopedia.ca/en/article/hart-almerrin-massey.

[21] 蒋惠群，王国安，谢凤英.农机志[M]// 黑龙江省地方志编纂委员会.黑龙江省志：第13卷.哈尔滨：黑龙江人民出版社，1996.

[22] 沈志忠.近代美国农业科技的引进及其影响评述[J].安徽史学，2003(3)：78-82.

[23] 沈志忠.近代中美农业科技交流与合作研究[D].南京：南京农业大学，2004.

[24] 朱宗震．真假共和（上）——1912·中国宪政实验的台前幕后[M]. 太原：山西人民出版社，2008.

[25] 培克．陆用车辆行驶原理[M]. 孙凯南，译．北京：机械工业出版社，1962.

[26] 卡特彼勒公司．卡特彼勒百年发展史[M]. Caterpillar Inc. ECDQ8626，1986.

[27] 卡特彼勒公司．卡特彼勒百年发展史（一至八）[J]. 工程机械与维修，2000（5-12）.

[28] QUICK G R. Australian Tractors: Indigenous Tractors and Self-propelled Machines in Rural Australia[M]. Kenthurst, NSW. Australia: Rosenberg Publishing, 2006.

[29] 陈北．农机巨人迪尔[M]// 中国社会科学院世界经济与政治研究所．世界著名企业丛书．兰州：兰州大学出版社，1997.

[30] LEFFINGWELL R. John Deere Farm Tractors: A History of the John Deere Tractor[M]. Osceola, WI. USA: Motorbooks Intl, 1993.

[31] CALDWE C. Farmall: 80 Years Later[J]. Foothills Antique Tractor and Engine Club Newsletter, 2004, 12 (5): 1-3.

[32] KLANCHER L. Farmall - The Golden Age, 1924-1954[M]. Orlando, FL. USA: MBI, 2002.

[33] PAYNE, W A. Benjamin Holt - The Story of Caterpillar Tractor[M]. Stockton, CA. USA: University of the Pacific, 1982.

[34] 农业机械化卷编辑委员会．中国农业百科全书：农业机械化卷[M]. 北京：农业出版社，1992.

[35] FRANCKS P. Mechanizing Small-Scale Rice Cultivation in an Industrializing Economy: The Development of the Power-Tiller in Prewar Japan[J]. World Development, 1996（4）: 781-796.

[36] L' ORANGE GmbH. Anniversary: 75 years L' Orange (brochure)[M]. L'Orange GmbH, PQ 8, 2008.

[37] NOLA M D. Four Wheels Ahead - The story of “SAME” Tractors[M]. 3rd ed. Same Deutz-Fahr Group, 2002.

[38] BUENSTORF G. Comparative Industrial Evolution and the Quest for an Evolutionary Theory of Market Dynamics[G]. Max Planck Institute of Economics, 2006.

[39] DUARTEL V, SARKAR S. A Cinderella Story: The Early Evolution of the American Tractor Industry[D]. Portugal: Universidade de Évora, 2009.

[40] 亨利·福特 . 亨利·福特自传：我的生活和事业 [M]. 汝敏，译 . 北京：中国城市出版社，2005.

[41] BROCK H L, PRIPPS R N. The Big Book of Ford Tractors[M]. Beverly, MA. USA: Voyageur Press, 2006.

[42] JOHNSTON I M. Henry Ford – the Tractorman![J]. The Australian Cottongrower, 2005(12)/2006(1): 72–74.

[43] DOZZA W, MISLEY M. Fiat Trattori – dal 1919 ad oggi[M]. Vimodrone, MI. Italy: Giorgio Nada Editore, 2012.

[44] OLIVER J, LITTLE H. Improvement in Chilling Plowshares: US Patent 17694 [P]. 1857-06-30.

[45] WENDEL C H. Oliver Hart-Parr[M]. Osceola, WI. USA: Motorbooks Intl, 1993.

[46] WOJDYLA B. 1938 Minneapolis-Moline UDLX, the Gentleman’ s Tractor[EB/OL]. （2008-02-21. ）[2011-05-21] http://m.jalopnik.com/359170/1938-minneapolis+moline-udlx-the-gentlemans-tractor.

[47] 刘重 . 苏联在列宁、斯大林时期吸收外资引进技术的情况 [J]. 俄罗斯中亚东欧研究，1984（6）：24-28.

[48] 赵群，张朝军，张庆 . 哈尔科夫拖拉机厂股份公司——乌克兰农机制造业的先驱 [J]. 拖拉机与农用运输车，2000（3）：52-57.

[49] 苏联机器制造百科全书编辑委员会 . 苏联机器制造百科全书（第十一卷）[M]. 张荣禧，霍毓文，吴起亚，译 . 北京：机械工业出版社，1955.

[50] EARNSHAW A. David Brown Tractors 1936 to 1964[M]. 2th ed. Newtownards UK: Colourpoint Books, 2000.

[51] GRANT T. Deutz AG History[M]//International Directory of Company Histories, Vol. 39. London UK: St. James Press, 2001.

[52] FENDT-Marketing, AGCO GmbH. Fendt Dieselross 75 year Anniversary (Brochure)[M]. AGCO GmbH, Fendt-Marketing, D-87616, Marktoberdorf, 2005.

[53] 樊丽明．张学良与东北新建设及其启示[J]. 东北大学学报（社会科学版），2006（6）：442-445.

[54] TOD R. Thomson steamers[EB/OL]. (2010-02-28)[2011-03-04]. http://www.activeboard.com/forum.spark?aBID=63528&p=3&topicID=10418798.

[55] GLASTONBURY J. The Ultimate Guide to Tractors[M]. Edison NJ. USA: Chartwell Books, Inc. 2004.

[56] YESTERDAY'S Tractor Co. Harry Ferguson - The Man and the Machine[EB/OL]. (1970-01-01)[2019-03-13]. http://www.yesterdaystractors.com/articles/artint262.htm.

[57] FRASER C. Harry Ferguson: Inventor and Pioneer[M]. Revised ed. Sheffield UK: 5m Publishing, 1998.

[58] 高辉松，朱思洪，吕宝占．电动拖拉机发展及其关键技术[J]. 拖拉机与农用运输车,2007（6）：4-7.

[59] 东北农学院农机系汽车与拖拉机教研组．“电牛-33”和“电牛-55”电动拖拉机[J]. 东北农学院学报,1960（3）：1-11.

[60] 巴尔斯基．拖拉机设计与计算[M]. 北京：机械工业出版社，1957.

[61] BURGESS-WISE D. Ford at Dagenham: The Rise and Fall of Detroit in Europe[M]. London, UK: DB Publishing, 2012.

[62] 唐弢．英雄城手记[M]// 唐弢文集：第10卷．北京：社会科学文献出版社，1995.

[63] MAYO A J,NOHRIA N.In Their Time: The Greatest Business Leaders of The Twentieth Century[M]. Boston, MA. USA: Harvard Business Review, 2005.

[64] 布尔克利．福特传[M]. 乔江涛，译．北京：中信出版社，2005.

[65] DOBBS M. Ford and GM Scrutinized for Alleged Nazi Collaboration[N]. Washington Post, 1998-11-30 (A01).

[66] CNH. CNH Global N.V.[M]//International Directory of Company Histories, Vol. 38. London UK: St. James Press, 2001.

[67] 陈秉麟 . 捷克热托拖拉机的发展 [J]. 拖拉机与农用运输车，1982（11）：16-21.

[68] BISCHOF A.Traktoren in der DDR[M]. Brilon, Germany: Podszun Verlag, 2004.

[69] BLUMENTHAL R. Neuerungen an den Zugtraktoren ZT 300 und ZT 303 für die Bodenbearbeitung[J]. Agrartechnik, 1978, 28 (10): 446-448.

[70] 吴清分 . 匈牙利 1996—2005 年农用拖拉机市场发展浅析 [J]. 农业机械，2006（7）：49-51.

[71] HOLMES M S. J.I. Case: The First 150 Years[M]. Racine, Wis. USA: Case Corporation, 1992.

[72] WENDEL C H. The Allis Chalmers Story: Classic American Tractors[M]. Iola, WI. USA: Krause Publications, 2004.

[73] HAYCRAFT W R. Yellow Steel: The Story of the Earthmoving Equipment Industry[M]. Champaign, IL. USA: University of Illinois Press, 2002.

[74] 蒋惠群，郑加真，楼芹，等 . 国营农场志 [M] // 黑龙江省地方志编纂委员会 . 黑龙江省志：第 14 卷 . 哈尔滨：黑龙江人民出版社，1992.

[75] 苏远 . 洛阳拖拉机制造厂初创时期的回忆（上）[J]. 河南文史资料，2010（2）：4-22.

[76] 景晓村 . 当代中国的农业机械工业 [M]. 北京：中国社会科学出版社，1988.

[77] 邱民 . 承载使命——拖拉机梦开始的地方 [N]. 洛阳商报，2015-09-25（5）.

[78] 赵志伟，郭景涛，贺景彦 .50 年，难忘“中俄友谊故事”[N]. 洛阳日报，2007-06-12（5）.

[79] 宋毅 . 艰难的起步——建国初期（1949—1959 年）我国农机化发展道路的探索实践（中）[N]. 中国农机化导报，2011-09-05（5）.

[80] 苏远 . 洛阳拖拉机制造厂初创时期的回忆（下）[J]. 河南文史资料，2010（3）：65-81.

[81] 第一拖拉机制造厂销售处．东方红 -54 型与东方红 -75 型拖拉机的改进及互换性 [M]. 北京：机械工业出版社，1985.

[82] 屠守岳，邱一凡．罗士瑜——为发展我国的拖拉机工业做出重要贡献 [M]// 中国科学技术协会．中国科学技术专家传略：工程技术篇，机械卷 1. 北京：中国科学技术出版社，1996.

[83] AURORA G S, MOREHOUSE W. The Dilemma of Technological Choice in India: The Case of the Small Tractor[J]. Minerva, 1974, 12(4): 433-458.

[84] GAJENDRA S, DOHAREY R S. Tractor Industry in India[J]. AMA, 1999（2）: 9-14.

[85] 牛士宗，伏晓．印度的拖拉机工业 [J]. 拖拉机与农用运输车，2000（1）: 49-55.

[86] 冯丁树，黄承清，刘玉琦．日本农业机械化的趋势及策略 [J]. 台湾农业机械，1990（6）: 3-7.

[87] 冉佳．走进爱科 - 美国爱科集团发展史（2）：麦赛福格森品牌故事连载 [J]. 农业机械，2012（19）: 91-92.

[88] 苏福功．巴西的拖拉机生产与销售 [J]. 国外拖拉机，1981（4）: 31-32.

[89] 张光华．土耳其的拖拉机工业 [J]. 拖拉机情报资料，1979（8）: 19-20.

[90] 戴曼纯，朱宁燕．语言民族主义的政治功能——以前南斯拉夫为例 [J]. 欧洲研究，2011（2）: 115-131.

[91] 顾履平．南斯拉夫工业机械和拖拉机制造有限公司（IMT）简介 [J]. 农机市场，1998（4）: 38-39.

[92] 赴罗、南拖拉机考察组．南斯拉夫有关拖拉机厂履带式拖拉机产品设计情况 [J]. 拖拉机，1976（6）: 79-86.

[93] 冉佳．走进爱科——美国爱科集团发展史（1）：麦赛福格森品牌的起源 [J]. 农业机械，2012（6）: 92-93.

[94] UPDIKE K. International Harvester Tractors 1955—1985[M]. Beverly, MA. USA: Voyageur Press, 2000.

[95] 洛阳拖拉机厂技术处技术情报科．苏联农业机械化概况 [G]. 国外拖拉机发展动态，1978: 59-62.

[96] ANTONIO CARRARO SpA. One hundred years of tractors (brochure)[M]. Padova, Italy: Press Office Antonio Carraro, 2010.

[97] ANTONIO CARRARO SpA. Antonio Carraro - The Tractor People (brochure) [M]. Padova, Italy: Press Office Antonio Carraro, 2010.

[98] RALEY D. Losing the Tractor Wars: The Role of J. I. Case in the Decline of Tenneco, 1978—1994[J]. Business and Economic History, 2015(13).

[99] WILL III O H. The Tough International Harvester Cub Cadet Compact Garden Tractor[EB/OL]. (2004-04) [2017-03-28]. http://www.farmcollector.com/tractors/tough-international-harvester-cub-cadet?pageid=2#PageContent.

[100] SCHEUCH E. Der Geräteträger[M]. Berlin, Germany: Dt. Bauernverl, 1959.

[101] SCHRAMM G W. UNIMOG - A German Legend[EB/OL].(1995-01)[2014-07-29]. http://www.unimog.net/articles/schramm/.

[102] 申镇恶．静液压传动的履带式拖拉机[J]. 拖拉机快报，1965（3）：14-15.

[103] 史滦平．机耕船的发展简史[J]. 农业机械学报，1990（2）：1-6.

[104] 洛阳拖拉机研究所．拖拉机设计手册（上册）[M]. 北京：机械工业出版社，1994.

[105] 程悦荪．拖拉机设计[M]. 北京：中国农业机械出版社，1981.

[106] DENNEY J. John Fitch Attempted to Revolutionize the Farm Tractor Market with the Four-Drive[EB/OL].(2005-06)[2017-04-22].http://www.gasenginemagazine.com/gas-engines/four-play.

[107] DIXON C. The Four Drive Tractor Company Still a Mystery[J]. The Four Drive – A Genealogy Newsletter, 1999 III (1): 1-4.

[108] WAGNER Tractor Inc. Tractormobile Diesels For General Purpose Farm Work[J]. Implement and tractor, 1954(5): 58.

[109] 徐挺，刘明树，高幸，等．小四轮双驱动桥串联式拖拉机的性能研究[J]. 农业机械学报，1991（1）：12-19.

[110] 周纪良．拖拉机负载换挡变速箱[J]. 拖拉机，1979（6）：1-14.

[111] RENIUS K T. Grundkonzeptionen der Stufengetriebe moderner Ackerschlepper[J]. Grundlagen der Landtechnik, 1968, 18 (3): 97-106.

[112] RENIUS K T. Neuere Getriebeentwicklungen bei Ackerschleppern[J]. Grundlagen der Landtechnik, 1984, 34 (3): 132-142.

[113] RENIUS K T, RESCH R. Continuously Variable Tractor Transmissions[R]. ASAE Distinguished Lecture Series 29, 2005.

[114] RENIUS K T. Neuere Getriebekonzeptionen für landwirtschaftliche Schlepper[J]. Grundlagen Landtechnik, 1974, 24 (2): 41-72.

[115] SCHNEIDER O. Stufenlos verstellbares Hochleistungsgetriebe fur Ackerschlepper Eigenschaften und Anwendungen des Reimers-Kettenwundlers[J]. Grundlagen der Landtechnik, 1966, 76 (2): 60-65.

[116] RENIUS K T. Stufenlose Drehzahl-Drehmoment-Wandler in Ackerschleppergetrieben[J]. Grundlagen der Landtechnik, 1969, 19 (4): 109-148.

[117] FENDT-Nachrichten Ausgabe. Die Anfänge der stufenlosen Traktoren[EB/OL]. (1995-03)[2016-05-17]. http://www.fendt-prospekte.de/prototypen/.

[118] KIRSTE T. Der 30 kW-Forschungstraktor der TU Munchen[J]. Grundlagen der Landtechnik. 1990, 40 (2): 54-58.

[119] 夏先文，周志立（指导）. 纯电动拖拉机驱动系统设计分析 [D]. 洛阳：河南科技大学，2015.

[120] BURRING E A. Electric drives in agricultural machinery – approach from the tractor side[C]. Club of Bologna, 21st Annual Meeting Bologna, EIMA International, Nov 13-14, 2010.

[121] 巴尔斯基 . 农业拖拉机的液力传动 [J]. 程悦荪，黄祖永，译 . 长春汽车拖拉机学院学报，1958（1）：1-21.

[122] 白保华 . 现代国外拖拉机的无级传动 [J]. 拖拉机快报，1965（14）：4-6.

[123] ГОРБУНОВ П П, ЧЕРПАК Ф А, ЛЬВОВСКИЙ К Я. Гидро-механические трансмиссии тракторов[M]. Москва, СССР: Машиностроение, 1966.

[124] 赵家俊 . 苏联近年来拖拉机产量和技术发展水平 [J]. 国外拖拉机，1982（10）：31.

[125] 陆根源，凌桐森，卢振洲，等 . 国外大马力拖拉机发展概况 [J]. 拖拉机，1980（1）：1-10.

[126] 张朝军 . 哈尔科夫拖拉机厂及其产品情况 [J]. 农机市场，2000（3）：41-43.

[127] 凌桐森 . 国外几个主要公司中等功率轮式拖拉机系列概况 [J]. 拖拉机，1980（5）：1-8.

[128] CARROLL J. The World Encyclopedia of Tractors & Farm Machinery[M]. Leicester UK: Hermes House, 1999.

[129] NEW HOLLAND Communications. New Holland a concise presentation in 8 points (brochures)[M]. New Holland N.V. UK, 1995.

[130] SIMPSON P D. Ultimate Tractor Power Vol. 1, A-L: Articulated Tractors of the World[M]. New York, NY. USA: Japonica Press, 2001.

[131] SIMPSON P D. Ultimate Tractor Power Vol. 2, M-Z: Articulated Tractors of the World[M]. New York, NY. USA: Japonica Press, 2002.

[132] KLANCHER L. Red 4wd Tractors: 1957-2017[M]. Austin, TX. USA: Octane Press, 2017.

[133] 郑易里，徐式谷，等 . 英华大词典 [M]. 修订第三版 . 北京：商务印书馆，2000.

[134] MCGLOTHLIN M. Big Bud: The World’s Largest Farm Tractor[J/OL].（2011-03-01）[2018-02-27]. http://www.trucktrend.com/cool-trucks/1103dp-big-bud-the-worlds-largest-farm-tractor.

[135] MARSH B. A Corporate Tragedy: The Agony of International Harvester company[M]. New York, NY. USA: Doubleday, 1985.

[136] 吉姆・柯林斯，莫滕・汉森 . 选择卓越 [M]. 陈召强，译 . 北京：中信出版社，2012.

[137] ZIMMERMAN F M. The Turnaround Experience: Real-world Lessons in Revitalizing Corporations[M]. New York, NY. USA: McGraw-Hill, 1991.

[138] CHRISTIANSEN C R, ANDREWS K R, BOWER J L, HAMERMESH R G, PORTER M E. Business Policy: Text and Cases[M]. 5th ed. Homewood, IL. USA: R.D. Irwin, 1982.

[139] 牛士宗，陈华盛 . 万国公司 88 系列拖拉机的研制 [J]. 国外拖拉机，1982（9）：8-11.

[140] BHATTACHARYYA S K. Allis-Chalmers Manufacturing Company[R]. Harvard Business School, Boston, 1969.

[141] PETERSON W F, WEBER E C. An Industrial Heritage: Allis Chalmers Corporation[M]. Milwaukee County Historical Society, 1976.

[142] DEAN T. Allis-Chalmers Tractors and Crawlers[M]. Osceola, WI. USA: Motorbooks Intl, 2001.

[143] 张宝生 . 在北京外国农业机械展览会上 [J]. 农业机械，1979（1）：33-35.

[144] 樊文正 . 国内外大中型拖拉机的技术现状与发展特点（续）[J]. 现代化农业，1991（12）：5-7.

[145] RENIUS K T. Global tractor development: Product families and technology levels[C]//30. Symposium "Actual Tasks on Agricultural Engineering", Opatija, Croatia, 2002: 87-95.

[146] 樊家敏 . 韩国之农业机械化 [J]. 台湾农业机械，1991（3）：3-6.

[147] 吴清分 . 韩国近年来拖拉机生产与销售浅析 [J]. 农机市场，2000（4）：37-39.

[148] MOHAN C. Managing from Zero to Blue Chip: Lessons from Swaraj and Punjab Tractors[M]. Pittsburgh, PA. USA: Think Incorporated, 2001.

[149] 吴清分 . 伊朗拖拉机市场分析 [J]. 现代农业装备，2004（1）：62-64

[150] SPRINGFELDT B. Rollover of Tractors - International Experiences[J]. Safety Science, 1996, 24 (2): 95-110.

[151] AHERIN B, AYERS P, HARD D, et al. National Agricultural Tractor Safety Initiative[G]. NIOSH Agricultural Safety and Health Centers, June 2004.

[152] 吕俊 . 拖拉机噪声及其控制 [J]. 拖拉机，1989（8）：7-12.

[153] 焦刚，林金明，王树华，等 . 略谈我国农业拖拉机的噪声水平 [J]. 拖拉机，1987（6）：51-55.

[154] LUTTRINGER H K. The Innovators: The New Holland Story[M]. Privately Printed, 1990.

[155] NEW HOLLAND N.V. New Holland N.V.[M]//International Directory of Company Histories, Vol. 22. London UK: St. James Press, 1998.

[156] CNH Global N.V. CNH Global Annual Report[R]. Lake Forest, Illinois, USA,1999-2005.

[157] DEERE & COMPANY. Deere & Company Annual Report,[R]. Moline, Illinois, USA,2001/1999/1998.

[158] GERSTNER J J. Genuine Value: The John Deere Journey[M]. Deere & Company, 2000.

[159] 朱士岑，赵剡水 . 橡胶履带拖拉机的发展与研究（一）——国内外橡胶履带拖拉机产品的发展 [J]. 拖拉机与农用运输车，2002（5）：3-8.

[160] BARRY T. The Wizard of AG - AGCO: The Litter Tractor that Become a Giant[J]. Georgia Trend, 1997(13): 23.

[161] QUICKEL S W. Tractor Pull[J]. CFO - The Magazine for Senior Financial Executives, 1994, 10(12): 54-60.

[162] VOGT W. AGCO Makes Play for North American Market[J]. Agri Marketing, 1994, 32 (3): 30-35.

[163] PENNINGTON G B, STEGELIN F E, TURNER S C. The Industry Has Changed, Have You?-The AGCO Story[J]. American Agricultural Economics Association, 1998.

[164] 吴清分 . 意大利萨姆·道依茨·法尔集团公司靠联合求发展 [J]. 农机市场，1998（12）：22.

[165] TEANBY M. The Roar of Dust and Diesel: A Story of International Harvester Doncaster[M]. New York, NY. USA: Japonica Press, 2004.

[166] 肖伟群，胡友萍，曲剑波 . 俄罗斯农机制造业综述 [J]. 农机市场，2003(7)：21-23.

[167] 王艳红 .与中国农机行业同行——从 50 年的《农业机械》看中国农机行业的发展 [G].2010 国际农业工程大会论文集，第 6 卷：58-74.

[168] 陈英超 . 我国拖拉机行业发展回顾、现状及展望 [J]. 机械工业标准化与质量，2009（7）：14-17.

[169] 张汶溪 . 福田欧豹崛起的奥秘——北汽福田公司开发大中马力拖拉机纪实 [J]. 农机科技推广，2001（1）：35.

[170] 赵剡水 . 改革开放四十载担当奋进新时代 [R]. 中国农业机械协会，2018-12-06.

[171] MOLLY H. Hydrostatische Fahrzeugantriebe - ihre Schaltung und konstruktive Gestaltung. Teil I und II[J]. ATZ Automobiltechnische Zeitschrift, 1966, 68 (4/10): 103-110 (I)/339-346 (II).

[172] MARSCHALL H. Antriebsvorrichtung, insbesondere für land- und bauwirtschaftlich genutzte Fahrzeuge:German patent 2335629 [P]. 1973-01-30.

[173] 徐立友，李金辉，张彦勇 . 液压机械无级变速传动在拖拉机上的应用分析 [J]. 农机化研究，2009（11）：215-218.

[174] 吴清分 . 国外主要公司的无级变速拖拉机技术发展简况 [J]. 农业机械，2012（9）：90-94.

[175] 杨为民 . 拖拉机电子控制技术的应用及发展 [G]. 拖拉机、农用运输车、农用发动机行业背景资料（第三集），2005：47-51.

[176] 李建启 . 国外拖拉机的技术发展趋势 [J]. 农业机械，2003（6）：31-32.

[177] 雷钮斯 . 欧洲拖拉机设计历史回顾及发展趋势展望 [J]. 许诺，译 . 拖拉机与农用运输车，1998（3）：2-11.

[178] 张闽鲁，吴清分 .90 年代以来国外拖拉机产品的技术状况及发展 [J]. 拖拉机与农用运输车，2001（4）：42-46.

[179] FILIPOVIC D, et al. Constructional Characteristics of the Agricultural Tractors at the Beginning of the 21St Century[J]. Strojarstvo, 2008, 50 (5): 277-285.

[180] PAKOSH J. Versatile Tractors: A Farm Boy's Dream[M]. New York, NY. USA: Japonica Press, 2003.

后　记

感谢原机械工业部部长何光远、中国科学院院士任露泉和中国农业机械工业协会原理事长高元恩在百忙中为本书撰写序言。感谢机械工业出版社出版此书及各位编审的指导帮助。感谢此前曾试刊本书某些章节的农业机械杂志社、中国农业机械学会拖拉机分会等机构。

感谢我的同事赵剡水，在本书编写和出版过程中给予的大力支持。感谢李有吉、郭志强、李江炎、于丽娜、金红、田鹏、王延辉、陈英超及寇海峰等诸位同事，在本书编写过程中提供参考资料。感谢我的家人对我的理解和支持。

感谢阅读此书的读者，感谢在本书编写和出版过程中给予帮助的所有人！

有关拖拉机发展史的文字，大致分为史实和史观两类，本书大体属于前者。史实可为史观研究提供史料或线索，而史观研究的结论常常能对现实有所启示或借鉴。就像拖拉机犁地只是备好土壤，只有种上庄稼产出粮食才有意义。作者更期待人们去研究拖拉机产业发展的规律，总结经验和教训，帮助这个富含使命感但有时也很艰难的行业更健康地成长！

2020 年 3 月 18 日